U0267869

作者简介

张振海

张振山

李科杰

张振海，工学博士，博士后，副教授，博士生导师。研究方向为特种军用 MEMS 芯片、超高冲击传感器、极端环境试验与计量测试的基础理论、工程应用与产业化。作为第一发明人获授权国防专利 30 项并转化；作为主要起草人制定国家标准 3 项；出版《强冲击试验与测试技术》著作；受邀第十五届全国敏感元件与传感器学术会议开幕式大会做特邀报告；发表论文 50 余篇，其中 SCI/EI 收录 40 余篇；主持和参加国家自然基金面上、国防基础重大等多项；担任全国振动冲击转速计量技术委员会委员，中国仪器仪表学会传感器分会常务理事，中国仪器仪表学会仪表工艺分会理事、仪表元件分会理事，中国微米纳米技术学会理事，国家自然基金重大研究计划、面上等项目函评专家，北京市自然基金重点、面上等项目函评专家，国际 SCI 期刊 Nanotechnology、APL、JAP、MST、SMS 审稿人。

张振山，四川大学本科、硕士，东北大学自动化研究中心博士，高级工程师，海泰微纳科技副总经理、研发中心主任。获中国高校科技进步一等奖一项（省部级，排名第二）、辽宁省科技进步一等奖一项（校内排名第二）；具有多年自适应控制、复杂工业过程建模与仿真优化等多个重大工程项目经验，高端仪器仪表研发与大项目管理经验，特别是先进控制在棒材连轧、板带钢连轧冶金应用；高端交流励磁电磁流量计产品研发及其在水煤浆、铁矿浆极端恶劣环境应用；复合微硅压力变送器、加速度传感器研发及应用推广。申请发明专利 20 余项，发表论文多篇，担任中国仪器仪表学会传感器分会、仪表元件分会、仪表工艺分会理事。

李科杰，教授，博士生导师。曾任北京理工大学地面无人系统研究院副院长，机电工程国家重点学科首席教授、学院教授委员会主任，国务院学位委员会第五届学科评议组成员，国家科学技术奖评审专家，科技部创新基金光机电一体化评审组组长，国防科工委试验与测试技术专家组专家，国家自然基金委信息科学部评审专家，中国仪器仪表学会传感器分会副理事长、传感器协会理事长等。出版《新编传感器手册》《光机电一体化技术丛书》等十多种著作；获得国际发明博览会金奖、省部级奖十余项；被评为全国优秀教师、国防科技工业有突出贡献专家、全国测控行业有突出贡献专家并终生享受国务院政府特殊津贴。

本书部分彩图

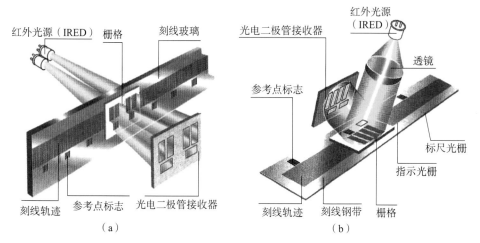

红外光源（IRED） 栅格 刻线玻璃 光电二极管接收器 红外光源（IRED） 透镜

参考点标志 标尺光栅

刻线轨迹 参考点标志 光电二极管接收器 刻线轨迹 刻线钢带 栅格 指示光栅

（a） （b）

图 11－5　透射光栅与反射光栅

（a）透射光栅；（b）反射光栅

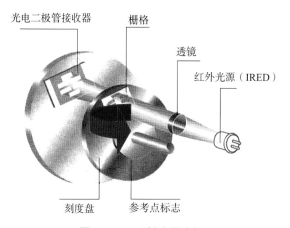

光电二极管接收器 栅格 透镜 红外光源（IRED）

刻度盘 参考点标志

图 11－8　透射式圆光栅

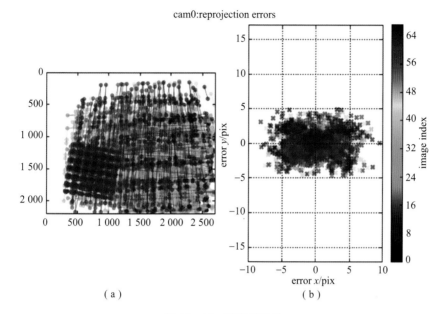

（ a ）　　　　　　　　　　（ b ）

图 15 - 18　重投影误差

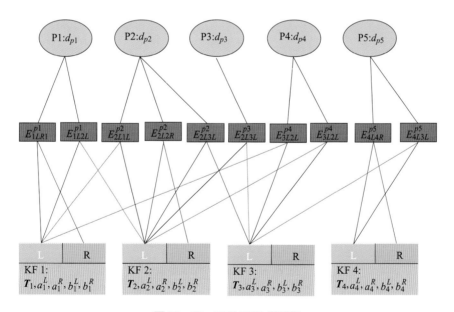

图 15 - 19　双目 DSO 因子图

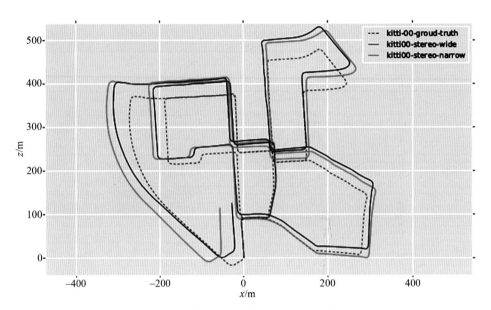

图 15 – 23 全分辨率与半分辨率图像在双目 DSO 算法上运行轨迹图

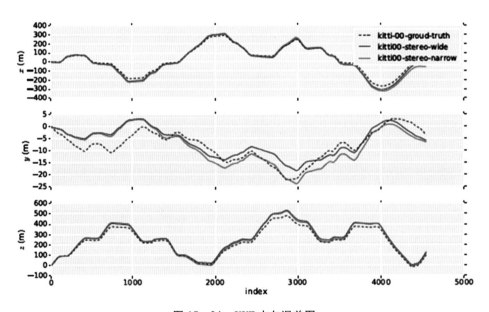

图 15 – 24 XYZ 方向误差图

北京理工大学"双一流"建设精品出版工程

Information Acquiring Technology

信息获取技术

张振海　张振山　李科杰 ◎ 编著

北京理工大学出版社
BEIJING INSTITUTE OF TECHNOLOGY PRESS

内 容 简 介

本书简明系统地介绍了传感器信息获取技术的基本原理、典型工程应用和实验实践内容，强调理论、应用与实践相结合。全书共分为上、中、下三篇，上篇为原理篇，介绍了传感器获取信息的基础理论，分为 12 章：绪论，应变式，光电式，压电式，压阻式，热电式，数字式，电位器、电感式，强冲击，磁传感器；陀螺，传感器的特性与标定校准；中篇为应用篇，介绍了信息获取技术典型工程应用，分为 4 章：瞬态冲击信息获取存储测试技术，高能量冲击信号光电信息获取技术，汽车辅助驾驶双目视觉里程计信息获取技术，高分辨图像传感器信息获取技术；下篇为实践篇，介绍了信息获取技术综合实验，分为 2 章共 52 个实验，理论与实践相结合。内容上注重经典与现代相结合，传感器基本原理、获取信息的典型工程应用与实验操作相结合，目标上强调发散性思维能力训练、工程实践应用与创新创业能力培养。本书可供从事传感器、测控、检测、计量、机电一体化等技术领域的科研人员参考，也可作为兵器科学与技术、仪器科学与技术、机械工程等相关专业的本科生、研究生从事科学研究及学习中参考。

版权专有 侵权必究

图书在版编目（CIP）数据

信息获取技术/张振海，张振山，李科杰编著 . —北京：北京理工大学出版社，2020.4（2021.9重印）

ISBN 978 - 7 - 5682 - 8348 - 9

Ⅰ . ①信… Ⅱ . ①张…②张…③李… Ⅲ . ①传感器 - 信息获取 - 研究 Ⅳ . ①TP212

中国版本图书馆 CIP 数据核字（2020）第 057848 号

出版发行 / 北京理工大学出版社有限责任公司

社　　　址 / 北京市海淀区中关村南大街 5 号

邮　　　编 / 100081

电　　　话 / （010）68914775（总编室）

　　　　　　（010）82562903（教材售后服务热线）

　　　　　　（010）68948351（其他图书服务热线）

网　　　址 / http://www.bitpress.com.cn

经　　　销 / 全国各地新华书店

印　　　刷 / 三河市华骏印务包装有限公司

开　　　本 / 787 毫米 × 1092 毫米　1/16

印　　　张 / 24

彩　　　插 / 2

字　　　数 / 559 千字

版　　　次 / 2020 年 4 月第 1 版　2021 年 9 月第 2 次印刷

定　　　价 / 72.00 元

责任编辑 / 张鑫星

文案编辑 / 张鑫星

责任校对 / 周瑞红

责任印制 / 李志强

图书出现印装质量问题，请拨打售后服务热线，本社负责调换

控制论创始人 N. 维纳曾说："信息是我们在适应外部世界，并使这种适应为外部世界所感知的过程中，同外部世界进行交换的内容"。人类迈入 21 世纪以来，信息成为推动国际社会和全球经济发展的强大动力，信息科学成为当今最为活跃的学科领域之一。信息的生成、获取、存储、传输、处理和应用是现代信息科学的六个重要组成部分，其中信息获取是信息技术产业链上最重要的环节之一。传感器技术、通信技术和计算机技术是信息产业的三大支柱，它们是信息获取技术的"感官""神经"和"大脑"。传感器技术是信息社会的重要技术基础，也是信息获取的首要部件。信息获取系统中的传感器，在很大程度上影响和决定了信息获取系统的功能。因此国外一些著名专家评论说："征服了传感器就等于征服了科学技术"，"如果没有传感器获取各种信息，那么支撑现代文明的科学技术就不可能发展"。

本书简明系统地介绍了信息获取技术中传感器的基本原理、典型工程应用和实验实践。本书的撰写工作是基于作者开设的本科生必修课"传感与动态测试技术"和"信号与系统"等课程，并结合作者长期从事信息获取技术、传感器技术、计量技术和测控技术的基础理论、实验实践教学、工程应用和产业化方面研究。

本书侧重于信息获取技术的相关传感器基本原理、典型工程应用和实验实践内容，强调理论、应用与实践的结合。本书从基础角度出发介绍了信息获取技术基本方法和手段：最常用的 10 类传感器的基本原理；从工程实际出发介绍了信息获取技术的 4 类典型工程应用；从教学实践角度出发介绍了信息获取实践的 52 个典型教学实验，理论与实践相结合。本书在内容选材上突出常用的、典型的传感器基础理论，实用的工程应用背景，以及教学实验实践，内容兼顾新颖性，力求对读者有所启迪。

本书结构框架、内容范围由张振海提出，并主笔和统校全书文稿。本书分上、中、下三篇，共 18 章；其中第 2、7、8、9、10、11 章由张振海、李科杰编著；第 1、3、4、5、6、12 章由张振海、张振山、李科杰编著；第 13 章由张亮、张振海、张振山编著；第 14 章由李治清、张振海、张振山编著；第 15 章由陈旭、张振海编著；第 16 章由柳新宇、张振海编著；第 17 章和第 18 章由张威、张振海、张振山编著，并依托于杭英联科技术有限公司的教学实验平台。

　　本书引用了许多专家学者的著作与论文，在此表示谢意，书中引用的部分参考资料包括：新编传感器技术手册、现代传感技术、感测技术、内装电路压电加速度计原理与设计、传感器与检测技术等；以及多位硕士生和博士生的学位论文，杭英联科技有限公司综合实验平台相关内容，博士生张文一和硕士生许朝阳参与了插图处理工作，作者一并表示谢意。

　　信息获取技术的知识面广，科技发展迅猛。由于编著者水平有限，书中难免有错误和不妥之处，敬请专家和广大读者批评指正。

　　作者的电子邮箱为：zhzhang@ bit. edu. cn 本书配套教学课件 PPT 资料请登录出版社网站 http://www. bitpress. com. cn/book/book. de tail. 注册下载。

编著者

目　录
CONTENTS

上篇：原理篇　传感器获取信息的基础理论

第1章　绪论 ·· 003

1.1　传感器技术的地位和作用 ··· 003

1.2　传感器技术的应用和需求 ··· 003

　1.2.1　应用领域 ·· 003

　1.2.2　市场需求 ·· 004

1.3　传感器技术发展趋势 ·· 005

1.4　传感器的定义与分类 ·· 006

　1.4.1　传感器的定义 ·· 006

　1.4.2　传感器的分类 ·· 006

1.5　传感器命名方法及代号 ·· 007

　1.5.1　命名法构成 ·· 007

　1.5.2　传感器代号标记方法 ·· 008

第2章　应变式传感器 ·· 010

2.1　传感器工作原理 ·· 010

　2.1.1　电阻—应变效应 ·· 010

　2.1.2　形变传递 ·· 011

　2.1.3　应变计组成与结构 ·· 011

2.2　应变计种类 ·· 013

2.3　应变计主要特性参数 ·· 014

2.4　应变计使用与选用原则 ·· 015

2.5　应变式传感器测量电路 ·· 018

2.6　应变式传感器典型应用 ··· 021

第3章　光电式传感器 ·· 024

3.1　光电效应 ·· 024
  3.1.1　外光电效应 ·· 024
  3.1.2　内光电效应 ·· 025
  3.1.3　光生伏特效应 ·· 029
3.2　光电器件的基本特性 ·· 031
  3.2.1　光谱灵敏度 ·· 031
  3.2.2　相对光谱灵敏度 ·· 031
  3.2.3　通量阈 ··· 031
  3.2.4　转换特性和时间常数 ·· 032
  3.2.5　光电器件的频率特性 ·· 032
  3.2.6　光照特性 ··· 033
  3.2.7　光谱特性 ··· 033
  3.2.8　温度特性 ··· 033
  3.2.9　伏安特性 ··· 034
3.3　红外传感器 ·· 034
3.4　激光传感器 ·· 034
  3.4.1　激光器 ··· 034
  3.4.2　激光检测应用 ·· 035

第4章　压电式传感器 ·· 038

4.1　石英晶体压电特性基础理论 ·· 038
  4.1.1　石英晶体压电效应 ·· 038
  4.1.2　石英晶体压电机理分析 ·· 039
  4.1.3　石英晶体压电方程 ·· 041
4.2　传统压电式传感器（PE）测量电路 ··································· 042
  4.2.1　压电式传感器等效电路 ·· 042
  4.2.2　电荷放大器 ·· 044
4.3　压电集成电路（IEPE）传感器 ······································ 046
  4.3.1　工作原理和基本结构 ·· 046
  4.3.2　PE 传感器与 IEPE 传感器的比较 ·································· 047
  4.3.3　IEPE 加速度传感器类型 ··· 049

第5章　压阻式传感器 ·· 056

5.1　硅压阻效应基础理论 ·· 056
  5.1.1　压阻效应 ··· 056
  5.1.2　晶面与晶向 ·· 057

　　5.1.3　压阻系数 ·· 058

　5.2　硅压阻式压力传感器 ··· 061

　　5.2.1　MEMS 敏感芯片设计 ·· 061

　　5.2.2　MEMS 敏感芯片工艺 ·· 063

　　5.2.3　MEMS 传感器封装设计 ··· 063

　5.3　压阻式传感器信号调理电路 ·· 065

　　5.3.1　信号放大 ··· 065

　　5.3.2　零偏与温漂补偿 ·· 066

　　5.3.3　满量程输出调整 ·· 067

　5.4　锰铜压阻式传感器 ·· 067

　　5.4.1　锰铜压阻式传感器工作原理 ·· 068

　　5.4.2　锰铜压阻式传感器结构 ·· 069

第 6 章　强冲击传感器 ··· 071

　6.1　强冲击加速度传感器概述 ··· 071

　　6.1.1　国内外研究现状 ·· 071

　　6.1.2　单轴强冲击加速度传感器 ··· 072

　　6.1.3　三轴强冲击加速度传感器 ··· 076

　6.2　压电石英晶体强冲击加速度传感器 ····································· 078

　　6.2.1　传感器工作原理 ·· 080

　　6.2.2　传感器主要参数估算与关键技术 ··································· 081

　6.3　压电薄膜强冲击加速度传感器 ··· 082

　　6.3.1　传感器工作原理 ·· 083

　　6.3.2　传感器性能主要影响因素 ··· 084

　6.4　MEMS 压阻式强冲击加速度传感器 ····································· 085

　　6.4.1　传感器工作原理 ·· 085

　　6.4.2　传感器敏感芯片结构设计分析 ····································· 086

　　6.4.3　传感器敏感芯片版图设计 ··· 087

　　6.4.4　MEMS 传感器调理电路设计 ·· 089

　6.5　强冲击特种传感器极端环境试验测试与计量校准 ················· 090

　　6.5.1　研制需求分析 ··· 091

　　6.5.2　存在的突出问题 ·· 093

　　6.5.3　我国特种传感器发展方向思考 ····································· 093

　　6.5.4　我国极端环境试验测试发展方向思考 ···························· 094

第 7 章　热电式传感器 ··· 096

　7.1　热电偶 ·· 096

　　7.1.1　热电偶的物理基础 ··· 096

　　7.1.2　热电偶类型 ·· 100

7.1.3　热电偶实用测温电路 ·· 102

7.2　热电阻传感器 ··· 104

7.3　半导体热敏电阻传感器 ·· 106

第8章　磁传感器 ·· 108

8.1　霍尔器件 ··· 108

8.2　磁敏二极管和磁敏三极管 ·· 109

8.3　CMOS 磁敏器件 ··· 112

8.4　半导体三维磁矢量器件 ·· 113

8.5　巨磁阻抗传感器 ··· 114

第9章　电位器、电感式传感器 ··· 117

9.1　电位器式传感器 ··· 117

9.1.1　工作原理 ·· 117

9.1.2　典型应用 ·· 119

9.2　电感式传感器 ··· 121

9.2.1　自感式传感器 ·· 121

9.2.2　互感式传感器 ·· 123

9.2.3　电感式传感器典型应用 ·· 124

9.3　电涡流式传感器 ··· 126

9.3.1　工作原理 ·· 126

9.3.2　典型应用 ·· 128

第10章　陀螺 ·· 131

10.1　速率陀螺 ·· 131

10.2　气体速率陀螺 ··· 132

10.3　振梁式压电陀螺 ·· 132

10.4　静电陀螺 ·· 133

10.5　激光陀螺 ·· 135

10.6　光纤陀螺 ·· 135

10.7　微机械陀螺 ·· 136

10.7.1　微机械陀螺的工作原理 ·· 137

10.7.2　硅微框架驱动式陀螺 ·· 137

10.7.3　音叉式硅微振动陀螺 ·· 138

10.7.4　微型惯性测量组合 ·· 138

第11章　数字式传感器 ·· 140

11.1　编码器 ·· 140

11.1.1　接触式编码器 ··· 140

11.1.2　光电式编码器 ·· 142

11.1.3　脉冲盘式数字传感器 ·· 142

11.2　计量光栅 ··· 144

11.2.1　计量光栅的类型 ·· 144

11.2.2　光栅传感器的结构和原理 ·· 145

11.2.3　辨向原理 ·· 147

11.2.4　细分技术 ·· 149

11.3　容栅 ·· 151

11.3.1　容栅传感器的结构 ·· 151

11.3.2　容栅传感器的原理 ·· 152

11.3.3　容栅传感器的信号处理 ·· 152

11.4　谐振式传感器 ··· 153

11.4.1　工作原理 ·· 153

11.4.2　谐振式传感器典型应用 ·· 154

第 12 章　传感器的特性与标定校准 ··· 158

12.1　传感器主要静态性能指标 ··· 158

12.1.1　测量范围和量程 ·· 158

12.1.2　灵敏度 ·· 158

12.1.3　分辨力和阈值 ·· 159

12.1.4　迟滞 ·· 160

12.1.5　重复性 ·· 160

12.1.6　线性度 ·· 161

12.1.7　符合度 ·· 162

12.1.8　零漂及温漂 ·· 162

12.1.9　总精度 ·· 163

12.2　传感器动态响应特性 ··· 164

12.2.1　一阶系统的频率响应 ·· 164

12.2.2　一阶系统时间常数确定方法 ·· 166

12.2.3　二阶系统的频率响应 ·· 167

12.2.4　二阶系统递函数的确定方法 ·· 168

12.2.5　高阶系统的频率响应 ·· 169

12.3　传感器性能测试与标定校准 ··· 170

12.3.1　冲击传感器的标定校准装置 ·· 171

12.3.2　冲击传感器静态特性测试 ·· 174

12.3.3　冲击传感器动态特性测试 ·· 175

12.3.4　传感器环境温度灵敏度测试 ·· 176

中篇: 应用篇 信息获取技术典型工程应用

第13章 瞬态冲击信息获取存储测试技术 ……………………… 181

13.1 瞬态冲击信息获取存储测试设计要求 ……………………… 181

13.2 瞬态信息获取存储测试总体设计 ……………………………… 184

13.2.1 设计指标 ……………………………………………… 184

13.2.2 系统总体方案 ………………………………………… 184

13.2.3 测试系统工作流程 …………………………………… 185

13.3 硬件系统设计与实现 …………………………………………… 185

13.3.1 硬件电路原理图设计 ………………………………… 185

13.3.2 电源管理模块设计 …………………………………… 186

13.3.3 主控器模块设计 ……………………………………… 186

13.3.4 调零模块设计 ………………………………………… 186

13.3.5 放大模块设计 ………………………………………… 187

13.3.6 抗混叠滤波与阻抗匹配模块设计 …………………… 187

13.3.7 ADC采样模块设计 …………………………………… 187

13.3.8 数据存储模块设计 …………………………………… 187

13.3.9 串行通信模块设计 …………………………………… 188

13.3.10 硬件电路PCB设计要求 …………………………… 188

13.4 软件系统设计与实现 …………………………………………… 189

13.4.1 软件系统总体方案 …………………………………… 189

13.4.2 实时操作系统UCOSII …………………………………… 190

13.4.3 基于UCOSII的任务设计要求 ………………………… 190

13.4.4 软件系统任务划分 …………………………………… 190

13.4.5 软件系统任务优先级分配 …………………………… 191

13.5 数据分析处理软件设计与功能实现 …………………………… 191

13.5.1 数据分析处理软件需求分析 ………………………… 192

13.5.2 弹载数据分析处理软件总体设计 …………………… 192

13.5.3 弹载数据分析处理软件模块设计 …………………… 193

13.6 测试系统调试和试验验证 ……………………………………… 198

13.6.1 调试方案 ……………………………………………… 198

13.6.2 调试过程 ……………………………………………… 198

13.6.3 调试结果 ……………………………………………… 200

13.6.4 静态试验验证 ………………………………………… 200

第14章 高能量冲击光电信息获取技术 …………………… 202

14.1 高能量冲击速度/加速度信号概述 ……………………………… 202

14.2 空气炮高冲击测试系统的设计与实现 ……………………………… 203

14.3 空气炮冲击测试与计量校准方法 …………………………………… 204

　14.3.1 冲击绝对校准法 …………………………………………… 204

　14.3.2 冲击相对校准法 …………………………………………… 206

14.4 高冲击测试测速系统设计 …………………………………………… 209

　14.4.1 多窄缝测速工作原理 ……………………………………… 209

　14.4.2 多窄缝测速装置的结构设计 ……………………………… 210

　14.4.3 多窄缝测速装置的电路设计 ……………………………… 211

14.5 高冲击测试 LabVIEW 数据采集处理程序设计 …………………… 212

　14.5.1 采集处理程序前面板 ……………………………………… 212

　14.5.2 数据采集存储模块 ………………………………………… 214

　14.5.3 灵敏度计算与结果输出模块 ……………………………… 215

　14.5.4 空气炮高冲击测试系统调试 ……………………………… 220

14.6 空气炮高冲击测试实验结果分析 …………………………………… 220

第 15 章 汽车辅助驾驶双目视觉里程计信息获取技术 ………………… 222

15.1 视觉里程计信息获取技术概述 ……………………………………… 222

15.2 汽车辅助驾驶信息获取总体设计 …………………………………… 223

　15.2.1 汽车辅助驾驶改造架构 …………………………………… 223

　15.2.2 汽车辅助驾驶环境感知平台 ……………………………… 225

　15.2.3 汽车辅助驾驶硬件配置 …………………………………… 227

　15.2.4 汽车辅助驾驶系统及网络配置 …………………………… 227

15.3 双目立体全景视觉工作原理 ………………………………………… 228

15.4 双目全景视觉系统标定及实验 ……………………………………… 230

　15.4.1 双目立体全景视觉系统标定原理 ………………………… 230

　15.4.2 双目标定实验 ……………………………………………… 232

15.5 双目立体全景视觉里程计设计与实验验证 ………………………… 235

　15.5.1 视觉里程计原理 …………………………………………… 236

　15.5.2 视觉里程计实验 …………………………………………… 237

第 16 章 高分辨图像传感器信息获取技术 ……………………………… 241

16.1 图像信息获取技术概述 ……………………………………………… 241

　16.1.1 CMOS 与 CCD 图像传感器分析 ………………………… 241

　16.1.2 CCD 图像传感器的工作原理 …………………………… 243

16.2 高分辨图像信息获取前端总体设计 ………………………………… 248

　16.2.1 设计要求 …………………………………………………… 248

　16.2.2 系统总体框架结构 ………………………………………… 248

　16.2.3 ICX694ALG 图像传感器工作原理 ……………………… 249

　16.2.4 高分辨 CCD 图像传感器驱动方案分析 ………………… 251

16.3　CCD 图像信息获取前端硬件电路设计 ……………………………………… 254
　　16.3.1　垂直驱动电路设计 ……………………………………………………… 254
　　16.3.2　控制电路功能分析 ……………………………………………………… 255
　　16.3.3　FPGA 时序控制电路设计 ……………………………………………… 258
16.4　信息获取前端软件设计与实现 ……………………………………………… 260
　　16.4.1　CCD 时序原理与分析 …………………………………………………… 260
　　16.4.2　AD9979 配置分析 ………………………………………………………… 260
16.5　测试分析与实验验证 …………………………………………………………… 261
　　16.5.1　测试条件 ………………………………………………………………… 261
　　16.5.2　驱动时序测试与分析 …………………………………………………… 262
　　16.5.3　AD9979 配置串口测试与分析 ………………………………………… 264
　　16.5.4　CCD 图像传感器输出测试与分析 …………………………………… 265
　　16.5.5　图像传输显示测试与分析 ……………………………………………… 266

下篇：实践篇　信息获取技术综合实验

第 17 章　传感器基础实验 ……………………………………………………… 269

实验 1　金属箔式应变片——1/4 桥性能实验 ……………………………………… 269
实验 2　金属箔式应变片——半桥性能实验 ………………………………………… 274
实验 3　金属箔式应变片——全桥性能实验 ………………………………………… 275
实验 4　金属箔式应变片 1/4 桥、半桥、全桥性能比较 …………………………… 277
实验 5　金属箔式应变片的温度影响实验 …………………………………………… 278
实验 6　直流全桥的应用——电子秤实验 …………………………………………… 279
实验 7　交流全桥的应用——振动测量实验 ………………………………………… 280
实验 8　压阻式压力传感器的压力测量实验 ………………………………………… 283
实验 9　差动变压器的性能实验 ……………………………………………………… 285
实验 10　激励频率对差动变压器特性的影响实验 ………………………………… 289
实验 11　差动变压器零点残余电压补偿实验 ……………………………………… 290
实验 12　差动变压器测位移实验 …………………………………………………… 291
实验 13　差动变压器的应用——振动测量实验 …………………………………… 292
实验 14　直流激励霍尔传感器位移特性实验 ……………………………………… 294
实验 15　交流激励时霍尔传感器的位移特性实验 ………………………………… 297
实验 16　霍尔测速实验 ……………………………………………………………… 298
实验 17　磁电式传感器测速实验 …………………………………………………… 299
实验 18　压电式传感器测量振动实验 ……………………………………………… 301
实验 19　电涡流传感器位移特性实验 ……………………………………………… 305
实验 20　材质对电涡流传感器特性影响实验 ……………………………………… 309
实验 21　面积大小对电涡流传感器特性影响实验 ………………………………… 309

实验 22　电涡流传感器的应用——振动测量实验 ···················· 310

实验 23　电涡流传感器的应用——电子秤实验 ······················· 312

实验 24　电涡流传感器测转速实验 ······································· 313

实验 25　光电式转速传感器的转速测量实验 ·························· 314

实验 26　Cu50 温度传感器的温度特性实验 ··························· 315

实验 27　Pt100 热电阻测温特性实验 ···································· 318

实验 28　热电偶测温性能实验 ··· 320

实验 29　温度仪表 PID 控制实验 ··· 323

实验 30　暗光街灯（光敏电阻）应用实验 ····························· 324

实验 31　红外遥控（光敏管）应用实验 ································· 325

第 18 章　LabVIEW 及 MATLAB 高级实验 ······················· 326

实验 32　LabVIEW 程序开发环境 ·· 326

实验 33　虚拟温度计的设计 ·· 328

实验 34　子 VI 的创建与调用 ·· 333

实验 35　常用数字信号发生器 ··· 339

实验 36　信号的瞬态特性测量 ··· 344

实验 37　常见信号的频谱（幅值 – 相位） ···························· 346

实验 38　巴特沃斯（Butterworth）滤波器 ··························· 347

实验 39　串口通信——A/D 实验 ·· 348

实验 40　串口通信——D/A 实验 ·· 351

实验 41　串口通信——DI 实验 ·· 351

实验 42　串口通信——DO 实验 ··· 352

实验 43　串口通信综合实验 ·· 353

实验 44　智能温度控制系统的设计 ······································· 355

实验 45　智能转速控制系统的设计 ······································· 357

实验 46　MATLAB 运行环境及配置 ····································· 359

实验 47　A/D 操作实验 ··· 361

实验 48　D/A 操作实验 ··· 363

实验 49　DI 操作实验 ··· 363

实验 50　DO 操作实验 ·· 363

实验 51　电压状态监视/报警实验 ·· 364

实验 52　PID 控制实验 ··· 365

参考文献 ··· 368

上篇：原理篇　传感器获取信息的基础理论

第 1 章

绪　　论

1.1　传感器技术的地位和作用

现代信息产业的三大支柱是传感器技术、通信技术和计算机技术，它们分别构成了信息获取技术的"感官""神经"和"大脑"。传感器技术是信息社会的重要技术基础，信息获取的首要部件。鉴于传感器的重要性，20 世纪 80 年代发达国家对传感器在信息社会中的作用又有了新的认识和评价，如美国把 20 世纪 80 年代看作传感器时代，把传感器技术列为 20 世纪 90 年代 22 项关键技术之一。日本曾把传感器列为十大技术之首，我国的 863 计划、科技攻关等计划中也把传感器研究放在重要的位置。信息获取系统中传感器信息获取手段，在很大程度上影响和决定了信息获取系统的功能。不仅工程技术领域中如此，就是在基础科学研究中，由于新机理和新材料的发现，往往能带来高灵敏度检测传感器的出现。例如约瑟夫森效应器件的出现，不仅解决了对于 10^{-9} GS 超弱磁场的检测，同时还解决了对 10^{-12} A 及 10^{-23} J 等物理量的高精度检测，还发现和证实了磁单极子的存在，对多种基础科学的研究和精密计量产生了巨大的影响。所以国外一些著名专家评论说："征服了传感器就等于征服了科学技术"，"如果没有传感器获取各种信息，那么支撑现代文明的科学技术就不可能发展"，"唯有模仿人脑的计算机和传感器的协调发展，才能决定技术的将来"。

1.2　传感器技术的应用和需求

1.2.1　应用领域

中国的传感器市场多年来持续增长，传感器主要应用的四大领域为工业领域、汽车电子领域、通信电子领域和消费电子领域，其中工业和汽车电子领域传感器市场占比约为 42%。目前传感器在医疗、环境监测、油气管道、智能电网、可穿戴设备等领域的创新应用也将成为新热点，有望在未来创造更多的市场需求。市场的驱动也正是技术不断变革和进步的动力。

国内传感器从某个侧面可以大概划分 10 大类、24 小类、6 000 多个品种，美国约 2 万种传感器。国外主要传感器制造商有西门子、霍尼韦尔、欧姆龙等公司，他们占有较大市场份额；国内厂商虽然有了较大发展，但远远不能跟上形势的要求。我国传感器技术水平与种类数量都与技术先进国家有很大差距。

我国物联网市场已经进入实质性发展阶段，每年市场规模突破 1 万亿元，年增长率超过 25%，预计到 2025 年物联网带来的经济效益将在 2.7 万亿～6.2 万亿美元。

传感器是物联网信息获取的关键组件。据不完全统计，我国目前已拥有的传感器与敏感元件约 1.2 万种，常规类型和种类 6 000 多种。随着物联网的发展，传感器产业也将迎来爆发。预计未来 5 年我国传感器产业年均增长率将达 30%，远高于全球平均水平。

物联网技术的发展对传统传感技术提出了新的要求，产品正逐渐向微机电系统（MEMS）技术、无线数据传输技术、红外技术、新材料技术、纳米技术、陶瓷技术、薄膜技术、光纤技术、激光技术、复合传感器技术、多学科交叉融合的方向发展。MEMS 是目前世界制造业的热点，MEMS 以其微型化的优势，在加速度传感器、陀螺仪、光学 MEMS、图像传感器等领域都有巨大的应用市场，在军事领域和以汽车、电子、家电等为代表的民用行业有着极为广阔的应用前景。

传感器已经成为新的人工智能应用的基础。以智能车辆为例，在自动驾驶车辆中安装了至少三类传感器系统：图像视觉传感器、毫米波雷达和激光雷达，以获取车辆行驶过程中的周围环境信息，为自主无人驾驶奠定基础。汽车正在向新的智能化方向发展，智能化可以帮助驾驶员更好地控制车辆运动。每辆车有几百支传感器，传感器可以降低运营成本，降低汽车故障率，提高安全性。

智能驾驶主要通过摄像头（长距摄像头、全景摄像头和立体摄像头）和雷达（超声波雷达、毫米波雷达、激光雷达）实现环境感知；先进的自动驾驶汽车装有 17 个传感器，预计 2030 年将达到 29 个传感器。2020 年激光雷达、毫米波雷达和夜视系统等市场已经进入快速成长期。

1.2.2　市场需求

美国、日本、德国占据全球传感器市场近七成份额，而我国仅占到 10% 左右。目前我国市场主要应用的传感器绝大部分仍依赖进口，主流市场产品依赖国外配套的情况尤为突出。

全球传感器市场规模已经超过 400 亿美元，2020 年全球传感器市场规模有望达到 600 亿美元。我国传感器市场规模 2018 年约为 1 472 亿元，2019 年约 1 660 亿元，2021 年可能突破 2 000 亿元，预计在 2023 年增长至 2 580 亿元左右，2019—2023 年均增长率约为 11.65%。

从传感器种类来看，流量传感器、压力传感器、温度传感器占据最大的市场份额，分别占 21%、19%、14%。从应用领域来看，工业、汽车电子、通信电子、消费电子四部分是传感器最大的市场。国内工业和汽车电子产品领域的传感器占比约 42%。

目前中国车用 MEMS 产业已经成为整个 MEMS 传感器产业增长速度最快的领域。2016—2019 年，汽车智能传感器市场年增长率约为 6.5%，到 2020 年市场规模将达到 93 亿美元。

国内传感器在高精度、高敏感度分析、成分分析和特殊应用等高端方面与国际水平差距巨大，传感器芯片市场国产化率不足 10%，中高档传感器产品几乎完全从国外进口，绝大部分芯片依赖国外，国内缺乏对新原理、新器件和新材料传感器的研发和产业化能力。

在传感器制造工艺以及技术方面,美国、日本以及德国等发达国家长期处于国际市场领先地位,三国几乎垄断了全球 70% 的市场,且随着 MEMS 工艺技术的不断成熟,此增长态势将会愈发明显。全球传感器研发制造商共 6 500 多家,传感器种类 2 万多种,我国目前拥有 1 万多种。全球传感器市场规模在 2016—2021 年增长率为 11%,至 2021 年市场规模将高达 2 000 亿美元。

在国内近 5 000 家仪器仪表企业中,有 1 600 多家不同程度地生产制造敏感元件及传感器。国内各省市理工科大专院校、科研机构都不同程度地研发传感器、小批量生产敏感元件及传感器。但由于非专业型企业比例较高,因此在企业中传感器只是附属产品,产值相对较低,而且受重视程度不够。目前,生产传感器产值过亿元的企业仅占企业总数的 13%,全国不足 200 家,产品种类齐全的专业厂家不足 3%。

与国外相比,国内传感器在产品品质、工艺水平、生产装备、企业规模、市场占有率和综合竞争力等方面仍存在很大差距。同国际先进水平相比,传感器新品研制落后 5~10 年,产业化规模生产技术工艺则落后 10~15 年。

1.3　传感器技术发展趋势

传感器驱动数字变革,工厂带来数字化为背景的一场全新工业革命,从无处不在的智能摄像头到部署在城市各个角落的各种传感器,以此对城市各种数据进行收集,并经云端 AI 技术处理后,有助于提高对交通和街道等城市公共管理能力,仿佛这一切都是建立在传感器上的,那么未来传感器会朝着什么样的方向发展呢?

微型传感器是基于半导体集成电路技术发展的 MEMS 技术,利用微机械加工技术将微米级的敏感组件、信号处理器、数据处理装置封装在一块芯片上,具有体积小、成本低、便于集成等明显优势,并可以提高系统测试精度。现在已经开始用基于 MEMS 技术的传感器来取代已有的产品。随着微电子加工技术特别是纳米加工技术的进一步发展,传感器技术还将从微型传感器进化到纳米传感器。微型传感器的研制和应用将越来越受到各个领域的青睐。

智能传感器是由一个或多个敏感元件、微处理器、外围控制及通信电路、智能软件系统相结合的产物,它兼有监测、判断、信息处理等功能。与传统传感器相比,它具有很多特点。例如,它可以确定传感器工作状态,对测量资料进行修正,以便减少环境因素如温度、湿度引起的误差;它可以用软件解决硬件难以解决的问题;它可以完成资料计算与处理工作等。智能传感器的精度、量程覆盖范围、信噪比、智能水平、远程可维护性、准确度、稳定性、可靠性和互换性都远高于一般的传感器。

仿生传感器是通过对人的种种行为如视觉、听觉、感觉、嗅觉和思维等进行模拟,研制出的自动捕获信息、处理信息、模仿人类行为的装置,是近年来生物医学和电子学、工程学相互渗透发展起来的一种新型的信息技术。随着生物技术和其他技术的进一步发展,在不久的将来,模拟生物体功能的仿生传感器将超过人类五官的能力,完善目前机器人的视觉、味觉、触觉和对目标物体进行操作的能力。我们将看到仿生传感器应用的广阔前景。

随着通信技术的发展、无线技术的广泛应用,无线技术也应用到传感器技术中。比如水文观测中通过传感器收集到水文的信息，然后通过无线技术发送到集中控制平台，这样我们就可以在控制平台上监测到各个点的水文信息。在航天技术中我们通过卫星把传感器采集的数据发回地面，从而了解太空中的各种情况。

当前技术水平下的传感器系统正向着微小型化、智能化、多功能化和网络化的方向发展。今后，随着 CAD 技术、MEMS 技术、信息理论及数据分析算法的继续向前发展，未来的传感器系统必将变得更加微型化、综合化、多功能化、智能化和系统化。在各种新兴科学技术呈辐射状广泛渗透的当今社会，作为现代科学"耳目"的传感器系统，作为人们快速获取、分析和有效利用信息的基础，必将进一步得到社会各界的普遍关注。

1.4　传感器的定义与分类

1.4.1　传感器的定义

传感器是能感受规定的被测量并按照一定规律转换成可用输出信号的器件或装置，通常由敏感元件和转换元件组成。其中，敏感元件是指传感器中直接感受被测量的部分，转换元件是指传感器能将敏感元件输出转换为适于传输和测量的电信号部分。这一定义同美国仪表协会（ISA）的定义相类似。传感器实质上就是代替人的五种感觉器官的装置，但应比人的五官更胜一筹，又是能够检测出人的五官所不能感知的现象（如红外、超声波等）的装置，而且对于远远超出人的五官所能感知的有用能量（包括各种极端状态），它也能检测出来。

传感器一般由敏感元件、转换元件、信号调节转换电路和辅助电源四部分构成，其组成框图如图 1－1 所示。

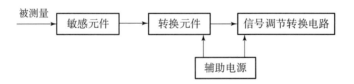

图 1－1　传感器组成框图

1.4.2　传感器的分类

传感器的分类方法较多，按输入量分类：位移传感器、速度传感器、温度传感器、压力传感器等；按工作原理分类：电阻式、电容式、电感式、压电式、热电式等；按物理现象分类：结构型传感器、特性型传感器；按能量关系分类：能量转换型传感器、能量控制型传感器；按输出信号分类：模拟式传感器、数字式传感器。传感器（按被测量）分类体系如图 1－2 所示。

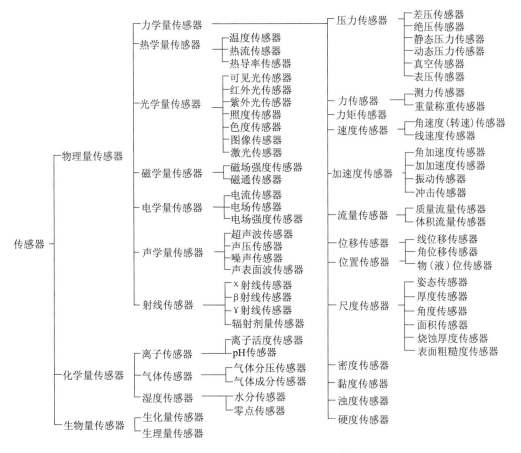

图 1-2 传感器（按被测量）分类体系

1.5 传感器命名方法及代号

1.5.1 命名法构成

一种传感器产品的名称，应由主题词加四级修饰语构成。

（1）主题词——传感器。

（2）第一级修饰语——被测量，包括修饰被测量的定语。

（3）第二级修饰语——转换原理，一般可后续以"式"字。

（4）第三级修饰语——特征描述，指必须强调的传感器结构、性能、材料特征、敏感元件及其他必要的性能特征，一般可后续以"型"字。

（5）第四级修饰语——主要技术指标（量程、精确度、灵敏度等）。

命名法范例：

1）题目中的用法

本命名法在有关传感器的统计表格、图书索引、检索以及计算机汉字处理等特殊场合应采用规定的顺序。

例1：传感器，位移，应变计式，100 mm；

例2：传感器，压差，电位器式，1～70 kPa；

例3：传感器，加速度，压电式，±20g。

2）正文中的用法

在技术文件、产品样本、学术论文、教材及书刊的陈述句子中，作为产品名称应采用相反的顺序。

例1：10 mm 应变式位移传感器；

例2：0～70 kPa 电位器式压差传感器；

例3：±20g 压电式加速度传感器。

3）传感器命名构成及各级修饰语举例

图1-2列举了典型传感器的命名构成和各级修饰语的示例，可供传感器命名时参照。

1.5.2 传感器代号标记方法

可以用大写汉语拼音字母和阿拉伯数字构成传感器完整的代号。

1. 传感器代号的构成

传感器的完整代号应包括四个部分：主称（传感器）、被测量、转换原理、序号。

四部分代号表述格式应为

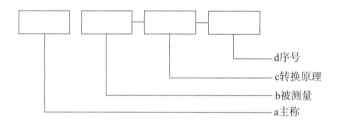

在被测量、转换原理、序号三部分代号之间必须由连字符"—"连接。

2. 各部分代号的意义

（1）第一部分——主称（传感器），用汉语拼音字母"C"标记。

（2）第二部分——被测量，用其一个或两个汉语拼音的第一个大写字母标记。当这组代号与该部分的另一个代号重复时，则取汉语拼音的第二个大写字母作代号，依此类推。对于有两个或两个以上被测量的多功能传感器，应做同样处理。当被测量为离子、粒子或气体时，可用其元素符号、粒子符号或分子式加圆括号（）表示。

（3）第三部分——转换原理，用其一个或两个汉语拼音的第一个大写字母标记。当这组代号与该部分的另一个代号重复时，则用其汉语拼音的第二个大写字母作代号，依此类推。

（4）第四部分——序号，用阿拉伯数字标记。序号可表征产品设计特性、性能参数、产品系列等。如果传感器产品的主要性能参数不改变，仅在局部有改动或变动时，其序号可在原序号后面顺序地加注大写汉语拼音字母 A、B、C、…（其中 I、O 两个字母不用）。序号及其内涵可由传感器生产厂家自行决定。

3. 传感器代号

（1）应变式位移传感器：

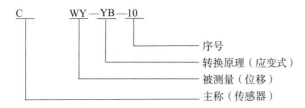

（2）温度传感器：

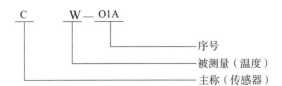

（3）电容式加速度传感器：

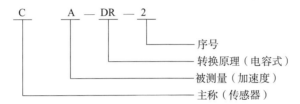

第 2 章

应变式传感器

应变式传感器是以电阻应变片为敏感元件的传感器。1856 年发现应变效应，1936 年制成电阻应变计，1940 年发明应变式传感器，目前已成为应用最广泛、最成熟的传感器之一。应变式传感器与测量电路组成测压、测力、称重以及测位移、加速度、扭矩、温度等多种测试系统，已成为冶金、电力、交通、石化及国防等行业不可缺少的信息获取手段。

2.1　传感器工作原理

2.1.1　电阻—应变效应

应变式传感器工作原理是基于电阻—应变效应。所谓电阻—应变效应是指金属丝的电阻值随其变形而发生改变的一种物理现象。

金属丝的电阻值 R_s 与其长度 L_s 和电阻率 ρ_s 成正比，与其截面积 A_s 成反比，数学表述式如下：

$$R_s = \rho_s \frac{L_s}{A_s} \tag{2-1}$$

式中，R_s 为金属丝的电阻（Ω）；ρ_s 为金属丝的电阻率（$\Omega \cdot m$）；L_s 为金属丝的长度（m）；A_s 为金属丝的截面积（m^2）。

若金属丝沿轴线方向受力而变形其电阻必随之变化，如图 2-1 所示。

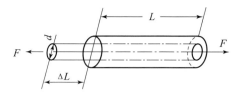

图 2-1　金属导线的电阻—应变效应

当金属丝长度伸长 ΔL_s，面积变化 ΔA_s，电阻率变化 $\Delta \rho_s$，则电阻相对变化为

$$\frac{\Delta R_s}{R_s} = \frac{\Delta \rho_s}{\rho_s} + \frac{\Delta L_s}{L_s} - \frac{\Delta A_s}{A_s} \tag{2-2}$$

式中，$\Delta L_s / L_s$ 为金属丝长度相对变化，用应变 ε_s 表示为

$$\varepsilon_s = \frac{\Delta L_s}{L_s} \tag{2-3}$$

$\Delta A_s / A_s$ 为导线截面积相对变化，对圆形截面，若直径为 D_s，则

$$\frac{\Delta A_\mathrm{s}}{A_\mathrm{s}} = 2\,\frac{\Delta D_\mathrm{s}}{D_\mathrm{s}} = -2\mu_\mathrm{s}\varepsilon_\mathrm{s} \tag{2-4}$$

式中，μ_s 为金属材料泊松比，也称为横向变形系数 $\mu_\mathrm{s} = -\Delta D_\mathrm{s}/D_\mathrm{s}/\Delta L_\mathrm{s}/L_\mathrm{s}$。

2.1.2　形变传递

大多数应变式传感器都是将应变计粘贴于弹性元件表面。弹性元件表面形变通过基底和黏结剂传递给应变计敏感栅。由于基底和黏结剂的弹性模量与敏感栅材料的弹性模量存在差异，弹性元件表面应变不可能全部均匀地传递到敏感栅。研究表明，当弹性元件表面的应变沿应变计轴向均匀分布时，应变计中基底和敏感栅的应变分布如图 2-2 所示。

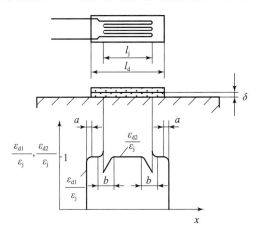

图 2-2　变形的传递

基底端部应变 ε_d1 和敏感栅端部应变 ε_d2 小于弹性元件表面应变 ε_j，靠近敏感栅端部外侧，由于应力集中使应变 ε_d1 局部增大，所以在基底和敏感栅端部分别产生应变传递过渡区 a 和 b。基底和黏结剂的弹性模量与敏感栅、弹性元件的弹性模量相差越大，所产生的过渡区越大。过渡区 a 的大小还与基底及黏结剂的厚度 σ 有关。b 的大小则与丝栅直径 D、栅条厚度及其端部结构有关，相关试验得到如下经验公式：

$$a \approx 2\delta,\ b \approx 10D \tag{2-5}$$

为减小基底端部过渡区影响，应变计基底长度 L_a 应至少比栅长 L_j 大 $2a$ 倍。敏感栅端部过渡区的影响无法避免，因此应变计灵敏度系数 K 一般均低于敏感栅灵敏系数 K_s。

应变计栅长越短，过渡区 b 影响越显著。过渡区影响上升，将导致灵敏度系数 K 下降。应变计粘贴的弹性元件的内应力集中将导致应变计发生蠕变和漂移，这些是引起应变计性能不稳的因素，应尽量降低。

2.1.3　应变计组成与结构

电阻应变式传感器简称电阻应变计，由基底、覆盖层、黏结剂、外引线和电阻敏感栅五部分构成，如图 2-3 所示。基底是将弹性元件表面应变传递到电阻敏感栅上的中间介质，并起到敏感栅和弹性元件之间绝缘作用；覆盖层起着保护敏感栅的作用；黏结剂是将敏感栅和基底粘接成一体；外引线是连接到外部放大器的测量导线，与其构成测试系统；电阻敏感栅可以将应变量转换成电阻变化。

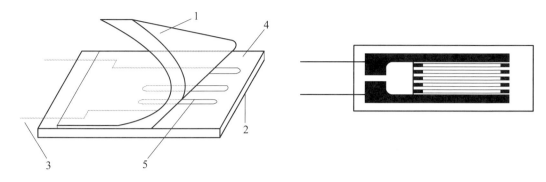

图 2-3　电阻应变计组成

1—覆盖层；2—基底；3—外引线；4—黏结剂；5—电阻敏感栅

1. 电阻敏感栅

敏感栅材料对电阻应变计性能起决定性作用，制作应变计选用合金材料有如下要求：

（1）灵敏系数较高，且在较大应变范围内保持不变。

（2）电阻率较高且稳定。

（3）电阻温度系数小，温度系数呈线性关系且重复性好，热稳定性好。

（4）机械强度高，加工性能和焊接性能良好，与引线接触电阻小。

（5）抗氧化性能和抗腐蚀性能强。

综合考虑上述材料选用要求，常用敏感栅合金材料包括：

（1）铜镍合金（俗称康铜），最常用的是含铜 55%、含镍 45% 的康铜；

（2）镍铬合金及镍铬改性合金，镍络合金一般含镍 80%，含铬 20%；

（3）铁铬铝合金，一般含铁 70%，含铬 25%，含铝 5%；

（4）镍铬铁合金，灵敏系数大，具有高的疲劳寿命和大的电阻温度系数，但不宜在磁场附近使用；

（5）铂及铂合金，具有耐酸、耐碱、抗腐蚀性能，高温条件下抗氧化性良好，电阻温度系数的线性度高，灵敏系数大，一般用于高温动态应变测量场合。

2. 基底

应变计基底的作用是固定应变计的敏感栅，使它保持原有几何形状，电阻敏感栅与弹性元件之间相互绝缘，应变计基底一般由纸或胶膜材料制成。胶基材料有环氧、缩醛、聚酰亚胺等，玻璃纤维增强基底应变计的长期稳定性好、蠕变小、滞后小、耐热性好、疲劳寿命高，最适于应用在高精度测力或称重的电阻应变式传感器场合。

3. 覆盖层

应变计覆盖层又称为面胶，是在敏感栅上盖上一层胶膜，经固化处理后制成敏感栅封闭式电阻应变计。覆盖层用来保护敏感栅，使其避免受机械力破坏、防止敏感栅氧化。面胶材料多采用环氧树脂胶、酚醛树脂胶等。

4. 外引线

应变计的外引线是连接敏感栅与测量电路的丝状或带状金属导线。外引线电阻率稳定且较低，电阻温度系数小。常温外引线一般采用镀银紫铜丝或铜带，高温外引线一般采用镍铬、银、铂或铂铬等材料。高疲劳寿命的应变计外引线采用铍青铜材料。外引线与敏感栅的连接方式包括锡焊、电弧焊、电接触焊等。

5. 黏结剂

应变计的黏结剂是在制造应变计时将敏感栅粘贴在基底上，或在使用应变计时将应变计粘贴在弹性元件上。粘贴应变计时黏结剂所形成的胶层起着重要的作用。它是将弹性元件表面变形传递到应变计的敏感栅上，因此黏结剂性能的优劣直接影响应变计特性，处理不当会导致蠕变、滞后、非线性，影响特性随时间或温度的变化程度。因此传感器性能好坏除取决于应变计外，还取决于黏结剂质量和应变计粘贴方法是否正确等。国内外常用的黏结剂如表 2-1 所示。

表 2-1　国内外常用黏结剂

牌号	主要成分	使用温度范围/℃	固化条件	适于黏合基底	生产厂家
501 或 502	α 氰基丙烯酸酯	-50 ~ +60	室温指压固化	纸基或胶基	701 所
KY-2	聚乙烯醇缩甲乙醛	-50 ~ 100	80℃，1 h/140℃，2 h/190℃，3 h	胶基	701 所
KS-1	环氧树脂、固化剂	-100 ~ 180	70℃，1 h/120℃，2 h/180℃，2 h	胶基	新宇传感器厂
KY-5	锌酚醛环氧	-60 ~ 180	80℃，1 h/130℃，2 h/160℃，3 h	胶基	701 所
PC-6	酚醛	-269 ~ 50	70℃，1 h/120℃，2 h/160℃，2 h	胶基	日本共和电业
CC-15A	α 氰基丙烯酸乙酯	-196 ~ +120	室温指压固化	纸基及胶基	日本共和电业
EP-17	环氧树脂、固化剂	-50 ~ 170	70℃，1 h/120℃，2 h	胶基	日本共和电业
M-Boha610	环氧树脂、固化剂	-269 ~ 260	70℃，1 h/160℃，2 h 后固化/高于 30℃，2 h	胶基	美 M-M 公司
M-Boha200	α 氰基丙烯酸甲酯	-5 ~ 65	70℃，1 h/110℃，4 h 后固化/高于 30℃，2 h	纸基或胶基	美 M-M 公司

2.2　应变计种类

电阻应变计种类很多，常用的分类方式包括：按制造方法分类、按工作温度范围分类以及按用途分类。

1. 按敏感栅制造方法分类

按制造方法分类为：丝式应变计、箔式应变计、金属薄膜应变计。

2. 按应变计的工作温度范围分类

按工作温度范围分类为：常温应变计（-30 ~ 60℃）、中温应变计（60 ~ 300℃）、高温应变计（300℃以上）。

3. 按用途分类

按用途分为：①单轴应变计，用于测量单向应变；②应变花，用于测量平面应变，测量一点、两点或三个方向应变；③疲劳寿命应变计，测量结构材料疲劳情况；④裂纹扩展应变计，用于探测裂纹的扩展情况和扩展速度；⑤测温应变计，它由电阻温度系数大、应变系数小的电阻材料制成敏感栅；⑥测压片；⑦大应变应变计，10%～20%大应变场合。

2.3　应变计主要特性参数

1. 电阻值

电阻值是指应变计在未粘贴、未受外力情况下，室温条件下测定的电阻值，也称为初始电阻值、标准名义电阻值。应变计电阻值系列包括60 Ω、120 Ω、350 Ω、600 Ω、1 000 Ω，最常用的是120 Ω（应力分析用）和350 Ω（传感器用）两种。实际上标准名义电阻值存在一定偏差，对每一支应变片测量后，阻值相近的分类包装。

应变计电阻值的分散程度用两个指标衡量：一是每包应变计电阻平均值对于标准名义电阻值的偏差，偏差大小反映制造应变计材料的性能分散度和制造工艺的稳定性；二是每包应变计中单个阻值对于平均值的公差，公差只反映包装时应变计电阻的分选精度。

2. 灵敏度系数

应变计灵敏度系数 K 是指在应变计敏感轴方向的单向应力作用下，应变计电阻相对变化量与安装应变计试件表面轴向应变比值：

$$K = \frac{\Delta R}{R} \Big/ \frac{\Delta L_s}{L_s} = \frac{\mathrm{d}R}{R} \Big/ \varepsilon \qquad (2-6)$$

应变计灵敏度系数主要取决于金属丝的灵敏度系数。由于基底传递变形失真、横向效应、结构形式、几何尺寸等多种因素影响，应变计灵敏度系数 K 均低于金属丝的灵敏度系数 K_s，无法用理论公式准确计算，一般通过标定试验来确定。

应变计的生产不能逐片标定，一般采用抽样标定方法，如果抽检标定结果分散度在允许范围内，平均值定为 K_p，并标出误差（用相对均方根差表示），这就是标称灵敏度系数。

3. 机械滞后

固定温度条件下，粘贴在弹性元件表面的应变计加载特性与卸载特性不重合的现象称为机械滞后，如图2-4所示。加载特性与卸载特性的最大差值 ε_{zm} 称为该应变计的机械滞后量。机械滞后一般是敏感栅、基底和黏结剂在承受应变之后留下的残余变形所致。若敏感栅受到不适当变形、黏结剂固化不充分或较高温度下工作，将导致机械滞后量增加。新粘的贴应变计可通过反复加载和卸载方式来减少机械滞后影响。

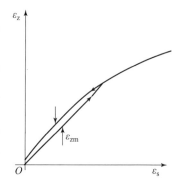

图2-4　应变片的机械滞后

4. 零漂和蠕变

零漂：恒定温度条件下，试件没有机械应变情况下，粘贴在试件上的应变计输出应变信号随时间变化的特性。

蠕变：温度恒定条件下，应变计承受恒定的机械应变（一般为 1 000 με），应变计输出应力－应变信号随时间变化的特性。蠕变中包括零漂，零漂是蠕变的特例。零漂通常是制造过程内应力、粘贴固化不充分以及敏感栅材料、黏结剂和基底材料性能变化等因素所致。蠕变一般是胶层在传递应变的开始阶段出现，"滑动"现象越严重，产生的蠕变也越大。

5. 应变极限

应变极限：温度条件一定，室温或极限使用温度条件下，对于已粘贴好的应变计，输出应变与被测真实应变的相对误差，不超过一定量值（一般为 10%）时，所能测量的最大真实应变值。

规定应变极限主要是为描述应变计的非线性。当应变计承受较大的应变时，由于黏结剂和基底传递应变能力减弱，弹性元件真实应变不能全部作用于敏感栅，测量值较真实值低。应变超出金属应变丝（箔）弹性极限时可能导致塑性变形，破坏了线性关系。

选用抗剪强度较高的黏结剂和基底材料，以及合理的粘贴安装方式，可以提高应变极限。工作温度升高一般使应变极限下降。

2.4　应变计使用与选用原则

1. 应变计选用原则

应变计种类繁多，长的有几百毫米，短的仅有 0.1mm；有单轴的、应变花的；有高温、低温、水下、高压、辐射、强磁场等不同使用环境条件。如何正确选用应变计是一个重要的问题。

电阻丝式应变计属于最基本的传统结构，在我国占比较重要的地位。箔式应变计原材料（箔材和基底胶）和工艺等较复杂，但由于箔式应变计具有敏感栅尺寸小、形状可以任意、横向效应小、疲劳寿命高、蠕变及滞后小，易于批量生产等特点，应用日益增多，有些国家箔式应变计几乎全部取代丝式应变计。

薄膜式应变计精度高，发展前景广阔。这种应变计的优点有：电阻比箔式应变计高，形状和尺寸也比箔式应变计小，测量更准确，避免了箔式应变计在制造过程中易腐蚀的缺点；薄膜式应变计结构导热性良好，较宽工作温度范围可得到较完善的补偿；薄膜式应变计用陶瓷绝缘代替了胶接，避免了复杂分选和粘贴技术，克服了胶接引入的漂移和疲劳等缺点。薄膜式应变计应用在较大应变条件下（1 000～3 000 με）更有优势，通常应变较小（500～1 000 με）的条件下，往往无法直接引用。

应变计的选用主要考虑如下因素：

（1）应变计选用一般依据试件的材质、受力状态、工作环境条件、测量精度要求等因素权衡后而定。

（2）弹性元件材质应考虑材料弹性模量、材质均匀程度。弹性模量高的均质材料可选小标距应变计；弹性模量低或试件较薄材料，由于应变计端部附近产生应力集中（即加强效应），应考虑其对测试精度的影响；对材质不均匀材料，宜选用大标距应变计。

（3）应变计使用环境条件主要考虑温度、湿度、压力、电磁场、核辐射、腐蚀等。潮湿环境可选用聚酰亚胺、酚醛环氧、环氧等胶基应变计；核辐射环境中应选用聚酰亚胺、无机黏结剂、康铜或改性镍铬（卡玛或镍铬锰硅）合金材料应变计；强磁场条件下选用改性镍铬合金或铂钨合金材料应变计。

（4）弹性元件的应变状态主要考虑应变梯度大小、静态应变、动态应变，要使所测平均应变尽量反映测量点实际应变。应变梯度大场合应尽量选用小标距应变计，对于小标距应变计横向效应影响，要适当补偿或修正；大应变梯度垂直于应变计灵敏轴线时，应选用应变极限高的应变计或大应变应变计；微小应变宜选灵敏度高的应变计；动态应变测量场合选用频响高、小标距的应变计。

（5）选用康铜、卡玛等材料的箔式应变计，精度高为宜；价格低廉、粘贴方便情况选用纸基应变计。

（6）应力分析应用场合通常选用 120 Ω 电阻值的应变计，方便与现有仪器配套使用；要求输出信号大的情况选用灵敏度系数高的应变计。

2. 应变计使用：粘贴技术

粘贴是保证应变计性能和测量精度的关键因素之一。电阻式应变计安装方式有粘贴、焊接（高温场合）和喷涂（高温喷涂场合）等几种方法，下面主要介绍粘贴式应变计的粘贴技术。粘贴应变计主要步骤：

1）应变计检查与筛选

（1）外观检查：目测检查应变计敏感栅排列是否整齐，是否有锈蚀斑点；有无短路断路、折弯现象；基底与覆盖层之间是否均匀，有无气泡污点等。

（2）电阻值测量及筛选：对于电阻值每个应变计都要进行测量，保证同一批次应变计的工作片和补偿片之间电阻值的差值最好不超过 ± 0.1 Ω。若电阻差相差超过 0.5 Ω 时，将会使传感器造成较大的零偏。

2）试件贴片处表面处理

（1）为获得良好的粘贴表面，试件贴片处表面处理十分重要。贴片表面处应该除去表面污物及氧化层，增大附着力。油污可用丙酮、汽油、四氯化碳或氯利昂等溶剂清洗，表面氧化层可用砂布打磨试件表面（表面粗糙度 $Ra = 1.25 \sim 2.5$），最好用中等粒度的砂布，打出的表面纹路与贴片方向呈 45°。

（2）传感器弹性元件表面贴片处要求严格处理，先用四氯化碳清除弹性元件上的油污，用 0 号砂布交叉打磨弹性元件上贴片处，再用溶剂清洗；表面处理也可用无油喷砂方法，选用合适的磨料、加载合适空气压力，喷砂获得质量均匀粘贴表面；喷砂后残留的砂粒可用干净的空气或氮气吹净；喷砂方法对过薄、形状过分复杂弹性元件表面不适用。

（3）粘贴效果不但与表面粗糙度有关，而且与化学键亲和力及扩散密切相关，保护粘贴面化学活性、避免氧化和各类不纯物吸附很重要。

（4）贴片表面氧化物对粘接十分有害，为避免氧化，粘贴应尽快进行，喷砂后 3 min 内完成涂底胶工作。

（5）弹性元件表面油污清除，采用丙酮、酒精、四氯化碳或其他清洗剂进行清洗，清洗干净后必须避免外界其他影响，比如手碰、呼吸等对表面的间接污染，粘贴应变计时最好在净化或无尘环境中操作。

3）底层处理

为使应变计牢固粘贴于弹性元件表面且保持较高绝缘电阻，粘贴部位先均匀涂底层胶，底胶的涂法应根据不同的应变计和黏结剂而定。

（1）用环氧、酚醛环氧胶粘贴聚酰亚胺和环氧基底应变计：在弹性元件贴片处均匀涂 1~2 层胶（胶层尽量薄），然后按如下工艺处理：室温升至 80℃ 保温 15 min，80℃ 升至 130℃ 保温 1 h，130℃ 升至 160℃ 保温 2 h。

（2）用缩醛胶或酚醛环氧胶粘贴缩醛基底应变计。在弹性元件贴片处均匀涂 2~3 层胶，待胶干燥后，由室温升至 140℃ 保温 2 h，由 140℃ 升至 180℃ 保温 2 h 后自然冷却至室温。

4）贴片

（1）处理好弹性元件表面，划好贴片定位线，经清洗和干燥后，在贴片处均匀地涂一层贴片胶，合适的时间间隔后，按给定方位将应变计准确地放在贴片部位，然后在应变计上盖上一层氟塑料薄膜并用手指或小工具朝一个方向碾压，挤出气泡和过量的黏结剂，保证胶层薄而均匀。然后在上面放一块硅橡胶并用夹具夹紧放入干燥箱进行固化处理。

（2）贴片时胶层厚度必须严加控制，基底和黏结剂胶层厚度对于减少蠕变有非常重要的影响，并也使黏结强度增高，更能准确地传递试件应变。在实际工艺过程中胶层厚度受到其他因素的限制。特别是胶层厚度不能无限制地薄，否则将降低其绝缘电阻造成传感器性能不稳定。

（3）贴片后应进行初步检查，检查基底、盖底是否有损坏，敏感栅是否变形，贴片方位是否正确；有无断路、短路，有无气泡，有无局部未贴牢；贴片后电阻值变化不能太大（一般变化不大于 ±0.5 Ω）等。

5）固化与后固化

（1）固化：需要加温固化的黏结剂，应严格按规范进行固化处理。固化是否完全，直接影响到胶的物理机械性能。固化关键是温度曲线与循环周期，必须按规范严格进行。环氧和聚酰亚胺基应变计用环氧或酚醛环氧胶贴片，固化温度为：室温升至 80℃ 保温 1 h，80℃ 升至 130℃ 保温 1 h，130℃ 升至 160℃ 保温 2 h。用缩醛胶粘贴缩醛基底应变计，固化温度为：由室温升至 80℃ 保温 1 h，由 80℃ 升至 149℃ 保温 2 h，卸压后由 140℃ 升至 190℃ 保温 3 h。

（2）后固化：固化过程中由于施加压力和固化时水蒸气逸出（酚醛胶）等原因，胶层会产生收缩而带来残余应力。残余应力释放和端部效应一样，会影响到传感器的稳定性，必须加以消除。所以固化处理后，还需进行后固化处理。后固化一方面是消除粘贴时残余应力，另一方面在短时间内模拟漫长时间内胶层的自然后固化过程，进一步巩固固化作用，这样可以使传感器的零漂、蠕变和滞后达到最小值而进入稳定状态。后固化的传感器其疲劳寿命稍有下降，但其稳定性可以大大提高。

6）粘贴质量的检查

粘贴应变计的质量检查，主要包括外观检查及应变计电阻值和绝缘电阻的测量。外观检查采用目测，检查是否有破损、气泡等。粘贴前后应变计电阻变化不大于 ±0.5 Ω。检查绝缘电阻通常用 100 V 以下的高阻表，在常温时绝缘电阻应在 1 600 MΩ，而且要求绝缘稳定。

3. 外引线连接与固定

应变计与外部仪器之间导线一般采用 $\phi 0.12$ mm × 7 mm 或 $\phi 0.18$ mm × 12 mm 等多股屏蔽导线。应变计的外引线与连接导线可采用锡焊方式连接。外部仪器导线与应变计外引线焊好并初步固定后，检查通路绝缘性能。固定方法有胶布粘贴、接线端子片胶接和打金属卡箍等。

4. 应变计的防护

为防止粘贴好的应变计受水、蒸气、酸碱、油污浸蚀及机械损伤，应变计采取防护材料要求：防潮性能好，有良好黏着力，绝缘并防腐蚀，有一定强度、韧性和温度稳定性。常用防护材料有硅橡胶、PPS三防胶以及一些合成橡胶类黏结剂。

高压环境条件的应变计防护可采用组合密封方法。一般内层采用防潮性能好、质地柔软的防潮剂，外层是质地较硬且有一定强度的密封材料。在密封材料周围再涂一层硅橡胶或凡士林。

密封充氮是一种较理想的防护方法。首先将焊好外壳的传感器壳内抽真空，然后充入干燥的氮气，再密封起来。

2.5 应变式传感器测量电路

如图2-5所示，桥压U电流为直流供电，四个桥臂由R_1、R_2、R_3、R_4组成，电阻$R_1 = R_2 = R_3 = R_4 = R$时，称为等臂电桥；$R_1 = R_2 = R$，$R_3 = R_4 = R'(R \neq R')$时，称为输出对称电桥（或称卧式电桥）。

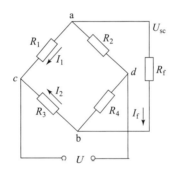

图2-5 直流电桥

当$R_1 = R_4 = R$，$R_2 = R_3 = R'(R \neq R')$时，称为电源对称电桥（或称立式桥）。当输出端a、b间开路，即$R_+ = \infty$时，则有电流

$$I_1 = \frac{U}{R_1 + R_2}, I_2 = \frac{U}{R_3 + R_4} \tag{2-7}$$

电阻R_1和R_2上的压降为

$$U_{ac} = \frac{R_1}{R_1 + R_2}U, U_{bc} = \frac{R_3}{R_3 + R_4}U \tag{2-8}$$

$$U_{sc} = U_{ac} - U_{bc} = \frac{R_1}{R_1 + R_2}U - \frac{R_3}{R_3 + R_4}U$$

$$= \frac{R_1 R_4 - R_2 R_3}{(R_1 + R_2)(R_3 + R_4)} \tag{2-9}$$

当$U_{sc} = 0$时称为电桥平衡，因此，

$$\frac{R_2}{R_1} = \frac{R_4}{R_3} = n \tag{2-10}$$

直流电桥平衡条件：要使电桥达到平衡，其相邻两臂电阻比值应相等，n 称为桥臂电阻比。

假设四个桥臂电阻 R_1、R_2、R_3、R_4 都发生变化，各阻值变化量分别为 ΔR_1、ΔR_2、ΔR_3、ΔR_4，电桥输出为

$$U_{sc} = \frac{(R_1 + \Delta R_1)(R_4 + \Delta R_4) - (R_2 + \Delta R_2)(R_3 + \Delta R_3)}{(R_1 + \Delta R_1 + R_2 + \Delta R_2)(R_3 + \Delta R_3 + R_4 + \Delta R_4)} U$$

上式展开并略去分子及分母中 ΔR_i 的二阶分量，近似结果为

$$U_{sc} \approx \frac{R_1 R_2}{(R_1 + R_2)^2}\left(\frac{\Delta R_1}{R_1} - \frac{\Delta R_2}{R_2} - \frac{\Delta R_3}{R_3} + \frac{\Delta R_4}{R_4}\right) U \tag{2-11}$$

右端分子和分母同时乘以 $1/R_1^2$，化简为

$$U_{sc} = \frac{R_2/R_1}{\left(1 + \dfrac{R_2}{R_1}\right)^2}\left(\frac{\Delta R_1}{R_1} - \frac{\Delta R_2}{R_2} - \frac{\Delta R_3}{R_3} + \frac{\Delta R_4}{R_4}\right) U$$

$$= \frac{h}{(1 + h)^2} U\left(\frac{\Delta R_1}{R_1} - \frac{\Delta R_2}{R_2} - \frac{\Delta R_3}{R_3} + \frac{\Delta R_4}{R_4}\right) \tag{2-12}$$

电压灵敏度 S_U 为

$$S_U = \frac{n}{(1 + n)^2} U \tag{2-13}$$

当 $\dfrac{\mathrm{d}S_U}{\mathrm{d}n} = 0$ 时 S_U 达到最大值：

$$\frac{(1 - n^2)}{(1 + n)^4} = 0 \tag{2-14}$$

当 $R_1 = R_2 = R_3 = R_4$ 时，为全等臂电桥。全等臂电桥是 $n = 1$ 时的一种特例，是应变式传感器中常采用的形式。全等臂直流电桥单臂、双臂、全桥工作时的情况讨论如下：

（1）单臂电桥（也称为 1/4 桥），如图 2-6 所示，图中 $R_1 = R_2 = R_3 = R_4 = R$，$\Delta R = \Delta R_1$。单臂工作时，只有一臂电阻发生变化，即 $R_1 + \Delta R_1$，由此得

$$U_{sc} = \left(\frac{R_1 + \Delta R_1}{R_1 + \Delta R_1 + R_2} - \frac{R_3}{R_3 + R_4}\right) U$$

$$= \frac{\dfrac{R_4}{R_3} \cdot \dfrac{\Delta R_1}{R_1}}{\left(1 + \dfrac{\Delta R_1}{R_1} + \dfrac{R_2}{R_1}\right)\left(1 + \dfrac{R_4}{R_3}\right)} U \tag{2-15}$$

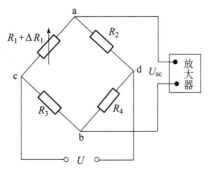

图 2-6　单臂工作电桥

略去分母中 $\Delta R_1 / R_1$ 得

$$U_{sc} = \frac{U}{4} \cdot \frac{\Delta R}{R} \qquad\qquad (2-16)$$

（2）双臂电桥（也称为半桥），如图 2-7 所示。当相邻臂工作时，一臂为 $R_1 + \Delta R_1$，而另一臂为 $R_2 - \Delta R_2$，由于 $R_1 = R_2 = R_3 = R_4 = R$，而 $\Delta R_1 = \Delta R_2 = \Delta R$，所以，

$$U_{sc} = \left(\frac{R_1 + \Delta R_1}{R_1 + \Delta R_1 + R_2 - \Delta R_2} - \frac{R_3}{R_3 + R_4} \right) U \qquad (2-17)$$

$$U_{sc} = \frac{U}{2} \cdot \frac{\Delta R}{R} \qquad\qquad (2-18)$$

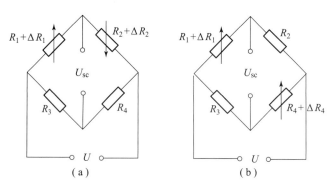

图 2-7 双臂工作电桥

（a）相邻臂工作；（b）相对臂工作

同理，当相对臂工作时，一臂为 $R_1 + \Delta R_1$，另一臂为 $R_4 + \Delta R_4$ 时，可导出

$$U_{sc} = \frac{U}{2 + \frac{\Delta R}{R}} \frac{\Delta R}{R} \approx \frac{U}{2} \cdot \frac{\Delta R}{R} \qquad (2-19)$$

（3）四臂全桥（简称全桥），如图 2-8 所示，可推导出

$$U_{sc} = U \frac{\Delta R}{R} \qquad\qquad (2-20)$$

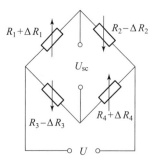

图 2-8 全桥电路

比较单臂、双臂、全桥三种情况，全桥灵敏度最高，双臂灵敏度次之，单臂电桥灵敏度最低。

2.6　应变式传感器典型应用

位移传感器是一种测量直线位移或与位移相关物理量的传感器，它可以与二次仪表（应变仪、放大器、数字电压表等）配套使用进行位移量测试。位移传感器种类繁多，包括电感式、应变式、电容式、电位计式等多种形式，下面简要介绍组合式位移传感器、悬臂梁式位移传感器和弓形弹性元件位移传感器。

1. 组合式位移传感器

组合式位移传感器由悬臂梁和弹簧组合而成，如图 2-9 所示。其工作原理是：将两个线性弹性元件（拉伸弹簧和悬臂梁）串联，并在矩形截面悬臂梁根部正、反面贴四支应变计，组成全桥电路。拉伸弹簧一端与测量杆连接，当测量杆随试件产生位移时，带动弹簧使悬臂梁根部产生弯曲，由悬臂梁弯曲产生的应变与测量杆的位移 f 成函数关系。测量杆位移 f 包括两部分，即悬臂梁端部位移量 f_1 和弹簧伸长量 f_2，f 计算公式如下：

$$f = f_1 + f_2 \tag{2-21}$$

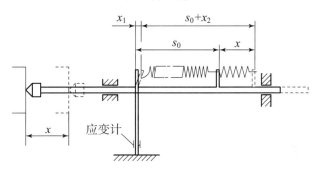

图 2-9　组合式位移传感器工作原理图

由材料力学可知

$$f_1 = \frac{2Fl^3}{Ebh^3} \tag{2-22}$$

$$f_2 = \frac{8FhD^3}{Gd^4} \tag{2-23}$$

将式（2-22）与式（2-23）代入式（2-21）得

$$f = \left(\frac{2l^3}{Edh^3} + \frac{8hD^3}{Gd^4} \right) F \tag{2-24}$$

式中，l 为悬臂梁的长度；h 为悬臂梁的厚度；E 为弹性模量；n 为弹簧的圈数；D 为弹簧的直径；d 为弹簧丝直径；G 为弹簧材料剪切模量；F 为作用于弹簧、悬臂梁产生 f_1 和 f_2 变形的力。

距离悬臂梁根部 a 的变应 ε 和作用力 F 之间的关系为

$$F = \frac{bh^3}{3(1-a)} E\varepsilon \tag{2-25}$$

将式（2-25）代入式（2-24）得

$$f = \frac{2l^3}{3(1-a)n} + \frac{8nbh^2D^3E}{3(1-a)d^4G} \tag{2-26}$$

式（2-26）为悬臂梁-弹簧系统应变式位移传感器工作原理表达式，它表明传感器测量杆位移和悬臂梁根部应变 ε 呈线性关系，ε 可用应变仪测得，图 2-10 所示为组合式位移传感器的结构。

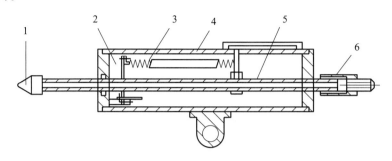

图 2-10　组合式位移传感器的结构图

1—测量触头；2—弹性悬臂梁；3—拉伸弹簧；4—壳体；5—测量杆；6—支撑轴承

2. 悬臂梁式位移传感器

悬臂梁式位移传感器如图 2-11 所示，如果在固定端附近截面的上下表面各粘贴两个应变计接成全桥，由计算得到位移 f 与应变 ε_i 之间的关系为

$$f = \frac{l^3}{12(l-2l_0)}\varepsilon_i \qquad (2-27)$$

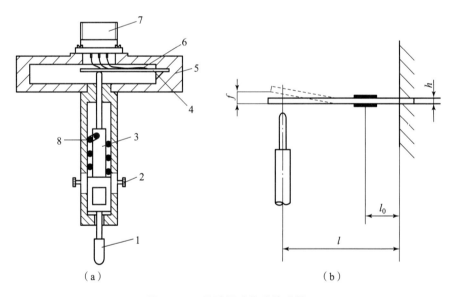

（a）　　　　　　　　　　　　　（b）

图 2-11　悬臂梁式位移传感器

（a）结构；（b）原理

1—测量触头；2—微调定位螺母；3—测量杆；4—悬臂梁；5—壳体；6—应变计；7—安装端；8—弹簧

悬臂梁式位移传感器可用于相对小位移，测试的频率小于 100 Hz，幅值小于 1.5 mm 的振动位移测量。使用时把传感器的外壳固定在不动的支架上，成为空间固定的参考点，把顶杆与被测体的被测部位相接触，被测体的振动通过顶杆传到悬臂梁，使悬臂梁挠曲产生应变。在弹性范围内梁的挠度（也就是被测的振动位移）和表面的应变关系为

$$\Delta Y = \frac{2L}{3hl\varepsilon} \qquad (2-28)$$

式中，ΔY 为梁自由端的挠度，亦即被测体的位移；ε 为应变计粘贴处的应变；h 为梁的厚度；l 为梁端到应变计粘贴处的距离；L 为梁的长度。

测量过程中顶杆与悬臂梁始终紧密接触，使悬臂梁有足够的预弯曲。图 2-12 所示为两端固定梁式位移传感器，按图示情况粘贴 4 片应变计接成全桥，则可得读数应变 ε_i 与位移 f 间的关系为

$$f = \frac{l^3}{48(l-4l_c)h} \cdot \varepsilon_i \qquad (2-29)$$

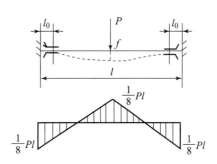

图 2-12　两端固定梁式位移传感器

此位移传感器失真小、灵敏度高，但由于刚度大，只能测小位移。

3. 弓形弹性元件位移传感器

图 2-13 所示为弓形弹性元件位移传感器，可测量很小区域内应变与位移。测量段尺寸可制成 4~10 mm，用胶粘在被测处，可用于医学上测心肌力用，可将其缝合在心肌上。

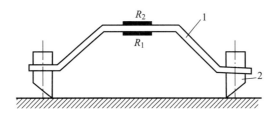

图 2-13　弓形弹性元件位移传感器
1—弓形弹性元件；2—测量触头

第 3 章

光电式传感器

3.1 光电效应

光电式传感器的理论基础是光电效应。光电效应通常分为三类：外光电效应、内光电效应和光生伏特效应。

3.1.1 外光电效应

在光线作用下物体内的电子逸出物体表面向外发射的现象称为外光电效应。基于外光电效应的主要器件包括光电管和光电倍增管，如图 3-1 所示。

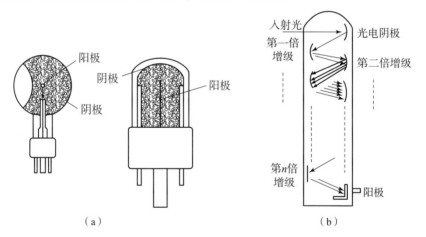

图 3-1 光电管和光电倍增管示意图

（a）光电管；（b）光电倍增管

$$Q = hv \tag{3-1}$$

式中，$h = 6.626 \times 10^{-34}$ J·s 为普朗克常数；v 为光的频率。

爱因斯坦光电效应方程

$$hv = \frac{1}{2}mv_0^2 + A_0 \tag{3-2}$$

式中，A_0 为逸出功。

上式表明：

（1）光电子能否产生，取决于 Q 是否大于 A_0，这意味着每种物体都有一个对应光频阈值，称为红限频率。小于红限频率，光强再大也不会产生光电发射。

（2）入射光频谱成分不变，产生的光电流与光强成正比。光强越强意味着入射的光子数目越多，逸出的电子数目越多。

（3）光电管即使没加阳极电压也会有光电流产生，这是由于光电子有初始动能。

3.1.2　内光电效应

利用在光线作用下使材料内部电阻率改变的现象称为内光电效应。基于内光电效应的主要器件包括光敏电阻、光敏二极管和光敏三极管。

在光线作用下，电子吸收光子能量从键合状态过渡到自由状态而引起材料电阻率的变化，称为光电导效应。

1. 光敏电阻

光敏电阻的作用原理是基于光电导效应，它具有灵敏度高、光谱响应范围宽、体积小、质量轻、机械强度高、耐冲击、抗过载能力强、耗散功率大以及寿命长等特点，其结构如图 3 - 2（a）所示。为避免灵敏度受潮湿的影响，必须将光电半导体严密封装在壳体中。

光电导效应只限于光照表面薄层，因此光电半导体一般都做成薄层。为获得高灵敏度，光敏电阻的电极一般采用梳状图案，如图 3 - 2（b）所示。

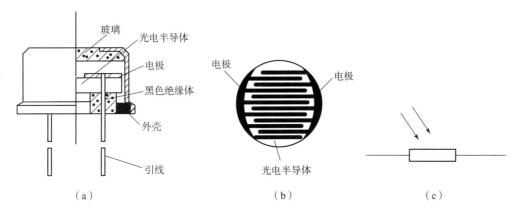

图 3 - 2　光敏电阻结构、电极图案与表示符号

（a）结构；（b）电极图案；（c）表示符号

为了避免外来干扰，光敏电阻外壳的入射孔用一种能透过所需光谱范围内光线的透明保护窗（如玻璃），有时用专门的滤光片作保护窗。

光敏电阻工作原理：在无光照时光敏电阻的阻值很高，当受到光线作用时，由于有些光子具有大于材料禁带宽度的能量，则光子的轰击使得价带中的电子吸收光子能量后而跃迁到导带，从而激发出可以导电的电子－空穴对，提高了材料的导电性能。光线越强即参与轰击的光子越多，激发出的电子－空穴对越多，导电性能更加提高，阻值也就降低。光照停止后自由电子和空穴复合，导电性能下降，电阻恢复原值。

1）光敏电阻的光谱特性

光敏电阻对不同波长光线的相对光谱灵敏度不同，各种光敏电阻的光谱响应峰值波长也不相同。选用光敏电阻时，把元件和光源的光谱特性结合起来考虑才能得到较为满意的匹配，图 3 - 3 所示为三种光敏电阻的光谱特性。

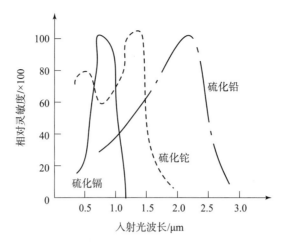

图 3 - 3   三种光敏电阻的光谱特性

2）光敏电阻的伏安特性

图 3 - 4 所示为光敏电阻的伏安特性曲线。不同照度条件下伏安特性曲线的斜率不同，表明电阻值随照度而改变。在照度一定时，电压增大时光电流也大，而且没有饱和现象。光敏电阻两端的电压也不能无限制地提高，因光敏电阻都有最大额定功率，超过最高工作电压和最大额定电流，可能导致光敏电阻永久性损坏。

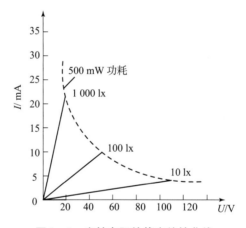

图 3 - 4   光敏电阻的伏安特性曲线

光敏电阻受到脉冲光作用时，光电流不会立刻上升到最大值，上升要经历一段时间。光照停止后，光电流也不立刻下降为零，下降要经历一段时间。响应时间的长短由时间常数 τ 来描述。

光敏电阻产品一般给出时间常数值。大部分光敏电阻时间常数在 $10^{-2} \sim 10^{-6}$ s 数量级。图 3 - 5（a）所示为光敏电阻响应时间曲线，响应时间长短与照度有关，照度越大响应时间越短。不同材料光敏电阻具有不同时间常数值，导致不同光敏电阻的频率特性不相同。图 3 - 5（b）所示为不同材料光敏电阻的频率特性，即相对光谱灵敏度与照度变化频率的关系曲线。

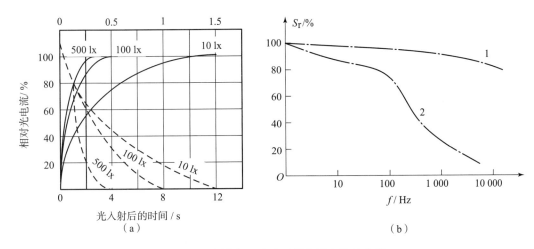

图 3 - 5　光敏电阻响应时间和频率特性曲线

（a）响应时间曲线；（b）频率特性曲线

1—硫化铅；2—硫化铊

2. 光敏二极管和光敏三极管

1）结构与工作原理

　　光敏二极管是一种利用 PN 结单向导电性的结型光电器件，与一般半导体二极管类似，其 PN 结装在管的顶部，以便接受光照，上面有一个透镜制成的窗口以便使光线集中在敏感面上。光敏二极管在电路中通常工作在反向偏压状态，其电路原理如图 3 - 6 所示。在无光照时，处于反偏的光敏二极管工作在截止状态，这时只有少数载流子在反向偏压的作用下，渡越阻挡层形成微小的反向电流，此电流称为暗电流。

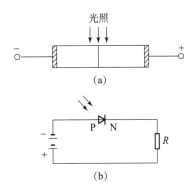

图 3 - 6　光敏二极管工作原理和电路

（a）工作原理；（b）电路

　　当光敏二极管受到光照时 PN 结附近受光子轰击，吸收其能量而产生电子－空穴对，从而使 P 区和 N 区的少数载流子浓度大大增加，因此在外加反偏电压和内电场作用下，P 区的少数载流子渡越阻挡层进入 N 区，N 区的少数载流子渡越阻挡层进入 P 区，从而使通过 PN 结的反向电流大为增加，形成光电流。

　　光敏三极管与光敏二极管结构相似，不过内部有两个 PN 结，与普通三极管不同之处是它的发射极一边尺寸很小，以扩大光照面积。当基极开路时，基极到集电极处于反偏状态。当光照射到集电结附近的基区时，使结附近产生电子－空穴对，它们在内电场作用下做定向运动形成光电流。由于光照射发射结产生的光电流相当于一般三极管基极电流，因此集电极输出的光电流就被放大了（$\beta + 1$）倍，从而使光敏三极管具有比光敏二极管更高的灵敏度。

　　光敏三极管由于其暗电流较大，光电流与暗电流之比增大，常在发射极到基极之间接一个电阻（约 5 kΩ），对于硅平面光敏三极管由于其暗电流很小（小于 10^{-9}A），一般不备有基极外接引线，仅有发射极、集电极两根引线。光敏三极管原理和电路如图 3 - 7 所示。

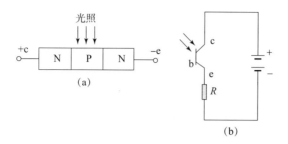

图3-7 光敏三极管原理和电路

（a）原理；（b）电路

2）光敏管的基本特性

光谱特性：光敏管的光谱特性如图3-8所示，入射光波长增加时相对灵敏度要下降，因为光子的能量 $h\nu$ 太小，不足以激发出电子-空穴对。入射光波长太短时，光子在半导体表面附近激发的电子-空穴对不能到达 PN 结，因此相对光谱灵敏度也下降。不同材料的响应峰值波长也不相同，应根据光谱特性来确定光源和光电器件的最佳匹配。

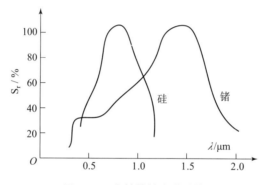

图3-8 光敏管的光谱特性

伏安特性：光敏管的伏安特性如图3-9所示，光敏二极管输出电流比同样照度下光敏三极管输出光电流要小，且零偏压时二极管有光电流输出。

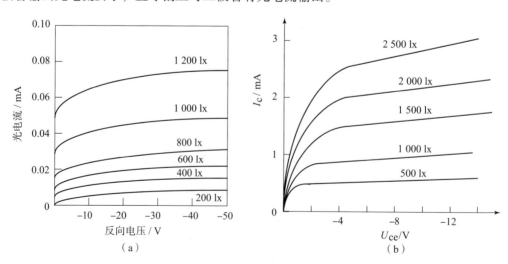

图3-9 光敏管的伏安特性

频率特性：光敏管的频率特性如图 3 - 10 所示，光敏管的响应时间常数一般在 $10^{-4} \sim 10^{-5}$ s，比硅管时间常数小，响应频率高，有些特殊用途的光敏管，比如硅平面 PIN 快速光敏二极管其响应频率高达 1 GHz，暗电流小到 100 pA。

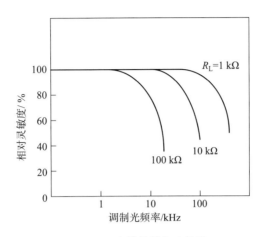

图 3 - 10　光敏管的频率特性

3.1.3　光生伏特效应

在光线作用下使物体内部产生一定方向电动势称为光生伏特效应，基于光生伏特效应的主要器件是光电池。光生伏特效应通常分为两类。

（1）结光电效应：光线照射 PN 结区时，便在结区两部分之间引起光生电动势称为结光电效应。

（2）侧向光电效应：灵敏面局部受光照时，由载流子浓度梯度产生电动势称为侧向光电效应。

光电池的工作原理基于光生伏特效应，下面以常用的硅光电池为例介绍光电池的工作原理和结构。

1. 光电池的结构原理

硅光电池是在 N 型硅片渗入 P 型杂质形成的一个大面积的 PN 结，它可以将光能直接变成电能。当光照射到 PN 结附近时，若光子能量大于半导体材料的禁带宽度，则每吸收一个光子能量，将产生一个电子 - 空穴对，光照越强，产生的电子 - 空穴对越多。P 区的多数载流子空穴和 N 区的多数载流子电子，由于内电场的作用不能渡越阻挡层。可是 P 区的光生电子可以在内电场作用下进入 N 区，N 区的光生空穴可以在内电场作用下进入 P 区，这样光生的电子 - 空穴对便被分离开来，光生电子在 N 区集结，使 N 区带上负电，光生空穴在 P 区集结，使 P 区带上正电，P 区和 N 区之间就形成了光生电动势，把 PN 结两端用导线连接起来，电路中便产生了电流，如图 3 - 11 所示。

2. 光电池的基本特性

（1）光谱特性：光电池的光谱特性如图 3 - 12 所示，使用中可根据光源光谱特性选择光电池，也可以根据光电池的光谱特性确定应该使用的光源。

（2）光照特性：光电池的光照特性如图 3 - 13 所示。短路电流与光照有较好的线性关系，这是光电池的特点。所谓短路电流是指负载电阻相对于光电池内阻为很小时的电流，负载电阻在 100 Ω 以下，线性还是比较好的，负载电阻过大，则线性变坏，如图 3 – 14 所示。

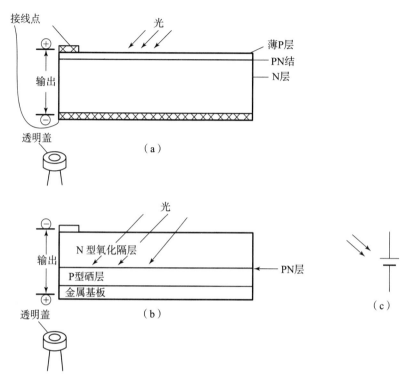

图 3 – 11　光电池工作原理示意图

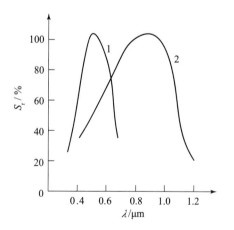

图 3 – 12　光电池的光谱特性

1—硒光电池；2—硅光电池

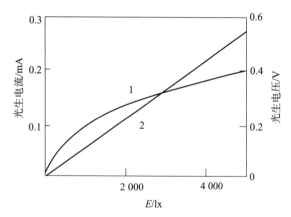

图 3 – 13　光电池的光照特性

1—开路电压；2—短路电流

（3）频率特性：光电池的频率特性是指相对输出电流与调制光的调制频率之间的关系，如图 3 - 15 所示。所谓相对输出电流是高频时输出电流与低频最大输出电流之比。

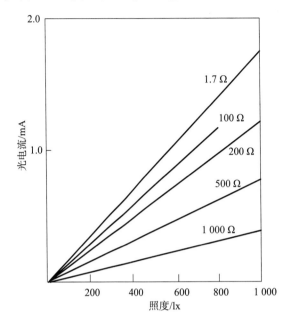

图 3 - 14　光电池不同负载时的光照特性

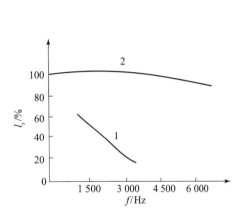

图 3 - 15　光电池的频率特性
1—硒光电池；2—硅光电池

3.2　光电器件的基本特性

3.2.1　光谱灵敏度

光电器件对单色辐射通量的反应称为光谱灵敏度 $S(\lambda)$。光谱灵敏度随 λ 变化，且在 λ_m 处有最大值，λ_m 为峰值波长

$$S(\lambda) = \frac{\mathrm{d}U(\lambda)}{\mathrm{d}\varphi(\lambda)} \tag{3-3}$$

$$\phi = \frac{\mathrm{d}W}{\mathrm{d}t} \tag{3-4}$$

3.2.2　相对光谱灵敏度

光谱灵敏度与最大光谱灵敏度之比称为相对光谱灵敏度 $S_r(\lambda)$：

$$S_r(\lambda) = \frac{S(\lambda)}{S(\lambda_m)} \tag{3-5}$$

3.2.3　通量阈

光电器件输出端产生与固有噪声电平等效信号的最小辐射通量，称为通量阈 Φ_H。把对应于 Φ_H 光电器件反应以等效噪声均方根值 $\sqrt{U_z^2}$ 代入得

$$\Phi_{\text{H}} = \frac{\sqrt{U_z^2}}{S} \tag{3-6}$$

光电器件的通量阈可根据特定辐射源来测定，而且同积分灵敏度一样，与辐射源的辐射特性有关，单色通量阈定义为

$$\Phi_{\text{H}}(\lambda) = \frac{\sqrt{U_z^2}}{S(\lambda)} \tag{3-7}$$

单色通量阈反映光电器件本身的固有特性，而通量阈不仅反映光电器件本身的固有特性，而且反映辐射体的辐射特性。

3.2.4　转换特性和时间常数

入射辐射通量很小，可把光电器件看作一个线性系统，并用转换特性的时间常数来描述光电器件的动态特性。转换特性 $S_z(t)$ 是光电器件对辐射通量 $\phi(t)$ 为阶跃响应，如图 3-16 所示。

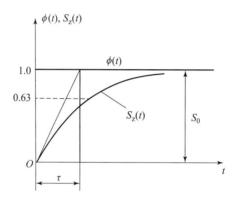

图 3-16　光电器件的转换特性

光电器件工作在线性部分，其辐射通量与输出电压之间的关系可用以下微分方程描述：

$$\tau \frac{\mathrm{d}U}{\mathrm{d}t} + U(t) = S_0 \phi(t) \tag{3-8}$$

辐射通量为阶跃函数时微分方程解为

$$S_z(t) = S_0 \left(1 - \mathrm{e}^{-\frac{t}{2}} \right) \tag{3-9}$$

假定 $t=0$，则暗电流为零，转换过程要经过 $(2 \sim 3)\tau$ 的时间结束。将光电器件输出端电压达 0.63 倍最大值时对应的时间称为光电器件的时间常数 τ，它反映了光电器件响应时间的快慢。

3.2.5　光电器件的频率特性

光电器件输出端电压（电流）的振幅或相对光谱灵敏度随入射辐射通量的调制频率的变化关系称为光电器件的频率特性 $S_r(f)$，如图 3-17 所示。

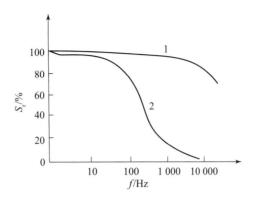

图 3 - 17 光电器件的频率特性

1—硫化铅；2—硫化铊

3.2.6 光照特性

光照特性表示光电器件积分或光谱灵敏度与其入射辐射通量的关系。光电器件输出端电压或电流与入射辐射通量间的关系称为光照特性，如图 3 - 18 所示。

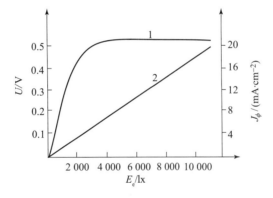

图 3 - 18 光照特性

1—开路电压；2—短路电流

3.2.7 光谱特性

光谱特性表明光线波长与相对光谱灵敏度之间的关系，可用于判定某种辐射源适用于哪一种光电器件。

3.2.8 温度特性

光电器件在工作温度范围内的灵敏度、暗电流或光电流与温度的关系表明了温度特性，通常由曲线来表示或由温度系数给出。

在给定的温度区间温度变化 1℃ 时，光电流的相对平均增量或灵敏度的变化或光敏电阻阻值的平均变化，称为光电器件的温度系数。

3.2.9 伏安特性

在保持入射光频谱成分不变的条件下,光电器件的电流和电压之间的关系称为光电器件的伏安特性。

3.3 红外传感器

红外传感器也称为红外探测器,是红外物理技术发展的关键技术。每种性能更优的新型红外探测器的研制成功,都会有力地推动红外技术的发展。红外探测器研究包括红外焦平面阵列探测器、红外量子阱探测器、超导约瑟夫森红外探测器、热释电红外探测器和黑硅红外探测器等。

(1) 红外辐射的波长范围是 $0.75 \sim 1\,000\ \mu m$,通常按波长划分为四个区,如表 3 - 1所示。

表 3 - 1　红外辐射波长范围划分

名称	英文缩写	波长范围/μm
近红外	NIR	$0.75 \sim 3$
中红外	MIR	$3 \sim 6$
远红外	FIR	$6 \sim 15$
极远红外	XIR	$15 \sim 1\,000$

(2) 红外辐射和可见光一样,具有反射、折射、衍射、干涉、偏振、吸收等物理现象,且全部光学定律都可以利用。

(3) 自然界中任何物体甚至冰块,只要它本身具有高于绝对温度($-273.16\,℃$),又低于$500\,℃$,就会成为红外线辐射源。物体温度越高,红外辐射波长越短。在太阳光谱中从紫光到红光热效应逐渐增大,而最大的热效应却位于红外光区。太阳能量中的70%是红外线,照明的白炽灯其辐射能的88%是红外线。

(4) 有许多物质(如玻璃)对可见光是透明体,但对有些波长的红外线是不透明体;反过来一样,有些波长的红外线能够穿透薄雾,而可见光却会受到严重衰减,黑色纸对可见光是不透明的,但是能透过长波红外线。

(5) 大气窗口是指地球大气层对红外辐射的吸收具有明显的选择性,某些波段的红外线在大气层里具有良好的透明度,在近红外、中红外、远红外三个波段中,每一个波段都至少包含一个大气窗口,其中 $1 \sim 2.5\ \mu m$、$3 \sim 5\ \mu m$、$8 \sim 14\ \mu m$ 三个大气窗口在红外技术中特别重要。大气窗口的意义在于为人们提供了红外线在大气中工作时所允许的波长区域,这对选择什么样的红外辐射源和接收器、确定作用距离等都极其重要。

3.4 激光传感器

3.4.1 激光器

从激光的形成可以看出,要产生激光必须要有工作物质、激励能源和谐振腔三个部分,将三个部分结合在一起的装置称为激光器,所以说激光器是产生激光的一种装置。

自第一台红宝石激光器问世以来,已有数百种激光器,激光波长可从 0.24 μm 直到远红外的整个光频波段范围。激光器的种类很多,按激光器的工作物质主要分为固体激光器、气体激光器和半导体激光器。

3.4.2 激光检测应用

激光技术应用广泛,如激光机械加工、激光检测、激光通信和激光立体电影等。利用激光检测技术可以测量长度、位移、速度、冲击、振动等各种参数。

1. 激光测量长度

精密测量长度是精密机械制造工业和光学加工工业的重要技术。现代长度计量很多都是利用光波的干涉现象来进行的,而计量的精确度主要取决于光的单色性好坏。激光是理想的光源,激光不但亮度好、方向性极好,比单色光源(氪 – 86 灯)还纯 10 万倍,测量范围大且测量精度高。由光学原理知,某单色光的最大可测长度 L 与该单色光源波长 λ 及其谱线宽度 δ 间的关系为

$$L = \frac{\lambda^2}{\delta} \tag{3 – 10}$$

氪 – 86 参数:$\lambda = 605.7$ nm,谱线宽度 $\delta = 0.00047$ nm,可测量最大长度 $L = 38.5$ cm。若要测长 1m 的物体,就得分段测量,这就降低了测量精度。若用氦氖气体激光器所产生的激光($\lambda = 632.8$ nm),由于它的谱线宽度小于 10^{-9} nm,最大可测长度几十千米,工程测量中一般均用于数米以内的测长工作,因此测量精度可在 0.1 μm 之内。

2. 激光测距与激光雷达

激光测距基本原理与无线电雷达一样,是将激光对准目标发出以后,测量它返回的时间。从发出到接收反射回来的信号往返总时间为 t,则从发信号点到目标的时间为 $t/2$,光的传播速度为 c($c = 3 \times 10^8$ m/s),待测距离为

$$d = \frac{1}{2}ct \tag{3 – 11}$$

激光的方向性、高单色性和高功率,对于测远距离、判定目标方位、提高接收系统的信噪比、保证测量精确性至关重要,因此以激光作为光源的测距仪受到重视,很多产品都以红宝石激光器、钕玻璃激光器、二氧化碳激光器、砷化镓激光器作为测距仪的光源。

在激光测距仪基础上,进一步发展出了激光雷达技术,目前民用产品以 64 线和 32 线激光雷达为主,激光雷达能测出目标距离、方位、运动速度和加速度等参量。激光雷达在国防军事领域、汽车无人驾驶和辅助驾驶领域应用广泛。

3. 激光测速

利用激光测速也是激光测量中一个较为重要的方面,用得较多的是激光多普勒流速计,它可以测量风洞气流速度、火箭燃料的速度、飞行器喷射气流的速度、大气风速和化学反应中粒子的大小及汇聚速度等。

激光多普勒流速计的基本原理:当激光照射到跟随流体一起运动的微粒上时,激光被运动着的微粒所散射,散射光的频率和入射光相比较就会产生正比于流体速度的偏移,如果我们把散射光的频率偏移测量出来,就可以得到流体的速度。图 3 – 19 所示为激光多

普勒流速计原理图。

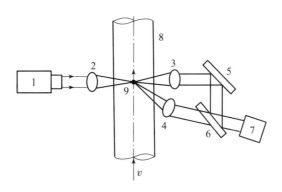

图 3 - 19　激光多普勒流速计原理图

1—激光器；2—聚焦透镜；3，4—接收透镜；5—平面镜；6—分光镜；7—光电倍增管；8—测量管道；9—粒子

激光多普勒流速计包括光学系统和多普勒信号处理装置两大部分。激光器 1 发射出单色平行光，经聚焦透镜 2 聚焦到被测流体区域内。由于流体中有运动粒子，一些光被散射，散射光（信号光）频率与未散射光（参比光）之间发生频移。散射光由接收透镜 4 收集和对准，未散射光通过流体由透镜 3 对准，并由平面镜 5 和分光镜 6 重合到散射光上，两束光在光电倍增管中进行混频后输出一个交流信号。该信号输入到频率跟踪器内进行处理，获得与多普勒频率 f_d 相应模拟信号。从测得的 f_d 值，即可得到运动粒子的速度值，从而获得流体的速度。

4. 激光测量高冲击过程

高冲击计量基准动态测试多采用激光多普勒干涉技术。激光多普勒效应是指：当单频的激光光源与探测器处于相对运动状态时，探测器所接收到的光频率是变化的。当光源固定时，光波从运动的物体散射或者反射并由固定的探测器接收时，也可以观察到这一现象，这就是激光多普勒效应，其频率的变化称作多普勒频移。多普勒频移和物体运动速度关系如下：

$$v(t) = k \cdot \Delta f(t) \tag{3-12}$$

高冲击激光干涉绝对测量方法主要有两类：一是测量轴向运动的单光束迈克尔逊干涉方法；二是测量垂直运动（切向）的双光束差动式干涉方法。高冲击速度高、弹靶碰撞瞬间扰动大，采用差动式光栅激光干涉方法较合适。差动式光栅激光干涉测量原理图如图 3 - 20 所示，激光器发出的光束被分光镜分为两束，从不同方向聚焦于测量合作目标面（即光栅表面）上，两光束的夹角由所采用衍射光栅的级数确定。根据光栅运动方程可知，光栅运动时每一级衍射光均产生一定的多普勒频移，频移量大小与光栅常数、衍射级数等有关，依

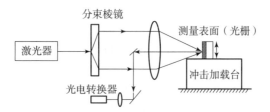

图 3 - 20　差动式光栅激光干涉测量原理图

据激光干涉理论和光栅方程可得到如下关系：

$$v(t) = \frac{d}{|m_1 - m_2|}\Delta f(t) \tag{3-13}$$

式中，d 为光栅常数；m_1、m_2 为两路干涉光束所对应的光栅衍射级。

对于给定光栅，确定光路所采用的衍射级后，速度 v 直接与多普勒频移 Δf 成简单的线性关系，通过测量频率就可以得到光栅的运动速度。采用这种原理和方法实现高速测量，相比较散射粒子测速方式，信号质量高，信噪比高，而且信号连续，是高速高冲击测试的理想方法。

本方法的数据量大，多普勒信号宽带滤波若采用有限冲击响应加时窗的卷积滤波，则运算量太大，因此设计零相位递归数字宽带滤波器，运算量小很多且无相位失真。针对多普勒信号解调，采用零相位数字希尔伯特变换解调多普勒相位。普通数字微分方法是无限带宽的，高频干扰和噪声将严重影响微分运算；本项目拟采用有限带宽的数字微分方法，可以有效抑制干扰和噪声。

多普勒信号可用下式近似表示：

$$\text{Dopller}(t) = A(t)\sin\left[2\pi/k_v \cdot d(t)\right] + B(t) + \text{Noise}(t) \tag{3-14}$$

式中，$A(t)$ 为多普勒幅值；$B(t)$ 为多普勒信号低频漂移；$\text{Noise}(t)$ 为信号噪声。

高速高冲击激光多普勒信号处理包括多普勒信号滤波和多普勒相位解调。前者是滤除叠加在信号上的高频噪声和低频漂移，尽可能保证相位解调的可靠性与准确性；后者是根据解调的多普勒信号相位计算冲击位移。多普勒信号的处理必须保证是零相移或者线性相移，采用如图 3-21 所示的处理流程。

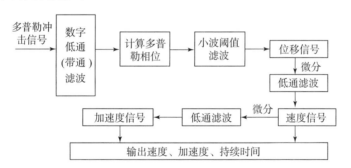

图 3-21　数据处理流程图

第 4 章

压电式传感器

压电式传感器是一种有源双向机电传感器，是以压电材料受力后在其表面产生电荷压电效应为转换原理的传感器。1880 年发现石英晶体的压电效应，1948 年制作出第一个压电石英传感器。发现石英晶体压电效应之后，一系列单晶、多晶陶瓷材料和有机高分子聚合材料，也都具有相当强的压电效应。压电效应在电子、超声、通信、起爆器、引信和传感器等诸多技术领域均得到广泛的应用。

压电式传感器具有频带宽、灵敏度高、机械阻抗大、信噪比高、结构简单、工作可靠、质量轻、测量范围广等许多优点，是压力、冲击和振动等动态参数信息获取的重要手段，它把加速度、压力、位移、温度等许多非电量转换为电量。随着电子技术飞跃发展，与之配套的二次仪表以及低噪声、小电容、高绝缘电阻电缆出现，使压电式传感器使用更为方便，并出现了内装集成电路压电式传感器。传统的压电式传感器（PE）和压电式集成电路传感器（IEPE）快速发展，在工程力学、生物医学、电声学等领域得到了广泛的应用。

4.1　石英晶体压电特性基础理论

4.1.1　石英晶体压电效应

当石英晶体沿一定方向受到外力作用时，内部就产生极化现象，同时在其两个表面上产生符号相反的电荷；当外力去掉后，又恢复到带电状态；当作用力方向改变，电荷的极性也随着改变；晶体受力产生的电荷量与外力的大小成正比，上述现象称为正压电效应。反之，如对晶体施加一个外界电场作用，晶体本身将产生机械变形，这种现象称为逆压电效应。

压电晶体材料可能在多个方向上具有压电效应，为便于这些方向压电效应的具体应用，往往对压电晶体材料采取不同的切片方式，如图 4-1 所示。图 4-1（b）所示为沿垂直 x 轴的 yOz 平面晶体进行切片，切片如图 4-1（c）所示。如果集电荷的电极镀膜在垂直 x 轴的两个端面上，当在电轴 x 方向施加作用力 F_x 时，则在与电轴垂直的电极镀膜平面上产生电荷 Q_x，其大小为

$$Q_x = d_{11} \cdot F_x \tag{4-1}$$

式中，d_{11} 为 x 方向受力的压电常数。

若在同一切片，沿机械轴 y 方向施加作用力 F_y，则仍在与 x 轴垂直的电极镀膜平面上产生电荷 Q_y，其大小为

$$Q_y = d_{12} \cdot \frac{a}{b} \cdot F_y = -d_{11} \cdot \frac{a}{b} \cdot F_y \tag{4-2}$$

式中，a，b 为晶体切片的长度和厚度；d_{12} 为 y 方向受力的压电常数，$d_{12} = -d_{11}$。电荷 Q_x 和 Q_y 的符号是由受压力还是受拉力所决定的。

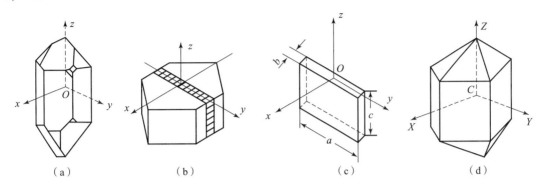

图 4 - 1　石英晶体结构及切片方式

(a) 晶体外形；(b) 切割方向；(c) 晶片；(d) 坐标定义

石英晶体切型符号如表 4 - 1 所示。

表 4 - 1　石英晶体切型符号

常用切型符号	IRE 符号	备注
X Y Z	x y z	晶片面垂直 x 轴 晶片面垂直 y 轴 晶片面垂直 z 轴
AT BT CT	$(yxl)35°$ $(yxl)49°(-49° \sim -49°30')$ $(yxl)37°(37° \sim 38°)$	有时与 x 轴成 45°斜角来切割
DT ET FT	$(yxl)-52°(-52° \sim -53°)$ $(yxl)66°30'$ $(yxl)-57°$	有时与 x 轴成 45°斜角来切割
GT AC BC	$(yxlt)51°/45°$ $(yxl)30°$ $(yxl)-60°$	棱边与 x 轴成 45°角来切割

4.1.2　石英晶体压电机理分析

石英晶体的压电特性与其内部分子结构有关。为直观了解其压电特性，将一个单元组成中构成石英晶体硅离子和氧离子排列在垂直于晶体 z 轴 xOy 平面上的投影，由石英晶体分子结构，3 个硅离子和 6 个成对氧离子构成正六边形排列，如图 4 - 2 所示，图中，"⊖"代表 S_i^{4+}；"⊕"代表 $2O^{2-}$。

当石英晶体未受外力作用时，正、负离子（S_i^{4+} 和 $2O^{2-}$）正好分布在正六边形的顶角上，形成 3 个大小相等、互成 120°夹角的电偶极矩 p_1、p_2 和 p_3，如图 4 - 2 (a) 所示。电偶极矩大小为 $p = ql$，其中 q 为电荷量，l 为正负电荷之间距离。电偶极矩方向为负电荷指向正电荷。此时正负电荷中心重合，电偶极矩矢量和等于零，即 $p_1 + p_2 + p_3 = 0$，这时晶体表

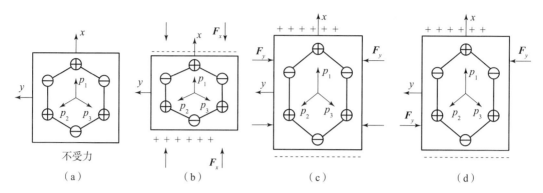

图 4 – 2　石英晶体压电效应机理示意图

（a）石英晶体等效排列未受力时电偶极矩分布；（b）受 x 轴纵向力电偶极矩分布；

（c）受 y 轴横向力电偶极矩分布；（d）受 y 轴剪切向力电偶极矩分布

面不产生电荷，石英晶体整体上呈电中性。

　　当石英晶体受到沿 x 方向压力作用时，晶体沿 x 方向产生压缩变形，正负离子相对位置改变，正负电荷中心不重合，如图 4 - 2（b）所示。电偶极矩在 x 轴方向分量为 $(p_1 + p_2 + p_3)_x > 0$ ，在 x 轴正方向晶体表面出现正电荷，$d_{11} \neq 0$ ，在 y 轴和 z 轴方向分量为零：$(p_1 + p_2 + p_3)_y = 0$ ，$(p_1 + p_2 + p_3)_z = 0$ 。在垂直于 y 轴和 z 轴晶体表面不出现电荷。沿 x 轴方向施加作用力，在垂直于此轴晶上产生电荷的现象，称为纵向压电效应。

　　当石英晶体受到沿 y 方向压力作用时，晶体沿 x 方向产生拉伸变形，正负离子相对位置改变，正负电荷中心不重合，晶体变形如图 4 - 2（c）所示。电偶极矩在 x 轴方向分量为 $(p_1 + p_2 + p_3)_x < 0$ ，在 x 轴正方向晶体表面出现负电荷，$d_{12} \neq 0$ ，且 $d_{12} = -d_{11}$ ；同样，电偶极矩在 y 轴和 z 轴方向分量为零：$(p_1 + p_2 + p_3)_y = 0$ ，$(p_1 + p_2 + p_3)_z = 0$ 。在垂直于 y 轴和 z 轴晶体表面不出现电荷。这种沿 y 轴方向施加作用力，而在垂直于 x 轴晶面上产生电荷的现象，称为横向压电效应。

　　同理，当沿着 y 轴方向施加作用力，作用力大小相等，方向相反，但不在同一直线上，形成力矩，晶体变形如图 4 - 2（d）所示。在垂直于 x 轴晶面上产生电荷的现象，称为切向压电效应。

　　当晶体受到沿 z 轴方向作用力（无论是压力还是拉力）时，因为晶体在 x 轴方向和 y 轴方向变形相同，正负电荷中心始终保持重合，电偶极矩在 x 轴方向和 y 轴方向分量等于零。在所沿光轴方向施加作用力，石英晶体不会产生压电效应。

　　当作用力 F_x 或 F_y 方向相反时，电荷极性随之改变。如果石英晶体各个方向同时受到均等作用力（如放置在液体中，受到压力），石英晶体将保持电中性，石英晶体没有体积变形压电效应。石英晶体在各个方向上压电常数的矩阵形式如下：

$$d = \begin{pmatrix} d_{11} & -d_{11} & 0 & d_{14} & 0 & 0 \\ 0 & 0 & 0 & 0 & d_{14} & -2d_{11} \\ 0 & 0 & 0 & 0 & 0 & 0 \end{pmatrix} \tag{4-3}$$

　　图 4 - 3 所示为晶体切片在 x 轴和 y 轴方向受拉力和压力具体情况。在垂直于 x 轴平面上产生电荷，纵向压电效应最常用。

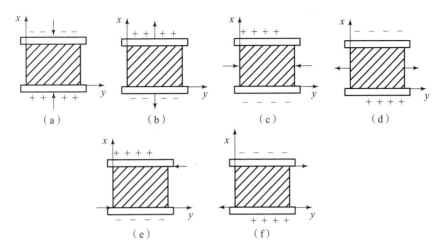

图 4 - 3　石英晶体切片上电荷极性与受力方向的关系

(a) x 方向施压；(b) x 方向受拉；(c) y 方向施压；
(d) y 方向受拉；(e) y 方向受拉剪切；(f) y 方向受压剪切

4.1.3　石英晶体压电方程

石英晶体是弹性介质也是电介质，在应力张量 T 和电场分别作用下，将产生弹性应变 S_T 和介电电位移 D_J：

$$S_T = S^E \cdot T \tag{4-4}$$

$$D_J = \varepsilon^T \cdot E \tag{4-5}$$

式中，ε^T 为 $T = 0$（或常数）时的介电常数矩阵；S^E 为 $E = 0$（或常数）时的弹性柔顺常数矩阵。

石英晶体也是压电体，在 T 和 $\bar{E}$ 的作用下，将通过正压电效应和逆压电效应产生压电应变 S_Y 和压电电位移 D_Y：

$$S_Y = d_t \cdot E \tag{4-6}$$

$$D_Y = d \cdot T \tag{4-7}$$

石英晶体总应变 S 和总电位移 D 如下：

$$\begin{cases} S = s^E T + d_t E \\ D = \mathrm{d}T + \varepsilon^X E \end{cases} \tag{4-8}$$

上式称为第一类压电方程，选择不同独立变量，可得到另外几种形式压电方程，分别称为第二类、第三类和第四类压电方程。

$$\begin{cases} T = c^E S - e_t E \\ D = eS + \varepsilon^S E \end{cases} \tag{4-9}$$

$$\begin{cases} S = s^D T + g_t D \\ E = -gT + \beta^T D \end{cases} \tag{4-10}$$

$$\begin{cases} T = c^D S - h_t D \\ E = -hS + \beta^S D \end{cases} \tag{4-11}$$

式中，g 为压电电压常数张量；e 为压电应力常数张量；β 为介电隔离常数；h 为压电刚度常数张量；ε 为介电常数；c 为弹性刚度常数；s 为弹性柔顺常数张量；β 与 ε、c 与 s 互为逆矩阵。

4.2 传统压电式传感器（PE）测量电路

4.2.1 压电式传感器等效电路

前述传统压电式传感器（PE）的压电特性基础理论，对被测量感受程度通过其压电元件产生电荷量大小来反映，相当于电荷源，而压电元件电极表面聚集电荷时又相当于以压电材料为电介质的电容器，其电容量为

$$C_a = \frac{\varepsilon A}{t} = \frac{\varepsilon_r \varepsilon_0 A}{t} \qquad (4-12)$$

式中，ε 为压电材料介电常数；ε_r 为压电材料相对介电常数；ε_0 为真空介电常数；A 为极板面积；t 为压电元件厚度。

传统压电式传感器是电荷源又是电容器，等效电路为两者并联，如图 4-4 所示，也可等效为电压源和电容串联电路。等效电路的开路电压为

$$U_a = \frac{Q}{C_a} \qquad (4-13)$$

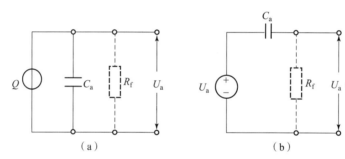

图 4-4 压电式传感器等效电路

只有在外电路负载 R_f 无穷大情况下且内部无漏电，压电式传感器产生电荷及其形成电压 U_a 才能长期保持；若负载不是无穷大，电路以 $R_f C_a$ 为时间常数按指数规律放电。利用压电式传感器进行测量时，由于它要与测量电路相连接，需要考虑电缆电容 C_c、放大器输入电阻 R_i、输入电容 C_i 以及压电式传感器泄漏电阻 R_a 等影响。图 4-5 所示为压电式传感器完整等效电路。

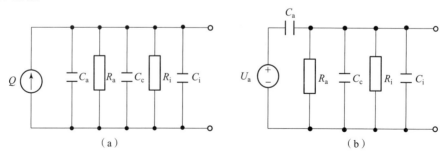

图 4-5 压电式传感器完整等效电路

压电式传感器灵敏度有两种表示方法，可以表示为单位输入量电压值，称为电压灵敏度 S_u；也可以表示为单位输入量电荷值，称为电荷灵敏度 S_q，它们之间关系可以通过压电元件电容 C_a 进行转换：

$$S_u = \frac{S_q}{C_a} \tag{4-14}$$

传统压电式传感器产生电荷少且信号微弱，自身又要有极高绝缘电阻，需经测量电路进行阻抗变换和信号放大，且要求测量电路输入端必须有足够高阻抗和较小分布电容，以防止电荷迅速泄漏引起测量误差。

假设有恒定惯性力作用于压电式传感器上，使其压电元件表面产生电荷 Q，并在元件表面形成电压为

$$U_a = \frac{Q}{C} \tag{4-15}$$

式中，C 为压电元件连接电缆和测量电路输入电容的总和，$C = C_a + C_c + C_i$，但由于压电传感器绝缘电阻 R 不可能无限大，电荷通过电阻泄漏，使电压 U_a 不能保持恒定值，这与 RC 回路放电情况类似，其等效电路简化为图 4-6 形式。

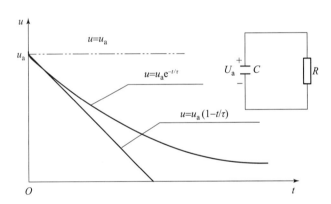

图 4-6　电荷泄漏对传感器输出电压的影响

当 $t = 0$ 时，由于恒定力作用电容器 C 两极之间产生电荷 Q，使电容器极板间具有电压 U_a，由于泄漏电阻存在，电荷 Q 将通过 R 泄漏，输出电压随时间按指数规律衰减：

$$u = U_a \mathrm{e}^{-\frac{t}{\tau}} = U_a \mathrm{e}^{-\frac{t}{RC}} \tag{4-16}$$

由此而产生的测量误差为

$$e_r = \frac{\Delta U}{U_a} = \frac{U_a - u}{U_a} = 1 - \mathrm{e}^{-\frac{t}{RC}} \tag{4-17}$$

式中，R 为系统的绝缘电阻，$R = (R_a + R_i)/R_a R_i$；R_a 为压电元件的绝缘电阻；R_i 为前置放大器的输入电阻；C 为系统的等效电容，$C = C_a + C_c + C_i$；C_a 为压电元件的电容；C_c 为电缆电容；C_i 为前置放大器的输入电容。

为减小漏电产生的测量误差，要求时间常数 RC 足够大，相当于测量电路输入电阻应尽可能大。

4.2.2 电荷放大器

1. 电荷放大器工作原理

由于电压放大器使所配接的压电式传感器电压灵敏度将随电缆分布电容及传感器自身电容的变化而变化，而且电缆更换应重新标定，发展出远距离测量电荷放大器，被认为是一种较好的冲击测量放大器。远距离测量电荷放大器是一种具有深度电容负反馈高增益运算放大器，其等效电路如图 4 - 7 所示，图中 R_a 和 R_i 视为无限大而加以忽略，当容抗远小于电阻 R_f，折算到输入端等效阻抗如下：

$$u_{sc} = \frac{-KQ}{C_a + C_0 + C_i + (1 + K)C_f} \tag{4-18}$$

当 K 足够大时，$(1 + K)C_f \gg (C_i + C_c + C_a)$，$C_f$ 为反馈电容：

$$u_{sc} = \frac{-Q}{C_f} \tag{4-19}$$

输出电压 u_{sc} 正比于输入电荷 Q，且输出、输入反相，而且输出灵敏度不受电缆分布电容的影响。

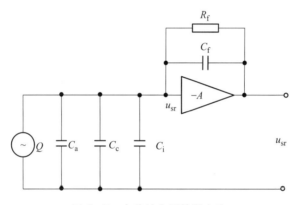

图 4 - 7　电荷放大器等效电路

2. 误差分析

电缆电容 C_i 在远距离传输时会影响测量结果，C_i 太小时可以忽略。增大 C_f 或者 K 可减小测量误差，产生的测量误差如下：

$$\delta_r = \frac{-KQ/(1 + K)C_f - \{-KQ/[C_a + C_c + (1 + K)C_f]\}}{-KQ/(1 + K)C_f} = \frac{C_a + C_c}{C_a + C_c + (1 + K)C_f} \tag{4-20}$$

3. 频率响应

低频条件下反馈电导 G_f 值可以与 $j\omega C_f$ 相比较时，$G_f(1 + K)$ 不能忽略，且在 $G_f(1 + K) \gg C_a + C_c + C_i$ 情况下，有

$$\dot{U}_{sc} = \frac{-j\omega C_a \dot{U}_a K}{(G_f + j\omega C_f)(1 + K)} \approx \frac{-j\omega C_a \dot{U}_a}{G_f + j\omega C_f} \tag{4-21}$$

其幅值为

$$U_{sc} = \frac{-\omega C_a U_a}{\sqrt{G_f^2 + \omega^2 C_f}} = \frac{-\omega Q}{\sqrt{G_f^2 + \omega^2 C_f}} \tag{4-22}$$

频率越低 C_f 越不能忽略，若反馈电导增加到 $G_f = \omega C_f$，有

$$U_{sc} = -\frac{Q}{C_f} \cdot \frac{1}{\sqrt{2}} \tag{4-23}$$

式（4-23）为增益下降 3 dB 时下限截止频率的电压输出值，下限截止频率为

$$f_L = \frac{1}{2\pi C_f R_f} \tag{4-24}$$

式中，R_f 为反馈电阻。低频时输出电压和输入电荷之间的相位差如下：

$$\Phi = \arctan \frac{1}{\omega R_f C_f} \tag{4-25}$$

下限截止频率时，$G_f = \omega C_f$，$\Phi = \arctan 1 = 45°$，截止频率有 45° 相移，在冲击测量时要特别关注。

频率上限主要取决于运算放大器频率响应。电缆太长引起杂散电容和电缆电容增加，电缆导线电阻 R_c 也增加，均影响放大器高频特性，通常可以忽略，上限频率为

$$f_H = \frac{1}{2\pi R_c (C_a + C_c)} \tag{4-26}$$

4. 差动电荷放大器

高温条件下工作的压电式传感器，温度升高时自身绝缘电阻显著下降，为避免强大地电场回路对测试系统造成干扰，需设计成压电元件与传感器壳体间相互绝缘。这种绝缘式结构要求信号线用双线引出，且屏蔽线需与机壳相连。单端输入式普通电荷放大器难以满足使用要求，便产生了差动式电荷放大器。差动式电荷放大器双点反馈电荷交换级电路原理如图 4-8 所示。

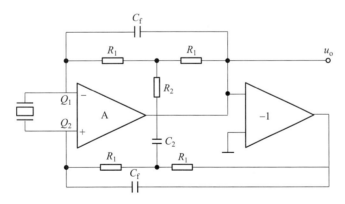

图 4-8 双点反馈电荷交换级电路原理

双点反馈就是除了负反馈外还同时利用倒相后的输出端向正输入端反馈，它的优点是：增益基本上不受信号输入线到公共地线电容平衡值或者绝对值的影响，可与对地绝缘的差动式对称输出的压电传感器联用，仅感受传感器差动输入电荷信号，并将其转换为低阻电压信号，具有抑制共模电压干扰信号能力，并可以把杂散电磁场和电缆噪声影响减至最小。Q_{12} 为差动输入电荷。差动电荷放大器输入/输出特性如下：

$$u_{sc} = \frac{Q_1}{C_f} - \frac{Q_2}{C_f} = \frac{1}{C_f}(Q_1 - Q_2) = \frac{1}{C_f}Q_{12} \qquad (4-27)$$

4.3 压电集成电路（IEPE）传感器

压电集成电路传感器（Integrated Electronics Piezo Electric，IEPE），是指一种自带电荷放大器或电压放大器的压电传感器。因为传感器产生的电量很小，输出信号很容易受到噪声干扰，需要用灵敏高的电子器件对其进行放大和信号调理。IEPE 传感器集成了高灵敏电子器件，使其尽量靠近传感器以保证更好的抗噪声性并更容易封装。IEPE 传感器内置电路，也被称为内装电路压电加速度传感器（Piezoelectric Accelerometers with Integral Electronics），它将压电传感器（机械部分）和电子电路（电气部分）整合在一个屏蔽壳体内，主要用于测量振动信号和冲击信号。下面重点论述 IEPE 传感器工作原理和电路结构，给出两个主要类型：电荷模式 IEPE 压电传感器和电压模式 IEPE 压电传感器，并简要比较 IEPE 与 PE 传感器特性及其优缺点。

4.3.1 工作原理和基本结构

内装电路压电传感器，也称为集成电路压电速度计，在振动测量技术领域习惯称之为 IEPE 加速度传感器，特指将传统压电传感器（Piezoelectric Transducer，PE 传感器）与电子电路集成在一个屏蔽壳体内的一类传感器。在压电传感器行业内，IEPE 加速度传感器还有一个广为熟知的名称叫集成电路压电传感器（Integrated Circuit Piezoelectric Sensor，ICP 传感器）。压电集成电路（ICP）已经被 PCB 公司注册为公司商标（PCB Piezotronics Inc），特指他们生产的带内置电路传感器 IEPE 产品。IEPE 加速度传感器具有低噪声、宽动态范围、宽频率响应、宽工作温度范围、低输出阻抗、高灵敏度等优点，并可实现微型设计。IEPE 加速度传感器应用领域广泛，诸如航空航天、汽车工业、结构监测、医疗仪器、石油和矿物勘探、隔振和稳定平台、地震学和地震测量等，并成功应用在引力波探测系统主动隔振器等非常规研究领域。IEPE 压电传感器可测量宽频带加速度信号，一般典型工作频率范围为 1 Hz～10 kHz，有些 IEPE 传感器低频下限至 0.001 Hz，上限截止频率大于 10 kHz。

图 4-9 所示为 IEPE 压电传感器工作原理图，包含用屏蔽线连接的信号适调电路。传统压电传感器由惯性质量块 m 和压电晶体元件构成。加速度作用于传感器时，质量块给压电元件施加作用力 F，压电元件将输入加速度转换成输出电荷信号。PE 传感器原理符合牛顿第二运动定律：$F = ma$。在动态加速度测量中 IEPE 加速度传感器工作频率范围在 PE 传感器谐振频率以内的平直段。在正常工作频率范围内 PE 传感器是一个具有高阻抗电容性信号源。

IEPE 加速度传感器的内装电子电路有两种基本类型，分为电荷放大器（Charge Amplifier）和电压放大器（Voltage Amplifier），主要功能是将传统 PE 传感器产生的电荷信号变换成电压输出信号。放大器电路由基于场效应晶体管（Field Effect Transistor，FET）的输入级和基于双极型晶体管（Bipolar Junction Transistor，BJT）的输出级组成。放大器将 PE 传感器产生的高阻抗电荷信号变换成可进行远距离传输的低阻抗电压信号，也称为电荷或电压变换器（Charge Voltage Converters）。FET 类型包括：n 沟道 JFET、n 沟道 MOSFET、p 沟道

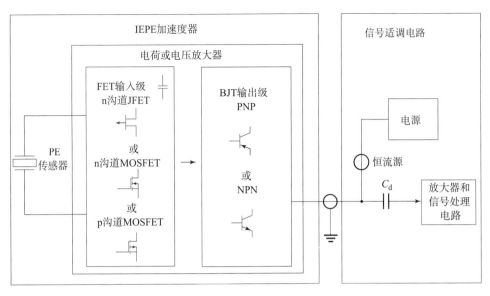

图 4 - 9　IEPE 压电传感器工作原理图

MOSFET；BJT 包括：NPN 型晶体管、PNP 型晶体管。有些放大器电路在输入级与输出级间还附加有信号处理电路。有些 IEPE 传感器采用集成运算放大器设计内装放大器电路，但也同样具有基于 FET 输入和 BJT 输出的特性。有文献将 IEPE 加速度传感器称为电压输出压电传感器，以便于与无内装电路的电荷输出 PE 压电传感器形成对照。因为电荷放大器比电压放大器有更多优越性，大多数 IEPE 加速度传感器采用电荷放大器内装电路，只有少数采用电压放大器内装电路。

以电荷放大器作为内装电路的 IEPE 传感器称为电荷模式 IEPE 传感器，以电压模式作为内装电路的 IEPE 传感器称为电压模式 IEPE 传感器。低输出阻抗意味着可以使用低成本常规同轴电缆或其他类型屏蔽电缆将输出信号传送至信号调整电路。

信号调整电路为 IEPE 加速度传感器提供工作电源，并附加信号放大和信号处理功能，利用信号适调电路中的积分电路将加速度信号转换成速度信号，或者积分电路也可置于 IEPE 传感器内，恒流源为内装电路提供恒定工作电流，系统配置是 IEPE 加速度传感器和信号适调电路之间仅使用输出线和地线两根连接导线，可以同时传送信号和工作电源。在加速度传感器输出与信号适调电路输入之间设置耦合电容，以消除 IEPE 加速度计输出直流偏置电压对信号适调电路中放大器输入级影响。

4.3.2　PE 传感器与 IEPE 传感器的比较

传统压电（PE）传感器，是业界熟知的振动和冲击测试常用的传感器。与 IEPE 传感器相比，无内装电路的传统 PE 加速度传感器有很深的历史背景。在 20 世纪 60 年代开始将电子电路置入 PE 传感器内之前，PE 加速度传感器已经有很长的研究、设计、制造和应用历史。

图 4 - 10 所示为 PE 加速度传感器测量系统的工作原理图。PE 加速度传感器输出电荷信号到信号适调电路的电荷或电压放大器，与 IEPE 内所采用的放大器一样，该电荷或电压放大器也都以 FET 作为输入级，以 BJT 作为输出级，主要功能是将 PC 量级电荷信号转换为

mV 量级电压信号，然后再由信号适调电路对电压信号进一步放大和处理。为了消除测量系统环境噪声影响，通常在 PE 加速度传感器与信号适调电路之间，采用低噪声同轴电缆来传输 PE 加速度传感器输出的高阻抗电信号。

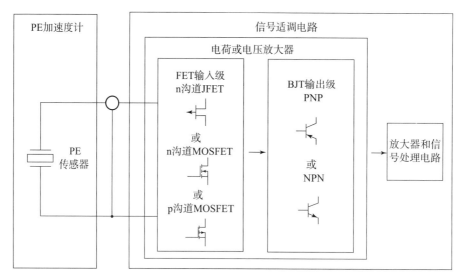

图 4 - 10　传统 PE 加速度传感器测量系统的工作原理图

从图 4 - 10 可以看出，在 PE 传感器的输出端与放大器输入端之间，同轴电缆工作在高阻抗区。与 IEPE 加速度传感器相比，PE 传感器与电子电路相互独立的系统配置方式需要附加连接接口，导致系统噪声增大、动态范围降低、可靠性降低、成本增大，影响信号质量。工作在高阻抗区的同轴电缆会产生低频静电噪声，该噪声通常低于 100 Hz。

静电噪声来自机电效应现象，是发生在电缆中心导线与屏蔽层间的电荷波动，当电缆受到弯曲、冲击或机械应力扰动时，在电缆某点导体与绝缘体瞬间分离产生电荷移动。当电缆连接在低输入阻抗仪器上时，此噪声电平可以忽略不计，但在高阻抗区静电噪声将会产生严重影响。静电噪声降低了 PE 传感器测量低频微弱动态信号获取的能力，压缩了传感器的动态范围。为了减轻静电噪声的影响，在 PE 传感器与信号适调电路之间必须使用特制的低噪声同轴电缆，但这种电缆也不能完全消除静电噪声。与 IEPE 传感器所使用低成本常规同轴电缆相比，这种特制低噪声同轴电缆成本要高很多。

高阻抗电缆的另一个缺点是对电磁干扰（EMI）高度敏感。空间电磁波穿透电缆保护层，通过接地导线（地回路）形成干扰，高阻抗电缆比 IEPE 传感器用的低阻抗电缆更易形成接地回路干扰。高阻抗电缆长度通常不能超过 30 m。为了减轻电磁干扰和接地回路的影响，可采用差动 PE 传感器配合差动电荷放大器组成测量系统。但这种测量方式依然难以达到 IEPE 加速度传感器所具有的低噪声、抗电磁和接地回路干扰的水平。

需要使用长电缆时可用远程电荷变换器串接在 PE 加速度传感器与信号适调电路之间。如图 4 - 11 所示，PE 加速度传感器配接远程电荷变换器和信号适调电路的测量系统框图。远程电荷变换器实际上是与 IEPE 加速度传感器的内装电荷放大器有同样功能的独立单元，其主要功能是将 PE 传感器输出的高阻抗电荷信号转换成低阻抗电压信号。远程电荷变换器输出的电压信号通过低阻抗电缆或其他类型屏蔽电缆连接到信号适调电路。

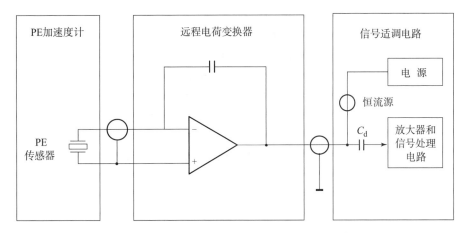

图 4 – 11 传统 PE 传感器配远程电荷变换器系统框图

传统 PE 传感器的优点是不需要外接供电电源，且比 IEPE 加速度传感器有更高的工作温度。有些压电材料能允许 PE 传感器工作在 650℃，甚至 900℃ 高温环境。理论上讲 PE 加速度传感器还有动态范围大的特性，但由于需要使用有限动态范围的信号适调仪或远程电荷变换器中的电荷放大器，优点受限。IEPE 传感器与传统 PE 传感器的优缺点的比较如表 4 – 2 所示。

表 4 – 2 IEPE 传感器与 PE 传感器的优缺点的比较

IEPE 加速度传感器		PE 加速度传感器	
优点	缺点	优点	缺点
低噪声，动态范围宽	需要供电电源	不需要电源	电缆产生静电噪声
使用常规廉价电缆	工作温度范围较窄	工作温度更宽	需要使用高成本特制低噪声电缆减轻噪声
有工作状态自检功能			接插件过多（PE 加速度传感器 + 电缆 + 信号适调电路），降低可靠性并增加成本
对电磁干扰不敏感			对电磁干扰更敏感

4.3.3 IEPE 加速度传感器类型

1. 电荷模式 IEPE 加速度传感器

在大多数振动测量应用中普遍使用电荷模式 IEPE 加速度传感器。与电压模式相比，该类型传感器有更多技术优势，包括：宽动态范围、高灵敏度、低噪声，并且灵敏度与 PE 传感器电容无关，可以灵活设计高灵敏度微型 IEPE 传感器。

传感器内装电荷放大器电路是实现这些技术优势的根本原因所在。电荷放大器更适合作为 PE 传感器这类信号源的信号适调电路。PE 传感器工作频率范围低于其固有谐振频率，工作频率范围内 PE 传感器实质上是一个电容性信号源。与电压放大器不同，电荷放大器能提供更大的增益，有更简单的原理设计方案，而这些恰恰是小型化设计必须考虑的因素。PE

传感器配接电荷放大器所组成测试系统的电荷增益与 PE 传感器固有电容无关。PE 传感器固有电容的任何变化都不会影响 IEPE 加速度传感器的总灵敏度。

1）基于 FET – BJT 电荷放大器的电荷模式 IEPE 加速度传感器

电荷放大器电路可以有多种原理设计方案。经典的电荷放大器电路实质上是带负反馈电容的运算放大器。大多数电荷模式 IEPE 加速度传感器采用直接耦合 FET – BJT 放大电路构成电荷放大器。

图 4 – 12 所示为基于 FET – BJT 电荷放大器的电荷模式 IEPE 加速度传感器工作原理图。高输入阻抗的 FET 输入级用以匹配 PE 传感器的输出阻抗，BJT 输出级为电荷放大器提供低输出阻抗。这个直接耦合 FET – BJT 电荷放大器类似于基于运算放大器的电荷放大器。但是与后者相比，FET – BJT 放大器能提供更高的工作温度、低噪声、更宽的动态范围，且占用的空间更小。此外，采用此种系统配置，仅用双导线（输出和电路地）和双芯接插件即可实现 IEPE 加速度传感器与信号适调电路的互连，双导线同时传输电源和输出信号。

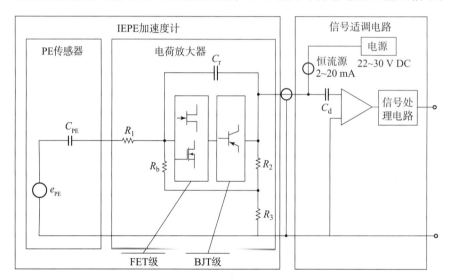

图 4 – 12　基于 FET – BJT 电荷模式 IEPE 传感器原理图

图 4 – 12 中电荷放大器电路的第一级可基于两个类型 FET，既可以是 n 沟道 JFET，也可以是 n 沟道 MOSFET。输出级是基于 PNP 型双极型晶体管。有些设计在输入与输出间还可能有附加功能电路。电容 C 形成对应放大器电荷模式的交流负反馈。

偏置电阻 R_b 包含在由 R_2、R_3 组成的阻性直流负反馈电路中，为 FET 提供直流偏置电压和相应的放大器输出端偏置电压 V_B。V_B 与 FET 的漏极饱和电流 I_{DSS}，以及栅源夹断电压 $V_{GS(off)}$ 有关，即使是同样型号的 FET，这两个参数也有很大离散性。为了使 V_B 电压处于放大器正常工作范围之内，改变电阻 R_2、R_3 中任一只电阻或同时改变两只电阻的阻值，可调节 FET 输入端的偏置电位和与之相应的放大器输出偏置电压。

2）基于集成运算放大器的电荷模式 IEPE 加速度传感器

图 4 – 13 所示为采用单电源供电、基于集成运算放大器电荷模式 IEPE 加速度传感器配置。这类传感器输出与信号适调电路之间连接需要用三根导线和三芯接插件，分别是信号输出线、为运放供电正电压电源线和电路地线。

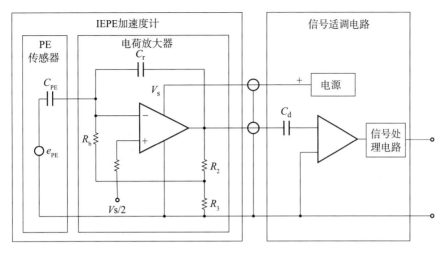

图 4 – 13　基于集成运算放大器的电荷模式 IEPE 加速度传感器的配置

若用双电源（±）集成运算放大器，在传感器和信号适调电路之间需要四根导线和四芯接插件。基于集成运算放大器的电荷放大器也可以设计成两线制，但电路原理复杂很多，且需要使用比 FET – BJT 电路结构更多的元器件。但是，基于集成运算放大器的电荷放大器也有其自身长处，因而也一直被用于特殊 IEPE 加速度传感器的设计。其主要优点包括：低功耗（300 μW）、低预热时间（10 ms）。表 4 – 3 所示为 FET – BJT 电荷放大器和集成运算 IEPE 加速度传感器的优缺点。

表 4 – 3　采用 FET – BJT 电荷放大器和集成运算 IEPE 传感器的优缺点

FET – BJT 电荷放大器		集成运算放大器电荷放大器	
优点	缺点	优点	缺点
低噪声，宽动态	通常需要更大的功耗，约 100 mW	可选用低功耗工作，例如 300 μW	噪声较高，动态偏低
高工作温度	预热时间较长，例如 3 s	可选短预热时间，例如 10 ms	较低的工作温度
原理简单，占用空间较小			原理较复杂，占用空间较大
允许两线制输出			需三或四芯输出插座

3）电荷模式 IEPE 加速度传感器传递函数、频率响应、灵敏度

应用 Laplace 变换，得出如图 4 – 12 所示电路传递函数 $H(s)$：

$$H(s) = \frac{V_{\text{out}}(j\omega)}{e_{\text{PE}}(j\omega)} = \frac{R_{\text{in}} \parallel \dfrac{1}{j\omega C_{\text{f}}}}{R_1 + \dfrac{1}{j\omega C_{\text{PE}}}} = \frac{j\omega\tau_{\text{PE}}}{1 - \omega^2\tau_{\text{f}}\tau_1 + j\omega(\tau_{\text{f}} + \tau_1)} \qquad (4-28)$$

$$R_{\text{in}} = \left(R_{\text{b}} \cdot \frac{R_2 + R_3}{R_3}\right), \tau_{\text{PE}} = R_{\text{in}} \cdot C_{\text{PE}} = \left(R_{\text{b}} \cdot \frac{R_2 + R_3}{R_3}\right) \cdot C_{\text{PE}} \qquad (4-29)$$

$$\tau_1 = R_1 \cdot C_{PE}, \tau_f = R_{in} \cdot C_f = \left(R_b \cdot \frac{R_2 + R_3}{R_3} \right) \cdot C_f \tag{4-30}$$

上述公式中 R_{in} 是放大器的输入电阻，τ_{PE}、τ_f、τ_1 分别是电路 $R_{in} C_{PE}$、反馈电路 $R_{in} C_f$ 和电路 $R_1 C_{PE}$ 定义的时间常数，得出频响特性的幅频特性 AR 和相频特性 PR 表达式如下：

$$AR = |H(s)| = \frac{V_{out}(j\omega)}{e_{PE}(j\omega)} = \frac{\omega \tau_{PE}}{\sqrt{(1 - \omega^2 \tau_f \tau_1)^2 + [\omega(\tau_f + \tau_1)]^2}} \tag{4-31}$$

$$PR = \arctan \left[\frac{1 - \omega^2 \tau_f \tau_1}{\omega(\tau_f + \tau_1)} \right] \tag{4-32}$$

实际上，

$$\tau_f \gg \tau_1 \tag{4-33}$$

因此幅频特性和相频特性公式可以简化为

$$AR = \frac{\omega \tau_{PE}}{\sqrt{(1 - \omega^2 \tau_f \tau_1)^2 + (\omega \tau_f)^2}} \tag{4-34}$$

$$PR = \arctan \left(\frac{1 - \omega^2 \tau_f \tau_1}{\omega \tau_f} \right) \tag{4-35}$$

在传感器的工作频带内：

$$\frac{1}{\tau_f} \ll \omega \ll \frac{1}{\tau_1} \tag{4-36}$$

频率响应函数可以转变成电压增益 G_v 的表达式：

$$AR = G_v = \frac{V_{out}}{e_{PE}} = \frac{C_{PE}}{C_f} \tag{4-37}$$

电压增益 G_v 单位是 mV/mV 或 V/V，通常用于电路性能测试和噪声分析。电荷增益 G_q 为

$$G_q = \frac{V_{out}}{q_{PE}} = \frac{V_{out}}{e_{PE} C_{PE}} = \frac{G_v}{C_{PE}} = \frac{1}{C_f} \tag{4-38}$$

利用电荷增益可推导出电荷模式 IEPE 加速度传感器灵敏度 S_q 表达式：

$$S_q = Q_{PE} \cdot G_q = Q_{PE} \cdot \frac{1}{C_f} \tag{4-39}$$

电荷增益 G_q 的单位是 mV/pC，通常在规定的参考频率 $f_R = 100$ Hz 检定。从灵敏度公式可以看出，电荷模式 IEPE 加速度传感器的灵敏度 S_q 取决于 PE 传感器的电荷灵敏度 Q_{PE} 和电荷放大器的反馈电容 C_f，而与 PE 传感器电容 C_{PE} 无关，这也是电荷模式 IEPE 加速度传感器的主要优点之一。

电荷放大器反馈电路时间常数 τ_f 决定幅频特性的低频下限 -3 dB 截止频率 $f_{L-3\ dB}$：

$$f_{L-3dB} = \frac{1}{2\pi \tau_f} = \frac{1}{2\pi \left(R_b \cdot \frac{R_2 + R_3}{R_3} \right) \cdot C_f} \tag{4-40}$$

幅频特性高频 -3 dB 截止频率 $f_{U-3\ dB}$ 取决于时间常数 τ_1：

$$f_{U-3dB} = \frac{1}{2\pi \tau_1} = \frac{1}{2\pi R_1 C_{PE}} \tag{4-41}$$

上限截止频率下降特性可在一定程度上抑制 PE 传感器的谐振峰。在传感器的工作频带

内电荷放大器对输入信号有 180°的反向相移。为保持加速度传感器的正输出特性（以安装面朝向加速度基座为正向），必须以产生附加 180°相移的方式组装 PE 传感器的压电元件。

2. 电压模式 IEPE 加速度传感器

图 4-14 所示为基于 FET-BJT 电压放大器的电压模式 IEPE 加速度传感器配置。在实际应用中，电压放大器通常采用电压增益 $G_{SF} \leqslant 1$ 的源极电压跟随器。实际上，基于直接耦合 FET-BJT 电路不可能具备电压放大功能。电阻 R_1 和电容 C_1 组成跟随器的输入电路，$R_1 C_1$ 构成低通滤波器，可用于补偿 PE 传感器谐振导致的传感器幅频响应特性在高频端的上翘。改变电容 C_1 可调整电压放大器电路增益 G_v，也就是以此来调整电压模式 IEPE 加速度传感器的最终灵敏度 S_v。电压模式 IEPE 加速度传感器的传递函数、频率响应和灵敏度分析如下：

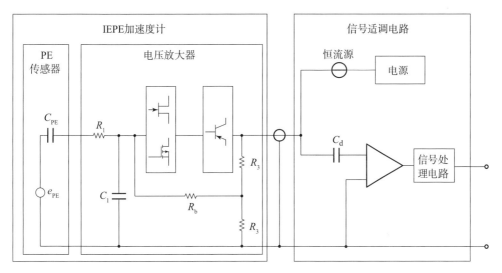

图 4-14　基于 FET-BJT 电压放大器的电压模式 IEPE 加速度传感器配置

根据图 4-14 可以得出电压放大器传递函数 $H(j\omega)$ 的表达式：

$$H(j\omega) = G_v \cdot \cfrac{1}{1 + j\omega R_1 \cfrac{C_1 C_{PE}}{C_1 + C_{PE}} + \cfrac{1}{j\omega R_{in}(C_1 + C_{PE})}} \tag{4-42}$$

$$G_v = \cfrac{G_{SF}}{1 + \cfrac{C_1}{C_{PE}}} R_{in} = R_b \cdot \cfrac{R_2 + R_3}{R_3} \tag{4-43}$$

G_{SF} 和 R_{in} 分别代表 FET-BJT 源极跟随器的增益和输入电阻，可以用幅值响应 AR 和相位响应 PR 确定电路的频率响应特性。对频率区域进行简化，即在远低于高频上限截止频率 ω_{U-3dB} 频率范围和远高于低频截止频率 ω_{L-3dB} 频率范围：

$$\omega \ll \omega_{U-3dB} = \cfrac{1}{R_1 \cfrac{C_1 C_{PE}}{C_1 + C_{PE}}} \tag{4-44}$$

$$\omega \gg \omega_{L-3dB} = \cfrac{1}{R_{in}(C_1 + C_{PE})} \tag{4-45}$$

在低于高频上限截止频率的频率范围，传递函数 $H(j\omega)$ 和与之相应的幅频响应 AR 和

相频响应 PR 的表达式为

$$H(j\omega) = G_v \cdot \cfrac{1}{1 + \cfrac{1}{j\omega R_{in}(C_1 + C_{PE})}} = G_v \cdot \cfrac{j\omega R_{in}(C_1 + C_{PE})}{1 + j\omega R_{in}(C_1 + C_{PE})} \tag{4-46}$$

$$AR = |H(j\omega)| = G_v \cdot \cfrac{\omega R_{in}(C_1 + C_{PE})}{\sqrt{1 + [\omega R_{in}(C_1 + C_{PE})]^2}} = G_v \cdot \cfrac{1}{\sqrt{1 + \cfrac{1}{[\omega R_{in}(C_1 + C_{PE})]^2}}} \tag{4-47}$$

$$PR = \arctan\left[\cfrac{1}{\omega R_{in}(C_1 + C_{PE})}\right] \tag{4-48}$$

幅频特性 AR 的 -3 dB 低频下限截止频率 $f_{L-3\,dB}$:

$$f_{L-3dB} = \cfrac{1}{2\pi R_{in}(C_1 + C_{PE})} \tag{4-49}$$

高于低频下限截止频率的频率范围, $H(j\omega)$ 和相应幅频特性 AR 和相频响应 PR 变成

$$H(j\omega) = G_v \cdot \cfrac{1}{1 + j\omega R_1\left(\cfrac{C_1 C_{PE}}{C_1 + C_{PE}}\right)} \tag{4-50}$$

$$AR = |H(j\omega)| = G_v \cdot \cfrac{1}{\sqrt{1 + \left(\omega R_1 \cfrac{C_1 C_{PE}}{C_1 + C_{PE}}\right)^2}} \tag{4-51}$$

$$PR = \arctan\left(\omega R_1 \cfrac{C_1 C_{PE}}{C_1 + C_{PE}}\right) \tag{4-52}$$

幅频响应特性的 -3 dB 高频上限截止频率 f_{U-3dB}:

$$f_{U-3dB} = \cfrac{1}{2\pi R_1 \cfrac{C_1 C_{PE}}{C_1 + C_{PE}}} \tag{4-53}$$

在传感器的工作频带范围内:

$$\cfrac{1}{R_{in}(C_1 + C_{PE})} \ll \omega \ll \cfrac{1}{R_1 \cfrac{C_1 C_{PE}}{C_1 + C_{PE}}} \tag{4-54}$$

可将幅频响应 AR 变成电压放大器增益 G_v 的表达式:

$$|H(j\omega)| = AR = G_v = \cfrac{G_{SF}}{1 + \cfrac{C_1}{C_{PE}}} \tag{4-55}$$

电压模式 IEPE 加速度传感器的最终灵敏度 S_v:

$$S_v = V_{PE} G_v = \cfrac{Q_{PE}}{C_{PE}} \cdot \cfrac{G_{SF}}{1 + \cfrac{C_1}{C_{PE}}} \tag{4-56}$$

与电荷放大器不同, 在传感器工作频带内电压放大器信号的相位移动为零。为了沿传感器主轴有正加速度输出, 电压模式 IEPE 传感器压电元件的极性必须与电荷模式 IEPE 传感器相反。

与电荷模式 IEPE 速度计一样，电压模式 IEPE 加速度传感器也可以使用集成运算放大器设计内装电压放大器。当使用集成运算放大器时，传感器的幅频响应 AR 和相频响应 PR，以及上限和下限截止频率的表达式与上述推导出的结论一样。唯一需要提示的是用集成运算放大器的增益 G_{OpAmp} 代替跟随器增益 G_{SF}。在使用集成运算放大器时，增益可以大于 1，即 $G_{\text{OpAmp}} > 1$，无论是选择 FET - BJT 电路还是集成运算放大器电路作为电压模式 IEPE 加速度传感器的内装电压放大器，电压模式 IEPE 加速度传感器具有与表 4 - 4 所列出的电荷模式 IEPE 加速度传感器同样的优缺点。

表 4 - 4　电荷模式和电压模式 IEPE 加速度传感器的优缺点

电荷模式 IEPE 加速度传感器		电压模式 IEPE 加速度传感器	
优点	缺点	优点	缺点
选择 FET - BJT 能更灵活地设计传感器灵敏度	PZT 元件传感器频率响应曲线每 10 倍频程有 2.5% 的下降斜率	工作频带内有平坦的频响曲线	采用 FET - BJT 电压增益≤1 的源极跟随器，只能降低灵敏度值
简单电路可实现高灵敏度			获得高灵敏度需复杂电路
微型传感器可有高灵敏度			高灵敏度需要大体积
传感器灵敏度与 PE 传感器电容大小无关			传感器灵敏度与 PE 传感器电容有关
FET - BJT 电路改变反馈电容可在很大范围内调整灵敏度			FET - BJT 跟随器改变输入电容只能在很小的范围内调整灵敏度
本底噪声低			本底噪声高

第5章

压阻式传感器

压阻式传感器通常采用微机械加工工艺和半导体集成电路加工工艺相结合的方式制作。可用于微机械加工的材料包括单晶硅、多晶硅、非晶体硅、硅蓝宝石、陶瓷和金属等，MEMS 压阻式传感器一般选用单晶硅材料。单晶硅具有优良的力学性能和物理性质，单晶硅的机械品质因数可达 10^6 数量级，滞后和蠕变极小（几乎为零），机械稳定性好，硅材料质量轻，密度为不锈钢的 1/3，而弯曲强度却为不锈钢的 3.5 倍，具有很高的强度密度比和很高的刚度比。

利用硅的压阻效应和微电子技术制作的压阻式传感器是近几十年发展迅速的新型传感器，具有灵敏度高、响应速度快、可靠性好、精度较高、低功耗、易于微型化与集成化等突出优点。早在 20 世纪 70 年代中期，就已成为航空航天工业优选的传感器品种，奠定了它的技术地位。20 世纪 70 年代中后期，由于集成电路新技术和微机械加工技术的进展，以及汽车电子化和医学保健仪器等应用新市场的开发，大批量生产方式制造的低成本压阻式压力传感器年产已达数千万只，微型化的压阻式压力传感器外径已小于 0.8 mm，压阻式加速度传感器的质量已小到蜜蜂可以负载的程度，冲击加速度传感器的量程已超过压电式器件而达到 20 万 g 水平，从世界范围看，20 世纪 80 年代后，压阻式压力传感器已取代了应变计式传感器在压力传感器市场的领先地位。压阻式加速度传感器已与压电式加速度传感器在冲击振动测量领域平分秋色。

5.1 硅压阻效应基础理论

5.1.1 压阻效应

固体材料在应力作用下发生形变，其电阻率发生变化的现象，称为压阻效应。根据欧姆定律与压阻效应，长为 l、截面积为 A、电阻率为 ρ 的条形材料受轴向应力后电阻变化率为

$$\frac{dR}{d} = \frac{d\rho}{\rho} + \frac{dL}{L} = \frac{dA}{A} = \pi\rho + (1 + 2\mu)\frac{dL}{L} = (\pi E + 1 + 2\mu)\varepsilon = K\varepsilon \qquad (5-1)$$

式中，σ 为应力；E 为材料的弹性模量；μ 为材料的泊松比；ε 为应变；$K = \pi E + 1 + 2\mu$ 是应变 ε 引起电阻变化灵敏度系数，也称为 G 因子，它表征电阻率随应力 σ 的变化率，即压阻效应的强弱。

在灵敏度系数 K 表达式中，πE 取决于电阻率变化，$1 + 2\mu$ 取决于电阻纵横向尺寸变化。常用固体材料 $\mu = 0.25 \sim 0.5$，一般金属材料的 πE 几乎为零，因此金属丝、箔应变计 K 值为 $1.5 \sim 2$，灵敏度低。大部分半导体材料压阻效应非常显著，压阻系数 π 引起电阻率变化起主导作用。常用的 P 型硅，某晶向和应力作用下，$\pi \approx (40 \sim 80) \times 10^{-11} \text{m}^2/\text{N}$，弹性模量 $E = 1.7 \times 10^{11} \text{Pa}$，所以有 $K \doteq \pi E \doteq 65 \sim 130$，而 $1 + 2\mu$ 可忽略不计。因此压阻式传感器

的灵敏度比金属应变计高 1 ~ 2 个数量级。

5.1.2　晶面与晶向

结晶体是由分子、原子或离子有规则周期性地排列而成，它的周期性由代表分子、原子或离子晶格点阵表示，反映其对称性的最小重复单元称为晶体原胞。为表述晶格点阵配置和确定晶面的方向，引入空间坐标系，称为晶轴坐标系，用 X、Y、Z 表示。硅晶体为面心立方晶体结构，其晶体原胞为边长为 a 的立方体，立方体顶角与面心上都有一个格点，每个格点对应两个硅原子。取立方晶体三个相邻边为晶轴坐标系三个轴 x、y、z，某晶面与晶轴相交的截距分别为 OA、OB、OC。用 OA 表征该晶面：

$$\frac{a}{OA} : \frac{a}{OB} : \frac{a}{OC} = h : k : l \qquad (5-2)$$

式中，OA 为没有公约数的简单整数，称为密勒指数。晶格中任一晶面都可以用一组密勒指数来表征。密勒指数仅定义了晶面方向，它实际上表征了一组相互平行的晶面簇。由于晶格点阵的周期重复性，一簇晶面中的所在晶面都是相同的，晶面符号规定为（OA）。与该晶面垂直的法线方向称为晶向，立方晶体符号为 $[OA]$。当密勒指数均为 10 以内的整数时，通常略写其间的逗号。规定晶面所截线段对于 x 轴 O 点之前为正，O 点之后为负；对于 y 轴，O 点右边为正，左边则为负；对于 z 轴，O 点之上为正，之下为负。密勒指数为负整数时，特殊规定表示方法为：用正整数表示，但在其数顶上横标一个短横符号，例如（$3\overline{1}1$）晶面，$[\overline{1}0]$ 晶向。若晶面与某一晶轴平行而无截距时，则相应的密勒指数用 0 表示。晶面与 x、y、z 轴截距都相同且为正时，表示为（111）；晶面与 x、y 轴截距相同，与 z 轴平行无截距，表示为（110）；晶面与 x 轴相交，但与 y、z 轴都平行无截距，表示为（100），其余依此类推。硅立方晶体中几种不同晶向与晶面如图 5 - 1 所示。

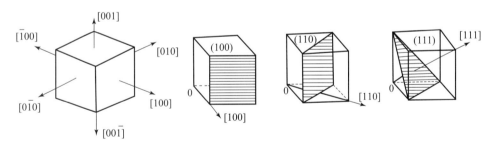

图 5 - 1　硅立方晶体中几种不同晶向与晶面

压阻式传感器设计通常涉及互相垂直的两个晶向。判断两晶向是否垂直，或者求解与已知晶向垂直晶向时，可将两晶向作为向量，进行点乘。例如晶向 $A[\begin{matrix} h & k & l \end{matrix}]$ 和晶向 $B[\begin{matrix} r & s & t \end{matrix}]$ 垂直，需满足：

$$h \cdot r + k \cdot s + l \cdot t = 0 \qquad (5-3)$$

求与两晶向都垂直的第三个晶向时，依据向量叉乘求得，满足 $A \times E = C$，向量 C 必然与向量 A、向量 B 都垂直。

硅是各向异性材料，不同晶向压阻效应强弱与特性差异很大。MEMS 压阻式传感器芯片总是选用最有利的晶面和晶向来设计，布置其应变电阻，通过微机械加工技术的各向异性腐蚀技术进行加工，因为不同晶面腐蚀速率差异极大，以此获得特定几何形状硅膜弹性体。

5.1.3 压阻系数

压阻效应表明，电阻受应力作用相对变化近似等于其电阻率相对变化，而其电阻率相对变化与应力成正比，二者比例系数就是压阻系数：

$$\frac{\mathrm{d}R}{R} \approx \frac{\mathrm{d}e}{e} = \pi\sigma \tag{5-4}$$

立方晶体具有对称特性，晶轴坐标中压阻系数矩阵简化为

$$\begin{bmatrix} \pi_{11} & \pi_{12} & \pi_{12} & 0 & 0 & 0 \\ \pi_{12} & \pi_{11} & \pi_{12} & 0 & 0 & 0 \\ \pi_{12} & \pi_{12} & \pi_{11} & 0 & 0 & 0 \\ 0 & 0 & 0 & \pi_{44} & 0 & 0 \\ 0 & 0 & 0 & 0 & \pi_{44} & 0 \\ 0 & 0 & 0 & 0 & 0 & \pi_{44} \end{bmatrix} \tag{5-5}$$

独立压阻系数分量仅有三个，π_{11} 称为纵向压阻系数，π_{12} 称为横向压阻系数，π_{44} 称为剪切压阻系数。表 5-1 所示为硅和锗的独立压阻系数值。硅材料主要晶向的纵向压阻系数 π_l 和横向压阻系数 π_t 如表 5-2 所示。

表 5-1 硅和锗的独立压阻系数值

材料类型	电阻率/$(\Omega \cdot \mathrm{cm})$	$\pi_{11}/(\times 10^{-11}\mathrm{m}^2 \cdot \mathrm{N}^{-1})$	$\pi_{12}/(\times 10^{-11}\mathrm{m}^2 \cdot \mathrm{N}^{-1})$	$\pi_{44}/(\times 10^{-11}\mathrm{m}^2 \cdot \mathrm{N}^{-1})$
P-Si	7.8	6.6	-1.1	138.1
N-Si	11.7	-102.2	53.4	-13.6
P-Ge	1.1	-3.7	3.2	96.7
N-Ge	9.9	-4.7	-5.0	-137.9

表 5-2 硅材料主要晶向 π_l 和 π_t

纵向晶向	纵向压阻系数 π_l	横向晶向	横向压阻系数 π_t
[001]	π_{11}	[010]	π_{12}
[001]	π_{11}	[110]	π_{12}
[111]	$\frac{1}{3}(\pi_{11} + 2\pi_{12} + 2\pi_{44})$	$[1\bar{1}0]$	$\frac{1}{3}(\pi_{11} + 2\pi_{12} - 2\pi_{44})$
[111]	$\frac{1}{3}(\pi_{11} + 2\pi_{12} + 2\pi_{44})$	$[11\bar{2}]$	$\frac{1}{3}(\pi_{11} + 2\pi_{12} - 2\pi_{44})$
$[1\bar{1}0]$	$\frac{1}{2}(\pi_{11} + 2\pi_{12} + 2\pi_{44})$	[111]	$\frac{1}{3}(\pi_{11} + 2\pi_{12} - 2\pi_{44})$
$[1\bar{1}0]$	$\frac{1}{2}(\pi_{11} + 2\pi_{12} + 2\pi_{44})$	[001]	π_{12}
$[1\bar{1}0]$	$\frac{1}{2}(\pi_{11} + 2\pi_{12} + 2\pi_{44})$	[110]	$\frac{1}{2}(\pi_{11} + 2\pi_{12} - 2\pi_{44})$
$[1\bar{1}0]$	$\frac{1}{2}(\pi_{11} + 2\pi_{12} + 2\pi_{44})$	$[11\bar{2}]$	$\frac{1}{6}(\pi_{11} + 5\pi_{12} - 2\pi_{44})$

续表

纵向晶向	纵向压阻系数 π_1	横向晶向	横向压阻系数 π_t
$[1\bar{1}0]$	$\dfrac{1}{2}(\pi_{11}+2\pi_{12}+2\pi_{44})$	$[22\bar{1}]$	$\dfrac{1}{9}(4\pi_{11}+5\pi_{12}-4\pi_{44})$
$[11\bar{2}]$	$\dfrac{1}{2}(\pi_{11}+2\pi_{12}+2\pi_{44})$	$[1\bar{1}0]$	$\dfrac{1}{6}(\pi_{11}+5\pi_{12}-\pi_{44})$
$[22\bar{1}]$	$\pi_{11}-\dfrac{16}{27}(\pi_{11}+2\pi_{12}+2\pi_{44})$	$[1\bar{1}0]$	$\dfrac{1}{9}(4\pi_{11}+5\pi_{12}-4\pi_{44})$

大部分压阻式传感器采用 P 型硅制作力敏电阻，其 π_{44} 比 π_{11} 和 π_{12} 大了约 2 个数量级，因而可略去 π_{11} 和 π_{12} 不计。三个常用晶面上压阻系数与晶向的关系如下：

（100）晶面内电阻的压阻系数：设晶向 $A[hkl]$ 为（100）晶面内的一任意晶向，它与 y 轴夹角为 θ，与 z 轴夹角（$90°-\theta$），与 x 轴夹角为 $90°$：

$$\pi_1 = \pi_{11} - \frac{1}{2}(\pi_{11}-\pi_{12}-\pi_{44})\cdot\sin^2 2\theta \tag{5-6}$$

$$\pi_t = \pi_{12} + \frac{1}{2}(\pi_{11}-\pi_{12}-\pi_{44})\cdot\sin^2 2\theta \tag{5-7}$$

对于 P 型硅，略去 π_{11} 和 π_{12} 后，简化为

$$\pi_1 \approx \frac{1}{2}\pi_{44}\sin^2 2\theta,\quad \pi_t = -\frac{1}{2}\pi_{44}\sin^2 2\theta \tag{5-8}$$

在（100）晶面内任一晶向的纵向压阻系数和横向压阻系数等值且反号。纵向压阻系数为正，横向压阻系数为负。P 型硅在（100）晶面内的压阻系数分布的对称图形如图 5-2 所示。采用（100）晶面内的晶向制作传感器时，工艺中晶向对准偏差影响较小。（100）晶面内任意一对互相垂直晶向的压阻系数是相等的，这对于压阻式传感器等臂等应变设计非常重要。互相

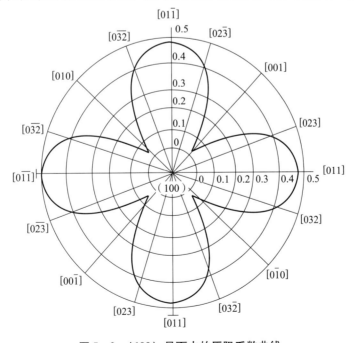

图 5-2　（100）晶面内的压阻系数曲线

垂直又有最大压阻系数的 [011] 和 [0$\bar{1}$1] 晶向是压阻式传感器设计中用得最多的一对晶向。

（110）晶面内电阻的压阻系数为

$$\pi_1 = \pi_{11} - 2(\pi_{11} - \pi_{12} - \pi_{44}) \cdot \frac{h^2(h^2 + 2l^2)}{(2h^2 + l^2)^2} \tag{5-9}$$

$$\pi_t = \pi_{12} + (\pi_{11} - \pi_{12} - \pi_{44}) \cdot \frac{3h^2l^2}{(2h^2 + l^2)^2} \tag{5-10}$$

对 P 型硅，略去 π_{11} 和 π_{12} 后，简化为

$$\pi_1 \approx \frac{2h^4 + 4h^2l^2}{(2h^2 + l^2)^2} \cdot \pi_{44}, \ \pi_t \approx -\frac{3h^2l^2}{(2h^2 + l^2)^2} \cdot \pi_{44} \tag{5-11}$$

（110）晶面内任一晶向的纵向压阻系数和横向压阻系数都不相等，且纵向压阻系数总是明显大于横向压阻系数。（110）晶面上有一对晶向值得注意，即互相垂直的 [1$\bar{1}$0] 和 [001] 晶向。晶向 [1$\bar{1}$0] 具有较大的纵向压阻系数，其 $\pi_1 = \frac{1}{2}\pi_{44}$ ，但 $\pi_t = 0$。而 [001] 晶向的 π_1 和 π_t 都接近 0，这是一对利于压阻式传感器设计和制造的晶向。（110）晶面上的压阻系数曲线如图 5-3 所示，黑实线为纵向压阻系数 π_1 曲线，虚线为横向压阻系数 π_t 曲线，它们以 [1$\bar{1}$0] 和 [001] 为轴对称分布。

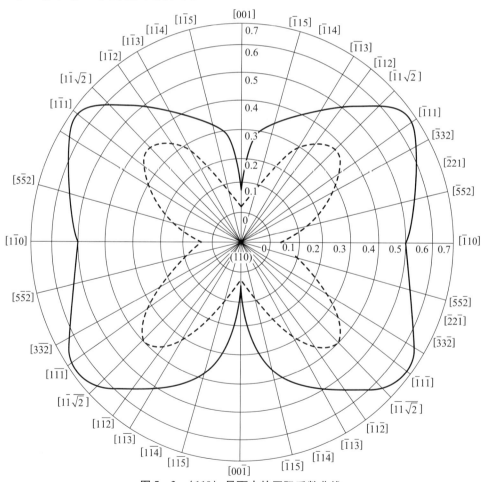

图 5-3 （110）晶面内的压阻系数曲线

（111）晶面内电阻的压阻系数为

$$\pi_1 = \frac{1}{2}(\pi_{11} + \pi_{12} + \pi_{44}) , \quad \pi_t = \frac{1}{6}(\pi_{11} + 5\pi_{12} - \pi_{44}) \quad\quad (5-12)$$

（111）晶面上的压阻系数与晶向无关，为常数，对于 P 型硅：

$$\pi_1 = \frac{1}{2}\pi_{44} , \quad \pi_t = -\frac{1}{6}\pi_{44} \quad\quad (5-13)$$

采用（111）晶面制作压阻式传感器优点是不用定向，缺点是灵敏度低。

5.2　硅压阻式压力传感器

硅压阻式压力传感器设计包括：

（1）敏感芯片设计。首先在弹性元件上合理布局力敏电阻桥；然后进行光刻版图设计和加工工艺设计，加工实现既定电桥性能和既定弹性元件形状与尺寸。

（2）封装结构设计。依据不同测压类型和使用介质条件，设计不同封装结构实现密封、隔离、压力接口，敏感元件的无应力封装既是重点也是难点。

（3）补偿电路及接口电路设计。

采用周边固支膜片结构作为弹性元件比梁式弹性元件更适合于压阻式压力传感器。压力传感器采用何种结构弹性膜片可以依据实际情况灵活设计。一般的设计原则是：微型探针式、导管端式传感器，高频、高压传感器多采用圆平膜片结构；微型导管侧壁式传感器多采用矩形平膜结构；低量程差压传感器多采用 E 型膜片或双岛膜片结构，前者对双端对称性有利，后者则在同等精度下有最高的输出灵敏度；微量程差压传感器多采用多种应力集中的复合梁膜结构；机械研磨法制造的传感器采用圆平膜、E 型膜结构，而微机械加工法制造的低成本传感器都采用矩形或方形平膜。

5.2.1　MEMS 敏感芯片设计

圆平膜片在受到均布压强作用时膜片上应力和应变分布可以理论分析，也可以采用有限元仿真软件进行模拟仿真求解，理论分析圆平膜上各点的径向应力 σ_r 与切向应力 σ_t 如下：

$$\sigma_r = \frac{3P}{8h^2}[(1+\mu)a^2 - (3+\mu)r^2] \quad (\text{N/m}^2) \quad\quad (5-14)$$

$$\sigma_t = \frac{3P}{8h^2}[(1+\mu)a^2 - (1+3\mu)r^2] \quad (\text{N/m}^2) \quad\quad (5-15)$$

式中，a、r、h 分别为膜片有效半径、计算点处半径及厚度（m）；μ 为材料的泊松比；P 为施加的压力（Pa）。

根据上述理论分析求解曲线，得到圆平膜片应力分布图，如图 5 - 4 所示。径向应力和切向应力在圆膜中央皆取得正最大值，在圆膜边缘皆取得负最大值。径向应力在半径 0.635 处过零点，切向应力在半径 0.812 处过零点。

压阻式压力传感器设计过程中，为使输出线性度较好，可以限制硅膜片上最大应变不超过（400～500）$\mu\varepsilon$ 微应变的条件来限制条件。圆平膜片上最大应变是膜片边缘处的径向应变 ε_{rmax}。求解确定一定量程传感器的径厚比，径向应变：

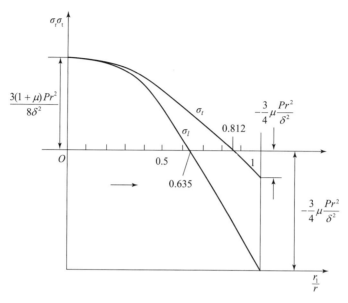

图 5-4　圆平膜片应力分布图

$$\varepsilon_{\mathrm{rmax}} = -\frac{3P(1-\mu^2)}{4E} \cdot \left(\frac{a}{h}\right)^2 \tag{5-16}$$

圆平膜上惠斯通电桥四个桥臂电阻的（100）晶面布局：电桥的四个桥臂电阻分别布置在（100）晶面内互相垂直的 [011] 和 [0$\bar{1}$1] 晶向上，位于圆膜片边缘处。[011] 晶向上的电阻顺着晶向排列，[0$\bar{1}$1] 晶向上的电阻垂直于晶向排列，包含纵向压阻系数和横向压阻系数电阻变化率为

$$\frac{\Delta R_{\mathrm{r}}}{R_{\mathrm{t}}} = \frac{1}{2}\pi_{44}(\sigma_{\mathrm{r}} - \sigma_{\mathrm{t}}) \tag{5-17}$$

$$\frac{\Delta R_{\mathrm{t}}}{R_{\mathrm{t}}} = -\frac{1}{2}\pi_{44}(\sigma_{\mathrm{r}} - \sigma_{\mathrm{t}}) \tag{5-18}$$

基于 MEMS 微加工工艺，将电阻尺寸做成微米量级，相对膜片尺寸可视为点电阻，保证两对电阻的平均径向应力与平均纵向应力差值相等是关键。图 5-4 表明两应力差值离膜片边沿越远就越小。电阻图形离膜边沿越近越好，图 5-5 所示为两种典型设计方案。

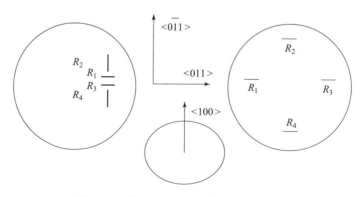

图 5-5　典型（100）圆膜边缘电阻布局

图 5 - 5 左图设计布局特点是四臂电阻位置集中，因而扩散杂质均匀性好，阻值误差小，有利于减小温度系数，适宜采用机械研磨加工较大的膜片；图 5 - 5 右图设计布局特点是四臂电阻位于互相垂直的 [011] 和 [01̄1] 晶向上，由于分开布置，电阻可以尽量靠边，也容易实现应力差值相等条件。其缺点是电阻分散，工艺不稳时一致性较差；由于膜片尺寸小，优点更突出，适合微机械加工的微型传感器。宝鸡传感器研究所、昆山双桥传感器研究所的微型高频传感器 CYG40 系列、小型高压传感器 CYG15 系列均是这种设计。

5.2.2　MEMS 敏感芯片工艺

微机械加工工艺是可以和硅平面集成工艺兼容的双面光刻工艺代替了机械式双面对准，依据掩模版形状，用可控各向异性或各向同性硅腐蚀技术在同一硅大片上同时进行化学腐蚀，形成成百上千的微型硅杯；用大片静电封接工艺或硅硅键合工艺解决了微加工中硅片厚度较薄的刚度问题，还可以利用等离子技术、"牺牲层"技术制作复杂的力敏结构。典型微机械加工硅压力敏感元件制造工艺流程：

N 型硅片→双面抛光→氧化→光刻→扩散或离子注入→光刻→离子注入→背面 CVD 生长 Si_3O_4→光刻引线孔→蒸铝→光刻铝→红外对准光刻背面→腔槽各向异性腐蚀→大片硅玻璃静电封接→初测→砂轮划分→压焊→测试。

双面光刻工艺是借助光刻机完成双面对准的特殊光刻工艺。利用射线可以穿透一定厚度硅片特性，在硅片一面制作和另一面图形套准的图形，实现硅杯膜片与正面电阻图形位置的对准。双面光刻也可以利用专用的双面光刻机，预先将上下两块光刻掩模版先对准，再夹进待光刻硅片，从而在片两面获得互相对准的光刻图形。

各向异性腐蚀工艺是利用联胺、乙二胺、氢氧化钾等各向异性腐蚀剂对硅 (111) 晶面和 (100) 晶面的很大腐蚀速率差，用二氧化硅或氧化硅作腐蚀掩模，在硅片背面腐蚀出厚度和形状可控的凹槽，从而得到设计要求的硅杯。其硅模尺寸可做到 200 μm 大小，硅模厚度可做到 5 ~ 20 μm 薄，且均匀性良好。批量化生产一次腐蚀数千或上万 4 英寸或者 6 英寸大片，同时制得成千上万个微型硅杯，再进行划片处理，大大地提高生产效率、降低力敏元件制造成本。硅模厚度可用简单的透光光色法或 V 形槽法来控制，控制精度在 5 ~ 10 μm，还可以用浓硼层腐蚀法、PN 结电化学腐蚀法来控制模厚，可精确到 1 ~ 2 μm。

各向异性腐蚀和双面光刻工艺都对硅片厚度有限制，腐蚀成的硅杯的力学固支部分只有 0.2 ~ 0.5 mm 厚，这样的芯片刚度太弱，不仅操作不便、不利装配，而且也不利于隔离应力的影响。因此利用将绝缘体和导体（半导体）黏合到一起的阳极键合技术（亦称为静电键合）将腐蚀成型的硅片与硼硅玻璃片键合在一起，加大整体厚度和刚度。

硼硅玻璃片键合原理：将光学抛光的硅片与光学抛光的特种硼硅玻璃叠合在一起，硅片接正极，玻璃接负极，加 1 000 V 左右的直流高压和 400℃ 左右的高温，玻璃中的钠离子可在电场作用下移动，从而在交界面形成很强的静电场，将高度平整度的两种材料结合到一起，并形成紧密的封接。采用硼硅玻璃是因为其热膨胀系数与硅相匹配。

压阻力敏元件制造工艺是最具普遍意义的工艺流程，实际流程的编排亦应视产品而异。

5.2.3　MEMS 传感器封装设计

压阻式压力传感器封装设计重点在于解决不同材料结合在一起时，因热膨胀系数不匹配带来的应力的隔离问题，其次是解决腔体密封、轻量化、封装管腔对频率的影响，还要考虑低成本的封装。

1. 绝压传感器封装设计

绝压传感器封装设计第一要素是形成一个稳定的、不泄漏的密封真空腔。

（1）方法一：可以采用金硅低共熔合金法，金与硅在 360℃ 左右有一低共熔点。将已完全制成的硅杯与另一个清洁平整的硅基座间夹一金箔，在专用模具夹持下，在真空烧结炉中在略高于低共熔点的温度下恒温烧结 10 min，形成绝对压力敏感元件。

（2）方法二：可以采用静电封接技术，在高真空下进行，将硅杯与无孔硼硅玻璃静电封接。这种绝压元件，力敏电桥将暴露在空气中或被测介质中，但封装成本低廉。也可以将硅杯正面溅射约 4 μm 厚的硼硅玻璃，然后与另一带凹腔的硅基片封接在一起。这种办法的绝压检测元件处于真空腔中，长期稳定性好。图 5-6 所示为两种绝压密封腔设计。

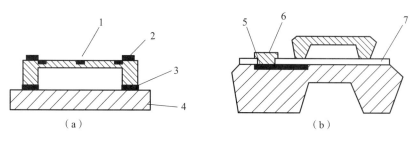

图 5-6 两种绝压密封腔设计

（a）金硅烧结法；（b）Si-Si 真空静封法

1—扩散电阻；2—铝压焊块；3—金硅合金；4—硅基片；

5—埋层铊硼电极引出条；6—铝压焊区；7—溅射的硼硅玻璃镀层

2. 表压与差压传感器封装设计

（1）O 形圈悬浮式封装：机械研磨的硅杯，玻璃粉烧结或静电封接形成的组合式硅杯，它们均有较高的机械强度。用两个橡胶 O 形密封圈把它们夹持密封固定在结构壳体中，硅杯两面被隔开就形成表压或差压结构。O 形圈在完成安装和密封时，由于其柔性及弹性，隔离了壳体的加工、装配应力及热不匹配应力，图 5-7 所示为其装配结构。

（2）锥形悬浮式封装：将硅杯用玻璃粉与 U 形陶瓷基座烧结到一起，再将陶瓷基座进压孔与金属壳体进压孔间用锥形玻璃管连接起来。玻管锥度大大削弱壳体应力对硅杯组件影响，形成"悬浮"式封装，如图 5-8 所示。

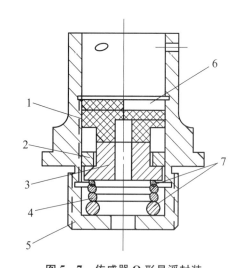

图 5-7 传感器 O 形悬浮封装

1—绝缘室；2—螺母；3—导环；4—有导线的硅片；

5—外壳；6—绝缘片；7—氟硅橡胶密封垫圈

（3）金属-玻璃-硅静电封装：加工成所需形状的特种合金金属柱经抛光后，与玻璃及硅杯三者静封到一起，提高了硅杯抗应力影响能力。金属柱与外壳体焊接在一起，又避免了有机物作用。对于充注硅油并有过载保护的差

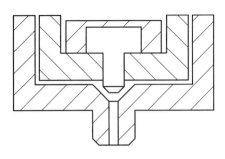

图 5 - 8 锥形悬浮式封装的示意图

压变送器，此种结构较为适宜。

（4）玻璃粉烧结封装技术：利用热膨胀系数匹配玻璃粉将压阻力敏元件、陶瓷基座或构件及金属管座烧结到一起，是一种刚性结合的传统传感器组装技术，较之粘接方法具有迟滞小、无蠕变、无老化失效、封接强度高等优点。

（5）有机粘接技术与低成本封装：微机械加工技术解决了压阻力敏芯片大批量低成本生产问题，还必须有低成本封装才能得到低成本传感器。传统粘接技术重新被采用：一方面，静封的玻璃衬底加强了敏感元件刚度，减小了组装应力与热膨胀系数不匹配的影响；另一方面，廉价传感器低精度对稳定性要求相对较低。图 5 - 9 所示为 TO - 5 低成本封装结构。

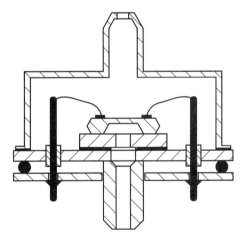

图 5 - 9 TO - 5 低成本封装结构

各向异性腐蚀形成硅杯用静封与加强用的玻璃衬底连接，然后用环氧胶或硅橡胶与基座连接，超声焊或热压焊连接内引线，用封帽机焊接管座与管帽，上表面可充注硅凝胶保护。

用于温度补偿和信号调理的厚膜电阻网络陶瓷基片用胶黏结在管座背面，与管脚连接用锡焊接方式。

5.3 压阻式传感器信号调理电路

5.3.1 信号放大

压阻式传感器一般都采用四桥臂等臂等应变全桥检测模式：

$$R_1 = R_2 = R_3 = R_4, \quad \Delta R_1 = \Delta R_2 = -\Delta R_3 = -\Delta R_4 \qquad (5-19)$$

电阻布局设计通过制造工艺保证,调整工艺参数期望四桥臂电阻的电阻温度系数和 G 因子温度系数一致。但实际上由于工艺偏差,产生零位温漂和灵敏度温漂,需要利用附加电路与元件进行信号调整。

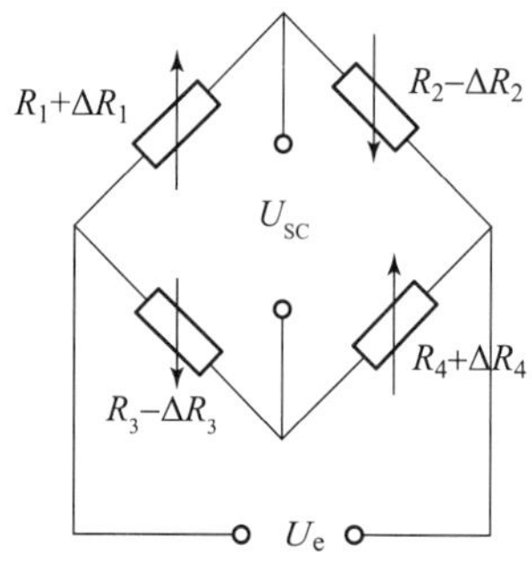

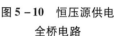

图 5-10 所示为恒压源供电全桥电路,桥压为 U_e。设若 R_2、R_4 为正应变电阻,R_1、R_3 为负应变电阻,它们的温度系数分别为 $\alpha_1 \sim \alpha_4$。设其受应力后的变量都为 ΔR。四桥臂初始电阻值均为 R,该电桥在不受力情况下桥臂失衡零位输出为

$$U_{0SC} = \frac{R_2 R_4 - R_1 R_3}{(R_1 + R_4)(R_2 + R_3)} U_e \qquad (5-20)$$

图 5-10 恒压源供电
全桥电路

在温度变化 Δt 后的零位温度漂移量为

$$\Delta U_{0t} = \frac{R_2 R_4 (\alpha_2 + \alpha_4) - R_1 R_3 (\alpha_1 + \alpha_3)}{(R_1 + R_4)(R_2 + R_3)} U_e \Delta t \qquad (5-21)$$

在常温下受力后的输出为

$$U_{sc} = \frac{\Delta R}{R} U_e \qquad (5-22)$$

恒压源供电零位平衡条件是对臂电阻的乘积相等。零位温漂最小条件都是:在对臂电阻的乘积相等前提下,对臂电阻的电阻温度系数之和相等,或者对臂电阻之乘积与其电阻温度系数之和的乘积与另一对臂的相等。

5.3.2 零偏与温漂补偿

设计相等的四臂电桥由于制造工艺中光刻、制版、扩散等工艺的偏差引起阻值差异和电阻温度系数差异,可以采用补偿电路对零位偏差和零位温度漂移进行补偿。

压阻式传感器零偏调整方法一:在膜片上的无应力区制作一些小阻值的电阻网络,以电位器形式串入桥臂中。由于这些电阻与桥臂电阻具有相同的温度系数,用电阻网络调整零位偏离,不影响零位温度系数。但由于不是连续调整且调整范围难以兼顾,因此较少采用。

压阻式传感器零偏调整方法二:普遍采用的桥臂串联或并联电阻的方法,即可使零位平衡。由于通常串并联用的是电阻温度系数远小于扩散桥臂电阻温度系数的精密金属膜电阻或精密线绕电阻,因此也就改变了被串(并)桥臂电阻的温度系数。不难算出,当在电阻温度系数为 α 的桥臂电阻 R 上串联温度系数为 β,阻值为 R_s 的电阻的等效电阻 R' 及其温度系数 α' 变为

$$R' = R + R_s \qquad \alpha' = \frac{R\alpha + R_s \beta}{R + R_s} \approx \frac{R}{R + R_s} \alpha \qquad (5-23)$$

当在电阻 R 上并联温度系数为 β 电阻 R_p 时,等效电阻 R' 及其温度系数 α' 变为

$$R' = \frac{R_p}{R + R_p} R, \quad \alpha' = \frac{R\beta(1 + \alpha t) + R_p \alpha(1 + \beta t)}{R(1 + \alpha t) + R_p(1 + \beta t)} \approx \frac{R_p}{R + R_p} \alpha \qquad (5-24)$$

若在 R 上并联 $R_p = KR$ 电阻,桥臂电阻温度系数减小了 $\frac{1}{K+1}$ 倍,阻值也减小了 $\frac{1}{K+1}$

倍；若在 R 上串联 $R_{\mathrm{s}} = \dfrac{1}{K}R$ 电阻，桥臂电阻温度系数也减小了 $\dfrac{1}{K+1}$ 倍，但阻值却增加了 $\dfrac{1}{K+1}$ 倍。因此，利用在四个桥臂电阻上选择并串联位置和阻值的方法，就可同时完成平衡零位和补偿零位温漂的工作。具体的作法是：先测得桥臂四电阻常温阻值，再测得它们在正温上补偿区点和负温下补偿区点的值，就可计算得正负温区的桥阻温度系数，计算机可按编写好的程序求解出并串联的位置及阻值。一般是尽量用并联法补偿温漂，而用小阻值 R_{s} 调整零位，为简化计算，一般只开环一个点，只有两个串联位置选择。

图 5 – 11 所示为标准开环压阻全桥电路，四个桥臂上可以串联电阻 R_{s} 和并联电阻 R_{p}，具体位置及阻值 U_0 和 ΔU_{0t} 值由计算机确定。

图 5 – 12 所示为半开环的力敏全桥。只有桥臂 R_1 和 R_2 上可以串联 R_{s}。当 U_0 正漂时，V_{p} 并联于 R_4 上，视 U_0 正负决定 R_{s} 串联位置；当 U_0 负漂时 R_{p} 并于 R_3 上，也视 U_0 正负决定 R_{s} 串联位置。

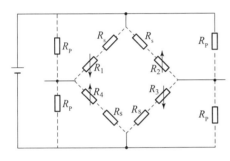

图 5 – 11　标准开环压阻全桥电路

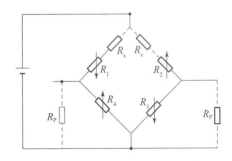

图 5 – 12　半开环的力敏全桥

5.3.3　满量程输出调整

压阻式传感器在满量程载荷下的净输出主要是由设计参数和制造工艺决定，因此调整满量程净输出信号 U_{FSO} 就只能采用改变供电电压或电流的办法。但在许多情况下，电源电压或电流是限制型的，这时为使同一批生产的传感器输出信号的正负误差限制在一个小的区域，以利用对产品的互换或仪表配套调整时的方便，生产者多使用"削高就低"的办法，即在恒压源供电时，在电桥与电源间串联一个可调小电阻来完成。相当于一个分压器，降低了实际桥压，把实际可得的满量程净输出减小到需要的值。然而，只有这个小电阻的电阻温度系数与桥阻的温度系数始终一致，才不至于在改变输出时，同时也改变了传感器的灵敏度温度系数。桥阻的温度系数在 $10^{-3}/℃$ 数量级，而且多数设计中，随温度变化是非线性的，因此选配这种阻值可变的小电阻并不现实。现实的办法是串联进一个温度系数远小于桥阻温度系数的精密线绕或金属膜电阻或电位器。由于对灵敏度温度系数的影响，它通常是采用与串联线性化的热敏电阻灵敏度补偿网络一道考虑的办法解决。在串联阻值极小时，亦可单独处理。用放大器对传感器的输出信号进行放大时，采用规一化输出信号的办法。

5.4　锰铜压阻式传感器

锰铜材料的压阻效应测压始于 20 世纪初，后来出现了锰铜动压测试系统用于测量火炮的压力，当时是用锰铜线圈作为压力传感器。锰铜压阻式传感器的结构形式很多，主要分为丝式和箔式、高阻和低阻，以及线圈式等。图 5-13 所示为锰铜压阻式传感器及测压原理。外形和制造工艺几乎与金属电阻应变计完全相同，不同的是工作原理和安装方式。

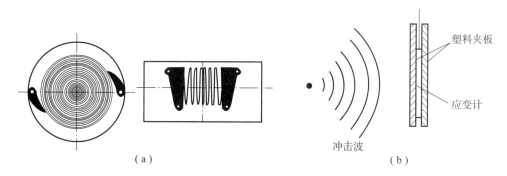

图 5-13　锰铜压阻式传感器及测压原理
（a）锰铜应变计；（b）测压原理

为研究冲击波、爆炸力学效应、爆炸效应以及高静水压力的影响，国内外均采用锰铜丝或锰钢箔应变计制成压力传感器。虽然锰钢的电阻率低，其压力灵敏度系数仅为 0.27%/kbar，但它的电阻变化与冲击波压力间呈线性关系，这种传感器可测量 GPa 级甚至更高的冲击压力。

5.4.1　锰铜压阻式传感器工作原理

锰铜压阻式传感器的工作原理：电阻 R 变化由导体电阻率变化决定，这与半导体应变计工作原理相似。

导体电阻率 ρ 随压力增大而减小，随温度增高而增加：

$$\rho = \rho_0 - \rho_P + \rho_T = \rho_0(1 - K_P + \alpha T) \tag{5-25}$$

式中，ρ_0 为常温常压下的电阻率；ρ_P 为由于压力 P 引起的电阻率增量，$\rho_P = \rho_0 \cdot Kp$；ρ_T 为由于温度引起的电阻率增量，$\rho_T = \rho_0 \cdot \alpha T_0$；$K$、$\alpha$ 分别为压力系数和温度系数。

对于多数金属导体，其压力系数和温度系数在数量上近似，因而两种因素都不可忽略。对某些金属导体来说，在一定压力和温度下还会发生相变，这就使电阻率的变化复杂化，无法直接利用电阻率的变化来测量压力。

利用金属的压阻效应测量压力，必须选择一种金属材料，但其电阻率 ρ 仅仅随压力 P 而变化，而因温度引起的电阻率 ρ 的变化可以忽略，只有这样才能实现利用金属电阻率的变化来测量压力变化的目的。

因此对用于制造这类压力传感器金属材料的要求是：

（1）由压力引起的电阻率的变化比由温度引起的电阻率的变化大得多，以致由温度引起的电阻率的变化可以忽略；

（2）为便于测量和分析，在动态压力作用下，该材料不会发生相变；

（3）为了在很细金属丝或很薄（金属箔）、很短（仅几十毫米）的材料中得到足够大的电阻率，要求材料的电阻率高，而且随着压力的变化，电阻值的变化也要大。

锰铜是一种符合以上要求的最为理想的材料，它的温度系数 $\alpha = 2 \times 10^{-5}/℃$，比一般导体的温度系数 $\alpha = 5 \times 10^{-3}/℃$ 小 2 个数量级；并且在动态压力下不会发生相变；在很短的丝或箔中电阻值很大，并且随着压力的增加，电阻率同时增大。

锰铜的电阻值 R 为

$$R = \rho \frac{l}{A} = \rho_0 \frac{l}{A}(1 + K_P) \tag{5-26}$$

锰铜的电阻率 ρ 为

$$\rho = \rho_P = \rho_0 (1 + K_P) \tag{5-27}$$

在严格的一维平面应力作用情况下，受压缩的只是锰铜丝的侧面尺寸，即长度 l 是不变的。除 ρ_P 变化外，横截面积 A 也随压力而变化，并且 $\frac{A}{A_0} = \frac{V}{V_0}$（$A_0$ 和 A 为压缩前后截面积，V_0 和 V 为压缩前后体积）：

$$\frac{\rho}{\rho_0} = \frac{RA}{R_0 A_0} = \frac{RV}{R_0 V_0} = \frac{V}{V_0}\left(1 + \frac{\Delta R}{R_0}\right) = 1 + K_P \tag{5-28}$$

$$\frac{\Delta R}{R} = \frac{(1 + K_P)V_0}{V} - 1 \tag{5-29}$$

式中，$\Delta R = R - R_0$。在一维压缩情况下，锰铜的电阻率相对变化和电阻值相对变化都仅仅是压力的函数，实验证明体积变化的影响很小，上式可改写为

$$\frac{\Delta R}{R} = K_b P \tag{5-30}$$

式中，K_b 为锰铜的压阻系数，它与材料成分及传感器形状有关。只要测得锰铜的压阻系数 K_b，由所测得 $\frac{\Delta R}{R}$ 就可直接得出被测压力。

5.4.2 锰铜压阻式传感器结构

按锰铜材料截面积形状可分为箔式和丝式；按传感器应用可分为：一种是用于试件、树脂力学阻抗匹配法测量，另一种是用于试件材料直接测量。图 5 – 14 所示为锰铜丝压阻式传感器结构图，图 5 – 15 所示为锰铜丝∏形示意图和装配图，图 5 – 16 所示为锰铜箔式应力传感器。

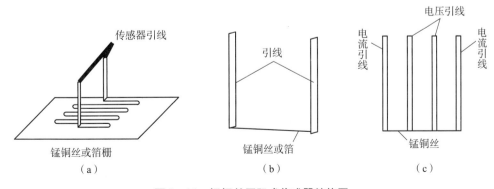

（a）　　　　　　（b）　　　　　　（c）

图 5 – 14　锰铜丝压阻式传感器结构图

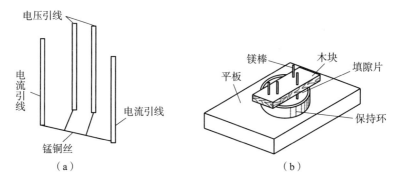

图 5 – 15　锰铜丝∏形示意图和装配图

（a）示意图；（b）装配图

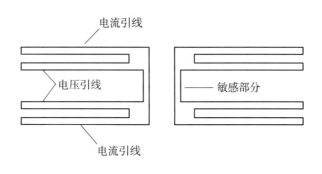

（a）

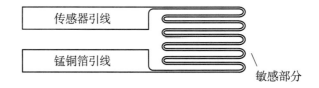

（b）

图 5 – 16　锰铜箔式应力传感器

第 6 章
强冲击传感器

6.1 强冲击加速度传感器概述

侵彻弹药可用于精确打击地下指挥中心、核设施、发射井、坑道等地下工事，航母等大型舰船，机库、机场跑道、大型桥梁等高价值目标，具有重要的战术和战略意义，在近 30 年内得到了快速发展。随着战场攻防对抗的加剧以及平台技术、突防技术的进步，高速侵彻弹药由于具备高效毁伤加强防护的深埋地下的硬目标和海上大型水面舰船目标的能力，日益受到军事强国的重视。美国陆、海、空军都启动了高速侵彻弹药方面研究工作，我国也已结合制导炸弹、弹道导弹、高超声速导弹、新型超高速武器等领域基础，对侵彻弹药所需相关技术开展全面研究。

强冲击加速度传感器作为各类侵彻弹药的关键核心器件，可实现精确炸点起爆控制，这种强冲击加速度传感器具备超高量程、高可靠性和高瞬态响应的特性，同时具有体积小、质量轻、可靠性高和易于批量制造的优点，是实现武器装备轻量化、小型化、微型化、智能化和集成化的关键。利用强冲击加速度传感器，识别出侵彻过程中的土壤、岩石、混凝土或者空穴等介质目标，计算出侵彻深度、侵彻建筑的层数，根据预编好的最佳起爆点来引爆战斗部，对预定目标实施精确高效毁伤。在攻击复杂结构目标时，还要计算弹药与目标的侵彻角，以保证最佳的毁伤效果。我国武器装备智能化改造、各类导弹炮弹等智能武器研制需要大量强冲击加速度传感器，而这类高端军用传感器被西方国家严格禁运和技术封锁，传统的惯性传感器由于体积、质量、成本和可靠性的限制，无法满足制导炮弹和制导航弹等武器装备的要求，强冲击加速度传感器已成为制约我国特种武器发展的瓶颈之一。

极端强冲击加速度传感器使用环境恶劣，典型应用场景包括：智能灵巧引信、侵彻武器试验、近场与远场爆炸试验、引信与安全系统试验、多种强冲击试验、强冲击数据记录与冲击波形监测等。极端条件非常规参数测试的试验方法和装备，已成为一项基础性、战略性、前瞻性的高新技术，指标很高，难度很大。

6.1.1 国内外研究现状

西方国家尤其是美国在强冲击加速度传感器技术领域处于世界领先水平。国外一些著名大学与研究机构，如 Draper 实验室、喷气推进实验室（JPL）、Litton、BEI 公司，都在强冲击加速度传感器领域开展了大量研究工作，成效卓著。根据工作原理的不同，强冲击加速度传感器主要包括压阻式、压电式、热对流式和电容式。压电式强冲击加速度传感器虽然量程较大，一般可达 $10 \times 10^4 g$，但是其致命缺点是强冲击后短时间内零点不能恢复，或者零点恢复较慢，难以应用于打击多层硬目标。相较而言，压阻式强冲击加速度传感器可靠性高、测试精度高、性能稳定、一致性好、易于大批量生产，更适合在恶劣的测试环境中使用。

美国 Endevco 公司、PCB 公司、丹麦 B&K 公司、瑞士 KISTLER 公司、美国 ADI 公司、Honeywell 公司、加州大学 Berkeley 分校、德国 Dresden 大学、日本 Toyohashi（丰桥）大学等科研院所都开展了各种原理、结构的强冲击传感器的研究，成果已经被成功应用到军事领域中。由于强冲击加速度传感器特殊的应用背景，美国等西方国家对中国实行严格的技术封锁和禁运，公开资料较少，参考资料有限。因此研制具有自主知识产权强冲击传感器产品，对实现自主可控、解决进口替代具有重要的现实意义。

6.1.2　单轴强冲击加速度传感器

美国 Endevco 公司（已经被美国 Meggitt PLC 公司收购，成为其传感器系统事业部）在强冲击传感器与极端强冲击试验测试方面具有长期技术积累。其研发的 727 系列产品是一款质量只有 0.3 g 的压阻式 MEMS 加速度传感器，如图 6 - 1 所示，最高量程 $6 \times 10^4 g$，频响 100 kHz，10 V 电压激励，典型冲击灵敏度为 0.3 μV/g，黏接方式安装。7270A 系列产品有 $2 \times 10^4 g$、$6 \times 10^4 g$、$20 \times 10^4 g$ 等多个量程，如图 6 - 2 所示，双螺钉硬连接安装方式，标称谐振频率 1.2 MHz，频响 150 kHz，质量 1.5 g，外形尺寸 14 mm × 7 mm × 2.8mm，价格非常昂贵。7270AM4 与 7270A 参数完全相同，它采用单螺柱结构硬连接安装方式。$6 \times 10^4 g$ 以上量程产品对中国实行严格的出口限制。2255B 系列压电式冲击传感器如图 6 - 3（a）所示，采用 IEPE 技术，电压输出，螺纹硬连接方式安装，质量 2 g，2255B - 01 型号量程是 $5 \times 10^4 g$，标称谐振频率 300 kHz，频响 20 ~ 30 kHz，典型灵敏度为 0.1 mV/g。2225M5A 系列压电式冲击传感器如图 6 - 3（b）所示，电荷输出方式，量程为 $10 \times 10^4 g$，采用螺纹硬连接安装方式，质量 13 g，电荷灵敏度 0.025 pC/g。

图 6 - 1　Endevco727 系列传感器

图 6 - 2　Endevco7270A 系列传感器

（a）　　　　　　　（b）

图 6 - 3　Endevco 公司压电传感器

（a）2255B 型；（b）2225M5A 型

美国 PCB 公司（已被美国 MTS 公司收购，成为其传感器事业部）在极端强冲击、振动、力学参数测试领域优势明显。3501B 系列压阻式 MEMS 加速度传感器产品如图 6 - 4（a）所示，采用螺纹硬连接安装方式，质量 2.5 g，$2 \times 10^4 g$ 量程产品频响为 10 kHz，标称谐振频率 60 kHz，灵敏度为 1 $\mu V/g$；$6 \times 10^4 g$ 量程产品的频响为 20 kHz，标称谐振频率 120 kHz，灵敏度为 0.3 $\mu V/g$。350 系列压电式冲击传感器如图 6 - 4（b）所示，采用 ICP 技术，电压输出，有 $1 \times 10^4 g$、$5 \times 10^4 g$、$10 \times 10^4 g$ 三个量程，螺纹硬连接方式安装，质量 4.5 ~ 5.5 g，标称谐振频率 100 kHz，频响 10 kHz，价格昂贵。

图 6 - 4　PCB 公司压电传感器

（a）3501B 型；（b）350 型

丹麦 B&K 公司是声学、振动、冲击测量与分析领域著名传感器制造商。8339 系列压电式冲击传感器如图 6 - 5（a）所示，采用 IEPE 技术，电压输出，有 $2 \times 10^4 g$、$5 \times 10^4 g$、$8 \times 10^4 g$ 三个量程，螺纹硬连接安装，质量 5.8 g，标称谐振频率 130 kHz，频响 20 kHz 左右。8309 系列压电式冲击传感器如图 6 - 5（b）所示，电荷输出，量程为 $10 \times 10^4 g$，M5 螺纹硬连接安装，质量 3 g，标称谐振频率 180 kHz，频响 28 kHz，价格昂贵。

瑞士 KISTLER 公司研制的 8742A 系列压电式冲击传感器如图 6 - 6 所示，采用 IEPE 技术，电压输出，有 $0.5 \times 10^4 g$、$1 \times 10^4 g$、$2 \times 10^4 g$、$5 \times 10^4 g$ 四个量程，采用螺纹硬连接方式安装，质量 4.5 g，标称谐振频率 100 kHz，频响 10 kHz，$5 \times 10^4 g$ 量程传感器冲击灵敏度为 0.1 mV/g。

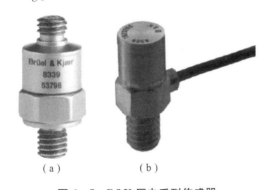

图 6 - 5　B&K 压电系列传感器

（a）8339 型；（b）8309 型

图 6 - 6　KISTLER 压电系列传感器

基于 MEMS 微加工技术，美国 Draper 实验室研制了电容式 MEMS 强冲击加速度传感器，文献资料显示，其量程为 $20 \times 10^4 g$，具有体积小、成本低、响应频率高、温度系数小、回零快和准确度高的特点。

美国Sandia国家实验室基于MEMS微机械加工技术研制出一种侵彻武器用强冲击加速度传感器，如图6-7所示，量程$5 \times 10^4 g$。加速度传感器主要由参考电容、检测电容和支撑梁组成。图6-7中检测电容和参考电容形状大小完全一致。检测电容材料为多晶硅，结构由两部分组成，一部分是固定极板，另一部分是可动极板。固定极板直接粘在衬底上，可动极板在梁的支撑下正对固定极板。图6-7中左边为检测电容，采用L形梁连接；右边为参考电容，直接连接在基座上，由于刚度较大，确保满量程时电容变化较小，有效减少测量误差。检测电容没有直接通过直梁连到基座上而是通过L形梁连到基座上，使检测电容的可动电极在水平和垂直方向上都有一定的余量，减少安装时的应力影响。检测电容和参考电容都采用打孔方式增加阻尼，以改善动态特性。

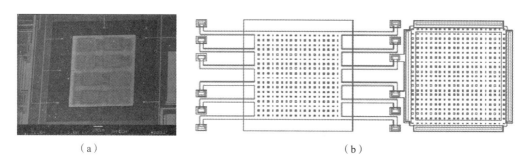

（a）　　　　　　　　　　　　　　　　　　　（b）

图6-7　Sandia实验室强冲击加速度传感器

（a）微结构扫描电镜照片；（b）微结构示意图

基于SOI-MEMS加工工艺，美国ADI公司设计了单片集成强冲击加速度传感器，其结构简图和封装图如图6-8所示。该传感器量程达$10 \times 10^4 g$，应用时直接将传感器焊接在电路板上。

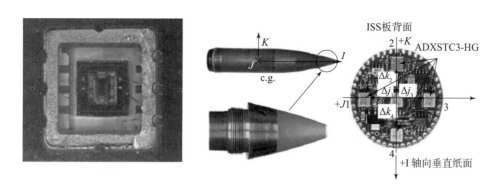

图6-8　SOI-MEMS加速度计结构简图与封装图

基于CMOS-MEMS技术，伊朗Sahand大学设计了双梳齿结构的强冲击加速度传感器，如图6-9所示，文献描述该结构器件可测到$12 \times 10^4 g$的冲击加速度。Dytran公司研制出3086A型强冲击加速度传感器，其外形结构如图6-10所示，量程$7 \times 10^4 g$，抗$10 \times 10^4 g$瞬时冲击，灵敏度为$0.05 \ \text{mV}/g$，采用螺纹硬连接方式安装，其质量为3.5 g。

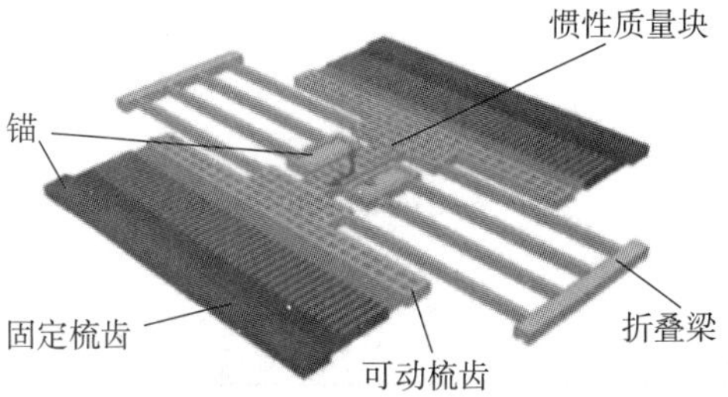

惯性质量块

锚

固定梳齿

可动梳齿

折叠梁

图 6-9 双梳齿的高 g 传感器 3D 结构

图 6-10 Dytran 公司强冲击传感器

强冲击 MEMS 加速度传感器属于高端传感器，主要应用于国防武器装备和民防重大工程，使用环境极端恶劣，可靠性要求高，研发难度大，资金投入多，用量少，仅凭市场行为拉动效应，很难研制出可用产品，需要国家持续的支撑和投入。我国 20 世纪 90 年代开始进军 MEMS 产业，几十家科研机构和高校开展强冲击传感器研究，但是整体水平还有待提高，许多成果停留在实验室原理样机阶段，能达到工程化应用的产品很少。

兵器工业集团 214 研究所和中科院上海微系统所合作，基于 MEMS 技术研制出悬臂梁结构的强冲击加速度传感器，有 $2 \times 10^4 g$ 和 $6 \times 10^4 g$ 两种量程，封装采用 TO263-5L 塑封形式，将传感器焊接到电路板上使用，外形图和安装示意图如图 6-11 所示。

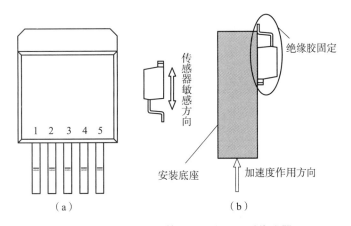

绝缘胶固定

传感器敏感方向

1 2 3 4 5

安装底座

加速度作用方向

（a）

（b）

图 6-11 兵器工业第 214 研究所塑封传感器

（a）外形图；（b）传感器安装示意图

"十五"到"十二五"期间，北京理工大学李科杰教授、张振海副教授开展了硬目标侵彻强冲击试验、单轴和三轴强冲击传感器关键技术攻关，包括压电薄膜压缩型、压电石英型、MEMS 压阻型等多种强冲击加速度传感器研究，进行了近百发实弹打靶硬目标侵彻试验，获取到 $18 \times 10^4 g$、脉冲持续时间大于 1 ms 典型实弹数据，其传感器样机如图 6-12 所示。

图 6-12 北理工强冲击传感器样机

中国工程物理研究院电子工程研究所程永生团队开展压阻式 MEMS 加速度传感器研究，传感器最高量程达 $15 \times 10^4 g$。

中北大学张文栋团队研制的单轴压阻式强冲击加速度传感器，结构如图 6 – 13 所示，量程为 $15 \times 10^4 g$，自然谐振频率 300 kHz。

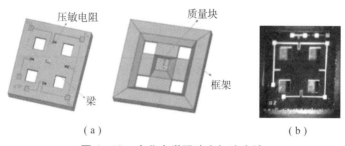

压敏电阻　　质量块　　梁　　框架

（a）　　　　　　　　　　（b）

图 6 – 13　中北大学强冲击加速度计

（a）加速度计模型正反面；（b）样片正面图片

西安交通大学赵玉龙教授、蒋庄德院士在 MEMS 压力传感器、MEMS 加速度传感器领域实力雄厚、成果丰硕。高动态 MEMS 压阻式特种传感器及系列产品获得 2017 年国家技术发明奖二等奖，该团队研制出 $10^5 g$ 单轴强冲击 MEMS 传感器，打靶试验结果优良，有很好的产业化前景。

扬州科动电子技术研究所 KD 系列小型、微型压电加速度传感器与电荷放大器配合用于冲击加速度的测量，1001B 型号的最大量程为 $5 \times 10^4 g$，电荷灵敏度为 0.2 pC/g，频响 10 kHz，自然谐振频率 50 kHz，质量 10 g，尺寸为 $\phi 11\text{mm} \times 21$ mm。

中国兵器工业 204 研究所苏建军团队研制的 988 型压电石英冲击传感器，如图 6 – 14 所示，量程 $10 \times 10^4 g$，频响 25 kHz，电荷灵敏度 0.4 ~ 0.7 pC/g。

图 6 – 14　988 型压电石英冲击传感器

6.1.3　三轴强冲击加速度传感器

美国 Endevco 公司研制的 7274 系列压阻式三轴加速度传感器，如图 6 – 15（a）所示，该系列产品有 $0.2 \times 10^4 g$、$0.6 \times 10^4 g$、$2 \times 10^4 g$、$6 \times 10^4 g$ 四个量程，采用双螺钉硬连接方式安装，质量 2.9 g。7284 系列压阻式三轴加速度传感器如图 6 – 15（b）所示，该系列产品有 $2 \times 10^4 g$、$6 \times 10^4 g$ 两个量程，抗过载能力分别是 $6 \times 10^4 g$、$18 \times 10^4 g$，同样采用双螺钉硬连接方式安装，质量 3.6 g。7274 和 7284 系列三轴冲击传感器都是组合三轴结构，采用三个 MEMS 芯片立体微装配形式，分别敏感三轴向加速度测量。

（a）　　　　　　　　　　（b）

图 6 – 15　Endevco 公司三轴冲击传感器

（a）7274 型；（b）7284 型

美国陆军实验室强冲击试验测试装置，采用 Endevco 公司生产的 73 系列表面贴装结构强冲击三轴加速度传感器，将三个表面贴装结构的单轴加速度传感器正交安装于一个立方体表面，构成贴装方式的三维加速度传感器，如图 6 – 16 所示。

图 6 – 16 应用 73 表面贴装传感器

美国 PCB 公司研制的 3503A 系列压阻式三轴加速度传感器如图 6 – 17（a）所示，采用三角形结构设计，外形尺寸为 6.35 mm × 11.8 mm × 11.8 mm，该系列产品有 $2 \times 10^4 g$ 和 $6 \times 10^4 g$ 两个量程，抗过载能力分别是 $6 \times 10^4 g$ 和 $8 \times 10^4 g$，采用通孔螺钉硬连接方式安装，质量 2.83 g。$6 \times 10^4 g$ 量程 3503A1160KG 型号产品的频响为 10 kHz，标称谐振频响 120 kHz，灵敏度 0.3 μV/g。3503C 系列压阻式三轴加速度传感器如图 6 – 17（b）所示，外形尺寸 3.8 mm × 9.6 mm × 7.1mm，该系列产品有 $2 \times 10^4 g$ 和 $6 \times 10^4 g$ 两个量程，抗过载能力分别是 $6 \times 10^4 g$ 和 $8 \times 10^4 g$，采用陶瓷封装，表面安装焊接到电路板上，质量为 0.82 g。3503A 和 3503C 两个系列三轴冲击传感器也都是组合三轴结构，采用三个单轴 MEMS 芯片或者单轴传感器立体装配在一起构成三轴传感器。

（a） （b）

图 6 – 17 PCB 公司三轴强冲击加速度传感器

（a）3503A 系列；（b）3503C 系列

Endevco 公司和 PCB 公司三轴强冲击加速度传感器代表性产品表明，国外利用三个单轴传感器组合成三轴冲击加速度传感器是主要方式，最高量程 $6 \times 10^4 g$，它的优点是三轴向交叉耦合小。$2 \times 10^4 g$ 以上量程产品对中国实行严格出口限制。

中科院上海微系统所研制了单片集成的三轴压阻式强冲击加速度传感器，如图 6 – 18 所示，量程 $6 \times 10^4 g$，x、y 轴方向为带过载保护曲面的悬臂梁结构，z 轴方向为三梁双岛式结构，在同一个平面上集成了两种不同形式硅梁结构，分别敏感 3 个轴向加速度，但工程并不容易真正解决横向耦合效应过大的问题。

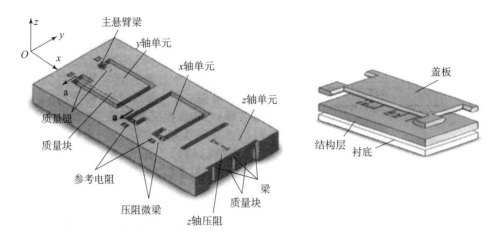

图 6 – 18　上海微系统所强冲击三轴加速度传感器

中北大学石云波教授设计了一种 RTD 三轴 MEMS 强冲击加速度传感器，敏感芯片位于两层玻璃板中间，其上有两个双端固支的梁 – 质量块结构，用于测量 x 和 y 轴加速度，四端固支的结构用 z 轴方向加速度测试，如图 6 – 19 所示。

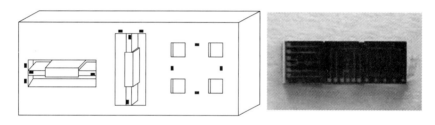

图 6 – 19　中北大学三轴强冲击加速度传感器

组合方式强冲击三轴加速度传感器成熟度较高，各个敏感单元之间相互独立，互不干扰，而这种结构也存在耦合，耦合主要来源于支撑体的形变以及强冲击下的振荡，但解耦方式相对简单。在三个正交安装面上贴装三个敏感单元的方式保证了三个测量轴向交汇于一点，芯片级立体微装配是技术关键。

6.2　压电石英晶体强冲击加速度传感器

压电石英加速度传感器有多种结构形式，包括：基于压电元件厚度变形的压缩型、基于压电元件剪切变形的剪切型、基于压电元件弯曲变形的弯曲形等，图 6 – 20 所示为压缩型、剪切型和弯曲型的结构示意图。目前，国内外压电石英加速度传感器适用于强冲击的结构形式最常见的是压缩型和剪切型。

压缩型压电石英加速度传感器是通过硬弹簧对压电石英施加一定预紧力，这种加速度传感器结构牢固、灵敏度高、高频响高、工艺性好。

剪切型压电石英加速度传感器的结构是底座向上延伸，压电石英套在一根圆柱上，压电

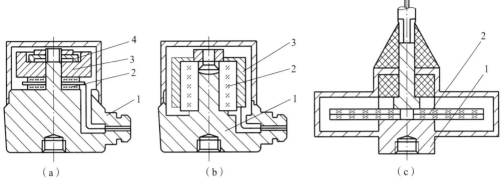

图 6 - 20　压电石英加速度传感器的结构形式

（a）压缩型；（b）剪切型；（c）弯曲型

1—基座；2—压电元件；3—质量块；4—预紧螺母

石英元件上再套上惯性质量环。这种结构形式传感器灵敏度大，横向灵敏度小，性能优异，而且能减小基座应变影响，同时具有很高的固有频率，频响范围宽。但由于压电石英元件与中心柱之间，以及惯性质量环与压电石英元件之间要用导电胶粘接，要求一次装配成功，成品率较低；用导电胶粘接，不适于高温环境使用。此种结构强冲击加速度传感器强度和工艺也有待改进。

国内对压缩型压电晶体和剪切型压电晶体生产，压缩型产品较剪切型定型早，性能较稳定。压缩型又分为基座压缩型、中心压缩型和预紧筒压缩型多种形式。兵器工业集团 204 所的 988 型（中心压缩）和 982 型（基座压缩）加速度传感器已经部分应用。考虑到预紧筒压缩型结构在横向抗弯、晶体工作应力控制方面的诸多优点，压电石英晶体强冲击加速度传感器采用预紧筒压缩型结构形式，如图 6 - 21 所示。

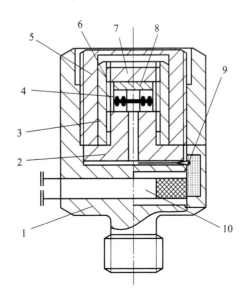

图 6 - 21　压电石英晶体强冲击加速度传感器结构

1—外罩；2—底座；3—预紧筒；4—压电晶体；5—压帽；6—电极片；7—紧固螺栓；

8—质量块；9—引线焊点；10—引线

6.2.1　传感器工作原理

压电石英晶体强冲击加速度传感器是以压电石英晶体为机电转换元件，电荷量或电压量的输出与加速度成正比，其工作原理如图 6-22（a）所示。在压电晶体上，以一定的预紧力压紧一个惯性质量块 m，惯性质量块 m 上有一个预紧螺母，这样就可以组成压电加速度传感器。压电石英加速度传感器等效动力学模型如图 6-22（b）所示，这是典型的惯性加速度传感器力学模型，通常它可以简化为单自由度二阶力学系统，其惯性质量块 m 的运动规律可以用下式表示：

$$m(\ddot{x} + \ddot{y}) + cx + kx = 0 \qquad (6-1)$$

式中，m 为惯性质量块质量；c 为阻尼系数；k 为弹性系数；x 为惯性质量块 m 相对于加速度计壳体的位移；$\ddot{y}$ 为加速度计基座的振动加速度。

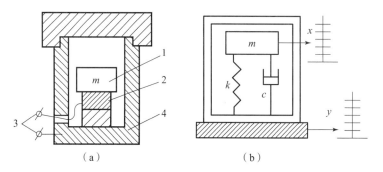

图 6-22　压电石英加速度传感器工作原理示意图与等效动力学模型

（a）工作原理；（b）等效动力学模型

1—质量块；2—压电晶体；3—引出线；4—壳体

设加速度传感器的基座绝对位移 y 为

$$y = y_0 \sin\omega t \qquad (6-2)$$

将式（6-2）代入式（6-3）可改写成

$$m\ddot{x} + cx + kx = my_0\omega^2\sin\omega t \qquad (6-3)$$

设 $\xi = c/2\sqrt{km}$，$\omega_0^2 = k/m$，所引起的系统响应可表示为

$$x = x_0\sin(\omega t - \alpha) \qquad (6-4)$$

$$x_0 = \frac{y_0(\omega/\omega_0)^2}{\sqrt{[1-(\omega/\omega_0)^2]^2 + (2\xi\omega/\omega_0)^2}} \qquad (6-5)$$

$$\alpha = \arctan\frac{2\xi(\omega/\omega_0)}{1-(\omega/\omega_0)^2} \qquad (6-6)$$

式中，ξ 为阻尼比；ω_0 为无阻尼谐振频率；ω 为物体振动频率。

压电式加速度传感器的阻尼比 ξ 很小，一般不大于 0.04，可忽略不计。设计加速度传感器时，要尽量提高它的无阻尼谐振频率，在 $\omega_n \gg \omega$ 时下式成立：

$$x = \ddot{y}/\omega_0^2 \qquad (6-7)$$

从式（6-5）和式（6-7）中可以看出，惯性质量块 m 相对于外壳的位移 x 的幅值 x_0 与物体的振动加速度 $\ddot{y}$ 成正比。压电晶体在惯性质量块 m 的惯性力 F 作用下产生的电荷量 Q 为

$$Q = d_{ij}m\ddot{y} \tag{6-8}$$

对每只加速度传感器而言，压电晶体的压电系数 d_{ij} 和惯性质量块质量 m 均为常数。式（6-8）说明，压电加速度传感器的输出电荷量 Q 与物体的振动（或冲击）加速度 $\ddot{y}$ 成正比。选择适当的测试系统检测出电荷量 Q，就实现了对物体振动（冲击）加速度的测量。

6.2.2　传感器主要参数估算与关键技术

1. 传感器主要参数估算

传感器灵敏度取决于传感器工作时惯性质量作用于压电石英晶体堆上力的大小，加速度传感器的电荷输出表达式：

$$Q = d_{ij}nF \tag{6-9}$$

式中，Q 为电荷量；d_{ij} 为压电晶体的压电常数；n 为并联的压电晶体数量；F 为作用于压电石英晶体堆上的外力。

单位加速度（每 g 或 m/s²）作用时传感器的电荷输出即是压电石英晶体加速度传感器的灵敏度。压电石英晶体在单位加速度 $1g$ 作用下所受的力 $F_S = (k - k_3) \cdot mg/k = 1.54 \times 10^{-3}\,\mathrm{N}$。从式中可以看出，对于每只加速度传感器来说压电常数 d_{ij}、等效惯性质量 m 都是已知的，所以对每个加速度传感器来说，S 都是已知的。这个常数 S 被定义为加速度计的电荷灵敏度，单位是 pC/g 或者 pC/（m/s²）。压电石英晶体强冲击加速度传感器的压电晶体选用两片石英压缩片，所以压电常数 d_{ij} 应为 d_{11}，其值为 $2.33 \times 10^{-12}\mathrm{C/N}$，代入上式：$S = 7.18 \times 10^{-3}\,\mathrm{pC/}g$。

2. 关键技术

压电石英晶体强冲击加速度传感器采用预紧筒压缩型结构形式，主要是考虑到强冲击加速度传感器强度问题是主要瓶颈，而压电晶体又是主要需要控制工作应力的部件，预紧筒压缩型结构形式可以很容易地通过调整预紧筒截面积与晶体面积的比值实现这一控制。同时，预紧筒结构的抗弯强度高，抗横向载荷的能力强，这些特点都是强冲击加速度测试所需要的。

传感器的结构设计成组装结构，可在核心敏感部件和底座间加入垫层，一方面起到机械滤波器的作用，另一方面可以隔离基座应变，以适应不同测试场合。

传感器的引线设计成可更换的，引线由核心敏感部件引出，在底座上焊接固定，更换时不影响传感器性能。

1）传感器的强度

强冲击作用过程中，传感器结构的强度是关键问题之一。为解决这一问题，传感器设计上采用了预紧筒式压缩结构形式。这种结构的特点是压电石英晶体与外围的预紧筒组成并联弹簧结构，作用在晶堆上的力是等效惯性质量惯性力的一部分，晶片上所受力的大小取决于预紧筒与压电石英晶体刚度之比，预紧筒的相对刚度越大，晶体上受力的份额就越小。由于预紧筒结构的调整不影响到晶体尺寸，所以可以通过调整预紧筒的截面尺寸来控制晶体上的工作应力，使其满足强度要求。

2）传感器对强冲击过载环境的适应性

侵彻过程是一个有着陡峭上升前沿的过程，有很高的高频分量，同时又往往伴随着强烈的应力波作用，这些因素会引起传感器谐振和基座强烈应变而造成测试信号失真，甚至损坏传感器。解决的办法，除设计转接结构予以隔离外，在传感器结构上采取了分体组合式设计，即传感器的晶体、惯性质量、预紧筒、预紧螺栓和底座装在一起，组成核心敏感部件，再与壳体组装在一起，其间可以通过加入垫层，形成机械滤波器减少和阻断高频分量和应力波的影响。

3）引线结构

强冲击加速度传感器的引线是其最薄弱的环节，为了保证强冲击环境下使用的可靠性，这种传感器又不得不将引线与传感器固定为一体，这样往往由于引线在使用过程中损坏了，引线无法更换，于是传感器就报废了，很不经济。为此，本传感器将引线固定和连接的位置设计在离开敏感部件的本体上，引线是可更换的，平时胶封固定，若引线损坏可拆开重接而不影响传感器性能，这样可避免传感器因引线损坏而完全报废。我们对不慎损坏引线的传感器重接引线后，比对其前后的性能，基本没有变化，说明设计是成功的。这一问题的解决，对正确判断传感器试验后的状态，从而判断数据的有效性，提供了方便条件。

4）传感器稳定性处理工艺

传感器稳定性取决于其晶片材料的稳定性和结构的稳定性，传感器的压电材料为石英晶体，其性能是很稳定的，但在装配过程中各部件中间会产生较大的应力，这些应力若不加以释放或均匀化，将在今后的时间里逐步释放而使传感器各部件间的关系发生微小变化，导致其性能变化而成为不稳定因素。本传感器研制过程中一般采用冲击老化工艺，即将传感器固定在钢砧上，随锤在钢板上锤击多次后再经空气炮强冲击老化后，再进行各项性能检测和校准。该项工作还可起到筛选作用，发现有缺陷的传感器。

6.3　压电薄膜强冲击加速度传感器

压电式加速度传感器有多种结构形式，包括基座压缩型、中心压缩型、倒置中心压缩型三种主要形式。

基座压缩型是通过基座硬弹簧对压电元件施加预紧力，如图 6 - 23（a）所示。这种形式的加速度传感器结构简单，灵敏度高，但对环境的影响比较敏感，这是由于其外壳本身就是弹簧－质量系统中的一个弹簧，它与起弹簧作用的压电元件并联。壳体和压电元件之间这种机械上的并联连接，使壳体内的任何变化都将影响到传感器的弹簧－质量系统，从而引起传感器灵敏度发生变化。这种形式的缺点是对周围环境较敏感。

中心压缩型如图 6 - 23（b）所示。它具有基座压缩式的优点，并克服了对环境敏感的缺点，这是因为弹簧、质量块和压电元件用一根中心柱牢固地固定在厚基座上，而不与基座外壳直接接触，外壳仅起保护作用。这种结构的缺点是易受基座安装表面应变的影响。

倒置中心压缩型如图 6 - 23（c）所示。这种结构形式由于中心柱离开基座，避免了基座应变引起的误差，但由于壳体是质量－弹簧系统的一个组成部分，所以壳体的谐振会使传感器的谐振频率有所降低，以至于减小了传感器的频响范围。另外，这种形式的传感器加工和装配也比较困难，这是它的主要缺点。

综合分析几种压电薄膜加速度传感器结构特点和优缺点，以及强冲击加速度传感器技术要求，设计强冲击加速度传感器宜选择中心压缩型作为研制传感器结构形式。中心压缩型压电薄膜强冲击加速度传感器的结构形式如图 6 - 24 所示。

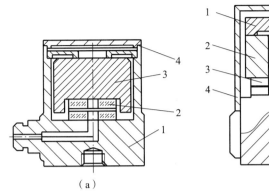
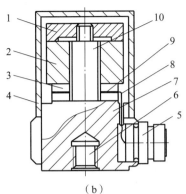
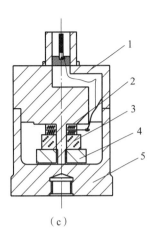

（a）　　　　　　　　　（b）　　　　　　　（c）

图 6 - 23　压电式加速度传感器的结构形式

（a）基座压缩型

1—基座；2—压电元件；3—质量块；4—弹簧

（b）中心压缩型

1—预紧螺母；2—质量块；3—压电薄膜；4—壳体；5—信号输出端；6—安装孔；

7—基座；8—电极线；9—电极；10—中心柱

（c）倒置中心压缩型

1—外壳；2—压电元件；3—质量块；4—弹簧；5—基座

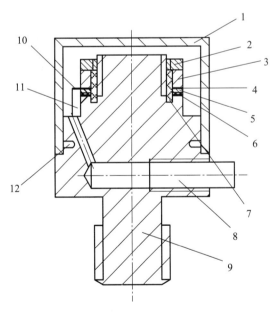

图 6 - 24　中心压缩型压电薄膜强冲击加速度传感器的结构形式

1—帽壳；2—预紧螺母；3—惯性质量块；4—压电薄膜；5—金属垫片；6—应力波隔离层；

7—绝缘套；8—同轴去噪电缆；9—基座；10—接电片；11—引出线；12—隔离槽

6.3.1　传感器工作原理

压电薄膜强冲击加速度传感器是以压电薄膜 PVDF 为机电转换元件，电荷量或电压量的输出与加速度成正比，其工作原理简化示意图和等效动力学模型如图6-25所示，这是典型的惯性式传感器，通常可以简化为单自由度的二阶力学系统：

$$m(\ddot{x} + \ddot{y}) + cx + kx = 0 \qquad (6-10)$$

式中，c 为阻尼系数；m 为惯性质量；k 为弹性系数；$\ddot{y}$ 为加速度，亦即传感器基座的加速度；x 为惯性质量块相对于壳体位移。

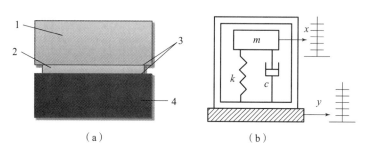

图6-25　压电薄膜强冲击加速度传感器结构原理

（a）工作原理简化示意图；（b）等效动力学模型
1—质量块；2—压电薄膜；3—输出引线；4—支座

压电式加速度传感器的输出电荷 Q 与物体加速度 $\ddot{y}$ 成正比，用适当的测试系统检测出电荷量 Q ，就实现了对加速度的测量。

6.3.2　传感器性能主要影响因素

中心压缩型压电薄膜加速度传感器的典型校准曲线如图6-26所示。这种传感器在消除应力波的作用上已经采取了相应的措施，零漂现象大为改善。但是传感器在强冲击测试方面依然存在两个方面不足：

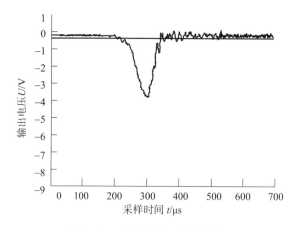

图6-26　传感器典型校准曲线

（1）受基座应变影响较大。

虽然用压电薄膜作敏感元件制成的加速度传感器比用压电陶瓷作敏感元件制成的加速度传感器受应力波影响小，并且已使用的结构中也增加了消除应力波影响的装置，但在实际测试中发现，还要进一步采取措施消除应力波的影响。

（2）频率响应偏低。

由于压电薄膜是一种柔性薄膜，弹性模量较低，因此由压电薄膜制成的传感器无阻尼谐振频率相对较低，需要考虑在保持中心压缩型压电薄膜现有优点的基础上进行改进结构设计，以改善其频率特性。

6.4　MEMS 压阻式强冲击加速度传感器

6.4.1　传感器工作原理

MEMS 压阻式加速度传感器是利用单晶硅的压阻效应制成。当单晶硅受到惯性力作用时，它的电阻率会发生变化，这种现象称为压阻效应。

根据欧姆定律，对于导体或半导体材料的电阻

$$R = \rho \cdot l/A \tag{6-11}$$

式中，ρ 为电阻率；l 为长度；A 为导体或半导体的截面积。

其电阻的相对变化量为

$$\frac{\mathrm{d}R}{R} = \frac{\mathrm{d}\rho}{\rho} + (1 + 2\mu)\frac{\mathrm{d}l}{l} \tag{6-12}$$

以 $\dfrac{\mathrm{d}\rho}{\rho} = \pi\sigma = \pi E\varepsilon$ 代入式（6-12）得：

$$\frac{\mathrm{d}R}{R} = \pi\sigma + (1 + 2\mu)\frac{\mathrm{d}l}{l} = (\pi E + 1 + 2\mu)\frac{\mathrm{d}l}{l} = (\pi E + 1 + 2\mu)\varepsilon = K\varepsilon \tag{6-13}$$

式中，π 为压阻系数；σ 为应力；E 为弹性模量；μ 为泊松比；ε 为应变；$K = \pi E + 1 + 2\mu$ 为灵敏度系数。

对半导体来说 πE 比 $1 + 2\mu$ 大得多，$1 + 2\mu$ 可以忽略，电阻的相对变化为

$$\Delta R/R = \Delta\rho/\rho = \pi\sigma \tag{6-14}$$

半导体材料的电阻率变化 $\Delta R/R$ 主要由 $\Delta\rho/\rho$ 引起，而金属材料的电阻变化率主要由 $1 + 2\mu$ 引起，用半导体材料制成的压阻式传感器要比金属应变式传感器的灵敏度系数高 $1\sim2$ 个数量级。

力敏电阻的变化率 $\Delta R/R$ 等于电阻率变化率 $\Delta\rho/\rho$ ，而

$$\Delta\rho/\rho = \pi\sigma = \pi_1\sigma_1 + \pi_t\sigma_t + \pi_s\sigma_s \tag{6-15}$$

式中，π_1、π_t、π_s 分别为纵向压阻系数、横向压阻系数和剪切压阻系数；σ_1、σ_t、σ_s 分别为纵向应力、横向应力以及与 σ_1、σ_t 垂直方向上的剪切应力。

力敏电阻受力后 $\Delta R/R$ 的增减主要取决于应力的正负。由于实际的压阻元件要么是体型薄片，要么是深仅数微米的扩散薄层，因而可以作为一个二维的问题处理，在实际的设计中，应力的剪切分量常常为零。因此任意一个晶向上的压阻元件的电阻变化率可由下式求得：

$$\Delta R/R = \pi_1\sigma_1 + \pi_t\sigma_t \tag{6-16}$$

压阻式加速度传感器，将惯性力引起的敏感元件的机械运动转化为半导体力敏电阻的阻值变化，再通过惠斯通电桥转化成电压信号，从而获得被测加速度和输出电压的关系式，测量加速度变化。

6.4.2　传感器敏感芯片结构设计分析

MEMS 压阻式强冲击传感器在强冲击测试中主要失效有缺乏阻尼（测试时引起传感器共振）、封装有缺陷（造成传感器内部有尘粒）、质量块破碎（质量块材料和结构设计不合理）以及连接电缆接头受损等几种，因此传感器敏感元件结构设计成为 MEMS 传感器设计过程重要环节之一。

MEMS 压阻式加速度传感器敏感元件的结构形式有很多种，固支梁和悬臂梁是使用最多的结构形式，也是最基本的形式，传感器的许多结构形式都是在此基础上进行改进的。图 6 - 27 所示为 MEMS 压阻式加速度传感器常见结构形式。

最早出现的 MEMS 压阻式加速度传感器采用悬臂梁结构，如图 6 - 27（a）所示。此结构灵敏度高，制造相对简单，线性度也不错，它最大的缺点是横向灵敏度较大，且使用频率范围低。为减小横向效应，改进的悬臂梁结构如图 6 - 27（b）所示，用相互平行而有一定间距的两根梁代替单一的梁，加大了结构的横向刚度，使器件在垂直于梁的方向横向效应减小，但平行于梁的方向横向效应没有改善，而且与单悬臂梁相比，其固有频率降低。为了进一步消除横向效应，又出现了双端固支的二梁和四梁结构，如图 6 - 27（c）~（f）所示，采用这些结构通过合理电阻设计和补偿，理论上可消除横向效应。双端固支梁结构的一阶横向固有频率比单侧悬臂梁式结构高得多，因而有利于扩大加速度传感器频率响应范围，但在电桥中应变电阻数量相同的情况下，其灵敏度低于悬臂式结构，同时电阻条所在的梁区应力变化较大，工艺难以控制，电阻条的分散和连线的复杂性也不利于提高器件成品率。双岛 - 五梁结构如图 6 - 27（g）所示，它可以通过结构本身消除横向效应，频率特性和灵敏度介于上述两种结构之间，但具有较高灵敏度 - 频率乘积。另外，八梁结构的加速度传感器如图 6 - 27（h）所示。

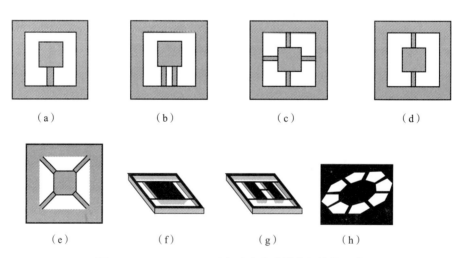

（a）　　　　　　　（b）　　　　　　　（c）　　　　　　　（d）

（e）　　　　　（f）　　　　　（g）　　　　　（h）

图 6 - 27　MEMS 压阻式加速度传感器常见结构形式

虽然现有加速度传感器多采用梁式结构，但大多都是应用于低 g 值条件下，该结构在承受高达十几万 g 的加速度冲击时，梁的部位很容易发生结构失效。考虑到强冲击加速度传感器实际测量要求，以及目前国内加工工艺的实际情况，采用 E 形膜片结构作为 MEMS 压阻式强冲击加速度传感器敏感元件的结构形式，因为该种结构的抗高过载性能要优于梁式结构。

采用周边固支的带硬芯的方形膜片作为传感器的弹性敏感元件，其结构剖面图如图 6 - 28 所示。当其受到垂直于膜片表面向下的加速度作用时，敏感元件发生变形。在芯片上表面，靠近中心处受到压应力作用，而靠近边缘处受到拉应力作用。如果在敏感元件上表面变形比较大的地方以适当的方式布置四个电阻条组成惠斯通电桥，那么当它受到惯性加速度作用时，这些电阻条的阻值将发生变化，这样就可以通过惠斯通电桥输出电压的变化情况获得加速度的变化情况。

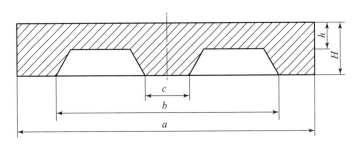

图 6 - 28　单晶硅 E 形传感器芯片结构剖面图

a—E 形传感器芯片边长；b—外槽边长；c—质量块边长；h—敏感膜片厚度；H—传感器芯片厚度

6.4.3　传感器敏感芯片版图设计

1. 传感器敏感芯片设计原则

考虑到硅材料固有的特性和 MEMS 加速度传感器的实际功能，在结构设计和加工过程中，应遵循以下几个原则：

1）柔韧性设计原则

柔韧性是相对于硅材料脆性提出，要保证结构在承受惯性加速度作用时，能发生相应的韧性变形，而不发生脆性破坏，使变形与外加载荷之间为线性关系。

2）强度设计原则

强度设计是指单晶硅微机械结构在受到外界冲击载荷作用时，不发生强度破坏，保证结构有足够的强度。其变形也只能是弹性变形，而不发生塑性变形。

3）同向性原则

当单晶硅微机械结构受各方向的冲击作用时，只有某一个或某几个方向敏感，其余方向则钝感。同向性设计可以保证被传感信息的有效性和无干扰性。

4）弹性线性设计原则

在硅微结构设计过程中，传感器的量程范围应处于结构的弹性变形范围内，而且要求尽量是线性的，这样才能以所测量来描述被测量。

2. 传感器性能影响因素分析

MEMS 压阻式加速度传感器的组成框图如图 6 - 29 所示。

由图 6 - 29 可总结出影响硅 MEMS 压阻式加速度传感器性能因素。影响灵敏度的主要因素包括：膜片尺寸、形状、应力区的选择，电阻的形状、尺寸和电阻条的方位布置等。

图 6-29　MEMS 压阻式加速度传感器组成框图

3. MEMS 芯片关键参数设计原则

传感器设计的重要一步为掩模版的设计，传感器上各种图形都是掩模版图形转印，所以传感器性能的好坏很大程度上取决于掩模版的设计。掩模版设计中电阻条位置的确定是保证传感器灵敏度及线性度的重要因素之一。在确定电阻条位置时，需考虑如何在不降低膜片过载能力的同时，使传感器获得较高的灵敏度和线性度、较小的零点输出和灵敏度温漂。

在 E 形硅杯上由力敏电阻构成惠斯顿电桥。为使传感器具有较高输出灵敏度并减小温度影响，四个桥臂电阻应尽可能满足以下四个条件：

（1）等平均应力（绝对值），并且最大限度地利用应力。

（2）等压阻系数，利用纵向压阻效应时，纵向压阻系数和纵向应力大。由于横向压阻系数的符号相反，抵消纵向效应，要求此时横向压阻系数小，横向应力小，反之亦然。

（3）等电阻值，要求力敏电阻有相同的几何形状与尺寸，同时扩散掺杂尽量接近。

（4）等温度系数和等灵敏度系数，要求掺杂浓度相同。

E 形方膜片加速度传感器版图设计方案示意图如图 6-30 所示，MEMS 传感器剖面图和实物图如图 6-31 所示。

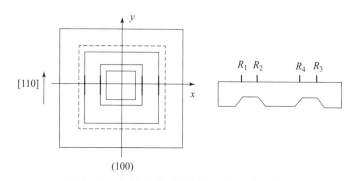

图 6-30　加速度传感器版图设计方案示意图

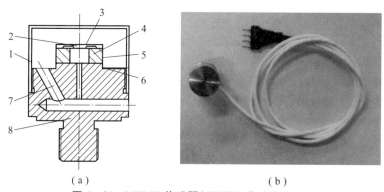

图 6-31　MEMS 传感器剖面图和传感器实物图

（a）剖面图；（b）实物图

1—壳帽；2—敏感芯片；3—压阻条；4—键合玻璃环；5—金丝引线；6—接线端子；7—引线孔；8—基座

6.4.4　MEMS 传感器调理电路设计

用 MEMS 加速度传感器进行的强冲击试验，具有测试信号微弱、变化快、测试物理环境恶劣等特点，这就对后续调理电路的性能指标提出了苛刻的要求。因此，信号调理电路的设计应特别注重低噪声、低漂移、高增益稳定性、桥压稳定性和较宽通频带等项指标的实现。此外，由于设计的信号调理电路，将来要与传感器以及存储测试系统配套一起装到侵彻试验弹里边去，所以在设计电路时还要考虑以下几点：

（1）受试验弹的体积所限，整个电路的体积要小。

（2）要求信号调理电路的功耗要小。

（3）在强冲击环境下电位器可靠性比较差，电路中不能使用电位器。

对于压阻式传感器，电桥电路有恒流源和恒压源两种供电方式，考虑到电路的功耗问题，我们选用电路结构简单，并且所需器件比较少的恒压供电方式。

由于强冲击加速度传感器的量程达 15 万 g，灵敏度在 1 $\mu V/g$（10 V 恒压激励）左右，因此，经过一级放大就能达到后面的 A/D 变换电路的要求。为了实现低漂移、低噪声、高增益和增益稳定性、高线性度、高共模抑制比和高输入阻抗，运算放大器的性能指标是至关重要的。基本差动放大电路存在输入阻抗低、运算精度受电阻匹配程度影响及放大倍数调节困难等问题，不适合我们的需要。为此，在设计中，采用高性能的仪表放大器。仪表放大器的高输入阻抗保证了电桥输出仅与桥臂电阻变化率有关，而桥臂电阻阻值的大小对输出影响较小，可适用于各种不同阻值的传感器。通过分析现有的一些仪表放大器，我们选用了美国生产的 INA118 仪表放大器。该放大器具有宽的工作电压范围（±1.35 ~ ±18 V），最大工作电流仅为 350 μA，最重要的是该放大器有很高的增益带宽（$G = 100$ 时，带宽为 70 kHz），其最大失调电压为 50 μV，最大温漂为 0.5 $\mu V/℃$，最大失调电流为 5 nA，最小共模抑制比为 110 dB。该器件通过脚 1 和脚 8 之间外接电阻 R_G 来实现不同的增益调节，传感器信号调理电路如图 6 - 32 所示。

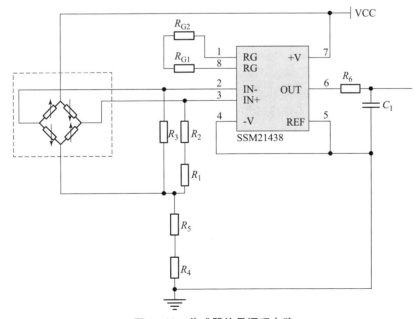

图 6 - 32　传感器信号调理电路

$$G = 1 + 50\ 000/R_{\mathrm{G}} \qquad\qquad (6-17)$$

电路包括以下几个部分：电阻 R_{G1}、R_{G2} 用来调节电路的增益；电阻 R_1、R_2 和 R_3 采用并联的方式调节传感器的输出零点；R_4 和 R_5 用来调节放大器的输入共模电压，使输入共模电压小于供电电压 1.25 V 左右，从而使它有较理想的抑制比；电路的末端是一阶无源低通滤波器，截止频率为 100 kHz。

6.5 强冲击特种传感器极端环境试验测试与计量校准

强冲击试验往往与高速、瞬变、高低温、巨能瞬间释放联系在一起，强冲击环境试验与校准技术对我国武器装备和国防科技的发展有着十分重要的意义，侵彻弹药、制导炮弹、制导炸弹等制导武器不仅要求命中精度高，而且要求能有效摧毁目标，弹药战斗部对目标的击穿和毁伤是典型强冲击问题；开展极端强冲击试验装置、试验方法、测试与计量校准系统研究，可以有力支撑硬目标侵彻新型武器研制和武器性能试验指标的实现；在硬目标侵彻武器的研制、定型、交验及生产中，必须有强冲击环境试验、测试方法和测试系统来检测武器系统的质量和效能；检查炸点控制系统是否符合战术技术要求，其新型炸药能否满足装药结构抗高过载、大脉宽、高低温和安全性、可靠性的要求，都需要极端强冲击环境试验、测试与计量校准作为依据。新型高性能武器装备研制、国防科技的发展离不开强冲击试验、测试与计量校准技术研究，而强冲击试验理论、校准规范及试验计量技术的深入研究必将有力地促进武器装备和国防科技的发展。

ISO16063-13 是在国际计量局的官方网站已经正式发布的冲击绝对法校准的国际标准，该国际标准规定的校准设备与方法已经很成熟，但到目前为止还没有相关的区域组织或者其他国际组织进行冲击比对，国外已经有相关的专家学者开始此方面的工作。ISO16063-13 绝对法冲击校准的国际标准，规定了两种典型的冲击激励系统，一是基于应力波原理的 Hopkinson 杆冲击激励系统，二是基于砧体碰撞的冲击激励系统。

我国已制定了一系列与冲击相关的校准规范和校准方法，包括：中华人民共和国国家标准 GB/T 20485.13—2007 第 13 部分：激光干涉法冲击绝对校准、GB/T20485.22—2008 第 22 部分：冲击比较校准、GB/T33029—2017 MEMS 强冲击加速度传感器性能试验方法、GB/T 13823.9—1994 横向冲击灵敏度测试、GB/T 13823.15—1995 瞬变温度灵敏度测试法、中华人民共和国国家军用标准 GJB 3236—1998 振动与冲击传感器的校准和测试方法、GJB 5439—2005 压阻式加速度传感器通用规范、GJB 150.3A—2009 军用装备实验环境试验方法第 3 部分：高温试验、GJB150.4A—2009 军用装备实验环境试验方法 第 4 部分：低温试验、GJB 546 电子元器件质量保证大纲、GJB 360B—2009 电子及电气元件试验方法等。这些国家标准和国家军用标准，与常温条件下强冲击加速度计、陀螺、电子及电气元件的冲击性能试验相关，在高低温环境下仅有热零点漂移指标，并不能满足强冲击、大脉宽、高低温极端复合原位条件校准的国家重大工程实际需求，因此需要制定和完善国家标准和国家军用标准。

国内外针对强冲击试验测试、校准试验的典型装置包括：Hopkinson 杆、空气炮、落球或落锤冲击实验台、马歇特击锤、冲击落杆、气体炮等。冲击计量校准技术越来越向着同时满足强冲击和毫秒量级大脉宽两个关键指标的高能量强冲击方向发展，并对极端恶劣环境强冲击高低温复合条件下的试验测试与计量校准有着迫切的需求。

航空工业北京长城计量测试技术研究所作为国防科工局第一计量测试研究中心在强冲击测试与校准具有领先优势，研究所的李新良、张大治、曾吾和孙浩林等研究人员，长期从声传感器的冲击计量校准工作，利用 Hopkinson 杆作为激励加载手段，采用激光干涉法冲击绝对校准方式，进行传感器冲击灵敏度校准，常规校准量程可达 $10 \times 10^4 g$。

中国计量科学研究院胡红波、于梅、孙桥等研究人员，长期从事冲击传感器计量校准工作，建立起 $20 \times 10^4 g$ 冲击加速度国家基准装置，采用德国 SPEKTRA 公司高精度冲击激励器，以激光干涉法冲击绝对校准方式，开展加速度传感器冲击灵敏度校准工作，常规校准量程 $10 \times 10^4 g$。

中国兵器工业 204 研究所苏建军主任，以空气炮为激励加载手段，采用双通道激光多普勒原理开展灵敏度绝对校准工作，常规校准量程 $10 \times 10^4 g$，最高量程 $20 \times 10^4 g$，脉宽也较 Hopkinson 杆加载装置宽。

北京航天计量测试技术研究所杨晓伟主任，以 Hopkinson 杆为激励加载手段，采用激光干涉法冲击绝对校准方式，开展传感器冲击灵敏度校准，常规校准量程 $10 \times 10^4 g$。

北京海泰微纳科技发展有限公司是一家专注于 MEMS 芯片、特种传感器与极端环境试验测试装备的高技术企业，以极端恶劣环境原位试验测试技术为产业特色。公司采用高低温原位复合空气炮激励加载、激光干涉法冲击绝对校准方式，开展了强冲击加速度传感器、大质量部件的复合强冲击试验测试研究工作，可实现超强冲击、大脉宽、超大负载、高低温等极端复合环境下的高能量的冲击加载，技术指标较国内外同类大型特种实验装备高一个数量级左右。

从国内外强冲击试验设备与强冲击试验技术来看，基本是能保证单一加速度峰值指标加载激励。被激励的试件的质量一般只有几克、几十克，最多不超过 100 g，无法实现几千克量级超大质量被测试件的高量程峰值的激励加载，且激励脉宽太窄，一般只有十几或者几十微秒，无法实现大质量试件毫秒量级脉宽激励；国内外强冲击试验设备与强冲击试验技术，一般是在常温环境下进行冲击试验测试，无法实现高低温环境下对大质量试件的大脉宽、高量程复合冲击激励加载（带高低温功能的 Hopkinson 杆试验装置激励的脉宽太窄，且大质量加载激励加速度峰值低），这种极端强冲击高低温复合环境，恰恰是真实需求的环境情况。因此迫切需要开展对于接近于实际工况的大质量、强冲击、大脉宽、高低温极端恶劣环境复合加载的试验测试与计量校准大型仪器装备的相关研制工作，突破多场加载技术与多维运动参数检测技术瓶颈，促进我国装备制造业特别是特种实验装备的发展，满足武器装备核心部件与民用产品的参数在位试验测试需求。

6.5.1 研制需求分析

从武器装备研制需求来看，为适应信息战、网络中心战的需求，特种传感器正向微型化、集成化、智能化、无线化、系统化、网络化方向发展。

从武器装备研制、生产到未来网络中心战，特种传感器应用极为广泛，遍及整个作战系统及战争全过程，可以说无处不在、无时不用。美国国防部副部长 Jeffrey L. Paul 在战争咨文中提到，下一代战争是"传感器战争"，传感器就是战斗力。现代战争越来越依赖传感器，在战场上"发现就意味着摧毁"。特种传感器必将在未来高技术战争中扩大作战的时域、空域和频域，大幅度提高武器的威力和作战指挥管理能力。

1999年5月8日，美国悍然袭击我驻南联盟大使馆，造成我驻南使馆人员重大伤亡和财产损失。这次精确轰炸行动中，美国使用了5枚精确打击侵彻武器——杰达姆，从不同方位击中我驻南使馆建筑物的不同部位，并穿入内部和地下爆炸，使我驻南使馆遭到严重破坏。海湾战争中美军使用基于强冲击加速度传感器的灵巧引信，具有识别层数功能，钻地弹击中"阿米里亚"地下多层防空洞，里面422名人员中408名当场被炸死。

航弹、炮弹的灵巧化改造，也需要大量低成本强冲击传感器、高精度MEMS惯导传感器。据美国国防部透露，美军使用的精确制导武器数量所占比例从1991年海湾战争的7.6%（精确打击弹药共3080万发）提高到2003年伊拉克战争的68.3%，精确制导武器的使用比例增加了近9倍。

强冲击加速度传感器与特种试验测试需求表现在如下几个方面：

（1）弹药升级、新一代武器跨越式发展对强冲击传感器有迫切需求。

强冲击加速度传感器创新驱动，往往能够推动跨越式重大新型武器装备研制，如精确打击弹药、灵巧弹药等。目前我国库存大批量"笨"弹急需使用大批量低成本的MEMS传感器进行升级换代，满足"能打仗、打胜仗"的要求，目前国内传感器研究现状满足不了大批量低成本升级换代的需求。

（2）传感器技术落后已成为制约高新武器装备测试和定型的瓶颈。

精确打击弹药因缺乏特种传感器，靶场威力评估时采用昂贵爆炸模拟建筑物方法验证，十分落后，导致试验成本高周期长、重复性差、可控性差。

（3）强冲击加速度传感器遭到西方国家严密技术封锁和禁运，自主可控、创新研发、国产替代是必由之路。

强冲击加速度传感器、MEMS高精度陀螺、超高温传感器、硅谐振高温压力传感器、声表面波传感器、军用微型无线传感器网络等，都是美国等西方国家对我国严密技术封锁和禁运的高端传感器。研制生产自主可控、国产替代的特种传感器（特别是强冲击加速度传感器）迫在眉睫，同时也是我国武器装备自主创新驱动发展的需要。

（4）高新工程对强冲击试验测试技术的迫切需求。

目前很多方面的环境构建不满足实战需求，许多参数还存在不可测、测不到、测不准问题，对于试验测试的评价和评估不足，复杂环境适应性试验验证没有充分满足需求。

（5）孪生模拟试验与联合试验技术的迫切需求。

实弹试验成本高、周期长、重复差、可控性差，平衡炮试验、火箭橇试验，可能需要几百万元、上千万元费用或者更高。实验室条件下的模拟试验和原位计量校准试验，可控性强、可重复，可以有效进行定量的试验验证，对于发展和完善孪生试验、数字孪生试验显得尤为重要和必要。

（6）面向实战化需求的复杂环境、极端恶劣环境适应性试验测试技术。

针对重点军工产品研制中复杂环境条件下难验证、测不准的需求，首先要解决实战化环境模拟逼真度不高、复杂环境真实数据获取困难、复杂环境试验效应评估标准不明确、试验测试数据积累与利用不足等问题，其次要花大力气解决极端恶劣环境试验测试重大装备、试验计量方法、测试技术手段不足的问题。

6.5.2　存在的突出问题

我国传感器研发和保障能力严重不足，武器装备所需的高端特种传感器产品绝大部分依赖进口，同时面临西方国家严密的封锁和技术禁运。面临的突出问题主要体现在四个方面：

（1）我国没有将特种传感器真正列入国家、国防重点技术专项计划。

特种高端传感器研制周期长，需要长期的技术积累。由于特种传感器是国防必需的，但需求量少，传感器企业仅仅依靠市场无法独立生存。我国传感器基础能力和核心技术薄弱，长期以来缺少总体规划和专门计划，目前仅作为型号配套器件或某专业组一个方向来开展研制。临渴掘井，投资少且分散，低水平且重复，因此军工特种传感器领域，像强冲击加速度传感器这样的高端产品发展一直滞后于国外，国内尽管有几十家研究所和高校开展强冲击加速度传感器科研工作，却基本停留在科研样机阶段，工程化和产业化艰难，没有走向真正产品，满足不了武器装备研制中关键核心传感器的国产化、低成本、自主可控的需求，有些方面甚至落后于民用传感器领域。

（2）特种传感器基础研究与自主创新不足，与发达国家差距很大。

强冲击传感器等特种传感器研究落后于西方国家，已经成为我国侵彻武器技术发展的瓶颈，难以满足高新武器装备研制生产所需，新一代装备只能使用落后的传感器，不能满足先进武器装备相适应的配套和测试要求。

（3）特种传感器研制能力条件差、技术水平低。

工艺技术和设备条件是传感器研制的关键和瓶颈，我国生产工艺装备与国际水平有很大差距，由于受配套级别低的限制，特种传感器的条件保障投入严重不足，没有成体系建设。不但要持续投入科研经费，而且要投入条件建设经费和能力保障经费才能进入良性循环。只投入一点点科研经费搞搞样机，研制条件差、技术水平低，很难与条件好、设备好，走持续发展规模经营道路的国外传感器巨头抗衡。

（4）特种传感器的试验测试、计量校准与验证平台缺乏。

武器装备一般使用环境都很复杂，要有工程化测试试验、环境适应性和可靠性试验考核。目前我国的试验条件缺乏新型特种传感器试验测试、计量校准特种试验装备系统，导致传感器的工程化进程缓慢，科研成果走向成熟和产业化应用面临重重困难。

6.5.3　我国特种传感器发展方向思考

我国强冲击加速度传感器技术起步较晚，主要集中在高校和有相关背景的研究所。随着强冲击传感器技术在武器装备中的应用需求越来越迫切，各研究单位相继投入力量攻关，虽然在设计、制造、封装、测试等关键技术方面取得一定进展，但强冲击加速度传感器研制技术指标、工程化能力与国外先进水平以及武器装备需求还存在较大差距，主要体现在两个方面：

（1）技术指标存在差距。

美国的 Endevco 公司、PCB 公司，丹麦 B&K 公司，瑞士 KISLTER 公司这四家公司几乎垄断着高端强冲击加速度传感器大部分市场，相关配套的部件、组件、强冲击试验与计量校准装置也很完善，形成了完整的特种测试测量解决方案。特别是美国的 Endevco 和 PCB 公司都有系列化的单轴、三轴强冲击加速度传感器产品，包括压电系列、压阻系列以及不同封装结构系列产品，技术指标高、价格昂贵，并且高量程指标的传感器仍然对中国严格禁运和技术封锁，我国强冲击加速度传感器总体上技术指标与国外成熟产品差距很大。

（2）工程化能力存在差距。

中国有几十家高校和研究所开展强冲击加速度传感器研究，但基本上处于实验室科研样机阶段，抗高过载能力不足，成品率、可靠性都不高，产品样机一致性较差、不能批量制造，工程化能力与国际先进水平存在较大差距，无法形成自主可控、国产替代的保障能力。强冲击加速度传感器的年需求量不多，仅依靠市场，传感器企业无法生存。强冲击加速度传感器严重制约着我国精确打击武器的发展，已经成为制约各类精确打击武器发展和常规武器制导化改造的瓶颈。基于强冲击加速度传感器的智能灵巧引信，由于传感器读出电路仍采用分立器件，体积和质量较大，无法满足武器装备对系统的微型化和低成本要求。

我国的强冲击加速度传感器虽然与国外产品存在不少差距，但特殊渠道采购国外传感器实测结果表明，国外的强冲击加速度传感器产品，也没有真正解决高量程、大脉宽、极端恶劣条件的抗高能量冲击的难题，传感器应用于弹载环境可靠性也存在很多问题，这给我们带来了突破机会。广大科研人员应该摒弃盲目跟踪和仿制国外强冲击加速度传感器产品的套路，从我国武器装备实际出发，结合实战化要求，研制具有自主知识产权的强冲击加速度传感器产品。强冲击加速度传感器目前已经形成商业化系列产品并正式推向市场主要有两家单位：中国兵器工业214研究所、北京海泰微纳科技发展有限公司，应该在行业内大力推广应用国产高端传感器，发现不足，不断改进提高，解决自主可控、国产替代问题。

以需求为牵引，建议重点开展强冲击加速度传感器研究工作包括：

（1）抗高能量冲击强冲击加速度传感器研制，以适应高过载、大脉宽（ms量级）的实际工况环境；

（2）高频响强冲击加速度传感器研制，尽可能获取频率成分丰富真实信号，在此基础上开展算法研究，以适应更高更恶劣的环境感知需求；

（3）复合量程强冲击加速度传感器研制，以适应不同集成应用环境场景的需求；

（4）低成本强冲击加速度传感器研制，以适应低成本航弹、智能化炮弹及传统弹药智能化改造需求。

6.5.4　我国极端环境试验测试发展方向思考

军用试验测试是在真实、模拟和虚拟条件下对于军工产品系统、关键核心部件的功能、性能的测量、验证与评价的过程和技术。除了常规的测量手段以外，更需要研究极端恶劣环境条件下的特种测试技术。我国极端环境特种试验测试发展，应该遵循理论与工程实践相结合，试验测试前沿技术与基础理论相结合，定性试验与定量试验相结合，虚拟试验与联合试验技术，孪生模拟试验与数字孪生技术相结合，军工专有基础试验技术与通用试验技术相结合，实验室条件下的模拟试验与实战条件下实弹试验相结合。此种试验测试研究主要包括：

（1）开展特种试验测试基础理论与方法研究；

（2）从实战和工程实践出发，开展试验设计、目标和环境构建技术研究；

（3）从实际出发开展极端恶劣环境特种试验装备的研究；

（4）开展虚拟/仿真试验技术研究；

（5）开展试验评估及试验数据挖掘技术研究，包括毁伤效能试验与评估以及联合试验技术研究。

目前极端强冲击环境试验测试领域，主要实验手段是应力波原理的 Hopkinson 杆强冲击试验装置，它虽然可以产生 $10 \times 10^4 g$，$20 \times 10^4 g$（美国 Endevco 公司生产的 Hopkinson 杆校准装置），甚至最高 $50 \times 10^4 g$（德国 SPEKTRA 公司的 CS18 XVHS 型校准装置）的高量程冲击，但脉宽极窄，只有十几或几微秒，相比实际工况小一两个数量级，试验指标存在致命缺陷，并且只能激励小质量的传感器，无法激励千克数量级的大质量部件、试验组件，激励加载的能量有限。我们应该摒弃盲目跟踪国外试验与测试技术模式，从我国武器装备实际出发，以实战化要求，提升试验与测试的核心能力。建议重点开展的研究工作包括：

（1）极端强冲击高低温复合环境在位试验测试特种重大装备研制，以产生高低温、大脉宽、强冲击的在位复合试验工况环境（负载质量数千克，低温至 −45℃ 或者更低，高温至 85℃ 或者更高）；

（2）局部高温极端恶劣强冲击环境复合试验测试重大装备研制，以产生局部高温、大脉宽、高过载在位强冲击试验实际工况环境（无低温要求，高温至数百摄氏度，负载质量数千克）；

（3）连续多次极端高能量冲击环境复合试验测试重大仪器装备研制，模拟侵彻多层硬目标的实际工况，验证识别控制算法，最终达到精确炸点控制的目的；

（4）数字孪生技术与孪生模拟试验强冲击特种重大装备研制，以满足武器装备关键器件、部件、组件特种环境条件下的可控、可重复加载的强冲击定量分析需求，配合靶场试验，切实降低武器装备研究实弹成本高的弊端；

（5）强冲击加速度传感器的高频响参数校准装置研制。高量程（$10 \times 10^4 g$、$20 \times 10^4 g$ 量程或更高）、高频响（200 kHz 或更高）的冲击传感器的频响校准，由于冲击灵敏度极小，小量程扫频振动台的激励下（几个 g），强冲击加速度传感器输出信号微弱，频响指标无法校准，作为高频响强冲击加速度传感器研制的相匹配的设备，强冲击频响校准装置研制需求迫切。

应以国家持续投入为主，加强军民融合，产、学、研、用相结合，重点加强条件建设和能力保障建设，建立国家级特种传感器研究中心、试验测试中心和应用验证平台，攻克高端传感器产品、极端强冲击复合环境试验测试装备和仪器，实现我国军用传感器的自主可控、自主保障，提高信息化复杂装备系统的总装集成、试验验证和基础试验能力。

第7章
热电式传感器

7.1 热 电 偶

7.1.1 热电偶的物理基础

1. 热电效应

两种不同导体 A 与 B 串接成闭合回路，如果两结合点 1 和 2 存在温差，在回路中就有电流产生，这种由于温度不同而产生电动势的现象称为热电效应或塞贝克效应，这两种不同导体的组合称为热电偶，如图 7-1 所示。

接点 1 通常用焊接的方法连接在一起，测温时置于被测温场中，称为测温端、热端或工作端。接点 2 处于恒定不变的温度场，称为参考端、冷端或自由端。热电偶产生的热电势 $E_{AB}(T, T_0)$ 是由两种导体的接触电势（珀尔帖电势）和单一导体的温差电势（汤姆逊电势）所组成。

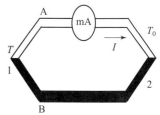

图 7-1 热电效应示意图

1) 两种导体的接触电势（珀尔帖电势）

导体中含有大量的自由电子，不同金属自由电子密度不同。假设金属 A、B 的自由电子密度分别为 n_A、n_B，并且 $n_A > n_B$，A、B 金属接触在一起时，A 中自由电子向 B 扩散，这时 A 失去电子而具有正电，B 得到电子而带负电，扩散达到动态平衡，达到稳定的接触电势，如图 7-2 所示。

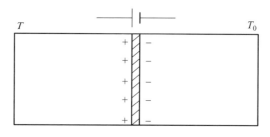

图 7-2 两种导体接触电势

珀尔帖电势数学表达式为

$$E_{AB}^{J}(T) = \frac{kT}{e}\ln\frac{n_A}{n_B} \qquad (7-1)$$

式中，k 为玻耳兹曼常数（1.38×10^{-23} J·K）；e 为电子电荷量（4.803×10^{-10} 静电单位）；T 为接触点绝对温度；n_A、n_B 为金属 A、B 中的自由电子密度。

热电偶回路总的接触电势：

$$E_{AB}^J(T) + E_{BA}^J(T_0) = E_{AB}^J(T) - E_{AB}^J(T_0) = \frac{k}{e}(T - T_0)\ln\frac{n_A}{n_B} \qquad (7-2)$$

$T = T_0$ 时，总的接触电势为零。

2）单一导体的温差电势（汤姆逊电势）

对单一均质导体来说，两端温度不同（如 $T > T_0$），则在两端也会产生电动势 $E_A(T, T_0)$，这个电势叫作单一导体的温差电势，也称汤姆逊电势，如图 7-3 所示。

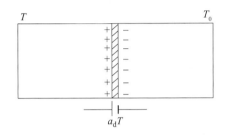

图 7-3　汤姆逊电势

汤姆逊电势的形成是由于高温端导体内自由电子有较大的动能，因而向低温端扩散，由于高温端失去电子而带正电，低温端得到电子而带负电，从而形成汤姆逊电势，数学表达式为

$$E_A^e(T, T_0) = \int_{T_0}^{T} \sigma_A \mathrm{d}T \qquad (7-3)$$

式中，σ_A 为汤姆逊系数，与金属材料有关。

A、B 导体构成的热电偶回路，总汤姆逊电势数学表达式为

$$E_{AB}^e(T, T_0) = E_A^e(T, T_0) - E_B^e(T, T_0) = \int_{T_0}^{T}(\sigma_A - \sigma_B)\mathrm{d}T \qquad (7-4)$$

这个电势与热电材料 A、B 和温度 T、T_0 有关。若 $T = T_0$，积分为零，即汤姆逊电势为零。若 A、B 相同，则 $\sigma_A = \sigma_B$，汤姆逊电势也为零。

3）总热电势

总热电势由珀尔帖电势和汤姆逊电势构成，数学表达式为

$$\begin{aligned} E_{AB}(T, T_0) &= E_{AB}^J(T) - E_{AB}^J(T_0) + E_A^e(T, T_0) - E_B^e(T, T_0) \\ &= \frac{k}{e}(T - T_0)\ln\frac{n_A}{n_B} - \int_{T_0}^{T}(\sigma_A - \sigma_B)\mathrm{d}T \end{aligned} \qquad (7-5)$$

式（7-5）表明：

（1）如果热电偶两电极材料相同，虽两端温度不同，热电偶总输出热电势仍为零，因此热电偶必须由两种不同材料构成。

（2）如果热电偶两端点温度相同，则总热电势为零。

（3）热电势的大小与热电偶尺寸、形状及沿热电极温度分布无关，只与材料和端点温度有关。若热电极本身材质不均匀，由于温度梯度存在将会有附加电势产生。

2. 热电偶基本定律

1）均质导体定律

根据总热电势数学表达式，由一种均质导体组成闭合回路，尽管两端有温差存在，但由于 $n_A = n_B$，$\sigma_A = \sigma_B$，所以：

$$E_{AB}(T, T_0) = \frac{k}{e}(T - T_0) \times 0 + \int_{T_0}^{T} 0 \mathrm{d}T = 0 \tag{7-6}$$

上式表明：均质导体构成回路总热电势为零，不能用于测温。

2）中间导体定律

热电偶实际测温过程必须在回路引入测量导线和仪器仪表，能否影响热电势测量？

中间导体定律表明：热电偶测温回路，只要中间导体两端点温度相同，接入中间导体后对热电偶回路的总热电势没有影响。

图 7-4 所示为热电偶回路中接入中间导体 C 的情况。图 7-4（a）表明，中间导体 C 与导体 A、B 两个接点处保持相同温度 T_0。

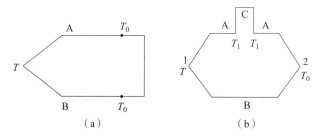

图 7-4　热电偶接入中间导体的回路

未接入中间导体 C 之前，冷端（参考端）T_0 的热电势为

$$E_{BA}^{J}(T_0) = \frac{kT_0}{e} \ln \frac{n_B}{n_A} \tag{7-7}$$

接入 C 后热电势为

$$E_{BC}^{J}(T_0) + E_{C}^{e}(T_0, T_0) + E_{CA}^{J}(T_0) = \frac{kT_0}{e}\left(\ln \frac{n_B}{n_C} + \ln \frac{n_C}{n_A}\right)$$

$$= \frac{kT_0}{e} \ln \frac{n_B}{n_C} \cdot \frac{n_C}{n_A} = E_{BA}^{J}(T_0) \tag{7-8}$$

图 7-4（b）表明：A 断开处和 C 两端点温度均为 T_1，引入后无影响。

3）连接导体定律

如图 7-5 所示，连接导体定律指出：在热电偶回路中，如果热电极 A、B 分别与连接导线 A^n、B^n 相连接，端点和接点温度为 T、T_n、T_0，回路热电势 $E_{AB}(T, T_n)$ 为连接导线 A^n、B^n 在温度 T_n、T_0 时的热电势 $E_{AnBn}(T_n, T_0)$ 的代数和，数学表达式为

$$E_{ABAnBn}(T, T_n, T_0) = E_{AB}(T, T_n) + E_{AnBn}(T_n, T_0) \tag{7-9}$$

4）中间温度定律

根据式（7-9），当 A 与 A^n，B 与 B^n 材料分别相同，且接点温度为 T、T_n、T_0 时，该回路的热电势为

$$E_{AB}(T, T_n, T_0) = E_{AB}(T, T_n) + E_{AB}(T_n, T_0) \tag{7-10}$$

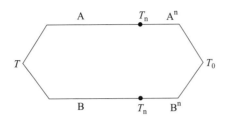

图 7 - 5　用连接导线的热电偶回路

上式表明：热电偶在接点温度为 T、T_0 时热电势 $E_{AB}(T, T_0)$，等于热电偶在 (T, T_n)、(T_n, T_0) 时，相应热电势 $E_{AB}(T, T_n)$ 与 $E_{AB}(T_n, T_0)$ 的代数和，这就是中间温度定律，T_n 称为中间温度。

同一种热电偶参考端温度不同，其产生的热电势也不同，要将对应各种 (T, T_n) 温度的热电势 – 温度关系都列成图表烦琐，中间温度定律为简化热电偶分度表的制定奠定了理论基础。根据中间温度定律，只要列出参考端温度为 0℃ 时的热电势 – 温度关系，那么参考端温度不为零度时的热电势测出后，可按上式查分度表确定测端温度 T。

假设用镍铬 – 镍硅热电偶测量某温度，参考端温度 $T_n = 25℃$，仪表测得热电势 $E(T, T_n)$ 为 28.55 mV，试求实际被测温度 T 值。

解答：先查镍铬 – 镍硅热电偶分度表，得到下式：

$$E(T_n, T_0) = E(25, 0) = 1.00 （mV） \tag{7 - 11}$$

依据中间温度定律：

$$E(T, T_0) = E(T, T_n) + (T_n, T_0) = 28.55 + 1.00 = 29.55 （mV）$$

所得 29.55 mV 才是热电偶工作端温度为 T，参考端温度为 0℃ 时产生的热电势，以此热电势再查上述分度表，就可得工作端温度，即被测温度 $T = 710℃$。

在用热电偶实际测温时，往往参考端不是 0℃，此时不能由仪表所测得的热电势直接去查分度表，应该修正后再查表得工作端温度。

5）参考电极定律

如图 7 - 6 所示，已知热电极 A、B 分别与参考电极 C 组成的热电偶在接点温度为 T、T_0 时的热电势，在相同接点温度 (T, T_0)，由 A、B 两种热电极配对后的热电势数学表达式为

$$E_{AB}(T, T_0) = E_{AC}(T, T_0) + E_{CB}(T, T_0) = E_{AC}(T, T_0) - E_{BC}(T, T_0) \tag{7 - 12}$$

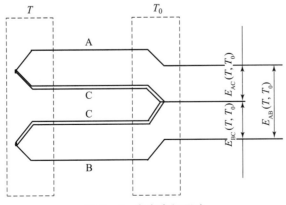

图 7 - 6　参考电极回路

参考电极定律简化了热电偶选配工作，只要我们获得有关热电极与标准铂电极配对的热电势，任何两种热电极配对时的热电势便可按式（7-12）求得，而不须逐个测定。

7.1.2 热电偶类型

1. 按工业标准化分

1）标准化热电偶

S：铂铑 10%—铂；B：铂铑 50%—铂铑 60%；J：铁—铜镍（康铜）；T：铜—铜镍；E：镍铬—铜镍；K：镍铬—镍硅（镍铝）。

2）非标准热电偶

钨铼热电偶、铱铑热电偶、铁—康铜热电偶、镍铬-金铁热电偶、镍钴-镍铝热电偶、双铂钼热电偶。

2. 按结构形状分

1）普通热电偶

该类型热电偶外形如图 7-7 所示，主要用于测量气体、蒸汽和液体等物质的温度。

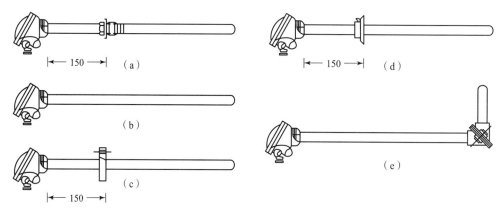

图 7-7 普通型热电偶外形

（a）固定螺纹；（b）无固定装置；（c）固定法兰；（d）活动法兰；（e）角形

2）铠装热电偶

铠装热电偶是由热电极、绝缘材料和金属套管组合加工而成的坚实组合体，也称为套管热电偶。主要特点包括：动态响应快、测端热容量小、挠性好、强度高、种类多。铠装热电偶的测量端形式如图 7-8 所示。

（1）碰底型：测端和套管焊在一起，动态响应比露头型慢，但比不碰底型快。

（2）不碰底型：热电极与套管之间相互绝缘，是常用形式。

（3）露头型：其测端露在套管外面，动态响应好，仅在干燥的非腐蚀性介质中使用。

（4）帽型：在露头型的测端套上一个保护帽，用银焊密封起来。

3）多点式热电偶

（1）棒状多点式热电偶为三点式热电偶，由三对独立的热电偶组成，如图 7-9 所示。

（2）树枝状热电偶：选择热电偶负极作公共极，用不同长度的正极分别焊在公共负极上，构成了类似树枝状的多点式热电偶。

（3）耙状或梳状热电偶，外形类似耙状或梳状。

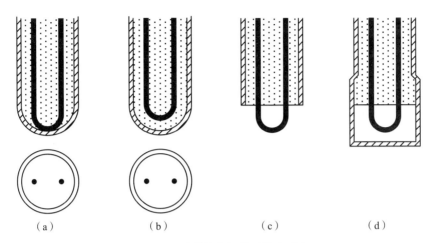

图 7 - 8 铠装热电偶的测量端形式

（a）碰底型；（b）不碰底型；（c）露头型；（d）帽型

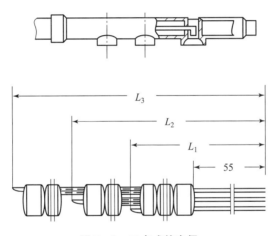

图 7 - 9 三点式热电偶

4）微型热电偶

热电极直径在 0.01 ~ 0.1 mm，多为裸露型，响应时间快（小于几百毫秒）。微型热电偶常用于燃烧温度测量，比如火箭推进剂燃烧测温，如图 7 - 10 所示。

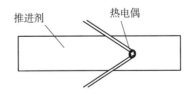

图 7 - 10 热电偶嵌入推进剂中位置

5）薄膜热电偶

（1）片状：外形与应变计相似，一般规格为 60 mm × 60 mm × 0.2 mm，测量范围为 - 200 ~ 500℃，典型产品铁 - 镍薄膜热电偶如图 7 - 11 所示，响应快。

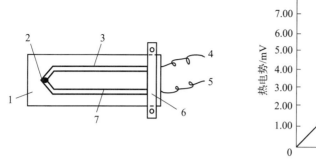

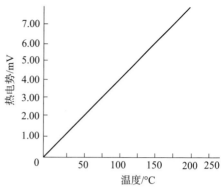

图 7 – 11　铁 – 镍薄膜热电偶

1—衬架；2—测量接点；3—Fe 膜；4—Fe 丝；5—Ni 丝；6—接头夹具；7—Ni 膜

（2）针状：一根热电极做成针状，另一个热电极用蒸镀法覆盖在针状电极表面，两电极之间有绝缘涂层，仅以针尖镀层构成测量点，响应时间几毫秒。

（3）表面镀电极：被测表面上直接镀上热电极，响应极快，可达微秒级，特别适用于测非金属表面温度。

3. 其他类型

在一些特定场合，可用一些特殊形式的热电偶。如对运动表面（轧辊、纸筒等）测温，可选用弹簧加压型探头和带辊子的表面热电偶。

7.1.3　热电偶实用测温电路

1. 一支热电偶配一台显示仪表的测量线路

图 7 – 12 所示为一支热电偶配一台仪表的测量线路。显示仪表若是电位差计，则不必考虑测量线路电阻对测温精度的影响；若是动圈式仪表，必须考虑测量线路电阻对测温精度的影响。

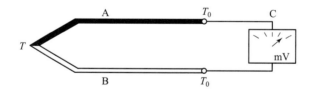

图 7 – 12　一支热电偶配一台仪表的测量线路

2. 热电偶串联测量线路

将 N 支相同型号热电偶正负极依次相连接，如图 7 – 13 所示。若 N 支热电偶各热电势分别为 E_1、E_2、$\cdots$、E_N，总热电势为

$$E_串 = E_1 + E_2 + E_3 + \cdots + E_N = NE \tag{7 – 13}$$

式中，E 为 N 支热电偶的平均热电势。串联线路的总热电势为 E 的 N 倍，$E_串$ 所对应温度可由 $E_串 \sim t$ 关系求得，也可根据平均热电势 E 在相应的分度表上查。串联线路的主要优点是热电势大，精度比单支高；主要缺点是只要有一支热电偶断开，整个线路就不能工作，个别短路会引起示值显著偏低。

3. 热电偶并联测量线路

如图 7 - 14 所示，将 N 支相同型号热电偶的正负极分别连在一起，如果 N 支热电偶的电阻值相等，并联电路总热电势为

$$E_{并} = \frac{E_1 + E_2 + E_3 + \cdots + E_N}{N} \qquad (7 - 14)$$

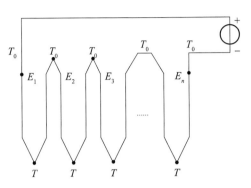

图 7 - 13 热电偶串联线路

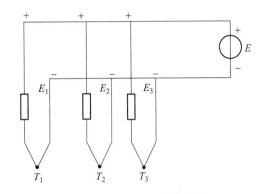

图 7 - 14 热电偶并联线路

由于并联电路总热电势是 N 支热电偶的平均热电势，可直接按相应的分度表查对温度。与串联线路相比，并联线路的热电势小，当部分热电偶发生断路时不会中断整个并联线路的工作。

4. 温差测量线路

实际工作中常需要测量两处温差。可选用两种方法测温差，一种是两支热电偶分别测量两处温度，然后求算温差；另一种是将两支同型号热电偶反串联，如图 7 - 15 所示，直接测量温差电势，然后求算温差。前一种测量较后一种测量精度差，对于要求较精确小温差测量，应采用后一种测量方法。

5. 自动电位差计测温线路

如果要求高精度测温并自动记录，常采用自动电位差计线路。图 7 - 16 所示为自动电位差计测温线路，图中 R_W 为调零电位器，在测量前调节它使仪表指针置于标度尺起点。

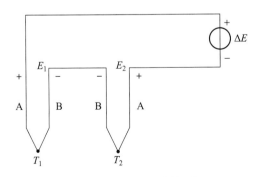

图 7 - 15 热电偶反串接测温

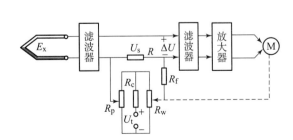

图 7 - 16 自动电位差计测温线路

7.2 热电阻传感器

金属热电阻是利用一些金属材料的电阻随温度变化的性质来测温的。由于具有较高的稳定性和精度，目前广泛应用于中、低温测量中。

1. 工作原理

固体金属都是晶体，在晶体中原子按一定的几何形状有规则地排列构成晶格。晶格中原子分成带正电的核和自由电子，核位于晶格点阵上，做热振动。自由电子可在晶格中自由运动。

当金属温度升高时，核热振动加强，自由电子与其碰撞的机会增多，形成电子波散射，金属的导电能力降低，即电阻增加。

当金属的成分和加工情况保持不变时，金属的电阻仅与温度有关。大多数金属电阻与温度成一定函数关系。

铂电阻在 $-200 \sim 0℃$ 范围内

$$R_t = R_0 \left[1 + At + Bt^2 + C(t-100)t^3 \right] \tag{7-15}$$

在 $0 \sim 850℃$ 范围内

$$R_t = R_0 (1 + At + Bt^2) \tag{7-16}$$

式中，R_0，R_t 为温度为 0℃ 及 $t℃$ 时铂电阻的电阻值；A、B、C 为常数，$A = 3.968\ 47 \times 10^{-3}/℃$；$B = -5.847 \times 10^{-7}/℃$；$C = -4.22 \times 10^{-12}/℃$。

$$R_t = R_0 (1 + \alpha t) \tag{7-17}$$

铜电阻 $\alpha = (4.25 \sim 4.28) \times 10^{-3} 1/℃$。

除列入标准系列且大量生产的铂热电阻和铜热电阻时，还有镍热电阻、镍铁热电阻和钨热电阻等。

2. 热电阻传感器结构

1）标准铂电阻温度传感器

典型结构有如下：

（1）石英套管十字骨架结构如图 7-17 和图 7-18 所示。

图 7-17 十字骨架结构 1

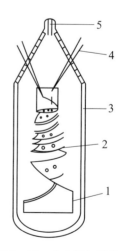

图 7-18 十字骨架结构 2

1—骨架；2—铂丝；3—铂管；4—引线；5—玻璃封装

（2）麻花骨架结构如图 7 – 19 所示。

（3）杆式（或称鼠笼式）结构如图 7 – 20 所示。

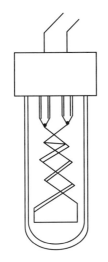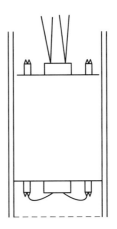

图 7 – 19　麻花骨架结构　　　　　　　图 7 – 20　杆式结构

2）工业热电阻

（1）铂热电阻：铂热电阻的结构不论骨架如何，都是用直径 $\phi 0.003 \sim \phi 0.007$ mm 的铂丝双绕在骨架上。云母骨架为非封闭式。玻璃骨架和陶瓷骨架为封闭式，其结构示意如图 7 – 21 所示。

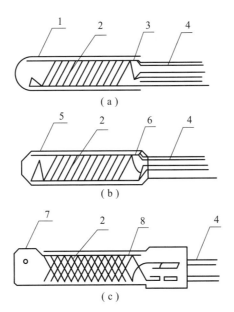

（a）

（b）

（c）

图 7 – 21　铂热电阻结构

（a）玻璃骨架；（b）陶瓷骨架；（c）云母骨架

1—玻璃外壳；2—铂丝；3—玻璃骨架；4—引出线；5—釉；6—陶瓷骨架；

7—云母绝缘件；8—云母骨架

图 7 – 21（a）所示为玻璃骨架铂热电阻，其体积小，可小型化。上限温度 500℃ 左右，耐振性能差、易碎。

图 7 – 21（b）所示为陶瓷骨架铂热电阻，其耐振性能比玻璃骨架铂热电阻好，温度测量上限可达 900 ℃。

图 7 – 21（c）所示为云母骨架铂热电阻，其耐振性能好，时间常数小，抗热冲击性能好，测温范围 500 ℃以下，由于非封闭，不宜在较恶劣的环境下使用。

（2）铜热电阻：铜热电阻一般用 $\phi 0.09 \sim \phi 0.14$ mm的漆包线双绕在塑料（ABS 等）骨架上，也可将漆包线直接双绕在各种铜管道上测量其温度。其结构示意如图 7 – 22 所示。

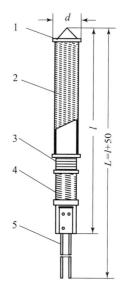

图 7 – 22　铜热电阻结构
1—线圈骨架；2—铜丝；
3—扎线；4—补偿导线；5—铜导线

7.3　半导体热敏电阻传感器

半导体比金属具有更大的电阻温度系数，常称半导体电阻为热敏电阻。热敏电阻具有灵敏度高、体积小、较稳定、制作简单、价格便宜、寿命长，易于维护等特点，已经得到广泛应用。热敏电阻按其电阻随温度变化规律可分为三种类型：

（1）负温度系数（NTC）热敏电阻，一定范围内电阻值随温度升高而减小。

（2）正温度系数（PTC）热敏电阻，一定范围内电阻值随温度升高而增加。

（3）临界温度电阻（CTR），也具有负温度系数，但当温升超过某一临界温度时，电阻值就急剧下降。

NTC 热敏电阻主要用于温度测量，PTC 和 CTR 热敏电阻主要用作温度开关。NTC 热敏电阻主要是 Mn、Co、Ni、Fe 等过渡金属氧化物的复合烧结体，通过不同材料的组合，能对电阻值和温度特性进行调整。

NTC 热敏电阻负温度系数特性可由图 7 – 23 定性说明其机理，图 7 – 23（a）表示温度低时很多电子落到势阱中而不能爬出来，故电阻值高；图 7 – 23（b）表示温度高时很多电子接受热能而从势阱中跑出来，故电阻值下降。

PTC 型热敏电阻的代表材料是 $BaTiO_3$，在室温到 100℃ 左右该电阻具有 NTC 特性，超过100℃，电阻值突然增加，这就是典型的 PTC 特性。PTC 特性出现在 $BaTiO_3$ 的居里温度点附近，故可认为，温度超过居里点，多晶 $BaTiO_3$ 的晶粒边界的势垒急剧升高，因此电阻值急剧增加。PTC 的这种特性可由图 7 – 23（c）和图 7 – 23（d）定性说明，图 7 – 23（c）表明，温度在居里点以下时，电子较容易通过晶粒边界。图 7 – 23（d）说明，温度在居里点以上时，由于势能的顶峰很高，故电子通过困难。

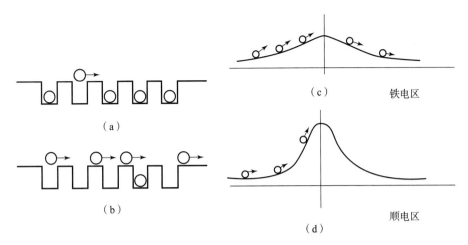

图 7 – 23　NTC 和 PTC 热敏电阻的机理

（a）低温时；（b）高温时；（c）居里点以下（铁电区）；（d）居里点以上（顺电区）

第 8 章

磁传感器

磁传感器是对磁感应强度、磁场强度和磁通量敏感并能把这些磁学量信息转换成可用信息的传感器。虽然磁传感器直接对磁学量敏感，但通过非磁量对磁学量适当转换，磁传感器应用也可以扩展到各非磁量测控领域。按被检测对象的性质可将磁传感器的应用分为直接应用和间接应用。直接应用是直接检测出受检测对象本身的磁场或磁特性，典型应用包括各种磁场计，如地磁的测量、磁带和磁盘的读出、漏磁探伤、磁控设备等；间接应用是检测受检对象上人为设置的磁场，用这个磁场来作被检测的信息的载体，通过它将许多非电、非磁的物理量例如力、力矩、压力、应力、位置、位移、速度、加速度、角度、角速度、转速以及工作状态发生变化的时间等，转变成电量来进行检测和控制，典型应用包括无触点开关、无触点电位器、电流计、功率计、线位移和角位移的测量等。

8.1 霍尔器件

1. 结构与工作原理

一块长为 l、宽为 d 的半导体薄片置于磁感应强度为 B 的磁场（磁场方向垂直于薄片）中，当有电流 I 流过时，在垂直于电流和磁场的方向上将产生电动势，这种现象称为霍尔效应，也是霍尔电势的产生原理。利用霍尔效应产生霍尔电势的器件称为霍尔器件，霍尔器件的结构示意图、典型电路符号与实物器件如图 8－1 所示。

如图 8－1（a）所示，在长度方向 l 两个端面上制作欧姆接触点（非整流接触），作为控制电流 I 的电流电极，在宽度方向 w 的两个端面中点制作很小的欧姆接触点，作为引出和测量霍尔电势的电压电极，称为霍尔电极。

深入分析表明：霍尔效应器件的厚度 d 越小，则霍尔电势 U_H 越大，器件越灵敏。利用砷化镓外延层或硅外延层为工作层的霍尔器件，d 可以薄到几微米（l 和 w 尺寸几十微米）。利用外延层还有利于霍尔器件与配套电路集成在一块芯片上。外延层电阻率越高（n 越小），器件越灵敏。载流子电子的迁移率越高，器件越灵敏，砷化镓霍尔器件的灵敏度高于硅霍尔器件的灵敏度。霍尔电极位于 $l/2$ 处，是因为此处的 U_H 最大。霍尔效应器件除了矩形结构以外，还有方形结构和对称十字形结构，这两种结构的电流电极和霍尔电极可以互换使用。

2. 主要特性参数

1）不等位电势和不等位电阻

霍尔器件在额定控制电流作用下，无外磁场时两个霍尔电极之间的开路电势差称为不等

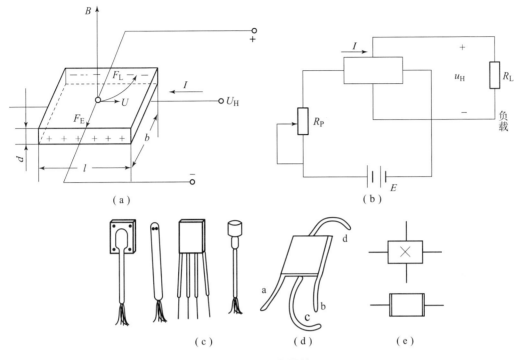

图 8 – 1　霍尔器件

（a）结构示意图；（b）典型电路；（c）外形；（d）结构；（e）符号

位电势 U_0；无外磁场时霍尔电势 U_H 应该为零，但工艺制备时两个霍尔电极的位置很难精确对准，导致两个电极并不在同一等电位面上，产生电位差 U_0，这并不是磁场产生的霍尔电势。在有外磁场条件下不等位电势将叠加在霍尔电势 U_H 上，使 U_H 的示值出现误差。因此不等位电势 U_0 越小越好，一般 $U_0 < 1$ mV。U_0 的极性与控制电流方向有关。

不等位电阻 r_0 是两个霍尔电极之间沿控制电流方向的电阻，定义式为 $r_0 = U_0/I_{cm}$，r_0 越小越好。

2）寄生直流电势

不加外磁场时霍尔器件通交流控制电流，这时器件输出端除了交流不等位电势以外，存在的直流电势称为寄生直流电势 U_{OD}。

交流不等位电势的产生原因与直流不等位电势相同，主要原因是器件本身的四个电极没有形成欧姆接触点，存在整流效应。

8.2　磁敏二极管和磁敏三极管

磁敏二极管和磁敏三极管都是半导体磁敏器件，磁灵敏度比霍尔器件高得多，可以识别磁场极性，但在磁线性度不如霍尔器件。

1. 磁敏二极管结构原理

磁敏二极管为 $P^+ - i - N^+$ 结构，如图 8 – 2 所示，本征（i 型）或近本征半导体（即高电阻率半导体）i 的两端分别制作一个 $P^+ - i$ 结和一个 $N^+ - i$ 结，并在 i 区的一个侧面制备一个载流子的高复合区，记为 r 区。凡进入 r 区的载流子，因复合作用而消失，不再参与电流的传输作用。

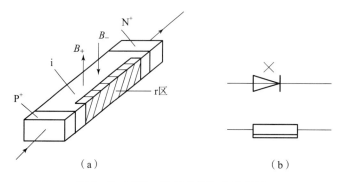

（a）   （b）

图 8 - 2　磁敏二极管结构和电路符号

（a）磁敏二极管结构；（b）电路符号

对磁敏二极管加正向偏压（P^+ 接电源正极，N^+ 接负极），P^+-i 结向 i 区注入空穴，N^+-i 结向 i 区注入电子，有电流 I 流过二极管。电流大小随外加磁场而变化，分三种情况：

（1）外磁场 $B = 0$：如图 8 - 3（a）所示，注入 i 区的空穴和电子通过漂移和扩散运动，大部分都能够分别到达对面的电极，形成电流 I_0；离高复合区 r 区较近的载流子，少部分载流子因热运动进入 r 区被复合而消失。

（2）外磁场 $B = B_+$：磁感应强度方向如图 8 - 3（b）所示，用 B_+ 表示称为正向磁场，注入 i 区的电子和空穴在洛伦兹力作用下，都向 r 区偏转，其中一部分进入 r 区；B_+ 越大进入 r 区的电子和空穴越多。由于进入 r 区的电子和空穴因复合而消失，i 区载流子浓度下降，电流减小电阻变大。导致分配在 i 区上外电压增加，分配在 P^+-i 结和 N^+-i 结上的正向电压相应减少，引起两个结向 i 区注入载流子减少，电流进一步减小。但在一定外磁场下，总有一定数量载流子来不及偏转进入 r 区就已到达对面电极，因此流过二极管的电流 I_+ 在一定正向磁场作用下达到一个稳定值。在一定的外偏压作用下总有 $I_+ < I_0$。

（3）外磁场 $B = B_-$：磁感应强度方向如图 8 - 3（c）所示，B_- 与 B_+ 方向相反，注入 i 区的空穴和电子在洛伦兹力的作用下，背离 r 区运动向与 r 区相对的侧面偏转；该侧面对载流子的复合作用很小，因无规则热运动而"误入"r 区的载流子比 $B = 0$ 时大为减少，i 区的载流子浓度比 $B = 0$ 增大，电流增大电阻下降，i 区上的电压降变小。这导致 P^+-i 结和 N^+-i 结上的压降相应增大，使向 i 区载流子注入增强，电流进一步增大，达到一个稳定值 I_-，$I_- > I_0$。

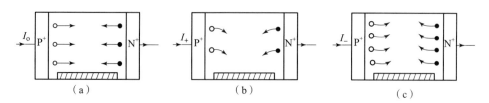

图 8 - 3　磁敏二极管工作原理图

（a）外磁场 $B = 0$；（b）外磁场 $B = B_+$；（c）外磁场 $B = B_-$

分析表明，流过磁敏二极管的电流对磁感应强度很敏感。

2. 磁敏三极管结构原理

NPN 磁敏三极管结构如图 8-4（a）所示，它是在磁敏二极管原来 N⁺ 区的一端，改成在 i 区一端的上侧、下侧各制作一个 N⁺ 区，与高复合面同侧的 N⁺ 区为发射区，并引出发射极 e；对面一侧的 N⁺ 区为集电区，并引出集电极 c；P⁺ 极为基极 b。图 8-4（b）所示为表示磁敏三极管的两种电路符号。

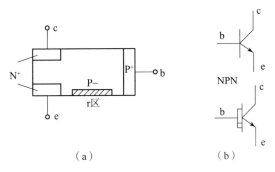

图 8-4　磁敏三极管结构和电路符号

无磁场作用时，由于基区宽度（两个 N⁺ 区的间距）大于载流子的有效扩散长度，只有少部分从 e 区注入基区的载流子（电子）能到达 c 区，大部分流向基极，如图 8-5（a）所示，$I_b > I_c$，电流放大系数 $\beta = I_c/I_b < 1$。有正向磁场 B_+ 时，如图 8-5（b）所示，在洛伦兹力作用下，e 区注入基区的电子偏离 c 极，使 I_c 比无磁场作用时明显下降。当磁场为 B_- 时，注入基区的电子在 B_- 在洛伦兹力作用下向 c 极偏转，I_c 明显增大，如图 8-5（c）所示。

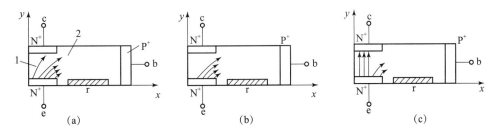

图 8-5　磁敏三极管工作原理图

3. 磁电特性

磁电特性是指磁敏二极管在一定的负载电阻条件下，磁敏二极管两端的输出电压与磁感应强度的关系曲线。如图 8-6（a）所示，磁敏二极管单个使用时的磁电特性曲线，磁电特性曲线的测试原理分别如图 8-6（b）、图 8-6（c）所示，U_0 为一定 R_L 下外磁场为零时磁敏二极管两端的电压。正向磁场 B_+ 时二极管两端电压变化 $\Delta U_H = U_+ - U_0$ 为正向输出电压。负向磁场 B_- 时输出电压为 $\Delta U = |U_- - U_0|$。在同样的磁场变化条件下 $\Delta U_+ > \Delta U_-$，表明磁敏二极管对正向磁场更灵敏。

图 8-6（d）所示为两个磁敏二极管互补使用时磁电特性曲线。互补使用是指选用两只特性相同或相近的磁敏二极管，使它们的高复合表面 r 相对或相背叠放，再串接于电路；有

外磁场作用时，由于两个管子对磁场的极性相反，互补管的灵敏度是两只管子的灵敏度之和，且特性曲线对正向、负向磁场对称，弱磁场下有较好的线性。

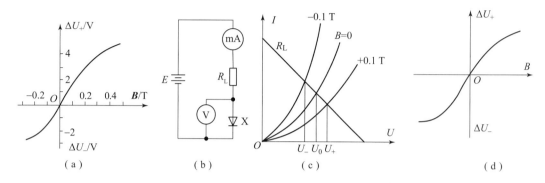

图 8 - 6　磁敏二极管的磁电特性及其测试

8.3　CMOS 磁敏器件

CMOS 磁敏器件是指具有两个漏极的 MOS 管，称为分漏 MOS 管，图 8 - 7 所示为分漏磁敏 MOS 晶体管工作原理。无磁场时两个对称分布的漏极流过相等的漏电流，垂直于器件表面的磁场不为零时，沟道中的载流子在洛伦兹力作用下，向其中一个漏极偏转，导致一个漏极电流增大，另一个漏极电流减小，两个漏极电流差与磁感应强度大小和方向有关，这种分漏 MOS 管的乘积灵敏度可达 10^4 V/(A · T)，缺点是需要 10^4 Ω 数量级负载电阻且稳定性较差。

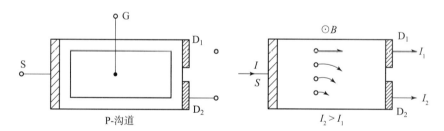

图 8 - 7　分漏磁敏 MOS 晶体管工作原理图

CMOS 磁敏器件是由两个互补的分漏 MOS 晶体管组成，用标准的硅栅工艺制备，克服了单个分漏 MOS 管的缺点。在 100 μA 电流下磁灵敏度可达 1.2 V/T，相应于 1.2×10^4 V/(A · T) 乘积灵敏度，比一般霍尔器件高 2 个数量级。

CMOS 分漏磁敏器件中，一个管为 P_沟道增强型分漏 MOS 管，另一个为 N_沟道增强型分漏 MOS 管，两个管子分漏电极互相交叉耦合连接，如图 8 - 8（a）所示。有磁场垂直于器件表面指向纸外，N_沟道 MOS 管的载流子空穴和 N_沟道 MOS 管的载流子电子，在洛伦兹力作用下的偏转方向如图 8 - 8（b）所示。交叉耦合就是一个管子中电流增加的漏极与另一个管子中电流减少的漏极相连。

无外磁场作用时两个管子各自两个漏极的电流分别相等，输出电压为 U_0。当 **B** 垂直于图面向外，漏极 a 电流增大，a 与其源极之间电阻减小，电压降相应减小，使 a 点电位升高，

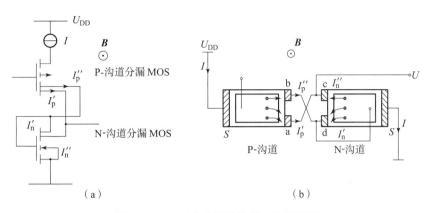

图 8 – 8　CMOS 磁敏晶体管工作原理图

因而使输出端电位升高；同理，漏极 c 电流减小，c 极与其源极间电压降增大，使输出端电位升高；此外，因 b 极电位降低（因 I_p 变小，I_N 变大），使 N₋沟道 MOS 栅压降低，导致其两个漏极的电流都相应变小，进一步提高了输出端电位。CMOS 磁敏器件的输出电压对磁场敏感。

CMOS 磁敏管输出电压与磁感应强度的关系如图 8 – 9 所示，在 – 0.3 ~ + 0.7 T 范围内有较好的线性。当电源电压由 10 V 变为 20 V 时，电流 I 从 0.1 mA 变为 1 mA，磁灵敏度由 1.2 V/T 变为 1.4 V/T，说明电源电压对器件性能影响不大。

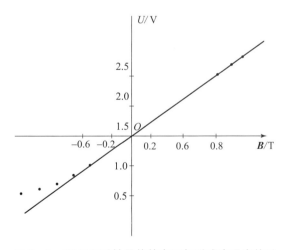

图 8 – 9　CMOS 磁敏晶体管电压与磁感应强度关系

8.4　半导体三维磁矢量器件

磁感应强度 B 是矢量，前述的霍尔器件、磁敏二极管、磁敏三极管和 CMOS 磁敏器件无法判断磁场方向，只有使探头中的磁场敏感器件相对于 B 有某一精确的空间取向时，才能测得 B 的数值，否则测得的只是 B 的某一个分量的值。半导体三维磁矢量器件能克服上述缺点，能同时测得 $\boldsymbol{B}$ 的三个分量 $\boldsymbol{B}_x$、$\boldsymbol{B}_y$、$\boldsymbol{B}_z$，然后得到 $\boldsymbol{B}$ 的量值和方向。

霍尔器件只能测量 $\boldsymbol{B}$ 垂直于器件平面的分量 $\boldsymbol{B}_z$，这种器件可称为横向霍尔器件，它的控制电流平行于器件表面流动。当器件的工作区为外延层，则横向霍尔器件的控制电流平行于外延层流动，外延层表面即横向霍尔器件表面。

纵向霍尔器件结构如图 8-10 所示，可用以检测 $\boldsymbol{B}$ 平行于外延层表面的分量 $\boldsymbol{B}_x$、$\boldsymbol{B}_y$。控制电流从表面的电流电极 a 垂直于外延层向下流动到 N$^+$ 埋层（电阻率很小）的一端，再流向 N$^+$ 埋层的另一端，由此向上流向表面上的另一电流电极 b。设平行于外延层表面且垂直于电流电极条的 $\boldsymbol{B}$ 的分量为 $\boldsymbol{B}_x$ 垂直外延层，由埋层一端向上运动到电流电极 a 的电子，其速度垂直于 $\boldsymbol{B}_x$。在洛伦兹力作用下，电子向图 8-10 俯视图的下方偏转，下方积累电子而带负电，上方带正电，产生霍尔电场和霍尔电势。两个霍尔电势电极分别在左边电流电极 a 两端附近。这种器件的乘积灵敏度可达 65 V/(A·T)，由于 $\boldsymbol{B}_x$ 能起作用的电流垂直于外延层，这种器件为纵向霍尔器件。

对于 $\boldsymbol{B}_y$ 的测量，在测量 $\boldsymbol{B}_x$ 的纵向霍尔器件旁边，制备一个垂直于它的纵向霍尔器件，如图 8-11 所示。紧挨这两个纵向霍尔器件，再制备一个横向霍尔器件，用以测量 $\boldsymbol{B}_z$，这种器件即为三维霍尔器件。

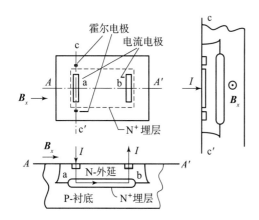

图 8-10　纵向霍尔器件结构

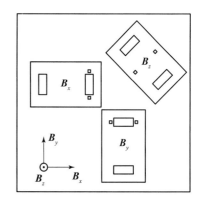

图 8-11　三维霍尔器件结构示意图

纵向霍尔器件的乘积灵敏度大大低于横向霍尔器件［约 300 V/(A·T)］，原因是纵向器件控制电流的有效路径 l 只为外延层厚度，而电流宽度为电流电极长度，使器件的长宽比 $l/w \ll 1$。

如图 8-11 所示，两个纵向器件分别测量 $\boldsymbol{B}_x$、$\boldsymbol{B}_y$，横向器件测量 $\boldsymbol{B}_z$。通过信号处理电路整合，$\boldsymbol{B} = (\boldsymbol{B}_x^2 + \boldsymbol{B}_y^2 + \boldsymbol{B}_z^2)^{\frac{1}{2}}$，并示出 $\boldsymbol{B}$ 的方向。这种三维磁敏器件的空间分辨率约 17 μm × 50 μm × 50 μm。虽然纵向霍尔器件灵敏度较低，但由于霍尔器件的磁线性优于其他半导体磁敏器件且结构简单，易与配套电路集成化，因而受到重视。

8.5　巨磁阻抗传感器

1992 年日本名古屋大学 K. Mohri 教授等发现，当高频电流或脉冲电流通过 Co - Fe -

Si – B 非晶丝时，丝阻抗沿轴向外磁场发生巨大的变化，最大相对变化率达到120%，此现象被称为巨磁阻抗（Giant Magneto – Impedance，GMI）效应，如图 8 – 12 所示。它比1988年发现的巨磁电阻效应的值要高 1 ~ 2 个数量级。这是目前世界上对微弱磁场最敏感的信息传感材料，这种新型传感器有以下特点：灵敏度高，比霍尔器件高 10 ~ 100 倍；线性度好；使用温度范围宽，可在 – 195 ~ 300℃正常工作；稳定性好，其磁稳定性 < 10⁻⁸；这种器件可以在很多领域内替代原有传感器，使产品自动控制系统提高到一个新水平。

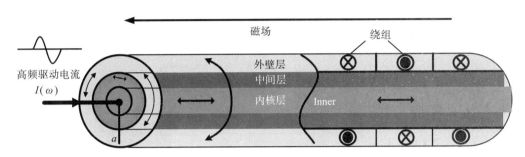

图 8 – 12　非晶丝的磁畴模型

巨磁阻抗（GMI）效应是指材料的交流阻抗在外磁场的作用下发生显著变化的现象。首先在 Co 基非晶丝中发现由于 GMI 效应具有灵敏度高、响应快和无磁滞等特点，在磁记录和传感器方面有着广泛的应用前景，成为近年来研究的热点。人们不仅在多种磁各向异性常数 K 小、磁致伸缩系数小的丝、带和膜中发现了 GMI 效应，而且发现其机理涉及磁电感效应、趋肤效应和铁磁共振效应等。根据交流驱动磁场的方向，GMI 效应可以分为横向驱动和纵向驱动两种。对于横向（常规）GMI 效应，电流流过样品，产生的驱动磁场垂直于样品轴向，用四探针法提取阻抗变化的信号；纵向驱动 GMI 效应是把样品放入一线圈，并使其长轴平行于线圈的轴向，驱动电流不直接流过样品，而是通过此取样线圈。样品和线圈组成一个等效阻抗元件，电流大小由串联在电路中的电阻两端的电压进行监控。采用高频感应加热熔融拉引法（Taylor – Ulitovsky 方法）制备的玻璃包裹丝，相对传统的水冷拉丝法（in – rotating – water spinning），制备工艺更为简单，丝的直径减小，软磁性能提高，同时玻璃包裹层使得材料具有良好的抗腐蚀性能，对器件的小型化、集成化和适应复杂环境等都有其独特的优点。

GMI 效应与多种因素有关，其大小与驱动电流及材料本身的磁特性、结构及尺寸有关。人们对非晶和纳米晶玻璃包裹丝的 GMI 效应进行了大量基础和应用方面的研究，主要集中在材料的组分、磁结构、所受应力或扭矩、热处理以及不同温度、驱动电流的频率、大小和方向，对材料的磁阻抗的影响已有报道纵向驱动方式下 Fe 基纳米晶丝的最大磁阻抗变化可达 1 020。目前还没有纳米晶玻璃包裹丝不同金属芯直径的磁特性和巨磁阻抗效应的系统研究，试验出 CO 基非晶丝和达到 1 145。

由于非晶丝技术的新颖性及军事应用资料保密性，目前该技术资料主要反映在民用方面。资料表明，各国在发展非晶丝的应用方面都有自己的特点，美国重点在电力方面的应用上，大力发展非晶态合金配电变压器；日本重点在电子方面的应用上，重点发展了采用非晶丝的磁头和高频开关电源，另外在高速公路车流量检测方面，正在开发基于非晶丝传感器的磁探测头，如图 8 - 13 所示。

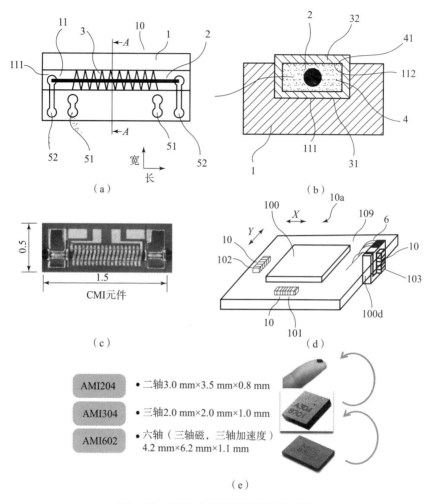

图 8 - 13　GMI 非晶丝巨磁阻抗传感器
（a）GMI 元件结构俯瞰；（b）GMI 元件结构剖面；（c）GMI 元件照片实物；
（d）GMI 应用的 3 轴 GMI 芯片结构；（e）GMI 传感器实物及尺寸参数

第9章
电位器、电感式传感器

9.1 电位器式传感器

电位器是常用的机电元件，广泛应用于各种电气和电子设备中，主要用于测量压力、高度、加速度、航面角等各种参数。

电位器传感器是一种把线位移或角位移转换成一定函数关系的电阻或电压输出的传感元件，可用来制作位移、压力、加速度、油量、液位等各种用途的传感器，电位器式传感器具有一系列优点，如结构简单、尺寸小、质量轻、精度高、输出信号大、性能稳定并容易实现任意函数。其缺点是要求输入能量大，电刷与电阻元件之间容易磨损。

电位器种类很多，按其结构形式不同分为线绕式、薄膜式、光电式等；按特性不同，可分为线性电位器和非线性电位器，目前常用的以单圈线绕电位器居多。

9.1.1 工作原理

1. 线性电位器式传感器

线性电位器的理想空载特性曲线应具有严格的线性关系，图9-1所示为电位器式位移传感器原理图。

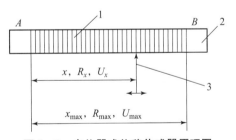

图9-1 电位器式位移传感器原理图
1—电阻丝；2—骨架；3—滑架

若把它作为变阻器使用且假定全长为 x_{max} 的电位器，其总电阻为 R_{max}，电阻沿长度的分布是均匀的，当滑臂由 A 向 B 移动 x 后，A 点到滑臂间的阻值为

$$R_x = \frac{x}{x_{max}} R_{max} \qquad (9-1)$$

若把它作为分压器使用且假定加在电位器 A、B 之间的电压为 U_{max}，则输出电压为

$$U_x = \frac{x}{x_{max}} U_{max} \qquad (9-2)$$

图 9-2 所示为电位器式角度传感器。作变阻器使用时，电阻与角度的关系为

$$R_{\alpha} = \frac{\alpha}{\alpha_{\max}} R_{\max} \tag{9-3}$$

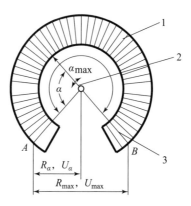

图 9-2 电位器式角度传感器

1—电阻丝；2—滑架；3—骨架

作为分压器使用，则输出电压为

$$U_{\alpha} = \frac{\alpha}{\alpha_{\max}} U_{\max} \tag{9-4}$$

线性线绕电位器特性稳定，制造精度容易保证，其骨架截面应处处相等，由材料均匀的导线按相等的节距绕成，如图 9-3 所示，其理想的输出/输入关系遵循上述四个公式，由线性线绕电位器制成的位移传感器，其灵敏度为

$$S_R = \frac{R_{\max}}{x_{\max}} = \frac{2(b+h)\rho}{At} \tag{9-5}$$

$$S_U = \frac{U_{\max}}{x_{\max}} = I\frac{2(b+h)\rho}{At} \tag{9-6}$$

式中，S_R 为电阻灵敏度；S_U 为电压灵敏度；ρ 为电阻率；A 为导线横截面积；t 为绕线节距。

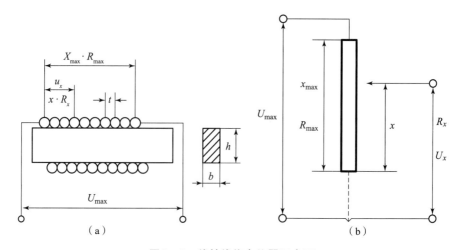

图 9-3 线性线绕电位器示意图

灵敏度公式表明，灵敏度除与电阻率 ρ 有关，还与骨架尺寸 h、b、导线直径 d、绕线节距 t 等结构参数有关；电压灵敏度还与通过电位器电流 I 大小有关。

2. 非线性电位器式传感器

非线性电位器是指空载时其输出电压（或电阻）与电刷行程之间具有非线性函数关系的一种电位器，也称为函数电位器。它可以实现指数函数、对数函数、三角函数及其他任意函数，既可满足控制系统的特殊要求，也可满足传感、检测系统的非线性输出要求。常用的非线性线绕电位器有变骨架式（图 9-4）、变节距式、分路电阻式及电位给定式四种。

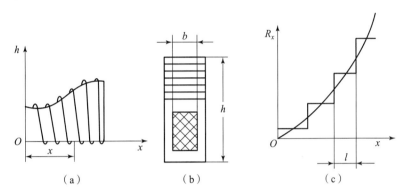

图 9-4　变骨架式非线性电位器

9.1.2　典型应用

电位器式传感器主要用来测量位移，通过其他敏感元件（如膜片、膜盒、弹簧管等）转换，也可间接测量压力、加速度。几种电位器式传感器典型应用如下。

1. 电位器式位移传感器应用

电位器式位移传感器常用于测量几毫米到几十米的位移，几度到 360° 的角度。如图 9-5 所示，推杆式位移传感器可测量 5~200 mm 的位移，温度范围 ±50℃，相对湿度为 98%，

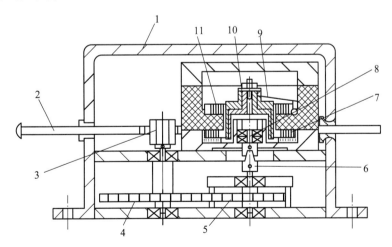

图 9-5　推杆式位移传感器

1—外壳；2—推杆；3,4,5—齿轮；6—爪牙离合器；7—螺旋弹簧；
8—电位器轴；9—电刷；10—轴套；11—电位器绕组

频率 300 Hz 以内，300 m/s² 以内加速度的振动条件下工作，精度约为 2%，电位器的总电阻为 1 500 Ω。传感器主要结构包括：外壳 1，带齿条的推杆 2，以及由齿轮 3、4、5 组成的齿轮系统将被测位移转换成旋转运动，旋转运动通过爪牙离合器 6 传送到线绕电位器轴 8 上，电位器轴 8 上装有电刷 9，电刷 9 因推杆位移而沿电位器绕组 11 滑动，通过轴套 10 和焊在轴套上的螺旋弹簧 7 以及电刷 9 来输出电信号，弹簧 7 还可保证传感器的所有活动系统复位。

2. 电位器式压力传感器应用

电位器式压力传感器如图 9 - 6 所示，弹性敏感元件膜盒的内腔通入被测流体，在流体压力作用下膜盒硬中心产生弹性位移，推动连杆上移，使曲柄轴带动电位器电刷在电位器绕组上滑动，输出一个与被测压力成比例的电压信号。

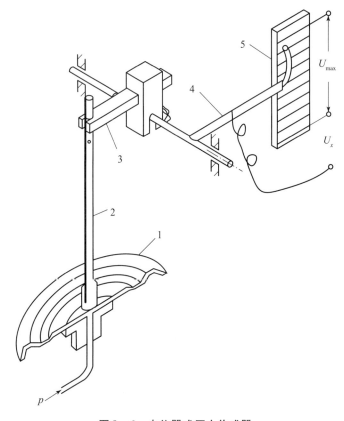

图 9 - 6　电位器式压力传感器

1—膜盒；2—连杆；3—曲柄；4—电刷；5—电阻元件

3. 电位器式加速度传感器应用

图 9 - 7 所示为电位器式加速度传感器，惯性质量块在被测加速度作用下，片状弹簧产生正比于被测加速度的位移，引起电刷在电位器电阻元件上滑动，输出一个与加速度成比例的电压信号。电位器式加速度传感器优点包括：结构简单、价格低廉、性能稳定、能承受恶劣环境条件、输出信号大。其缺点是精度不高、动态响应较差、不适于测量快速变化量。

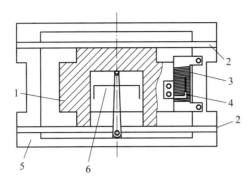

图 9 - 7　电位器式加速度传感器

1—惯性质量块；2—片弹簧；3—电阻元件；4—电刷；5—壳体；6—活塞阻尼器

9.2　电感式传感器

电感式传感器是利用线圈自感或互感的变化实现测量的一种传感器，可以用来测量位移、振动、压力、流量、力矩、应变等多种物理量。

电感式传感器的核心部件是可变电感或可变互感，在被测量转换成线圈自感或互感的变化时，一般要利用磁场作为媒介或利用铁磁体的某些现象，这类传感器的主要特征是具有线圈绕组。

电感式传感器优点：结构简单可靠，输出功率大，抗干扰能力强，对工作环境要求不高，分辨力较高，示值误差范围 0.1% ~ 0.5%，稳定性好。它的缺点：频率响应低，不适用于快速动态测量场合。电感式传感器的分辨力和示值误差与示值范围有关。示值范围大时，分辨力和示值精度将相应降低。

9.2.1　自感式传感器

1. 自感式传感器的工作原理

自感式传感器的自感值与以下几个参数有关：与线圈匝数 N 平方成正比；与空气隙有效截面积 A_i 成正比；与空气隙长度 l_0 成反比。

$$L = \frac{N^2 \mu_0 A_i}{2 l_0} \tag{9 - 7}$$

变间隙型自感式传感器结构原理如图 9 - 8 所示，其主要结构包括线圈、铁芯和可动衔铁，铁芯和可动衔铁一般均为硅钢片或坡莫合金叠片，二者之间保持一个初始距离 l_0。设线圈的匝数为 N，电感值 $L = \dfrac{N\Phi}{I}$。

磁通表达式为

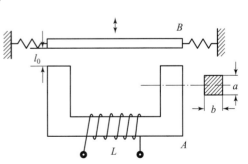

图 9 - 8　变间隙型自感式传感器原理

$$\varPhi = \frac{NI}{\sum\limits_{i=1}^{n} R_{mi}} \qquad (9-8)$$

第 i 段磁路的磁阻为

$$R_{mi} = \frac{l_i}{\mu_i A_i} \qquad (9-9)$$

电感值表达式为

$$L = \frac{N^2}{\sum\limits_{i=1}^{n} R_{mi}} = \frac{N^2}{\sum\limits_{i=1}^{n} \frac{l_i}{\mu_i A_i}} \qquad (9-10)$$

式中，L 为线圈电感；N 为线圈匝数；A_i 为各段导磁材料的截面积；$\varPhi$ 为磁通；I 为电流；R_{mi} 为第 i 段磁路的磁阻；l_i 为第 i 段磁路的平均长度；μ_i 为第 i 段磁路的磁导率；n 为磁路的段数。

由式（9-10）可知，当线圈匝数一定，介质磁导率一定，磁路的几何尺寸变化会导致电感的变化，基于此原理设计制作出变间隙型自感式传感器如图9-8所示。

2. 自感式传感器的类型

常用的自感式传感器有三种类型：变间隙型；变截面型；差分型。图9-9所示为截面型自感式传感器和差分型自感式传感器原理图。

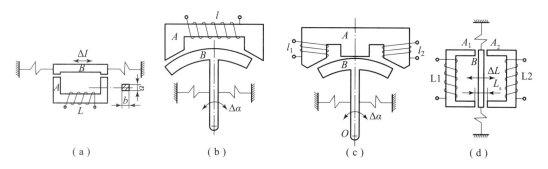

图9-9 变截面型和差分型自感式传感器
（a）变截面型自感式传感器；（b）、（c）、（d）差分型自感式传感器
B—动铁芯；A—固定铁芯

（1）变间隙型灵敏度较高，表达式为

$$s = \frac{\Delta L}{\Delta l} = -\frac{L}{l_0}\left[1 - \frac{\Delta L}{l_0} + \left(\frac{\Delta L}{l_0}\right)^2 + \cdots\right] \quad (\Delta l/l_0 \ll 1 \text{ 时成立}) \qquad (9-11)$$

灵敏度随气隙增大而减小；非线性误差大，为了减小非线性，量程较小，量程一般为间隙1/5以下。变间隙型自感式传感器制作装配比较困难。

（2）变面积型自感式传感器的灵敏度比变间隙型的小，但理论灵敏度为一常数，因而线性度好、量程较大，使用比较广泛。

（3）差分型自感式传感器灵敏度最高，因而应用广泛。表达式为

$$s = \frac{2L}{l_0}\left[1 + \left(\frac{\Delta L}{l_0}\right)^2 + \cdots\right] \quad (\Delta l/l_0 \ll 1 \text{ 时成立}) \qquad (9-12)$$

从提高灵敏度的角度，初始空气隙 l_0 应尽量小。其结果是被测量的范围也变小，同时，灵敏度的非线性也将增加。如采用增大空气隙等效截面积和增加线圈匝数的方法来提高灵敏度，则必将增大传感器的几何尺寸和质量。这些矛盾在设计传感器时应适当考虑。与截面型自感传感器相比，气隙型的灵敏度较高。但其非线性严重，自由行程小，制造装配困难，因此近年来这种类型的使用逐渐减少。差分式传感器灵敏度与单极式比较，其灵敏度提高一倍，非线性大大减小。

9.2.2　互感式传感器

1. 互感式传感器的工作原理

互感式传感器是将非电量转换成线圈间互感量 M 的一种磁电式传感器，也称为变压器式传感器，它由两个或多个带铁芯的电感线圈所组成，初级线圈、次级线圈之间耦合能随衔铁或两个线圈之间的相对移动而改变，能把被测量位移转换为传感器的互感变化，从而将被测位移转换为电压输出，如图 9 – 10 所示。

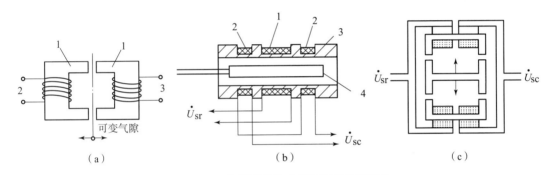

（a）　　　　　　　　　（b）　　　　　　　　　（c）

图 9 – 10　变压器式传感器结构原理示意图
（a）基本变压器型传感器
1—铁芯；2—初级线圈；3—次级线圈
（b）螺管式差动变压器
1—初级线圈；2—次级线圈；3—骨架；4—衔铁
（c）π形差动变压器

次级线圈采用两个绕组的比较广泛，将同名端串接后，以差动方式输出的传感器，常称为差动变压器式传感器，如图 9 – 8（b）和图 9 – 8（c）所示。

对于差动变压器，当衔铁在中间位置时，两个次级绕组的互感相同，因而由初级激励引起的感生电动势相同。这时由于两个次级绕组 s1、s2 反向串接，因而差动输出电压为零。

当衔铁移向次级绕组 s1 一边，则 s1 互感大，s2 互感小，因而 s1 内感生电动势 $\dot{E}_{s1}$ 大于 s2 内感生电动势 $\dot{E}_{s2}$，差动输出电压 $\dot{E}_{s} = \dot{E}_{s1} - \dot{E}_{s2}$ 不为零，且在传感器的量程内，衔铁移动量越大，差动输出电压也越大。

同理，当衔铁移向次级绕组 s2 一边，则 s2 互感大，s1 互感小，因而感生电动势 $\dot{E}_{s1}$ 小于 $\dot{E}_{s2}$，差动输出电压不为零，但同移向 s1 一边相比较，输出电压反相。因此由 $\dot{E}_{s}$ 的大小和相位可以知道衔铁位移量的大小和方向。

2. 差动变压器式传感器

1）螺管型差动变压器

螺管型差动变压器按绕组排列方式有一、二、三、四、五节式。一节式的灵敏度较高，三节式的零点误差较小。图 9 – 11 所示为二节式、三节式。无论绕组排列方式如何，其主要结构都是由三部分组成：线圈绕组、可移衔铁、导磁外壳。线圈绕组由初级线圈、次级线圈和骨架组成。线圈常用高强度漆包线绕制，一般用 36 ~ 48 号漆包线。骨架采用高频损耗小、膨胀系数小、抗潮湿性能好的绝缘材料制成，普通的采用胶木棒，要求高的采用环氧玻璃纤维、聚砜塑料或聚四氟乙烯等。内架的加工精度要求高，尺寸和形状要求严格对称。

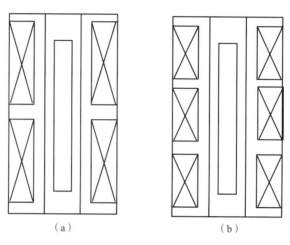

图 9 – 11　绕组排列方式及基本结构

（a）二节式；（b）三节式

可移衔铁采用导磁性能良好的导磁材料，如工业纯铁、铁氧体、坡莫合金等。对于激励频率在 500 Hz 以下，一般采用工业纯铁；在 500 ~ 50 kHz 一般使用铁氧体或坡莫合金。

导磁外壳的作用是提供磁回路、磁屏蔽和机械保护，一般与可移衔铁为相同材料。高精度差动变压器工作在高频时，一般选用坡莫合金材料。铁磁材料要经过适当热处理，以去除应力，改善磁性能。

2）π 形差动变压器

对称的 π 形铁芯上有初级绕组、次级绕组，中间衔铁为平板型，这就构成了 π 形差动变压器，如图 9 – 12 所示。π 形差动变压器灵敏度较高，测量范围较小，可测位移量一般为几微米到几百微米。

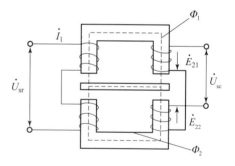

图 9 – 12　π 形差动变压器输出特性

9.2.3　电感式传感器典型应用

电感式传感器是一类被广泛应用的电磁机械式传感器，它除可以直接用于测量静态和动态的直线位移、角位移外，还可以做成多种用途的传感器，用于测量力、压力、转矩、加速度等。

图 9 – 13 所示为变间隙电感式气体压力传感器，它由膜盒、铁芯、衔铁及线圈等组成，

衔铁与膜盒的上端连在一起。当压力进入膜盒时，膜盒的顶端在压力 P 作用下产生与压力 P 大小成正比的位移。于是衔铁也发生移动，从而使气隙发生变化，流过线圈的电流也发生相应的变化，电流表指示值反映了被测压力的大小。

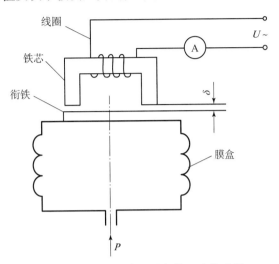

图 9 - 13　变间隙电感式气体压力传感器

图 9 - 14 所示为差动变压器式加速度传感器，用于测定振动物体的频率和振幅时，其激磁频率是振动频率的 10 倍以上，可得到精确的测量结果，可测量振幅范围为 0.1 ~ 5 mm，振动频率范围为 0 ~ 150 Hz。

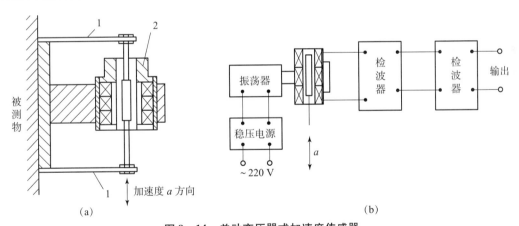

图 9 - 14　差动变压器式加速度传感器
（a）结构示意图；（b）测量电路方框图
1—弹性支承；2—差动变压器

将差动变压器和弹性敏感元件（膜片、膜盒和弹簧管等）相结合，可以组成各种形式的压力传感器。图 9 - 15 所示为微压力变送器，被测压力为零时膜片处于初始状态，固接在膜盒中心的衔铁位于差动变压器线圈中间位置，输出为零。当被测压力由接头 1 传入膜盒 2 时，其自由端产生正比于被测压力的微小位移，并带动衔铁 6 在变压器线圈 5 中移动，引起差动变压器输出电压，经相敏检波、滤波之后，输出电压可反映被测压力大小。

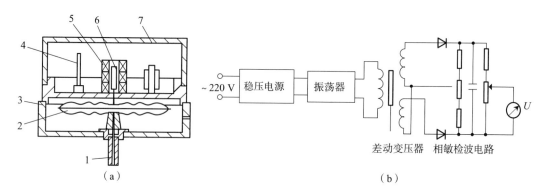

图 9 - 15　微压力变送器

（a）结构图；（b）测量电路方框图

1—接头；2—膜盒；3—底座；4—线路板；5—差动变压器；6—衔铁；7—罩壳

9.3　电涡流式传感器

电涡流式传感器是一种基于电涡流效应的传感器，它可以进行非接触测量，具有结构简单、频响较宽、灵敏度高、测量线性范围大、抗干扰能力强、体积较小等优点，在测控技术方面得到应用。

9.3.1　工作原理

电涡流式传感器是利用电涡流效应，将位移、温度等非电量转换为阻抗变化（电感变化，Q 值变化）实现非电量电测。如图 9 - 16 所示，通有交变电流 $\dot{I}_1$ 的传感器线圈，由于电流的变化，在线圈周围就产生一个交变磁场 H_1，当被测导体置于该磁场范围之内，被测导体内便产生电涡流 $\dot{I}_2$，电涡流也将产生一个新磁场 H_2，H_2 与 H_1 方向相反，因而抵消部分原磁场，从而导致线圈的电感量、阻抗和品质因数发生改变，这些变化与导体几何形状、电导率、磁导率有关，也与线圈的几何参数、电流的频率以及线圈到被测导体间距离有关。若只控制上述参数中一个变化量，其余参量不变化，可构成位移测量、温度测量、硬度测量的不同参量的传感器。把被测导体上形成的电涡流等效为短路环，可以简化问题分析，其模型如图 9 - 17 所示。

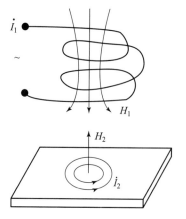

图 9 - 16　电涡流式传感器基本原理示意图

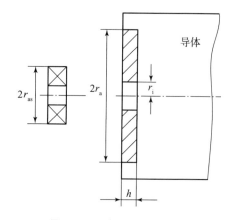

图 9 - 17　电涡流简化模型

$$r_i = 0.525r_{as} \tag{9-13}$$

$$r_a = 1.39r_{as} \tag{9-14}$$

$$h = 5\ 000\sqrt{\frac{\rho}{\mu_r f}} \tag{9-15}$$

式中，r_i 为短路环等效内径；r_a 为短路环等效外径；r_{as} 为传感器线圈外径；h 为电涡流贯穿深度（cm）；ρ 为导体电阻率（$\Omega \cdot$ cm）；f 为电流频率（Hz）；μ_r 为相对磁导率。

　　根据简化模型可画出电涡流传感器工作时等效电路图，如图 9-16 所示。假定传感器线圈原有电阻为 R_1，电感 L_1，则其复阻抗为

$$Z_1 = R_1 + j\omega L_1 \tag{9-16}$$

　　当被测导体靠近传感器线圈时，则成为一个耦合电感，线圈与导体之间存在一个互感系数 M，互感系数随线圈与导体之间距离的减小而增大。短路环可看成短路线圈，电阻为 R_2，电感为 L_2。

　　由图 9-18 所示等效电路，根据基尔霍夫定律，可列出电路方程组：

$$\begin{aligned} R_1\dot{I}_1 + j\omega L_1\dot{I}_1 - j\omega M\dot{I}_2 &= \dot{U} \\ -j\omega M\dot{I}_1 + R_2\dot{I}_2 + j\omega L_2\dot{I}_2 &= 0 \end{aligned} \tag{9-17}$$

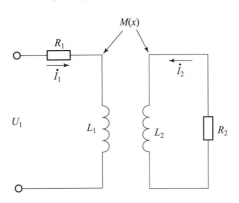

图 9-18　等效电路

　　传感器工作时的复阻抗为

$$Z = \frac{\dot{U}}{\dot{I}_1} = \left[R_1 + \frac{\omega^2 M^2}{R_2^2 + (\omega L_2)^2}R_2\right] + j\left[\omega L_1 - \frac{\omega^2 M^2}{R_2^2 + (\omega L_2)^2}\omega L_2\right] \tag{9-18}$$

电感为

$$L = L_1 - \frac{\omega^2 M^2}{R_2^2 + (\omega L_2)^2}L_2 \tag{9-19}$$

品质因数为

$$Q = \frac{\omega L_1}{R_1}\frac{1 - \dfrac{L_2}{L_1}\cdot\dfrac{\omega^2 M^2}{R_2^2 + (\omega L_2)^2}}{1 + \dfrac{R_2}{R_1}\cdot\dfrac{\omega^2 M^2}{R_2^2 + (\omega L_2)^2}} \tag{9-20}$$

L_1、L_2 及 R_2 的计算分析如下。

　　（1）电感的计算：

对于矩形截面的扁平圆线圈及短路环，电感可用下式计算：

$$L = \frac{N^2 D}{0.036\ 9 + 0.14d + 0.124e} 10^{-9} \tag{9-21}$$

式中，L 为电感量（H）；N 为匝数；D 为线圈或短路环平均直径（cm）；$d = b/D$；$e = c/d$；c 为线圈或短路环径向厚度（cm）；b 为线圈或短路环的宽度（cm）。

（2）导体短路环电阻的计算：

$$R_2 = \frac{2\pi\rho}{h} \cdot \frac{1}{\ln(r_a/r_i)} \tag{9-22}$$

式中，R_2 为短路环电阻（Ω）；h 为电涡流贯穿深度（cm）；ρ 为导体的电阻率（Ω·cm）；r_a 为短路环的等效外径（cm）；r_i 为短路环的等效内径（cm）。

9.3.2 典型应用

1. 低频透射式电涡流传感器

低频透射式电涡流传感器采用低频激励，因而能得到较大的贯穿深度，可用于测量金属材料的厚度。图 9-19 所示为低频透射式电涡流传感器原理图。

低频透射式电涡流传感器由两个线圈组成，一个为发射线圈，一个为接收线圈，分别位于被测金属材料的两侧。线圈用漆包线绕在胶木骨架上制成，由振荡器产生低频电压 $\dot{U}_1$ 加到发射线圈 L_1 两端，则接收线圈 L_2 两端将产生感应电压 $\dot{U}_2$。若两线圈之间无金属导体，则 L_1 的磁力线就能够较多地穿过 L_2，于是在 L_2 上感生电压 $\dot{U}_2$ 最大。当放入金属板后，由于金属板内产生电涡流，电涡流产生的磁场将抵消 L_1 的部分磁力线，使到达 L_2 的磁力线减少，从而使 $\dot{U}_2$ 下降。

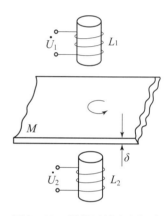

**图 9-19　低频透射式电涡流
传感器原理图**

金属导体厚度越大，电涡流损耗越大，L_1 的磁力线被抵消的越多，这样到达 L_2 的磁力线越少，$\dot{U}_2$ 因而也就越小。

$$\dot{U}_2 \propto \mathrm{e}^{\frac{\delta}{h}} \tag{9-23}$$

式中，δ 为被测导体厚度；h 为贯穿深度。

实际上被测金属中涡流的大小还与电阻率、金属材料的化学成分和物理状态（特别是温度）有关，于是带来测量误差，补救的方法是对不同化学成分的材料进行校正，并尽力保证被测材料温度恒定。接收线圈的感应电压与被测厚度的增大按负指数幂的规律下降，如图 9-20 所示。对于确定的被测材料，其电阻率为定值，但当选用不同的测试频率 f 时，贯穿深度不同，从而使 $\dot{U}_2 - \delta$ 曲线形状发生变化，即 f 高时，各段的斜率相差很大；当 f 低时，曲线近于平直。所以如需较宽的测厚范围，f 应取较低值，通常为 1 kHz；而测薄板时，可用较高频率，以得到较高的灵敏度。

对于一定的测试频率 f，当被测材料的电阻率不同时，贯穿深度也不同，$\dot{U}_2 - \delta$ 曲线形状也发生变化。为使测不同 ρ 值的材料所得的曲线形状相近，就需在 ρ 变动时，保持贯穿深度不变，这时应该相应地改变频率 f，即测 ρ 值小的材料（如紫铜）时，选用较低的频率（f = 500 Hz），而测 ρ 值较大的材料（如黄铜、铝）时，选用较高的频率（f = 2 kHz），从而保证

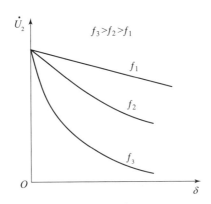

图 9 – 20　贯穿深度对 $\dot{U}_2 - \delta$ 曲线的影响

了在测不同材料时，能具有基本相同的线性度和灵敏度。

2. 电涡流式温度传感器

电涡流式温度传感器通过测量随温度而变化的导体电阻率的大小，可以非接触地测量金属表面的温度，或者液态、气态介质的温度，并且具有响应快，不受水、油及涂料等介质影响等特点。用来测量液态或气态介质温度的电涡流式传感器如图 9 – 21 所示。这种传感器用金属作为温度敏感元件，测量时，把传感器端部放在被测的介质中，温度敏感元件由于周围温度的变化而引起它的电阻率的变化，从而导致线圈的等效阻抗变化，因而可以测定所在介质的温度。当用厚度为 0.001 5 mm 的铅作为热元件，温度传感器的热惯性为 0.001 s，因此便于快速测温。

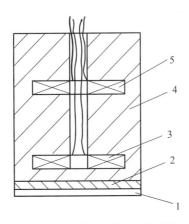

图 9 – 21　电涡流式温度传感器

1—温度敏感元件；2—电介质绝热衬垫；3—测量线圈；4—骨架；5—补偿线圈

3. 电涡流式压力传感器

电涡流式压力传感器是一种具有良好的动态特性，并能在核爆炸等恶劣的工作条件下测量冲击波的传感器。图 9 – 22 所示为一种压力传感器的结构示意图及其测量电路原理框图。这种传感器接入供电频率为 1 MHz 的交流电桥，其频响范围为 0 ~ 250 kHz，可测冲击波的上限压力值达 686.5 MPa，可以分辨上升时间高达 2 μs 的冲击波信号前沿。传感器的两个线圈各为 100 匝，绕制成直径为 3.18 mm 的扁平线圈，线圈与铍铜制成的金属膜片实现耦合。

两个线圈由一个铍铜的支座固定，相距9.54 mm。传感器的前板用厚度为6.35 mm的铍铜板制成，每个线圈与前板相距0.127 mm。测量膜片是在正对测量线圈的前板位置上打一个盲孔形成的，盲孔就是接受被测压力的介质作用于膜片上的通道。在无被测信号作用时，传感器的两个线圈感抗相等，交流电桥处于平衡。由于传感器的两个线圈封装在导热和导电性能良好的铍铜套筒内，并且线圈的支座也是用铍铜制成的，因此传感器存在良好的静电屏蔽和温度稳定性能。在传感器外面还套有钢制的套筒，使其具有良好的电磁屏蔽作用和足够的机械强度。必要时，在传感器的外壳套上铅套，还可防止核辐射和γ射线辐射的影响。这种传感器适合于686.5 MPa的静态压力标定，还适合压力值达343.2 MPa的激波管动压标定。这种传感器测量电路的一个重要特点是在交流电桥与高频电源之间引入了一个电缆匹配器（匹配变压器）。匹配器可以置于传感器的壳体内，也可以置于离测压点不太远的地方。匹配器的初级匹配阻抗为75 Ω，可与75 Ω的同轴电缆匹配。由于匹配器的作用，使测量系统的供电电缆和信号电缆的长度可以做得很长而不受电缆分布电容的影响。电缆的长度主要受电缆电阻对信号衰减的影响，根据测量要求，最长可达数千米。电桥的高频电源，要求有0.01%以上的幅度稳定性。在测量信号进入放大器之前，有一个相位校正电路供修正相移用。

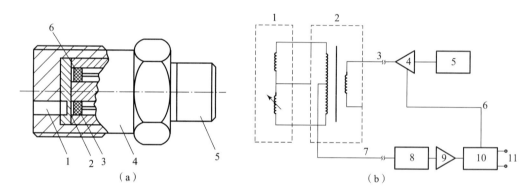

图9-22　压力传感器及其测量电路框图

（a）1—测量孔；2—膜片；3—测量线圈；4—壳体；5—多线插座；6—平衡线圈
（b）1—传感器；2—匹配器；3—高频信号；4—输出放大器；5—振荡器；6—同步信号；
　　　7—测量信号；8—相位校正网络；9—输入放大器；10—解调器；11—输出端

第 10 章

陀　　螺

陀螺是一种姿态参量感测的传感器，主要是敏感运动体的角度、角速度和角加速度姿态参量，利用陀螺的定轴性、进动性可以测量运动体的姿态角（航向、俯仰、滚动），精确测量运动体的角运动，通过陀螺组成的惯性坐标系实现稳定惯性平台。陀螺已有 100 多年的发展史，1910 年首次用于船载指北陀螺罗经。为了提高性价比，科技工作者投入了大量的人力物力，静电陀螺、激光陀螺、光纤陀螺和振动陀螺等各种原理陀螺不断问世，多种陀螺在不同应用领域广泛应用。陀螺按构造可分为内部带旋转体的传统陀螺和内部不带旋转体的新型陀螺。检测单轴偏转角可采用传统的速率陀螺、速率积分陀螺，也可以采用新型气体速率陀螺、光陀螺等。

10.1　速率陀螺

速率陀螺的转速达到 24 000 r/min 以后，能稳定保持其转轴方向固定，以此转轴为基准，万向支架的相对转角可用同步器测出。速率陀螺结构如图 10 - 1 所示，速率陀螺的运动方程为

$$J\frac{\mathrm{d}^2\theta}{\mathrm{d}t^2} + B\frac{\mathrm{d}\theta}{\mathrm{d}t} + K\theta = H\omega \tag{10-1}$$

式中，J 为输出转轴惯性转矩；B 为输出转轴阻尼系数；K 为弹簧常数；H 为旋转体角动量；ω 为输入角速度；θ 为输出角度。

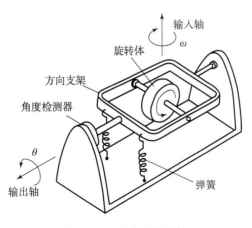

图 10 - 1　速率陀螺结构

方程两边进行拉普拉斯变换，就变换域方程为

$$\frac{\theta(s)}{\omega(s)} = \frac{H}{Js^2 + Bs + K} \qquad (10-2)$$

在恒定状态下

$$\theta = (H/K)\omega \qquad (10-3)$$

输出角和输入角速度成比例，速率陀螺可在 ±180° 范围内，以 0.1° 精度测量偏角，如果把速率陀螺中的弹簧去掉（$K=0$），变成了速率积分陀螺。

10.2 气体速率陀螺

气体速率陀螺是根据密封腔内的气流随腔体姿态变化发生偏转的原理而研制成的陀螺，图 10-2 所示为气体速率陀螺结构，氦气在压电振子泵作用下在腔体内循环，由喷嘴均匀地喷向传感器（两根热阻丝）。腔体偏转所产生的复合向心力使气流偏移，喷在两个传感器上的气体不均匀，从而使热阻丝间产生温度差。检测出温差，在 ±1 000°/s 的测量范围内，测量精度在 1% 之内。

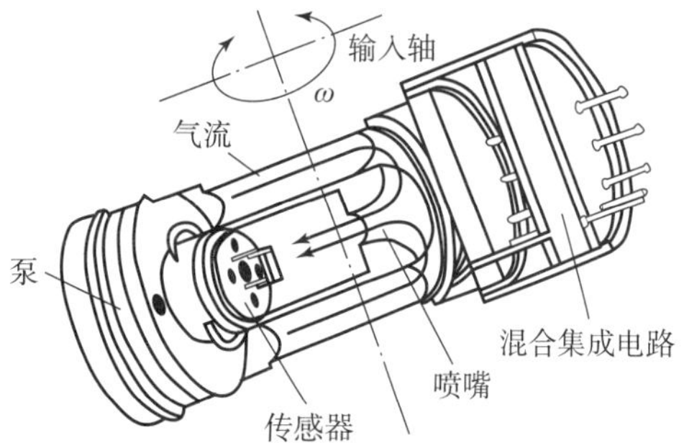

气体陀螺较传统陀螺的优势包括：

（1）消除了机械陀螺的可动部件，其承受过载能力较一般陀螺高一个数量级，可以抗 16 000g 冲击过载，是末制导导弹的关键部件；

图 10-2 气体速率陀螺结构

（2）系统响应时间 50~80 ms，较其他类陀螺小；

（3）该陀螺实质是一种固态角速率传感器，其寿命主要取决于半导体器件，其寿命和可靠性较一般陀螺高；

（4）不需要精密机械加工，所用半导体器件价格便宜，其成本低。

10.3 振梁式压电陀螺

压电陀螺是利用晶体压电效应敏感角参量的一种固体惯性传感器。压电陀螺消除了传统陀螺的转动部分，MTBF 达 10 000 h 以上，在航天、航空与舰船等领域获得了较广泛的应用。

振梁式压电陀螺的工作原理如图 10-3 所示，原理框图如图 10-4 所示。该陀螺的核心元件是一根矩形振梁，振梁材料可以是弹性合金，也可以是石英或铌酸锂等晶体材料。在振梁的四个面上贴上两对压电换能器，当其中一对换能器（驱动和反馈换能器）加上电信号时，由于逆压电效应，梁产生基波弯曲振动。由于压电效应，惯性力在读出平面内产生的机械振动使读出面内的压电换能器产生电信号输出。输出电压的量值取决于振幅 $y(t)$，当振梁、压电换能器和驱动电压一定时，输出电信号的大小仅与输入角速度 ω_z 的大小有关。

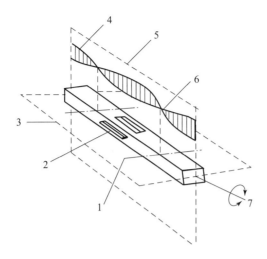

图 10 - 3 振梁式压电陀螺的工作原理

1—节点；2—读出换能器；3—读出平面（y 轴）；4—梁振动包络；
5—驱动平面（x 轴）；6—驱动换能器；7—输入角速度（z 轴）

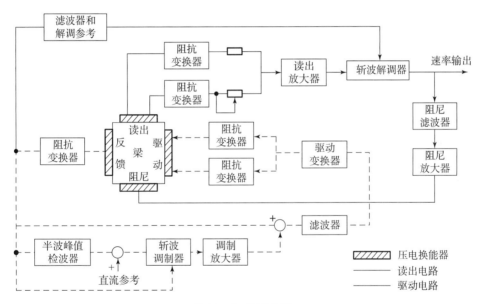

图 10 - 4 原理框图

10.4 静电陀螺

　　静电陀螺的转子是由静电吸力支承。静电陀螺的转子做成球形，将其置于超高真空的强电场内，由强电场产生的静电吸力悬浮。如图 10 - 5 所示，在球形金属转子的对称方向配置一对内球面形电极，球形转子与球面电极之间的间隙很小，球面电极上接通高电压时球形转子的电位为零，在电极与转子之间可形成场强很高的均匀静电场。电极为正电时，静电感应使转子对应表面带负电，由于正电与负电的相互吸引而产生静电吸力。电极为负电时，静电感应使转子对应表面带正电。由于正电与负电的相互吸引也会产生静电吸力。电极为正电与负电交替变化时，转子对应表面负电与正电也交替变化，仍然产生静电吸力。图 10 - 5 中右边电极对转子的静电吸力 F_1 使转子趋向右边移动，左边电极对转子的静电吸力 F_2 使转子趋向左边移动。

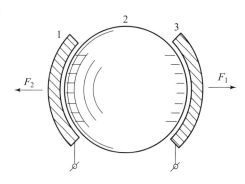

图 10 - 5　球形转子静电吸力
1—球面电极；2—球形转子；3—地面电极

若电极上的电压是不可调节的固定值，则起不到支承转子的作用。因为当转子相对电极有一个位移时，转子与对应两个电极之间的间隙起了变化，间隙变小一端的电极对转子的静电吸力增大，而间隙变大的一端的电极对转子的静电吸力减小，这样，转子被吸引向间隙变小的那一端电极，从而失去支承作用。因此，转子出现位移时，必须自动调节对应两个电极施加的电压大小，使间隙变小一端电极上施加的压力减小，从而减小静电吸力，并使间隙变大一端电极上施加的电压增大，以便使静电吸力增大，这样才能将转子拉回到中间位置而起到支承转子的作用。

静电陀螺工作原理如图 10 - 6 所示。若沿三个正交轴方向在球形转子外面配置三对球面电极，球形转子左右、前后和上下方向都配置一对球面电极，且每对电极上施加电压均可自动调节，则球形转子被支承在三对球面电极的中心位置。实际静电陀螺的转子用铝或铍等密度小的金属做成空心或实心球体，并放置在陶瓷壳体的球腔内，球腔壁上用陶瓷金属化办法制成三对球面电极。通过支承线路敏感转子相对电极的位移，并自动调节加到各对应电极上的电压大小。

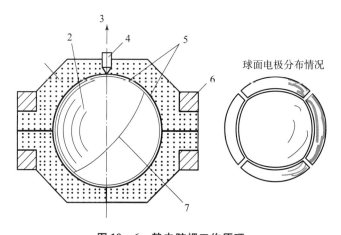

图 10 - 6　静电陀螺工作原理
1—壳体；2—球形转子；3—自转轴；4—光电传感器；5—球面电极；6—启动线圈；7—读出刻线

为得到较大静电吸力以便支承转子，电极与转子之间电场强度应足够高。因电场强度与电极上电压成正比，而与电极 - 转子之间的间隙成反比，故电极上的电压一般加到 1 000 V 以上，电极 - 转子之间的间隙一般仅为千分之几厘米。

为防止高电场强度下转子 - 电极之间发生高压击穿，同时减小转子转动时受到的气体阻尼，陶瓷球腔内需维持超高真空状态。在这样的超高真空条件下，转子由启动线圈作用而达到额定转度（每分钟数万转）后则靠惯性运动，其持续时间可达几个月至几年。

静电支承的转子能自由地绕三个正交轴方向转动，即转子有三个转动自由度，且转角范围不受限制。静电陀螺的自转轴有两个转动自由度，若按自转轴的转动自由度计算，它属二自由度陀螺。显然，静电陀螺也具有前述两自由度陀螺的基本特性——进动性和稳定性。静电陀螺的壳体转动时，其自转轴相对惯性空间仍保持原方位。在转子表面上刻线，通过光电传感器即可测得壳体相对自转轴的转角。

静电陀螺消除了机械连接及气体或液振动引起的干扰力矩，从而使陀螺随机漂移达 $(0.01° \sim 0.001°)/h$。这种陀螺仅一个活动部件——高速转子，故结构简单，可靠性高。静电陀螺自转轴相对仪表壳体的转角范围不受限制，故可全姿态测角。静电陀螺能承受较大的振动和冲击，并且一个静电陀螺还具有三个加速度传感器功能。静电陀螺可用作平台式和捷联式惯性导航系统的传感器，例如舰船、潜艇、飞机和导弹的惯性制导系统。

10.5　激光陀螺

检测原理基于 Sagnac 效应。当光沿着环形光路传输时，如果整个光学系统相对于惯性空间旋转，顺时针和逆时针传输的两路光传输一圈后，在时间上将产生不同的效果。图 10 – 7 所示为已实用化的环形激光陀螺的结构。在等腰三角形玻璃块内，谐振频率为 Δf 的两个方向的激光，经过反射镜传输。玻璃块以角速度 ω 绕于光路垂直的轴旋转，使顺时针和逆时针方向传输的两路光产生光路差，频率出现差异，两方向光的干涉，由于频率不同而产生干涉条纹：

$$\Delta f = 4S\omega/\lambda L \tag{10 – 4}$$

式中，S 为光路围成的面积；A 为激光波长；L 为光路长度。

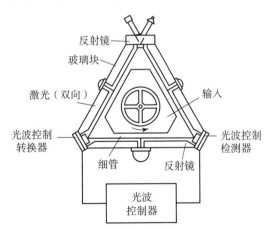

图 10 – 7　环形激光陀螺结构

环形激光陀螺中，微小的 ω 会产生 Δf 为零的锁定现象，因此必须让玻璃块总处于旋转状态。

10.6　光纤陀螺

1976 年 Vali 和 Shorthill 提出光纤陀螺，1985 年国外已有光纤陀螺商品出售，精度达

（1°～0.1°)/h。与激光陀螺相比，光纤陀螺结构简单、没有闭锁问题、成本低、易于微型化。尽管光纤陀螺有许多优点，但要达到精度高、满足实用的要求，还需要解决不少技术难题，如克服误差源、扩大动态范围、提高性价比等。

光纤陀螺的基本原理仍然是 Sagnac 效应。全光纤陀螺是用光纤耦合器、光纤偏振器的光纤陀螺，从而使整个光路连成一个整体，大大提高了稳定性。全光纤陀螺的原理如图 10-8 所示。

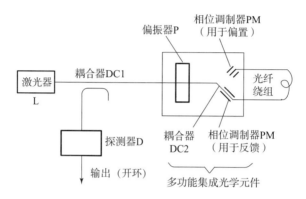

图 10-8　全光纤陀螺的原理

集成光学光纤陀螺是将耦合器、偏振器、相位调制器制成在一个电光晶体上，用其代替光纤耦合器、偏振器和调制器，如图 10-9 所示。应用集成光学技术将极大提高光纤陀螺的工作性能，提高可靠性，大大降低光纤陀螺成本，适于批量生产，是光纤陀螺的发展方向。

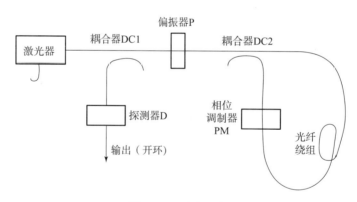

图 10-9　光纤陀螺

10.7　微机械陀螺

微机械陀螺是微机械加工技术和陀螺理论相结合的产物，它是在 20 世纪 90 年代后期发展起来的，有着广泛的应用前景，可以应用于卫星、飞机、汽车、工业机器人、摄影、玩具、医疗器械的方向定位和姿态测量等民用商业领域，同时也是航空、航天、兵器等领域中运载器控制系统或惯性导航、制导系统必不可少的重要敏感元件。微机械陀螺是未来低成本、微尺寸、低功耗、抗高过载、高可靠性惯性测量器件的发展方向。

10.7.1 微机械陀螺的工作原理

微机械陀螺的工作原理是基于经典力学中的哥氏效应。在研究刚体内质点的复合运动时，如牵连运动为旋转运动，则刚体内质点的加速度与牵连运动为平移运动相比，除了有相对加速度和牵连加速度之外，还有一项附加的加速度，即哥氏加速度。哥氏加速度的产生是由于转动的牵连运动和相对运动互相影响的结果。哥氏加速度的表达式为

$$a = 2\omega v \tag{10-5}$$

式中，a 为哥氏加速度；ω 为旋转加速度；v 为垂直于旋转轴的速度。

从结构上来看，微机械陀螺大致可以分为振动式和转子式两大类，研究比较多的是振动式微机械陀螺，它是利用振动质量被基座带动旋转时产生的哥氏加速度来对角速度进行测量的。

10.7.2 硅微框架驱动式陀螺

图 10-10 所示为硅微框架驱动式陀螺的结构原理。在该结构中有两个框架，即内框架和外框架，相互正交的内、外框架轴均为一对扁平状的挠型枢轴。它们绕自身轴向具有低的抗扭刚度，但有较高的抗弯刚度。检测质量固定在内框架上，在外框架两侧对称设置一对驱动电极，可由静电力来驱动。而在内框架两侧设置一对敏感电极，用于检测角速度信号，这四个电极相对仪表壳体是固定的。由于是利用微机械加工技术制作，整个装置的尺寸为微米量级。

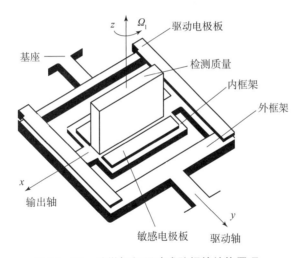

图 10-10 硅微框架驱动式陀螺的结构原理

在静电力驱动下外框连同内框和质量块一起绕驱动轴做高频振动，振动的角度极小。设角振动波形为正弦波，振幅为 θ_0，角频率为 ω_n，则振动角位移为

$$\theta = \theta_0 \sin\omega_n t \tag{10-6}$$

由于角位移 θ 非常小，则检测质量块上各质点的振动都可视为线振动。在检测质量块上任取一质点 P，它在坐标系 $Oxyz$ 中的坐标为 (x_i, y_i, z_i)，如图 10-11 所示，则质点在 x 轴的振动线速度为

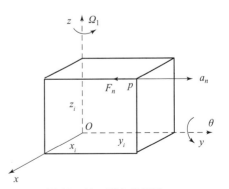

图 10-11 质点的振动

$$\begin{cases} v_{ix} = \theta'_{2_y} z_i \\ v_{iy} = 0 \\ v_{iz} = -\theta'_{2y} x_i \end{cases} \qquad (10-7)$$

当陀螺基座绕 z 轴以加速度 Ω_z 相对惯性空间转动时，质点 P 将受到哥氏加速度的作用，方向沿 y 轴为正向，其大小为

$$a_{ki} = 2\Omega_z \theta'_{2y} z_i \qquad (10-8)$$

设质点 P 的质量为 m，则该点所受到的哥氏惯性力为

$$F_{ki} = m_i a_{ki} = 2m_{ki}\Omega_z \theta'_{2y} z_i \qquad (10-9)$$

方向与哥氏加速度相反，沿 y 轴负向。

这一哥氏惯性力形成的绕输出轴（x 轴）的哥氏惯性力矩为

$$M_{ki} = F_{ki} z_i = 2m_i \Omega_z \theta'_{2y} z_i^2 \qquad (10-10)$$

当陀螺感受到绕 z 轴输入角速度作用时，内框架上各质点均会产生如上所述的哥氏惯性力矩，整个内框架受到的总哥氏惯性力矩为所有振动质点哥氏惯性力矩之和。在哥氏惯性力矩的作用下，内框架绕输出轴做高频微振动，其振动频率与静电驱动频率相同，其振幅与输入角速度呈线性关系。检测出内框架的振幅，即可得到所测的角速度。

10.7.3　音叉式硅微振动陀螺

除了硅微框架驱动式陀螺外，音叉式硅微振动陀螺也是目前研究比较多的一种微陀螺，图 10-12 所示为音叉式硅微振动陀螺的结构。微机械音叉陀螺仪采用单晶硅梳状结构，有两个可动扁平质量块，每一块的两个相对侧面呈梳状，与基座上也呈梳状的侧面构成叉指式驱动电容，用来驱动质量块在其平面内做线振动；另外两个相对侧面上均匀分布4 根挠性梁。通过这 8 根挠性梁，外加 2 根横梁，把两质量块连成一个整体，然后再通过两质量块对称处的 4 根挠性梁，将质量块整体连在基座上，悬在空中。质量块下面的

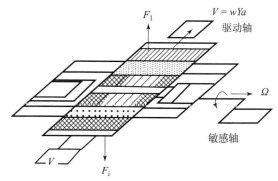

图 10-12　音叉式硅微振动陀螺的结构

一个电极板，与其下表面上的电极构成检测电容，用来敏感质量块的上下振动。质量块悬在空中，可在其水平平面内来回振动，亦可在其垂直平面内上下振动。当给质量块两侧的叉指式电容加上交变电压时，在众多微弱静电力的作用下，质量块将在其所在平面内来回振动。此时，质量块便能检测同一平面内垂直于其运动方向的角速度。如果此方向上有角速度输入，那么质量块将受到垂直于它所在平面的哥氏惯性力作用，产生上下振动。这将引起它下面敏感电容的变化，且电容变化量与输入角速度的大小成正比，所以通过检测敏感电容变化量的大小，便可获得输入角速度值。

10.7.4　微型惯性测量组合

在各种运动体中，利用陀螺仪测量运动物体的姿态或转动的角速度，利用加速度计测量加速度的变化。陀螺仪功能是保持对加速度对准的方向进行跟踪，从而能在惯性坐标系中分

辨出指示的加速度；对加速度进行两次积分，就可测出物体的位移。由三个正交陀螺、三个正交加速度计和信息处理系统就可以构成一种惯性测量组合（Inertial Measurement Unit，IMU），它可以提供运动物体的姿态、位置和速度的信息，惯性测量组合广泛应用于各种航空航天平台及飞行器的制导系统中。

采用微机电技术制造的微型惯性测量组合（Micro Inertial Measurement Unit，MIMU），没有转动的部件，在寿命、可靠性、成本、体积和质量等方面都要大大优于常规的惯性仪表。

微惯性测量组合具有明显的军民两用特点，目前首先考虑用于汽车的防滑制动系统（ABS）及其他安全系统，例如用它感受事故中车辆的撞击翻转而启动气枕拉紧安全带，用于汽车 GPS/INS 导航地图显示系统，作为汽车"黑匣子"的传感器。另外还可用于摄像机的视线稳定控制、各种娱乐游戏设施、通用航空、车辆自动驾驶和控制、智能机器人、工业控制与自动化、虚拟设备等方面，在汽车定位系统、航运定位系统、宇航员和驾驶员虚拟学习系统、汽车力学研究、汽车停车控制、汽车制动控制、汽车碰撞测试、飞行动力测量、安全系统位移检测、机器人过程控制、机床控制、计算机外围设备，以及医院病人的活动监控等方面都有着广泛的应用。

在军事应用方面，微惯性测量组合在常规兵器中有十分广阔的前景。其在常规武器方面的应用主要可以归结为三个方面：一是解决战术寻的头稳定、自动驾驶仪、短时飞行的导弹、鱼雷引信、低成本罗盘和姿态航向参考系统；二是在正在研制的新的武器系统中加入微惯性测量组合——联合攻击弹药（JDAM）、风偏修正弹药弹箱（WCMD）、联合防区外攻击系统（JSOW）；三是未来微惯性测量组合应用最为活跃的方面——小型制导弹药、智能蒙皮的结构、个人导航、制导炸弹和智能炮弹。

目前常规兵器制导化、战术制导武器的小型化已成为必然发展趋势，自 20 世纪 90 年代中期，世界各主要国家都在发展该类武器系统。发展这类武器系统所带来的好处：一是提高武器自身的杀伤力。提高武器系统杀伤力来自两个方面，一方面是提高系统的威力，在这个方面采用微机电系统优点是可以减小武器系统辅助部分的体积、增大系统的战斗部以提高系统的威力，如海军的鱼雷引信系统如果采用微机电惯性系统可使其体积减小到原来的 1/10；另一个方面是提高系统命中精度和射程；采用微机电惯性系统带来的另一个优点是着眼于战术运用与后勤保障。

以常规炮射弹药为例，传统的常规炮射弹药均为无控飞行，命中精度较差。新一代弹药要求进一步提高射程和散布精度，由微机电陀螺和加速度计集成的微机电惯性系统具有成本低、尺寸小、质量轻、功耗少、可靠性高、抗振动冲击能力强、适于大批量生产等特点，正可满足常规兵器的低成本、批量大、工作环境恶劣等要求。它与火箭增程技术和滑翔技术结合，可使炮兵弹药在有效提高射程的同时，提高弹药的命中精度，给弹药发展带来革命性的变化。从可以预测的应用趋势来看，微惯性测量组合在新一代制导弹药中应用将成为其最活跃的领域。

第 11 章

数字式传感器

数字式传感器是一种能把被测模拟量直接转换成数字量的输出装置。数字式传感器与模拟式传感器相比较具有以下优点：测量的精度和分辨率更高，抗干扰能力更强，稳定性更好，易于微机接口，便于信号处理和实现自动化测量等。常用数字式传感器有如下几类：编码器、光栅数字传感器、容栅、谐振式数字传感器。

11.1 编 码 器

编码器主要分为脉冲盘式和码盘式两大类：

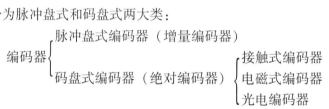

脉冲盘式编码器不能直接输出数字编码，需要增加有关数字电路才可能得到数字编码。而码盘式编码器能直接输出某种码制的数码。这两种形式的数字传感器，由于它们的高精度、高分辨率和高可靠性，已被广泛应用于各种位移量测量，使用最多的是光电编码器。

码盘式编码器也称为绝对编码器。它将角度转换为数字编码，能方便地与数字系统（如微机）连接。编码器按其结构可分为接触式、光电式和电磁式三种，后两种为非接触式编码器。

11.1.1 接触式编码器

接触式编码器由码盘和电刷组成。码盘利用制造印制电路板的工艺，在铜箔板上制作码制图形（如 8421 码、循环码等）的盘式印制电路板。电刷是一种活动触头结构，在外界力的作用下，旋转码盘时，电刷与码盘接触处就产生某种码制的某一数字编码输出。下面以六位二进制码盘为例，说明其工作原理和结构。图 11–1（a）所示为一个六位 8421 码制的编码器的码盘示意图。涂黑处为导电区，将所有导电区连接到高电位（"1"）；空白处为绝缘区，为低电位（"0"）。六个电刷沿某一径向安装，六位二进制码盘上有六圈码道，每个码道有一个电刷，电刷经电阻接地。当码盘转动某一角度后，电刷就输出一个数码；码盘转动一周，电刷就输出不同的六位二进制数码。由此可知，二进制码盘所能分辨的旋转角度为 $\alpha = \dfrac{360°}{2^n}$。若 $n = 6$，则 $\alpha = 5.625°$，位数越多，分辨的角度越小。取 $n = 8$，则 $\alpha = 1.4°$。当然分辨角度越小，对码盘和电刷的制作和安装要求就越严格。当 n 多到一定位数后，一般为

$n > 8$，这种接触式码盘将难以制作。另外，8421 码制的码盘，由于正、反向旋转时，因为电刷安装不精确引起的机械偏差，会产生非单值误差。若使用循环码制即可避免此问题，电刷在不同位置时对应的数码如表 11 - 1 所示。循环码的特点是相邻两个数码间只有一位变化，这一特点就可以避免制造或安装不精确而带来非单位误差。循环码盘的结构如图 11 - 1（b）所示。

表 11 - 1　电刷在不同位置时对应的数码

角度	电刷位置	二进制码（B）	循环码（R）	十进制数
0	a	0000	0000	0
1α	b	0001	0001	1
2α	c	0010	0011	2
3α	d	0011	0010	3
4α	e	0100	0110	4
5α	f	0101	0111	5
6α	g	0110	0101	6
7α	h	0111	0100	7
8α	i	1000	1100	8
9α	j	1001	1101	9
10α	k	1010	1111	10
11α	l	1011	1110	11
12α	m	1100	1010	12
13α	n	1101	1011	13
14α	o	1110	1001	14
15α	p	1111	1000	15

采用 8421 码制码盘，虽然比较简单，但是对码盘制作和安装要求严格，否则会产生错码。例如，图 11 - 1 所示的二进制码盘，当电刷由二进制码 0111 过渡到 1000 时本来是 7 变为 8；但是，如果电刷进入导电区的先后不一致，可能会出现 8 ~ 15 之间的任一十进制数，这样就产生了前面所说的非单值误差。解决这一问题的方法之一就是采用循环码盘，如图 11 - 1（b）所示。由循环码的特点可知，即使制作和安装不准，产生的误差最多也只是最低位一个比特，采用循环码盘比采用 8421 码盘的精度高。

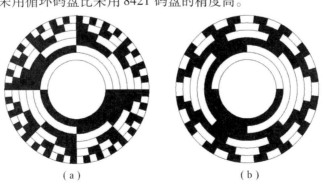

（a）　　　　　　　　　　　（b）

图 11 - 1　接触式六位码盘

（a）二进制码的码盘；（b）循环码盘的结构

11.1.2 光电式编码器

接触式编码器的分辨率受电刷的限制，不可能很高；而光电式编码器由于使用了体积小、易于集成的光电元件代替机械的接触电刷，其测量精度和分辨率能达到很高水平，所以在自动控制和自动测量技术中得到了广泛的应用。例如，多头、多色的电脑绣花机和工业机器人都使用它作为精确的角度转换器。我国目前已有 16 位光电编码器和 25 000 脉冲/Ring 的光电增量编码器，并形成了系列产品，为科学研究和工业生产提供了对位移量进行精密检测的手段。

光电编码器的最大特点是非接触式的，因此，它的使用寿命长，可靠性高。它是一种绝对编码器，即几位编码器其码盘上就有几位码道，编码器在转轴的任何位置都可以输出一个固定的与位置相对的数字码，这一点与接触式码盘编码器是一样的。不同的是光电编码器的码盘采用照相腐蚀工艺，在一块圆形光学玻璃上刻有透光和不透光的码形，如图 11 − 2 所示。在几个码道上，装有相同个数的光电转换元件代替接触

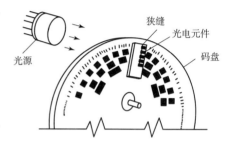

图 11 − 2　光电码盘编码器结构

式编码器的电刷，并且将接触式码盘上的高、低电位用光源代替。当光源经光学系统形成一束平行光投射在码盘上时，转动码盘，光经过码盘的透光和不透光区，在码盘的另一侧就形成了光脉冲，脉冲光照射在光电元件上就产生与光脉冲相对应的电脉冲。码盘上的码道数就是该码盘的数码位数。由于每一个码位有一个光电元件，当码盘旋至不同位置时，各个光电元件根据受光照与否，就能将间断光转换成电脉冲信号。

光电式编码器的精度和分辨率取决于光码盘的精度和分辨率，即取决于刻线数。目前，已能生产径向线宽为 6.7×10^{-8} rad 的码盘，其精度达 1×10^{-8}。显然，比接触式的码盘编码器精度要高很多个数量级。如果再进一步采用光学分解技术，可获得更多位的光电式编码器。

光电式编码器与接触式码盘编码器一样，通常采用循环码作为最佳码形，这样可以解决非单值误差的问题。光电码盘的优点是没有触点磨损，因而允许高速转动；但是其结构较为复杂，光源寿命较短。

11.1.3 脉冲盘式数字传感器

脉冲盘式编码器又称为增量编码器。增量编码器一般只有三个码道，它不能直接产生几位编码输出，故它不具有绝对码盘码的含义。这是脉冲盘式编码器与绝对编码器的不同之处。

1. 结构与工作原理

脉冲盘式编码器的圆盘上等角距地开有两道缝隙，如图 11 − 3 所示。内外圈（A，B）的相邻两缝距离错开半条缝宽；另外，在某一径向位置，一般在内外两圈之外开有一狭缝，表示码盘的零位。在它们的相对两侧面分别安装光源和光电接收元件。当转动码盘时，光线经过透光和不透光的区域，每个码道将有一系列光电脉冲由光电元件输出，码道上有多少缝隙就将有多少个脉冲输出。光电编码器一般采用封闭式结构，内装发光二极管光电接收器和编码盘等，通过联轴节与被测轴连接，将角位移转换成 A、B 两相脉冲信号，供双向计数器

计数；同时还输出一路零脉冲信号，作为零位标记，即它能输出 600 P/r 个 A、B 相脉冲和 1 P/r 的零位（C 相）脉冲。A、B 两相脉冲信号相差 90°相位，最高工作频率达 30 kHz。

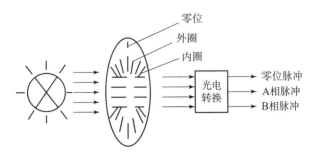

图 11-3　脉冲式数字传感器

增量编码器的精度和分辨率与绝对编码器一样，主要取决于码盘本身的精度。

2. 旋转方向的判别

为辨别码盘旋转方向，可以采用图 11-4 所示原理图实现。光电元件 A 和 B 输出信号经放大整形后，产生 P_1 和 P_2 脉冲。将它们分别接到 D 触发器 D 端和 CP 端，如图 11-4（a）所示，由于 A 和 B 两道缝距相差 90°，D 触发器（FF）在 CP 脉冲（P_2）的上升沿触发，当正转时，P_1 脉冲超前 P_2 脉冲 90°，FF 的 $Q=1$ 表示正转；当反转时，P_2 超前 P_1 脉冲 90°，FF 的 $Q=0$，即 $\bar{Q}=1$，表示反转。分别用 $Q=1$ 和 $\bar{Q}=1$，控制可逆计数器是正向还是反向计数，即可将光电脉冲变成编码输出。C 相脉冲接至计数器复位端，实现每转动一圈复位一次计数器的目的。无论正转还是反转，计数器每次反映的都是相对于上次角度增量，故这种测量称为增量法。

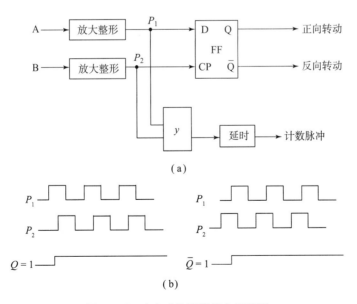

（a）

（b）

图 11-4　光电式编码器辨向原理图

除了光电式的增量编码器外，目前还相继开发了光纤增量传感器和霍尔效应式增量传感器等，它们都得到广泛的应用。

11.2 计量光栅

11.2.1 计量光栅的类型

光栅是光栅传感器中的主要元件，在长度和角度测量中应用的光栅，常称为计量光栅。

1. 根据光线走向分类

（1）透射光栅：在透明的玻璃上均匀地刻划间距及宽度相等的条纹而形成的光栅称为透射光栅。透射光栅的主光栅一般用普通工业用白玻璃，而指示光栅最好用光学玻璃，如图 11－5（a）所示。

（2）反射光栅：在具有强反射能力的基体（如不锈钢或玻璃镀金属膜）上，均匀地刻划间距及宽度相等的条纹而成的光栅称为反射光栅，如图 11－5（b）所示。

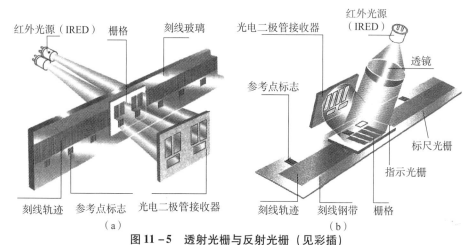

图 11－5 透射光栅与反射光栅（见彩插）

（a）透射光栅；（b）反射光栅

2. 根据物理原理分类

（1）黑白光栅：又称幅值光栅，有透射的也有反射的。黑白透射光栅是在玻璃表面上刻划成一系列平行等间距透光缝隙和不透光栅线，如图 11－6 所示。I 部位的放大图 11－6（b）

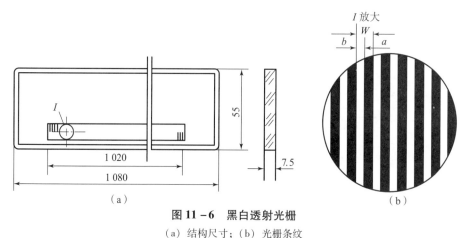

图 11－6 黑白透射光栅

（a）结构尺寸；（b）光栅条纹

中 a 表示条纹宽度，b 表示刻线间距，$W = a + b$ 称为光栅常数，又称栅距。黑白反射光栅是在金属的镜面上刻成全反射和漫反射间距相等的条纹。

（2）相位光栅：又称衍射光栅，栅线形状如图 11 - 7 所示。W 为光栅常数，其斜面倾角根据光栅材料的折射率与入射光的波长来确定。相位透射光栅应用较少，相位反射光栅适用于实验室做精密测量用。栅线密度一般为每毫米 100 ~ 2 800 条，刻线宽度一般为 0.4 ~ 7 μm。

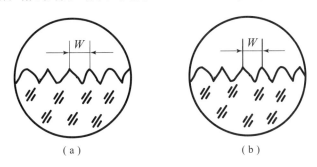

图 11 - 7　相位反射光栅

3. 根据形状和用途分类

（1）长光栅：主要用于测量长度。光栅条纹密度有每毫米 25、50、100 和 250 条几种，有透射的，也有反射的；有黑白的，也有相位的。

（2）圆光栅：径向光栅的栅线延长线全部通过圆心；切向光栅的全部栅线与一个同心小圆相切，小圆直径只有零点几或几毫米，圆光栅主要为透射。透射式圆光栅如图 11 - 8 所示。

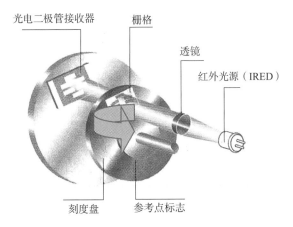

图 11 - 8　透射式圆光栅（见彩插）

11.2.2　光栅传感器的结构和原理

1. 光栅传感器的结构

如图 11 - 9 所示，不论反射式或者透射式光栅传感器，均由光源、主光栅、指示光栅和光电元件几个主要部分构成。

（1）光源：过去采用钨丝灯泡，它有较小的功率，工作温度范围 - 40 ~ 130℃，但与光电元件组合时，转换效率低，使用寿命短。半导体发光器件，如砷化镓发光二极管可以在

$-60 \sim 100℃$ 范围内工作，发射光的峰值波长为 $910 \sim 940\ nm$，接近硅光敏三极管的峰值波长，因此有较高的转换效率，同时也有较快的响应速度（约 $2\ \mu s$）。

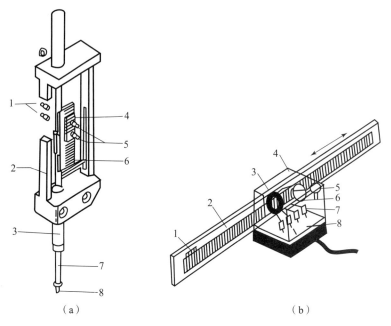

图 11 - 9　光栅传感器的结构

（a）透射式

1—光敏晶体管；2—框架；3—套筒；4—固定光栅；5—发光管；6—移动光栅；7—测量轴；8—测头

（b）反射式

1—零位参考脉冲；2—带光栅的钢尺；3—玻璃扫描分划板；4—外壳；

5—灯泡；6—光学透镜；7—光电管；8—电子部件

（2）光栅副：由栅距相等的主光栅和指示光栅组成，指示光栅比主光栅要短，两者相距为

$$d = w^2/\lambda \qquad\qquad (11 - 1)$$

式中，w 为栅距；λ 为有效光的波长。

主光栅和指示光栅互相重叠，但又不完全重合。两者栅线间错开一个很小角度 θ，以便得到莫尔条纹。主光栅一般固定在被测体上，且随被测体移动，其长度取决于测量范围，指示光栅相对于光电元件固定。

（3）光电接收元件：是用来敏感随主光栅的移动而产生的莫尔条纹移动，从而测量位移量。在选择光电元件时，要考虑灵敏度、响应时间、光谱特性、稳定性、体积和成本等因素。一般采用光电池和光敏三极管。硅光电池不需外加电压，受光面积大，性能稳定，但响应时间长，灵敏度较低。光敏三极管灵敏度高，响应时间短，但稳定性较差。

2. 莫尔条纹的形成及其特点

长光栅的莫尔条纹是指，栅距相同的主光栅和指示光栅，其刻线面相对重叠在一起，中间留有适当小间隙 d，且两者栅线错开一个很小角度 θ，则由于光的干涉效应就会产生和栅线接近于垂直的明暗相间的条纹，如图 11 - 10 所示。在 $a—a$ 线上，两光栅线彼此重合，光线从缝隙中通过，形成亮带；在 $b—b$ 线上，两光栅的栅线彼此错开，形成暗带。这些明暗

相间的条纹称为莫尔条纹，且随主光栅相对指示光栅的左右移动而上下移动。莫尔条纹间距与栅距 W、光栅夹角 θ 的关系：

$$B_H = \frac{w}{2\sin(\theta/2)} \approx \frac{w}{\theta} \tag{11-2}$$

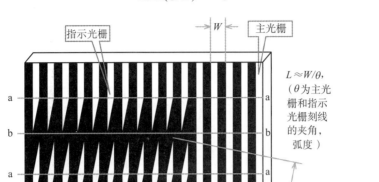
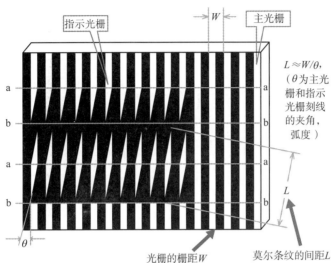

图 11 - 10　长光栅的莫尔条纹工作原理

由于莫尔条纹的方向与光栅移动方向只相差 $\theta/2$，即近似与栅线方向相垂直，故称为横向莫尔条纹。横向莫尔条纹有如下重要特点：

（1）平均效应。莫尔条纹是由光栅的大量栅线形成的，对光栅线的刻划误差有平均作用，从而能在很大程度上消除短周期误差对测量精度的影响。

（2）放大作用。由于 θ 角很小，从式（11-2）中看出光栅有放大作用。放大系数为

$$K = \frac{B_H}{w} \approx \frac{1}{\theta} \tag{11-3}$$

由于 θ 可以很小，因而 K 可达很大值。栅距 W 很小，很难观测，而莫尔条纹却明显可见，因此便于观测。

（3）对应关系。两光栅沿与栅线垂直方向相对移动时，莫尔条纹沿栅线方向移动。两光栅相对移动一个栅距 w，莫尔条纹对应地移动一个条纹间距 B_H。利用这种严格的一一对应关系，根据光电元件接收到的条纹数目，可知主光栅的位移量。

11.2.3　辨向原理

在实际应用中，被测物体的移动往往不是单向的，既有正向运动也可能有反向运动。单个光电元件接收一个固定点的莫尔条纹信号，只能判别明暗的变化，而不能判别运动零件的运动方向，以致不能正确测量位移。如主光栅随被测零件正向移动 10 个栅距后，又反向移动 1 个栅距，也就是说实际上正向移动了 9 个栅距。可是单个光电元件由于缺乏辨向本领，正向运动 10 个栅距得到 10 个条纹信号，反向运动 1 个栅距又得到一个条纹信号，因而总计得到 11 个条纹信号，这就和正向移动 11 个栅距得到的条纹信号数相同。因而它的测量结果是移动了 11 个栅距，和实际上正向移动了 9 个栅距是不符的，因而测量结果是不正确的。

因此，如果能够在正向运动时，将得到的脉冲数累加，而反向移动就从已累加的脉冲数中减去反向移动所得到的脉冲数，这样就能得到正确的测量结果。实现这样一种辨向作用的电路就是辨向电路。为了能够辨向，应当在相距 $B_H/4$ 的位置上设置两个光电元件 1 和 2，以得到两个相位差 90° 的正弦信号，如图 11 – 11 所示，然后把它送到辨向电路中去处理，如图 11 – 12 所示。

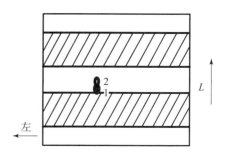

图 11 – 11　相距 $B_H/4$ 的两个光电元件

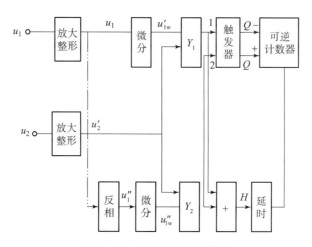

图 11 – 12　辨向电路原理框图

当主光栅正向移动（左移）时，莫尔条纹向上移动，这时光电元件 2 的输出电压波形和光电元件 1 的输出电压波形如图 11 – 13 所示，显然 u_1 超前 u_2 为 $\pi/2$ 相角。u_1、u_2 经整形放大后得到两个方波信号 u_1'、u_2'，u_1' 仍超前 u_2' 为 $\pi/2$。u_1'' 是 u_1' 反相后得到的方波。u_{1w}^n 和 u_{1w}' 是 u_1' 和 u_1'' 两个方波经微分电路后得到的波形。由图 11 – 13 可见，对于与门 Y_1，由于 u_{1w}^n 处于高电平时，u_2' 总是处于低电平，因而 Y_1 输出为零；对于与门 Y_2，u_{1w}'' 处于高电平时，u_2' 也处于高电平，因而与门 Y_2 有信号输出，使加减控制触发器置 1，可逆计数器做加法计数。

当主光栅反向移动时，莫尔条纹向下移动。这时光电元件 2 的输出电压波形和光电元件 1 的输出电压波形如图 11 – 14 所示，显然 u_2 超前 u_1 为 $\pi/2$ 相角，与正向移动时情况相反。整形放大后的 u_2' 仍超前 u_1' 为 $\pi/2$。同样，u_1'' 是 u_1' 反相后得到的方波，u_{1w}^n 和 u_{1w}'' 是 u_1' 和 u_1'' 两个方波经微分电路后得到的波形。由图 11 – 14 可见，对于与门 Y_1，u_{1w}^n 处于高电平时，u_2' 也处于高电平，因而 Y_1 有输出；而对于与门 Y_2，u_{1w}'' 处于高电平时，u_2' 却处于低电平，因此 Y_2 无输出。由于 Y_1 有输出脉冲，Y_2 无输出脉冲，因此，加减控制器置零，将控制可逆计数器做减法计数。

正向移动脉冲数累加，反向移动时，便从累计的脉冲数中减去反向移动所得到的脉冲数，这样光栅传感器就能够辨向，因而可以进行正确的测量。

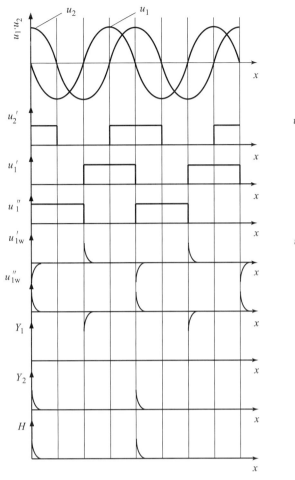

图 11-13 正向移动时各点波形

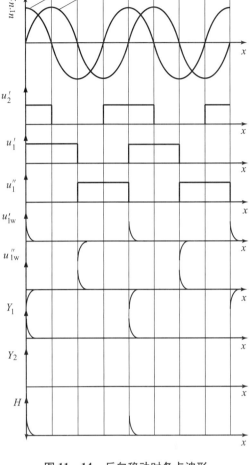

图 11-14 反向移动时各点波形

11.2.4 细分技术

利用光栅进行测量时，当运动零件移动一个栅距，输出一个周期的交变信号时，即产生一个脉冲间隔。每个脉冲间隔代表移过一个栅距，即分辨力或脉冲当量为一个栅距，例如每毫米 250 条栅线的长光栅，栅距为 4 μm，则其分辨力为 4 μm，随着对测量精度要求的提高，分辨力为 4 μm 是不够的，希望提高到 1 μm、0.1 μm 或更高。当然可以采取减小栅距的方法来提高分辨力，但是进一步减小栅距要受到加工工艺的限制，因而需要采用细分技术。所谓"细分"就是在莫尔条纹变化一周期时，不是只输出一个脉冲，而是输出若干个等间距脉冲，以减小脉冲当量，从而提高分辨力。例如，莫尔条纹变化一周期时，不是输出一个脉冲数，而是输出四个脉冲数，则称为四细分。在采用四细分的情况下，栅距为 4 μm 的光栅，其分辨力可从 4 μm 提高到 1 μm。细分数越多，分辨力越高。常用的细分方法有：直接细分、电位器桥细分、电阻链细分、复合细分。下面以直接细分为例阐述其原理。

直接细分又称位置细分。直接细分常用的细分数为四，四细分可用四个依次相距 $B_H/4$ 的光电元件，这样可以获得依次相差 $\pi/2$ 相角的四个正弦交流信号。用鉴零器分别鉴取四个信号的零电平，即在每个信号由负到正过零点时发出一个计数脉冲，这样即在莫尔条纹的一个周期内将产生四个计数脉冲，因而实现了四细分。

四细分也可用相距 $B_H/4$ 的位置上放两个光电元件来完成。两个光电元件输出两个相位差为 $\pi/2$ 的正弦交流信号 u_1、u_2，而 u_1 和 u_2 再分别通过各自的反相电路，从而得到 $u_3 = -u_1$、$u_4 = -u_2$，即可获得依次相差 $\pi/2$ 相角的四个正弦交流信号 u_1、u_2、u_3、u_4。同上述，经电路处理也可在移动一个栅距过程中，得到四个等间隔计数脉冲，从而达到四细分的目的。

使用单个光电元件来进行细分时的波形和脉冲数如图 11-15（a）所示，四细分时的波形和脉冲数如图 11-15（b）所示。

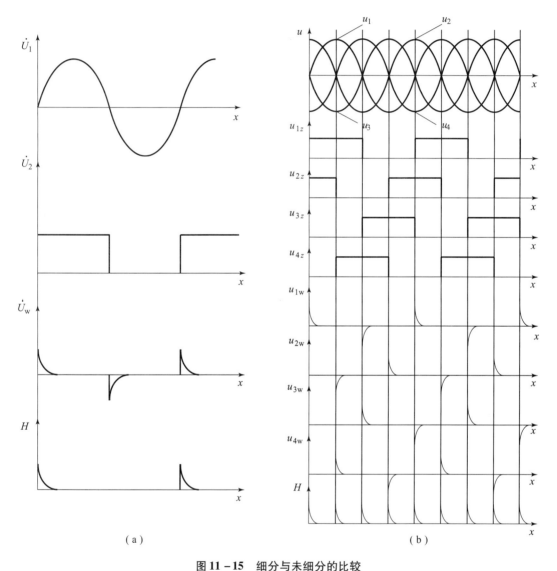

（a）　　　　　　　　　　　　　　（b）

图 11-15　细分与未细分的比较

（a）单个光电元件细分时波形和脉冲数；（b）四细分时波形和脉冲数

位置细分法的优点是对莫尔条纹信号波形无严格要求，电路简单，可用于静态、动态测量系统。其缺点是光电元件安放困难，细分数不能太高。

由位置细分的分析可见，细分的关键是在莫尔条纹一个周期内，能得到彼此相差同一相角的若干个正弦交流信号，通过电路处理，一个莫尔条纹周期就可得到若干个计数脉冲，从而达到细分目的。

11.3　容　　栅

容栅传感器广泛应用于位置、位移的测量，特别在数字式游标卡尺上应用很成功。它精度高、响应快，和光栅传感器相比，除了变换原理不同外，其后续的信号处理方式和细化原理都是相同的。下面以容栅数字游标为例，说明其结构、工作原理和信号处理。

11.3.1　容栅传感器的结构

容栅传感器主要由可动电极和固定电极构成。它们采用薄膜技术制作。首先，在两块 $100~\mu m$ 厚的玻璃衬底上形成电极，两块衬底可以互相滑动，其剖面如图 11 – 16 所示。在固定电极上形成类似光栅的驱动电极。驱动电极由两层金属布线连接，两层之间由溅射的 SiO_2 膜隔开。第一层布线用钽，它是耐 SiO_2 溅射的金属。腐蚀开孔后，再形成第二层布线，一般是 Ni – NiCr – Au 夹层构造。

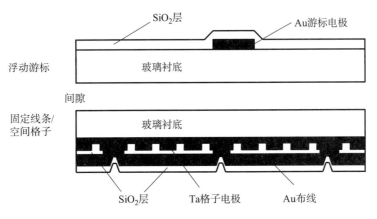

图 11 – 16　容栅传感器剖面图

驱动电极密度和间距一般相等，可以做到 $w = 100\mu m$，如图 11 – 17 所示。常做成四个电极一组，以使它们在相位上分别隔开 $90°$。

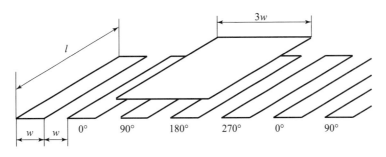

图 11 – 17　容栅传感器的电极密度

11.3.2 容栅传感器的原理

容栅传感器的工作原理在于可动电极（游标）与固定电极间的电容耦合。耦合程度取决于游标位置。在相邻的固定电极上，加上相位差90°，而振幅相同的正弦电压，由于电容耦合作用，游标上的感应电压的相位将是游标位置的函数。又由于游标电压耦合到传感器固定部分的输出电极上，故可动部分可以不接电，如将四个电极连续排列下去，测量范围可以无限大。

为减小输出电极和驱动电极间的漏电流，输出电极两侧增加两个接地电极。在接地电极和输出电极间，设有电压放大器驱动的保护电极，如图 11 – 18 所示。

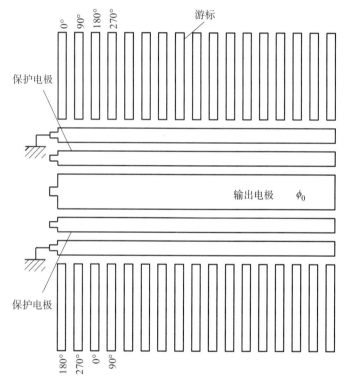

图 11 – 18　容栅传感器电极构造

容栅传感器的细化技术，可用电子细分。因而输出相位分辨率很高（优于 $0.01°$），所以无须用非常细窄的电极进行细致分割，灵敏度仅由 w 决定。

11.3.3 容栅传感器的信号处理

图 11 – 19 所示为容栅传感器相位测量系统。由频率为 100 Hz 的正弦、余弦信号和它们的反相信号可得到四相信号，分别相差90°。调整四相信号的幅值，使偏差小于 0.02%，然后加在四极一组的驱动电极上，由输出电极获得的电压由缓冲放大器接收，然后加在滤波器上，滤掉输出电极拾得的交流声。四相信号中的残留串扰信号，可用补偿电路加以补偿。相移可用高分辨率相位计测量，通过计数电路，把测量结果由 LED 显示出来。

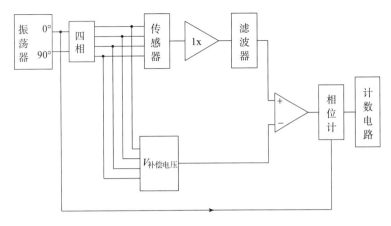

图 11 – 19　容栅传感器相位测量系统

如果把驱动电极和游标电极的电极间距和宽度做得更细、更窄，并在玻璃衬底上做成集成电路，制成更小的传感器，将会进一步改善这种传感器的性能。

11.4　谐振式传感器

谐振式传感器是利用某种谐振子固有频率（也有用相位和幅值的）随被测量的变化而变化来进行测量的一种装置。它的输出特性是频率信号，不必经过 A/D 转换就可方便地与微型计算机连接，组成高精度的测控系统。

直接输出频率的谐振敏感元件有多种，如振动弦、振动梁、振动膜、振动筒等，金属谐振子现已实用，石英、硅材料的小型和微型谐振子今后会更多地采用。

谐振式传感器具有下列基本特点：

（1）采用谐振数字技术，便于与微型计算机交连；

（2）无活动部件，机械结构牢固；

（3）精度高，稳定性和可靠性好；

（4）灵敏度高；

（5）在远距离传输信号时功耗低。

11.4.1　工作原理

关于谐振技术的概念，用图 11 – 20 所示的单自由度理想的质量—弹簧—阻尼系统来表示最为清楚，当去掉作用在质量 M 上的力之后，系统的运动方程为

$$M\ddot{x} + C\dot{x} + Kx = 0 \qquad (11-4)$$

这就是有阻尼的自由振动方程。

由于阻尼的作用，自由振动随时间逐渐衰减而恢复原来的平衡状态，为了维持振动系统在其固有频率上等

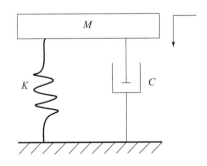

图 11 – 20　单自由度振动系统

幅振动，必须在该系统上施加一激振力 $F(t)$，这个力应与系统的振动速度成比例，此时有

$$M\ddot{x} + C\dot{x} + Kx = F(t) \qquad (11-5)$$

当 $F(t) = C\dot{x}$ 时，便可维持系统在其有频率上做等幅振动。其中，无阻尼的固有频率为

$$\omega_n = \sqrt{\frac{K}{M}} \quad \text{或} \quad f_0 = \frac{1}{2\pi}\sqrt{\frac{K}{M}} \qquad (11-6)$$

应当指出，无阻尼的固有频率是一个理论概念，而系统的谐振频率总是与固有频率略有不同，差异取决于系统的阻尼。

任何可以改变振动系统刚度 K 或质量 M 的物理变量，都将使振动的固有频率发生变化。测量这个频率的变化，即可得知被测物理量变化。

利用以上的频域技术，便可以设计成谐振式传感器。于是用包含速度正反馈的闭环放大回路，将拾取的固有频率变化信号足够放大后，再将相应电压正反馈给振动系统，转为激振力以平衡阻尼力（包括黏性阻尼和其他阻尼），这样，便可维持振动体在接近其固有频率上做等幅振动，这就是谐振传感器的工作原理。具体归纳如下：

被测物理量调整谐振器件的固有频率，谐振器件的振动是由调频放大器维持的，从而把被测物理量转变为频率输出。至于频率放大器，又受被测物理量所控制。它们构成一个闭环调频自激振动系统，如图 11-21 所示。

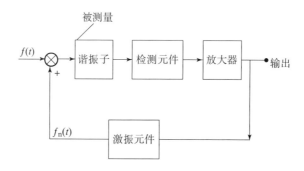

图 11-21　谐振式传感器闭环系统

尽量减低传感器系统的阻尼，便可大大提高其机械品质因数 Q。高 Q 值有许多优点，如可以降低维持系统振动的能量，从而可降低热损耗和伴随而生的任何测量误差；高 Q 值可以获得极窄的通频带，能有效地滤掉不需要的振动频率，即有很强的选频能力；维持振动的放大器设计比较简单，因为无须考虑由放大器提供高稳定的相移。

所以，设计谐振式传感器时，要努力提高传感器系统的品质因数 Q，它是设计中最重要的参数。

谐振子的激振方式有四种：①电磁力激振；②静电力激振；③压电激振；④热激振（如电阻热效应、光热效应）。至于振动检测，可以用电磁方式，如电容、电桥、压电元件、光纤等，视具体应用场合选择。

11.4.2　谐振式传感器典型应用

1. 谐振弦压力传感器

图 11-22 所示为一种谐振弦压力传感器原理，张紧的弦一端与支架固定并绝缘，另一端和感压元件相连。其工作原理是将张紧的金属弦丝（导电而不导磁）置于永久磁场中与磁力线相垂直，弦丝既起激振作用（电流变力），又起接收其信息的作用（速度变电压），

即当电流 i 通过弦丝时，作用于弦丝的力为 $F = Bl_b i$，其中 B 是磁感应强度，l_b 是磁场作用区内的弦长。在该力作用下，弦丝在其固有频率上开始振动，弦丝在磁场中振动要产生交变的感应电势（$e = Bl_b v$，v 为弦丝的振动速度），再利用正反馈维持弦丝做等幅连续振动。

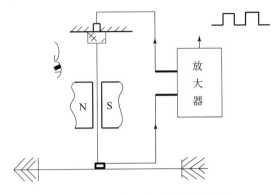

图 11 – 22　谐振弦压力传感器原理

理论上，谐振弦的固有频率是其质量和张力的平方根，以及弦长的函数。当谐振弦的材料和尺寸确定后，固有频率仅是张力的函数，而张力变化则正比于被测压力变化，即 $\Delta T = F_\alpha \Delta p$，$F_\alpha$ 是膜片有效面积。被测压力变化作用在膜片上，由膜片将其转换成 ΔT，ΔT 压缩弦丝使弦丝松弛，固有频率下降，这样就可建立起压力和频率的对应关系。谐振弦充当测量元件，通过电路中各组成部分的平衡检出谐振弦的频率变化，就间接测量出相应压力的变化，它既能用于测量绝对压力又能测量相对压力。

当感压膜片受压力作用时，弦丝的初应力和它的固有频率将发生变化。其关系为

$$f_n + \Delta f = \frac{1}{2l} \sqrt{\frac{\sigma + \Delta \sigma}{\rho}} \tag{11 – 7}$$

式中，f_n 为初始频率；σ 为应力；ρ 为密度；l 为弦长。

频率变化 Δf 为

$$\Delta f = \frac{1}{2l} \sqrt{\frac{\sigma + \Delta \sigma}{\rho}} - \frac{1}{2l} \sqrt{\frac{\sigma}{\rho}} = \frac{1}{2l} \sqrt{\frac{\sigma}{\rho}} \left(\sqrt{1 + \frac{\Delta \sigma}{\sigma}} - 1 \right) \tag{11 – 8}$$

由此得力 – 频率特性，也就是压力 – 频率特性：

$$f = f_n \sqrt{1 + \varepsilon_\sigma}$$

$$f = f_n + \Delta f, \varepsilon_\sigma = \frac{\Delta \sigma}{\sigma}, f_n = \frac{1}{2l} \sqrt{\frac{\sigma}{\rho}} \tag{11 – 9}$$

将式（11 – 9）中平方根 $\sqrt{1 + \dfrac{\Delta \sigma}{\sigma}}$ 按幂级数展开如下：

$$\sqrt{1 + \frac{\Delta \sigma}{\sigma}} = 1 + \frac{1}{2} \frac{\Delta \sigma}{\sigma} - \frac{1}{8} \left(\frac{\Delta \sigma}{\sigma} \right)^2 + \frac{1}{16} \left(\frac{\Delta \sigma}{\sigma} \right)^3 - \cdots \tag{11 – 10}$$

当 $\dfrac{\Delta \sigma}{\sigma} \ll 1$ 时，略去二次以上高阶项，代入频率变化式后，得弦丝的相对灵敏度为

$$\frac{\Delta f}{\Delta \sigma} = \frac{1}{4l \sqrt{\rho \sigma}} \tag{11 – 11}$$

由此可见，在振弦材料和几何参数一定的情况下，初应力 σ 或初张力 T 减小，会使传感器的灵敏度提高。但在初应力小于某一值时，弦丝的振动就会出现不稳定，这在设计振弦传感器时要加以注意。

只有在弦丝又细又长，以致其横向刚度对于振幅来说可以忽略不计的情况下，上式才是正确的。另外，频率 f 仅与弦的机械参数有关，弦丝材料的电磁特性对传感器的输出信号无影响。

2. 谐振筒密度传感器

谐振筒密度传感器是用恒弹性合金（如 3J58）制成的长度为 l、直径为 D 的中空薄壁管，它的两端被固定在基座上，由激振器、振动管、拾振器和放大振荡电路组成一个反馈振荡系统，如图 10 – 23 所示。它利用振筒的高品质因数，在振筒的固有频率上振动。当被测介质从振筒内流过时，被测介质将随着振筒一起振动，由于振动质量的有效部分附加了介质的质量，因此使振动系统的总质量发生变化，从而改变了系统的固有振动频率。显然，不同的介质密度将得到不同的系统固有振动频率，测出系统的固有振动频率，即可确定被测介质的密度值。

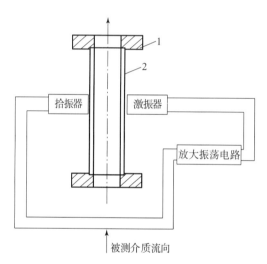

图 11 – 23　谐振筒密度传感器原理简图

振筒振动系统的振动频率与被测介质密度的关系为

$$f = \frac{f_0}{\sqrt{1 + \rho_1/\rho_0}} \tag{11 – 12}$$

$$f_0 = \frac{1}{2\pi}\left(\frac{\mu_i}{l}\right)^2 \sqrt{\frac{EJ}{A_2\rho_2}} \tag{11 – 13}$$

式中，f_0 为振筒内没有介质（相当于真空状态）时的振动频率；ρ_1 为被测介质的密度；ρ_2 为振筒材料的密度；$\rho_0 = A_2\rho_2/A$；A_1 为振筒内腔的截面积；A_2 为振筒的截面积；E 为振筒的弹性模量；J 为振筒横截面的惯性矩；l 为振筒的长度；μ_i 为振筒横向振动时的振型函数，一次振型 $\mu_1 = 4.730$，二次振型 $\mu_2 = 7.853$，三次振型 $\mu_3 = 10.996$。

为改善由于固定块随筒同时振动而产生的频率不稳定，可采用双筒式结构，如图 11 – 24 所示。工作时，两个筒的振动频率相同，振动方向相反。因此，它们对固定块的作用力是相互抵消的，不致引起固定块的振动，从而提高了振筒振动频率的稳定性。

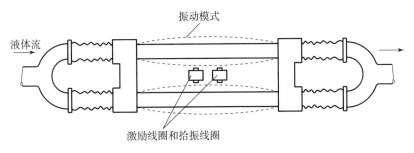

振动模式

液体流

激励线圈和拾振线圈

图 11 - 24　双筒式密度传感器

如图 11 - 24 所示，被测介质流过传感器的两个平行的振动筒，筒的端部被固定在同一底台上，形成一个振动单元。振筒与外部管道采用软性连接（如波纹管），以防止外部管道的应力和热膨胀对管子振动频率的影响。激励线圈和拾振线圈放在管子中间，管子以横向模式振动，通常振动为一次振型。

密度传感器的安放最好是垂直位置，使介质由顶部流向底部，这样可避免在管壁上的沉积，以及气泡对读数的影响。该种传感器在测量系统中对非线性进行校正之后，其测试精度可达 0.01%。

第 12 章

传感器的特性与标定校准

传感器的特性是指传感器所特有性质的总称，传感器的输入-输出特性是其基本特性。传感器可以准确、快速地响应被测量（物理量、化学量及生物等）变化。在测量某一液压系统压力时，压力值在一段时间内可能很稳定，而在另一段时间内可能有缓慢起伏或者呈周期性的脉动变化，甚至出现突变脉冲压力。传感器主要通过其两个基本特性——静态特性和动态特性来反映被测量的变动性。

传感器的标定校准分为静态校准和动态校准两种。静态校准的目的是确定传感器静态特性指标，如线性度、灵敏度、滞后和重复性等。动态校准的目的是确定传感器的动态特性参数，如频率响应、时间常数、固有频率和阻尼比等。有时，根据需要也要对横向灵敏度、温度响应、环境影响等进行标定校准。

12.1　传感器主要静态性能指标

12.1.1　测量范围和量程

传感器所能测量的最大被测量称为测量上限，最小的被测量称为测量下限，测量下限和测量上限之间的测量区间，则称为测量范围。

通过测量范围，了解传感器的测量下限和测量上限，以便正确合理使用传感器；通过量程，知道传感器的满量程输入值，及其对应的满量程输出值，以便合理设计后续调整电路，对微弱信号放大处理。

12.1.2　灵敏度

传感器输出的变化量与引起该变化量的输入变化量之比，称为灵敏度，或更准确地说称为静态灵敏度。在通常意义上，说一支传感器很灵敏，既可以指其灵敏度高，也指其分辨力高。灵敏度定义如下：

$$S = \lim_{\Delta x \to 0} \left(\frac{\Delta Y}{\Delta x} \right) = \frac{\mathrm{d}Y}{\mathrm{d}x} \qquad (12-1)$$

上式表示：传感器灵敏度是输入-输出特性曲线（拟合曲线）上某点的斜率。非线性传感器各点灵敏度不相同，线性传感器的灵敏度如下：

$$S = \frac{Y - Y_0}{x - x_0} \qquad (12-2)$$

图 12-1 所示为线性和非线性两种情况下灵敏度图解表示。灵敏度是一个有量纲的量，

其单位取决于传感器输出量的单位和输入量的单位。

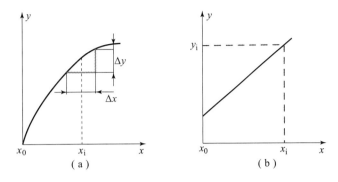

图 12 - 1　灵敏度定义的图解表示

12.1.3　分辨力和阈值

传感器的输入/输出关系不可能都做到绝对连续。有时输入量开始变化，但输出量并不随之相应变化，而是输入量变化到某一程度时输出才突然产生一小的阶跃变化，这就出现了分辨力和阈值问题。从微观来看传感器的特性曲线并不是十分平滑的，而是有许多微小的起伏，如图 12 - 2 所示。

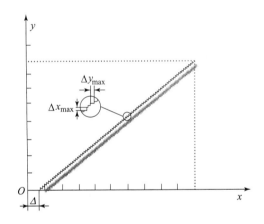

图 12 - 2　分辨力和阈值的概念

分辨力有如下两种表示方法：

（1）以输入量来表示。这种分辨力可称为输入分辨力，它定义为：在传感器的全部工作范围内都能产生可观测的输出量变化的最小输入量变化，以满量程输入的百分比表示：

$$R_x = \frac{\max |\Delta x_{i,\min}|}{x_{\max} - x_{\min}} \qquad (12-3)$$

上式中的输入量变化 $\max |\Delta x_{i,\min}|$ 乃是取在全部工作范围测得的各最小输入量变化中之最大者。

（2）以输出量来表示。这种分辨力可称为输出分辨力，它定义为：在传感器的全部工作范围内，在输入量缓慢而连续变化时所观测到的输出量的最大阶跃变化，以满量程输出的百分比表示：

$$R_y = \frac{\Delta y_{max}}{Y_{max} - Y_{min}} \times 100\% \qquad (12-4)$$

分辨力是一个可反映传感器能否精密测量的性能指标，既适用于传感器的正行程（输入量渐增），也应适用于反行程（输入量渐减），而且输入分辨力和输出分辨力之间并无确定联系。造成传感器具有有限分辨力（即 R_x 和 R_y 不为零）的因素很多，例如机械运动部件的干摩擦和卡塞等，以及数字系统的运算位数有限、线绕电位器的有限匝数等。

阈值通常又可称为灵敏限、灵敏阈、失灵区、死区、钝感区等，它实际上是传感器在正行程时的零点分辨力（以输入量表示时）。阈值可定义为：输入量由零变化到使输出量开始发生可观测变化的输入量值，如图 12-2 中的 Δ 值。

12.1.4　迟滞

对于某一输入量，传感器在正行程时输出量明显地、有规律地不同于其在反行程时在同一输入量下的输出量，即正行程和反行程不重合的这一现象称为迟滞，如图 12-3 所示。造成迟滞的原因有多种，诸如磁性材料的磁滞、弹性材料的内摩擦、运动部件的干摩擦及间隙等。

迟滞可用传感器正行程和反行程平均校准特性之间的最大差值，把迟滞作为一种误差看待，表达式为

$$H = \pm \frac{\Delta y_{max}}{2(y_{max} - y_{min})} \times 100\% \qquad (12-5)$$

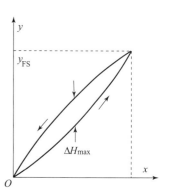

图 12-3　迟滞特性曲线

12.1.5　重复性

在相同的工作条件下，在一段短的时间间隔内，输入量从同一方向做满量程变化时，同一输入量值所对应的连续先后多次测量所得的一组输出量值，它们之间相互偏离的程度便反映传感器的重复性。重复性可由一组校准曲线的相互偏离值直接求得。由于重复性反映的是传感器的随机误差，因而按照随机误差的实际概率分布，用相应的标准偏差来表示重复性是更为合理的。图 12-4 所示为重复性的概念，图中显示出多个测量循环。

对于一个有足够容量的测得值的样本，测得值相对于其均值做正态分布。在这种情况下可用样本的标准偏差 S 来估计总体的标准偏差 σ。而重复性则可定义为此随机误差在一定置信概率下的极限值，以满量程输出表示：

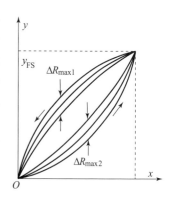

图 12-4　重复性的概念

$$R = \frac{(2 \sim 3)S}{Y_{max} - Y_{min}} \times 100\% \qquad (12-6)$$

传感器的校准试验，一般只做 3~5 个循环，其测得值便属于小样本情况。对于小样本，t 分布比正态分布更接近实际分布情况。在正态分布情况下，若取置信概率系数为 3，将相当于置信概率为 96.01%，这种做法在传感器校准实践中是常采用的。

12.1.6 线性度

大多数传感器的输出－输入具有比例关系，这就是线性传感器。衡量线性传感器线性特性好坏的指标为线性度。

传感器的输入－输出关系或多或少地都存在非线性问题。在不考虑迟滞、蠕变等因素的情况下，其静态特性可用下列多项式代数方程来表示：

$$y = a_0 + a_1 x + a_2 x^2 + \cdots + a_n x^n \tag{12-7}$$

式中，y 为输出量；x 为输入量；a_0 为零点输出；a_1 为理论灵敏度；a_2，$a_3 \cdots$，a_n 为非线性项系数。

绝对线性度有时又称理论线性度，为传感器的实际平均输出特性曲线对一在其量程内事先规定好的理论直线的最大偏差，以传感器满量程输出的百分标比来表示：

$$L_{ab} = \frac{\Delta Y_{ab, \max}}{Y_{ab, \max} - Y_{ab, \min}} \times 100\% \tag{12-8}$$

通常线性度的直线拟合方法有四种：理论拟合、过零旋转拟合、端点拟合、端点平移拟合，如图 12-5 所示。

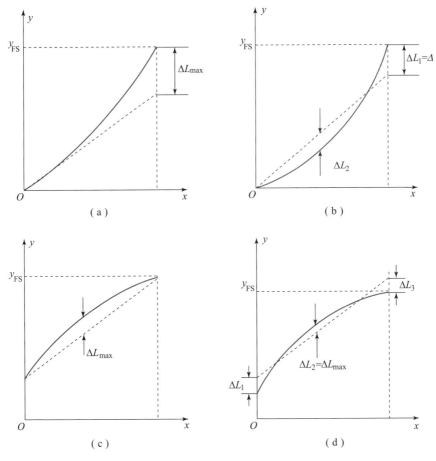

图 12-5 线性度的直线拟合方法
（a）理论拟合；（b）过零旋转拟合；（c）端点拟合；（d）端点平移拟合

除了上述四种方法外，最小二乘法是计算线性度最常用的方法，用最小二乘法求得校准数据的理论直线，该直线方程为

$$Y_{es} = a + bX \tag{12-9}$$

式中，X 为传感器的输入量，即被测量；Y_{es} 为传感器的理论输出；a，b 为直线方程的截距和斜率，由校准数据的最小二乘直线拟合求出。

假设有 m 个校准测试点，传感器的实际输出为 y，则第 i 个校准数据与理论直线上相应值之间的偏差为：$\Delta_i = y_i - (a + bx_i)$。最小二乘法理论直线的拟合原则就是使 $\sum\limits_{i=1}^{m} \Delta_i^2$ 为最小值，也就是说，使 $\sum\limits_{i=1}^{m} \Delta_i^2$ 对 b 和 a 的一阶偏导数等于零，从而求出 b 和 a 的表达式。

$$\frac{\partial}{\partial b} \sum \Delta_i^2 = 2 \sum (y_i - bx_i - a)(-x_i) = 0$$
$$\frac{\partial}{\partial a} \sum \Delta_i^2 = 2 \sum (y_i - bx_i - a)(-1) = 0 \tag{12-10}$$

由此求出 b 和 a：

$$b = \frac{m \sum x_i y_i - \sum x_i \sum y_i}{m \sum x_i^2 - \left(\sum x_i\right)^2} \tag{12-11}$$

$$a = \frac{\sum x_i^2 \sum y_i - \sum x_i \sum x_i y_i}{m \sum x_i^2 - \left(\sum x_i\right)^2} \tag{12-12}$$

式中，$\sum x_i = x_1 + x_2 + \cdots + x_m$；$\sum y_i = y_1 + y_2 + \cdots + y_m$；$\sum x_i y_i = x_1 y_1 + x_2 y_2 + \cdots + x_m y_m$；$\sum x_i^2 = x_1^2 + x_2^2 + \cdots + x_m^2$；$m$ 为校准点数。

最小二乘直线作理论特性是各校准点上偏差的平方之和最小。整个测量范围内的最大偏差绝对值并不一定最小，最大正偏差与最大负偏差的绝对值也并不一定最小，最大正偏差与最大负偏差的绝对值也不一定相等。为求线性度而引出参数直线，和为求经验公式而回归出一直线，它们在性质上是不同的。求线性度是处理确定性误差问题；而求回归直线则是处理随机误差问题，可用在传感器特性的建模上。

12.1.7　符合度

虽然大多数传感器具有线性特性，但是也有一些传感器具有非线性特性。当非线性相当大时，就不便于以线性度去衡量其特性了。所谓符合度，就是传感器的输入 - 输出特性符合或接近某一参考曲线的程度。评定符合性的指标称为符合度。

在评定线性传感器的线性时所采用的参考直线的种类并不多；但对于非线性传感器，可引的参考曲线却非常之多，参考曲线是由其函数形式来决定的。对于一台具体的传感器，考虑参考曲线函数形式的原则有：①应满足所需的拟合精度要求；②函数的形式应尽可能简单；③如用多项式，其次数应尽可能低。

12.1.8　零漂及温漂

传感器的漂移大小是表示传感器性能稳定性的重要指标。图 12 - 6 所示为零漂和灵敏度

温漂两种漂移的叠加。

国内外对漂移指标计算方法尚无权威性规定，下面将介绍常用的方法。

（1）零点时漂。规定传感器 1 h 内的零点漂移 D 按下式计算：

$$D = \frac{\Delta y_0}{Y_{\max} - Y_{\min}} \times 100\% = \frac{|y_0 - y_0^n|}{Y_{\max} - Y_{\min}} \times 100\%$$

（12 - 13）

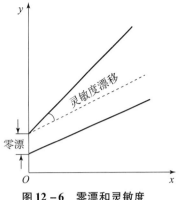

图 12 - 6　零漂和灵敏度温漂两种漂移的叠加

式中，y_0 为传感器零点初始输出值；y_0^n 为传感器零点最大或最小输出值。测试传感器的零点漂移应在规定的恒定环境条件下进行。传感器接通电源后可以有一定预热时间，之后在无输入量作用的情况下可每隔 10～15 min 记录一次传感器的零点输出，共进行 1 h。

（2）零点温漂。传感器的零点温漂 γ 可按下式计算：

$$\gamma = \frac{\bar{y}_0(t_2) - \bar{y}_0(t_1)}{Y_{f.s.}(t_1)(t_2 - t_1)} \times 100\%/℃$$

（12 - 14）

式中，$\bar{y}_0(t_1)$ 为在室温 t_1 时，传感器的零点平均输出值；$\bar{y}_0(t_2)$ 为在规定的高温或低温温度 t_2 保温 1 h 后，传感器的零点平均输出值；$Y_{f.s.}(t_1)$ 为在 t_1 温度下传感器的理论满量程输出。为了计算方便，此处也可用实际的满量程输出平均值代替 $\bar{y}_{f.s.}(t_1) \approx Y_{f.s.}(t_1)$。

分别计算高温或低温检定的零点温漂 γ_+ 或 γ_- 零点温漂测试通常应进行三次，然后再计算 γ 值。

（3）灵敏度温漂。传感器的灵敏度温漂 β 可按下式计算：

$$\beta = \frac{Y_{f.s.}(t_2) - Y_{f.s.}(t_1)}{Y_{f.s.}(t_1)(t_2 - t_1)} \times 100\%/℃$$

（12 - 15）

大写的 $Y_{f.s.}$ 表示传感器按拟合特性计算的理论满量程输出，为计算方便，可以用 $\bar{y}_{f.s.}$ 代替 $Y_{f.s.}$，因而有下式：

$$\beta = \frac{\bar{y}_{f.s.}(t_2) - \bar{y}_{f.s.}(t_1)}{\bar{y}_{f.s.}(t_1)(t_2 - t_1)} \times 100\%/℃$$

（12 - 16）

式中，$\bar{y}_{f.s.}(t_1)$ 为在室温 t_1 时，传感器的满量程输出平均值；$\bar{y}_{f.s.}(t_2)$ 为在规定的高温或低温 t_2 保温 1 h 后，传感器的满量程输出平均值。分别计算高温或低温检定时的灵敏度温漂 β_+ 或 β_-。灵敏度温漂测试通常应进行三次，然后再计算 β 值。

12.1.9　总精度

为综合地评价一台传感器的优劣，一般用总精度或总不确定度。总精度反映的是传感器的实际输出在一定置信概率下对其理论特性或工作特性的偏离皆不超过的一个范围。下面，以线性传感器为例简要地介绍三种方法。

方和根法与代数和法用迟滞、非线性（或符合性）和重复性这三项误差的方和根或简单代数和来表示总精度，表达式为

$$A_1 = \sqrt{\xi_H^2 + \xi_L^2 + \xi_R^2}$$

（12 - 17）

$$A_2 = \xi_H + \xi_L + \xi_R$$

（12 - 18）

由于不同的理论直线将影响各分项指标的数值，所以在提出总精度的同时应说明使用何种理论直线。

迟滞和非线性误差属于系统误差，而重复性误差则属于随机误差，而这三种误差的最大值也不一定出现在同一位置上，所以上述处理误差分项的方法，虽然计算简单，但理论根据不足。一般来说，方和根把总精度算得偏小，而简单代数和法则把总精度算得偏大。

12.2 传感器动态响应特性

尽管大部分传感器的动态特性可以近似地用一阶系统或二阶系统来描述，但这仅仅是近似的描述而已。实际的传感器往往比这种简化的数学描述（数学模型）要复杂，因此动态响应特性一般并不能直接给出其微分方程，而是通过实验给出传感器的阶跃响应曲线和幅频特性曲线上的某些特征值来表示其动态响应特性。

图 12-7 所示为一阶系统和二阶系统两条典型的阶跃响应曲线，与其相关的动态响应指标包括时间常数、上升时间、建立时间、超调量、衰减率、衰减比和阻尼比等。由于幅频特性和相频特性之间有一定内在关系，通常传感器的动态特性用幅频特性表示，图 12-8 所示为典型的对数幅频特性曲线。

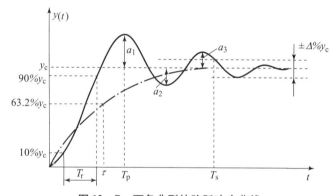

图 12-7　两条典型的阶跃响应曲线

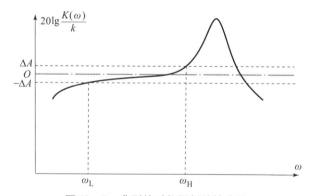

图 12-8　典型的对数幅频特性曲线

12.2.1　一阶系统的频率响应

正弦信号是最典型的周期信号，也是工程上应用最广最重要的一种信号。将幅值相等、频率不同的正弦信号输入传感器，其输出信号（也是正弦）的幅度、相位与频率之间的关系就称为频率响应特性。频率响应可由频率响应函数表示，它是由幅频特性、相频特性组成的。

　　数学上通过求取微分方程的零状态响应，研究其随频率（或角频率）变化的规律，一阶系统微分方程如下：

$$\tau \frac{\mathrm{d}y}{\mathrm{d}t} + y = k\sin\omega t \qquad (12-19)$$

其零状态响应为

$$y = k(\omega)\sin(\omega t + \varphi) \qquad (12-20)$$

其中，幅频特性：

$$K(\omega) = \frac{k}{\sqrt{\omega^2\tau^2 + 1}} \qquad (12-21)$$

相频特性：

$$\varphi(\omega) = -\arctan(\omega\tau) \qquad (12-22)$$

　　一阶系统频率响应伯德（Bode）图如图 12-9 所示，为了使曲线有普遍意义横坐标改为 $\omega\tau$ 值，图为对数幅频特性曲线和相频特性曲线。一阶系统只有在 $\omega\tau$ 值很小时才近似于零阶系统的特性 $[K(\omega) = k$，$\varphi(\omega) = 0]$。当 $\omega\tau = 1$ 时灵敏度下降了 3 dB［即 $K(\omega) = 0.707k$］，取这一点为系统工作频带的上限，一阶系统的上限截止频率为 $\omega_H = 1/\tau$，时间常数 τ 越小工作频带越宽。图 12-9 中两条虚线是对数幅频曲线的两条渐近线，它们在 $\omega\tau = 1$ 处相交，其中一条是过零点的水平线，另一条是过（1，0）点的斜线，其斜率为 -20 dB/10oct，这里 oct 代表倍频程，10oct 表示 10 倍频程，频率增加 10 倍。

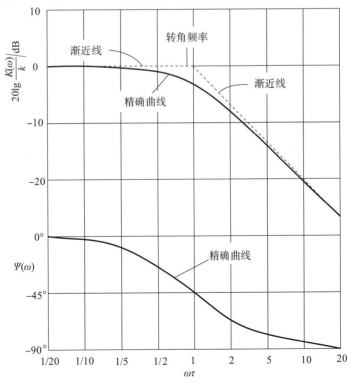

图 12-9　一阶系统频率响应伯德图

用一阶系统描述传感器动态响应特性优劣主要取决于时间常数 τ。时间常数越小越好，阶跃响应的上升过程越快，频率响应的上限截止频率越高。

12.2.2 一阶系统时间常数确定方法

一阶系统只要确定其时间常数 τ，其传递函数就可以确定。给传感器输入阶跃信号并记录其响应曲线，确定其时间常数，多种确定方法如下。一阶系统的阶跃响应和冲击响应曲线如图 12 – 10 和图 12 – 11 所示。

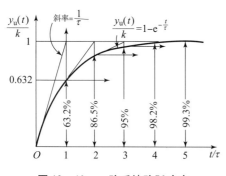

图 12 – 10　一阶系统阶跃响应

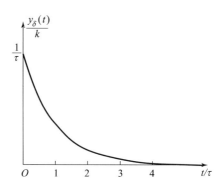

图 12 – 11　一阶系统冲击响应

（1）作图法：根据一阶系统阶跃响应曲线，在输出 $y_n(t) = 0.632k$ 时，其对应的时间 $t = \tau$。只要记录足够长的阶跃响应曲线，可以得到稳态响应值的幅值，取该幅值的 63.2% 作一水平线与曲线相交，相交点对应的时间即为时间常数。

（2）计算法：一阶系统阶跃响应函数为 $y_u(t) = k(1 - e^{-t/\tau})$，化简为

$$1 - \frac{y_u}{k} = e^{-t/\tau} \tag{12 – 23}$$

当 $t \to \infty$ 时 $y_u/k \to 1$，取响应曲线的稳态值为 1，就相当于得到了 (y_u/k) 作为 t 的函数曲线。取新变量 z：$z = \ln\left(1 - \frac{y_u}{k}\right)$

$$z = -t/\tau \tag{12 – 24}$$

实验得到阶跃响应曲线上取若干个点，测量每个点相应的 t 和 (y_u/k) 值并计算 z 值，得到 n 组数据，就可在 t 和 z 组成直角坐标图上标出 n 个点，对 n 个点拟合一条直线，该直线的斜率就是时间常数 τ：

$$\tau = -\frac{\Delta t}{\Delta z} \tag{12 – 25}$$

该方法利用了响应曲线上多个点，通过直线拟合有效地消除了随机干扰的影响和零点难以准确判断等困难，其结果较可靠。同时，通过 $z - t$ 图上数据点与直线靠近的程度，判断该传感器响应特性是否适宜用一阶系统可靠描述。

12.2.3　二阶系统的频率响应

将传感器看作二阶系统，其微分方程的拉普拉斯变换表达式：

$$\left(\frac{1}{\omega_n^2}s^2 + \frac{2\xi}{\omega_n}s + 1\right)Y(s) = kX(s) \tag{12-26}$$

传递函数表达式：

$$H(s) = \frac{Y(s)}{X(s)} = \frac{k}{\dfrac{1}{\omega_n^2}s + \dfrac{2\xi}{\omega_n}s + 1} \tag{12-27}$$

频响函数表达式：

$$H(j\omega) = \frac{k}{1 - \left(\dfrac{\omega}{\omega_n}\right)^2 + j2\xi\left(\dfrac{\omega}{\omega_n}\right)}$$
$$= R(\omega) + jI(\omega) \tag{12-28}$$

其幅频特性表达式：

$$k\left(\omega = \sqrt{R^2 + I^2}\right) = \frac{k}{\sqrt{\left[1 - \left(\dfrac{\omega}{\omega_n}\right)^2\right]^2 + 4\xi^2\left(\dfrac{\omega}{\omega_n}\right)^2}} \tag{12-29}$$

取对数后表达式为

$$G(\omega) = 20\lg\frac{k(\omega)}{k} = -10\lg\left\{\left[1 - \left(\frac{\omega}{\omega_n}\right)^2\right]^2 + 4\xi^2\left(\frac{\omega}{\omega_n}\right)^2\right\} \tag{12-30}$$

相频特性表达式：

$$\varphi(\omega) = \arctan\frac{I(\omega)}{R(\omega)} = \arctan\frac{2\xi}{\dfrac{\omega}{\omega_n} - \dfrac{\omega_n}{\omega}} \tag{12-31}$$

二阶系统的频响伯德图如图 12-12 所示。

（1）当 $\omega/\omega_n \le 1$（即 $\omega \ll \omega_n$）时，$k(\omega) = k$，$\varphi(\omega) = 0$，即近似于理想的系统（零阶系统）。要想使工作频带加宽，最关键的是提高无阻尼固有频率 ω_n。

（2）当 $\omega/\omega_n \to 1$（即 $\omega \to \omega_n$）时，幅频特性、相频特性都与阻尼比 ξ 有着明显的关系。可以分为三种情况：

①当 $\xi < 1$（欠阻尼）时，$K(\omega)$ 在 $\omega/\omega_n \approx 1$（即 $\omega \to \omega_n$）时出现极大值，即出现共振现象。当 $\xi = 0$ 时，共振频率就等于无阻尼固有频率 ω_n；当 $\xi > 0$ 时，有阻尼的共振频率为 $\omega_d = \sqrt{1 - 2\xi^2}\,\omega_n$，值得注意的是，这与有阻尼的固有频率 $\sqrt{1 - \xi^2}\,\omega_n$ 是稍有不同的，不能混为一谈。另外，$\varphi(\omega)$ 在 $\omega \to \omega_n$ 时趋近于 $-90°$。一般在 ξ 很小时，取 $\omega \ll \omega_n/10$ 的区域作为传感器的通频带。

②当 $\xi \approx 0.7$（最佳阻尼）时，幅频特性 $K(\omega)$ 的曲线平坦段最宽，而且相频特性 $\varphi(\omega)$ 接近于一条斜直线。这种条件下若取 $\omega = \omega_n/2$ 为通频带，其幅度失真不超过 2.5%，但输出曲线要比输入曲线延迟 $\Delta t = \pi/2\omega_n$。

③当 $\xi = 1$（临界阻尼）时，幅频特性曲线永远小于 1。相应地，其共振频率 $\omega_d = 0$，不会出现共振现象。但因为幅频特性曲线下降太快，平坦段反而变得小了。值得注意的是，

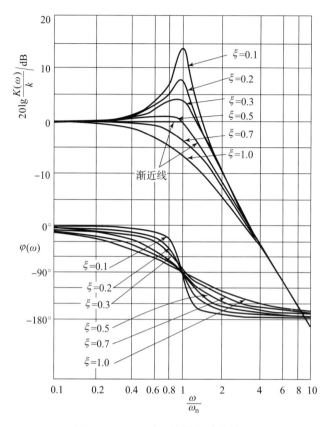

图 12 - 12   二阶系统的频响伯德图

临界阻尼并非最佳阻尼，不应混为一谈。

（3）$\omega/\omega_n \gg 1$（即 $\omega > \omega_n$）时，幅频特性曲线趋于零，几乎没有响应。

综上所述，用二阶系统描述的传感器动态特性的优劣主要取决于固有频率 ω_n 或共振频率 $\omega_d = \sqrt{1 - 2\xi^2}\,\omega_n$。对于大部分传感器因为 $\omega \ll 1$，故 ω_n 与 ω_d 相差无几就不再详细区分。另外，适当地选取 ξ 值也能改善动态响应特性，它可以减少过冲、加宽幅频特性的平直段，但相比之下不如增加固有频率的效果更直接更明显。

12. 2. 4   二阶系统递函数的确定方法

如果已经确认传感器是二阶系统，那么只要确定其固有频率 ω_n 和阻尼的 ξ，整个传递函数就都定了。确定 ω_n 和 ξ 的方法可以是通过阶跃响应实验，也可以通过频率响应实验进行。二阶系统的阶跃响应和冲击响应曲线如图 12 - 13 和图 12 - 14 所示。

由频率特性求传递函数的方法有：传感器通过实验测取幅频和相频特性，特别是测取幅频特性比较多。若确认该传感器是二阶系统，则其幅频特性应改写成归一化幅频特性：

$$A(\omega) = \frac{K(\omega)}{k} = \frac{1}{\sqrt{\left[1 - \left(\dfrac{\omega}{\omega_n}\right)^2\right]^2 + 4\xi^2 \left(\dfrac{\omega}{\omega_n}\right)^2}} \tag{12 - 32}$$

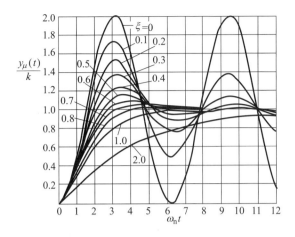

图 12 - 13　二阶系统的阶跃响应

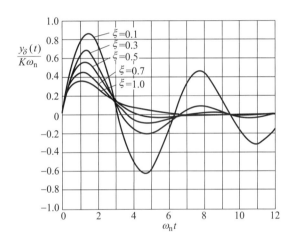

图 12 - 14　二阶系统的冲击响应

只要在实测的幅频特性曲线上任选两个频率值 ω_1 和 ω_2 并测取相应的幅值 $A(\omega_1)$ 和 $A(\omega_2)$，代入公式得到方程。方程联立就可以解出 ω_n 和 ξ 这两个未知数。然而解这个联立方程的计算比较烦琐，若利用幅频特性的一些特征值则可以大大简化计算。

12. 2. 5　高阶系统的频率响应

有的传感器结构比较复杂，因而其输入 – 输出信号之间的关系需要用阶数较高的微分方程描述。高阶系统总是可以看成是由若干个低阶系统组合而成的。最简单的方法就是将高阶系统的传递函数分解为一系列低阶传递函数的乘积，也就相当于多个低阶系统的串联：

$$H(s) = H_1 \cdot H_2 \cdots H_k \qquad (12-33)$$

相应的频响函数也可以做相应的分解：

$$H(j\omega) = H_1(j\omega) \cdot H_2(j\omega) \cdots H_k(j\omega) \qquad (12-34)$$

其幅频特性：

$$\begin{cases} |H(j\omega)| = |H_1(j\omega)| \cdot |H_2(j\omega)| \cdots |H_k(j\omega)| \\ K(\omega) = K_1(\omega) \cdot K_2(\omega) \cdots K_k(\omega) \end{cases} \qquad (12-35)$$

其对数幅频特性：

$$G(\omega) = 20\lg K(\omega) = 20\lg K_1 + 20\lg K_2 + \cdots + 20\lg K_k \tag{12-36}$$

相频特性：

$$\begin{cases} \arg[H(\mathrm{j}\omega)] = \arg[H_1(\mathrm{j}\omega)] + \arg[H_2(\mathrm{j}\omega)] + \cdots + \arg[H_k(\mathrm{j}\omega)] \\ \varphi(\omega) = \varphi_1(\omega) + \varphi_2(\omega) + \cdots + \varphi_k(\omega) \end{cases} \tag{12-37}$$

高阶系统的伯德图，可以由低阶的子系统的伯德图在纵坐标方向叠加而得。而低阶（即零阶、一阶和二阶）系统的伯德图的求法和特点前面已做了介绍。分析任意信号输入传感器时的响应曲线时求输出信号的拉普拉斯变换，然后通过拉普拉斯反变换求得响应的函数。

12.3　传感器性能测试与标定校准

传感器是用来获取某一物理量信息的，信息获取的准确程度取决于传感器的性能指标。为了确定传感器的测量范围、测量准确性，必须对传感器的性能指标进行测试和标定校准。新研制传感器应进行全面的技术性能的测试和校准，确定其量值测试范围和准确程度。对于标准传感器，用校准数据进行量值传递。这些测试数据，既是衡量传感器好坏的依据，也是改进传感器设计和工艺的依据。传感器经过一段时间储存或使用后，性能指标会发生变化，对传感器的性能指标要定期进行复测。对一些重要的试验和测试，试验前也要进行性能指标的复测，做到心中有数。衡量传感器基本性能的主要指标分为静态响应特性、动态响应特性及环境特性。静态响应特性包括量程、灵敏度、线性度、重复性、迟滞、符合度、精度等。动态响应特性包括频率响应、谐振频率、幅频特性、相频特性、阻尼比、时间常数、上升时间、横向灵敏度比等。环境特性包括温度响应、声灵敏度、磁场灵敏度、基础应变灵敏度等。不同类型的传感器技术指标的重要程度视传感器的不同或使用者的要求不同而有所差异。

一般来说，精度、量程、灵敏度和线性度对多数传感器都是比较重要的静态指标，频率响应、幅频特性、相频特性是比较重要的动态指标，温度响应是比较重要的环境特性指标。

传感器的性能测试与计量，是通过各种试验建立传感器的输入与输出之间的关系，确定出传感器在不同使用条件下的误差。性能测试与计量的基本方法是利用标准设备产生已知的非电量（如标准力、压力、位移、速度、加速度、温度、流量等）作为输入量，输入到待测试的传感器中，通过测试系统得到传感器的输出量。对传感器的输出量与输入的标准量按照规定的方法进行数据处理，得到一系列性能测试数据，这些数据就作为传感器的技术指标。

为保证各种物理量测量的一致性和准确性，国际标准化组织设置了多个专业标准化技术委员会，我国标准化技术委员会归口于国家技术监督局，一方面负责制定各种传感器、仪器设备的生产制造标准、使用标准、校准标准、数据处理方法标准，另一方面负责制定一系列计量检定规程并配有一套完整的计量检定系统和组织，设置有各种基准、标准器具、计量器具，按照严格的管理办法，依据基准，自上而下地进行量值传递。AQSIQ/MTC6 是全国振动冲击转速专业技术委员会，负责制定和修订振动、冲击和转速相关的国家标准和校准规范，包括：振动激励、振动与冲击试验设备；振动与冲击测量和校准的方法和手段；振动与冲击试验方法等。

下面以冲击传感器为例，论述传感器的性能测试和标定校准相关内容。

12.3.1　冲击传感器的标定校准装置

冲击传感器种类很多，工作原理、测试参数有很大不同，因而校准检定的项目也不尽相同。一般的校准检定项目包括：工作特性的校准，包括静态特性和动态特性；环境特性的校准检定等。

以压电式冲击传感器为例，工作特性的校准检定项目包括灵敏度、幅频响应、相频响应、安装谐振频率、幅值线性度等。环境特性的校准检定项目（只需在一批产品中抽样检定，抽样比例数可根据规定有关规定来确定）包括温度响应、瞬变温度灵敏度、安装力矩灵敏度、极限加速度等。对压阻式和应变式加速度传感器，阻尼比和输出阻抗也是很重要的工作特性参数。

冲击校准又称为瞬态校准，输入加速度信号按半正弦规律变化冲击脉冲作为标准运动形式。峰值加速度值和冲击持续时间是表征这种瞬态冲击的两个主要参量。冲击校准的精确度在 ±（2%～10%）范围，因此冲击校准所得到的传感器灵敏度值不能作为它的精确的灵敏度值。冲击校准装置一般采用机械式碰撞装置，工程上常使用的碰撞装置有 Hopkinson 杆、空气炮、冲击摆、跌落台、落球冲击装置。

（1）冲击摆的结构原理如图 12－15 所示。冲击摆又称为弹道摆，将待校的冲击传感器固定到砧体，用释放后的摆锤撞击。改变摆锤和砧体质量、材料和几何形状，可以改变加速度冲击的半正弦脉冲形状、峰值加速度值及冲击脉冲持续作用时间。冲击摆校准装置的加速度范围为几 g 到数千 g，冲击持续作用时间为毫秒到微秒量级，巨型冲击摆可以产生上万 g 高冲击。校准方法可用速度改变法也可以用背靠背比较法。

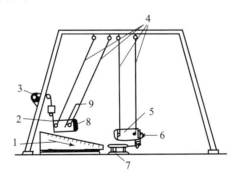

图 12－15　冲击摆的结构原理

1—位置指示器；2—励磁头；3—提升器；4—金属带；5—砧子；
6—被校加速度传感器；7—气动制动器；8—摆头；9—摆锤

（2）跌落台结构原理图如图 12－16 所示。跌落台和冲击摆的校准原理相似，待校传感器固定在落锤砧体上，落锤释放后和砧体发生碰撞。改变落锤和砧体的质量、材料、几何形状以及落锤的跌落高度就可以改变加速度脉冲的形状、峰值加速度值以及冲击脉冲持续作用时间。跌落台校准装置的加速度范围为几 g 到数千 g，冲击持续作用时间为毫秒到微秒量级。校准方法可用速度改变法也可以用背靠背的比较法。

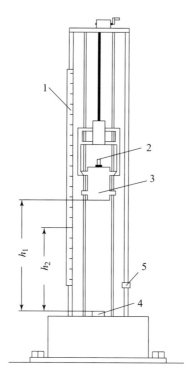

图 12 – 16　跌落台结构原理图

1—高度尺；2—被校加速度传感器；3—落锤；4—砧子；5—触发器

（3）落球冲击校准装置结构原理如图 12 – 17 所示，钢球从一定高度自由下落，下落的钢球与装有冲击传感器的砧体（预先由磁铁吸住）发生碰撞。碰撞后砧体得到速度下落，而钢球被卡球器垫圈托住，装在砧体上的冲击加速度传感器承受冲击。改变砧体碰撞面上的橡胶衬垫或钢球下落高度，可以改变冲击持续作用时间，以获得不同的校准加速度值。该冲击装置产生的冲击加速度校准范围大致为（20～1 000）g，冲击持续作用时间为 3 ms～100 μs。校准方法可用速度改变法也可以用背靠背的比较法。

（4）高 g 值冲击校准装置是指能产生 10 000g 以上冲击校准装置，通常装置包括有空气炮、电磁式冲击校准装置、*Hopkinson* 杆高 g 值冲击校准装置。

①空气炮冲击装置：将一弹体利用空气炮（或空气枪）用压缩空气等方式启动并加速，去碰撞带有被校加速度传感器的靶体，这种方法可得到数万 g 到数十 g 的高冲击的过载 g 值，图 12 – 18 所示为空气炮校准装置示意图。利用这种装置可以获得 20 000g 以上的冲击加速度过载值。

被校传感器安装在靶体上，冲击弹丸高速碰撞靶体，靶体碰撞后所获得的速度由光电测速装置测量，传感器输出信号的积分由计算机进行处理，采用速度改变法可以计算出冲击传感器的灵敏度。

$$S_q = \frac{\int_0^\tau q(t)\,\mathrm{d}t}{\nu} \tag{12 – 38}$$

式中，τ 为冲击脉冲持续时间；ν 为靶体碰撞后获得的末速度；$q(t)$ 为传感器输出的电荷值。

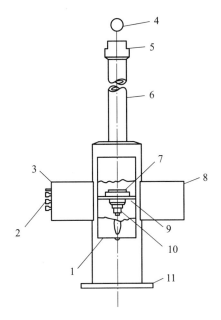

图 12 – 17   落球冲击校准装置结构原理

1—取放门；2—开关；3—光源装置；4—钢球；5—导向器；6—导向管；7—定位器；
8—外罩；9—定中心板；10—被校加速度传感器；11—底座

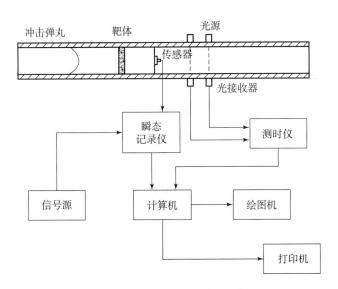

图 12 – 18   空气炮校准装置示意图

②电磁式冲击校准装置是一种利用电磁产生高能量的冲击装置。将储存在电容器中的能量通过线圈释放，随时间变化的磁场将载有被校传感器的载体加速到高加速度，最大可达 $10^5 g$ ，冲击脉冲持续作用时间可达 10 ~ 100 μs。这种冲击装置可用速度改变法或冲击力法进行测量，也可以用激光测速系统进行绝对校准。

③Hopkinson 杆高冲击校准装置，是指使用抛物面的尖头弹体与装在细长棒末端的铝垫同轴相撞，产生纵向压缩波沿着杆一直传播到另一端面。被校加速度传感器安装在杆的另一

端，压缩波由贴在棒中部的应变片测量，在碰撞后压缩波到达棒的末端，被校加速度传感器以与应变成正比的速度运动。被校加速度传感器的安装砧体用耦合器、真空夹具与杆的末端保持接触，在加速度脉冲反向后接口处产生拉伸，加速度传感器安装块与棒脱开。该装置可产生半正弦加速脉冲，加速度值高达 $10^5 \sim 10^6 g$，冲击脉冲宽度达 $100 \ \mu s$，图 12 – 19 所示为该装置的简图。

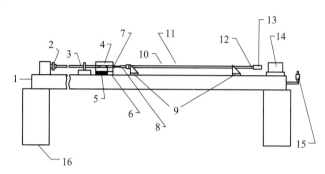

图 12 – 19　霍普金斯杆高冲击校准装置简图

1—支架；2—接头；3—枪膛；4—衬套臂；5—弹体；6—缓冲垫层；7，12—真空夹具；8—悬架；
9—O 形环夹具；10—棒；11—应变计；13—安装块和传感器；14—缓冲器；15—供气孔；16—水泥支座

在满足弹性理论要求条件下，安装在杆末端的冲击传感器的速度 ν 与杆中点所测得的应变 ε 的关系为

$$\nu = 2c\varepsilon \tag{12 – 39}$$

式中，c 为压缩波在棒中的传播速度，得到加速度为

$$a = 2c\frac{\mathrm{d}\varepsilon}{\mathrm{d}t} \tag{12 – 40}$$

将加速度传感器的输出与应变计的输出进行比较，就可求得被校加速度传感器的灵敏度，把对高 g 值冲击脉冲的测量变成为在可检定的应变计线性工作区内直接对应变的测量。使用这种装置可产生光滑的波形，不会激发传感器共振，分辨率高，能进行高速数字信号处理。

若制作不同形状弹体，使其质量与顶端的形状皆不相同，可产生不同的脉冲波形。用这种校准方法要对动量的大小和弹体的形状有所选择，以便获得较大的加速度量程和较长的冲击脉冲持续作用时间，最大加速度值可达 20 万 g，用来确定超高量程冲击加速度传感器的灵敏度、幅值线性度和加速度值超过传感器满量程设计指标时所出现的零漂现象。用尺寸较小的 Hopkinson 杆可产生十分之几微秒上升时间的应力波，对加速度传感器输出信号进行傅里叶变换，测得被校加速度传感器的动态响应特性。

12.3.2　冲击传感器静态特性测试

幅值线性度是指在规定的加速度范围内加速度传感器的灵敏度随不同的加速度值的变化。一般情况是随着加速度值的增高，幅值线性曲线上翘，曲线上一定误差范围内保持线性的一段称为传感器的幅值动态范围。工程上一般规定：用于冲击测量为 ≤10%，用于振动测量为 ≤5%。

幅值线性度的计算方法可采用最小二乘法，所得的灵敏度值的求取为回归直线方程的斜率，表达式为

$$S = S_0 + Ka \tag{12-41}$$

$$K = \frac{\sum\limits_{i=1}^{n} a_i S_i - \bar{a} \sum\limits_{i=1}^{n} S_i}{\sum\limits_{i=1}^{n} a_i^2 - \bar{a} \sum\limits_{i=1}^{n} a_i} \tag{12-42}$$

$$S_0 = \frac{\bar{S} \sum\limits_{i=1}^{n} a_i^2 - \bar{a} \sum\limits_{i=1}^{n} a_i S_i}{\sum\limits_{i=1}^{n} a_i^2 - \bar{a} \sum\limits_{i=1}^{n} a_i} \tag{12-43}$$

加速度平均值：

$$\bar{a} = \frac{\sum\limits_{i=1}^{n} a_i}{n} \tag{12-44}$$

灵敏度平均值：

$$\bar{S} = \frac{\sum\limits_{i=1}^{n} S_i}{n} \tag{12-45}$$

式中：$i = 1，2，3\cdots，n$（测量次数 $n = 7 \sim 14$），将给定加速度 a 代入回归直线方程，求出该加速度时的灵敏度，然后代入幅值线性度公式：

$$\gamma = \frac{S - S_0}{S_0} \times 100\% \tag{12-46}$$

标定幅值线性度采用的设备因传感器量程不同而有所不同。用电磁振动台正弦激励法可标定 $1 \sim 50\,g$，对于高 g 值采用冲击法可标定到 $10^4 \sim 10^5 g$。为便于计算，可用不同加速度下灵敏度与参考灵敏度偏离程度来计算传感器的幅值线性度：

$$\gamma = \frac{S_{\max} - S}{S} \times 100\% \tag{12-47}$$

式中，S 为被标定传感器的参考灵敏度；$S_{\max}$ 为被标定传感器在规定的动态范围内偏离点最大时的灵敏度。

12.3.3　冲击传感器动态特性测试

传感器的频率特性包括幅频特性和相频特性。频率特性校准的目的是确定加速度传感器的可用频带，检查加速度传感器有无异常响应，确定加速度传感器的安装谐振点。

1. 幅频特性校准

幅频特性校准有两种方法：逐点比较法和连续扫描法。

（1）逐点比较法：将被校加速度传感器与频率响应已知的标准传感器安装在同一实验台面上，在整个频率范围内至少选取 10 个以上的频率点，逐点进行灵敏度校准，随频率变化的灵敏度值即为该传感器的频响，这些频率点应包括传感器响应平坦段、频率响应上翘段、安装谐振点和频响曲线下降段等。用这些原始数据进行曲线拟合，可以描出传感器的频响曲线。

（2）连续扫描法：将标准实验台和实验台上安装的标准加速度传感器组成闭环扫描系

统，被校加速度传感器在振动频率连续扫描过程中承受一个恒定的加速度值，记录下被校加速度传感器的输出信号随频率变化的曲线。这种方法操作简便、高效，可以描绘出从低频到超过谐振频率这一连续频域内的频响。

校准频响时，频响偏差的计算是以参考灵敏度为基准的，计算各频率点上的灵敏度相对于该灵敏度的偏差，一般以分贝数表示。

被校传感器输出信号经过测量放大器进入电平记录仪，内装参考加速度传感器的输出信号，经前置放大器进入控制放大器，再输给拍频振荡器的压缩输入以保证电磁振动台产生恒定的加速度值。振荡器可自动扫频，扫描速度与记录仪的速度相同，被校传感器的频响曲线则由电平记录仪绘出。

随着数字仪器的发展，传感器频率响应的校准也可以采用数字信号分析法。该方法是将传感器安装在质量约为传感器自重 10 倍的高弹性模量的底座上，给底座底部施加一冲击力，将此力信号及被校传感器的响应信号同时输给数字信号分析仪，由数字分析仪求出其传递函数，此函数即为传感器的频率响应曲线。

（3）谐振频率校准：对于谐振频率不超过 50 kHz 的加速度传感器，其谐振频率可直接由扫描试验曲线的结果测出。如果谐振频率超过 50 kHz，可以采用冲击激励法校准，具体作法是将传感器安装在一个底座上，底座为方形钢块，其谐振频率要远远超过传感器的谐振频率，然后给底座一个冲击，用数字存储示波器或记忆示忆器记录传感器的输出波形，如图 12 - 20 所示。由图 12 - 20 可以看出，在基本的冲击波形上叠加了一个高频成分的自由衰减振荡信号，测出该信号的振荡周期 T_n，则其无阻尼谐振频率 f_0 由下式给出，如果用 FFT 分析仪进行处理，即可获得更精确的结果。

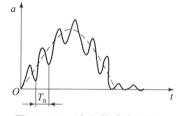

图 12 - 20　冲击激励波形图

$$f_0 = \frac{1}{T_n} \qquad (12 - 48)$$

2. 相频特性校准

相频特性校准采用相位特性比较校准法，校准原理如图 12 - 16 所示。将标准传感器和被校传感器背靠背地安装在振动台的台面上，选择均匀覆盖传感器工作频率范围的最少 6 个频率点，用相位计测量出两支传感器相对每个频率点的相位角差，测量结果以相角与频率关系曲线或表格形式给出。测量过程中传感器的输出波形可用示波器进行监视。

12.3.4　传感器环境温度灵敏度测试

传感器的灵敏度随着温度的变化而变化，在高温、低温或者温度范围变化比较大的使用场合，要特别注意传感器温度灵敏度响应和瞬变温度灵敏度的性能。

（1）传感器温度灵敏度响应的标定校准可以采用比较法，在规定温度范围内对被校与标准传感器进行温度响应测试。试验时通过隔热的试验夹具，将被测传感器与标准传感器同轴刚性地安装到实验台上，将被测传感器放在恒温箱里面，标准传感器放在恒温箱外面。在实验室条件下，振动台、标准传感器与恒温箱温度隔离。也可以用已知温度响应的标准传感器与被测传感器同时处于同一温度场里，按相对校准进行被校传感器温度响应测试，如图 12 - 21 所示。

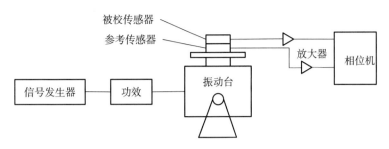

图 12 - 21　相位特性比较校准法

测试时调节温箱内的温度到规定值，被测传感器温度达到稳定，对于质量小于 10^{-1} kg 的传感器各温度测点至少恒温 15 min，质量大于 10^{-1} kg 并小于 5×10^{-1} kg 的至少恒温 30 min。

调节实验台到所需的幅值和频率测试点，稳定后测出各温度点相应幅值和频率点条件下的传感器灵敏度。在规定范围内最少选取 6 个均匀覆盖传感器范围的测量值。其最大温度响应误差用下式计算：

$$e_{Tm} = \frac{S_{tm} - S}{S} \times 100\% \qquad (12 - 49)$$

式中，S_{tm} 为被校传感器在规定温度范围内与室温相比偏差最大灵敏度值；S 为被校传感器在室温条件下灵敏度值。

（2）瞬变温度灵敏度测试装置简图如图 12 - 22 所示。测试时将被测传感器安装在比其质量大 10 倍以上的砧体上，将加干冰的酒精液体的温度调节到比室温低（20 ± 1）℃，然后迅速将传感器和砧体浸入容器中，浸入过程中应注意防止冲击引起的电信号输出，并用标准温度计测量酒精温度保证使其变化小于 1℃。记录下传感器输出的整个波形，并测量出第一次出现的最高峰值及所对应的时间，瞬变温度灵敏度按下式计算：

$$S_{tr} = \frac{U_{tr}}{S \cdot \Delta t} \qquad (12 - 50)$$

式中，U_{tr} 为被测传感器热瞬变输出；S 为被测传感器的参考灵敏度；Δt 为酒精温度与室温之差。

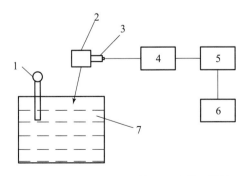

图 12 - 22　瞬变温度灵敏度测试装置简图

1—标准温度计；2—铝块；3—待测传感器；4—超低频电荷放大器；5—恒温记录仪；6—绘图仪；7—液体

中篇：应用篇　信息获取技术典型工程应用

第 13 章

瞬态冲击信息获取存储测试技术

智能灵巧引信系统作为硬目标侵彻武器核心部件，对于实现侵彻过程中的精确炸点控制具有重大意义。高冲击传感器作为智能灵巧引信系统的核心部件，无论在灵巧引信前期研发测试阶段还是在弹体侵彻过程中感知周围环境信息，为弹载毁控系统实施精确炸点控制方面，瞬态冲击信号的信号获取与存储测试是必不可少的环节。因此针对高冲击传感器的信号采集存储技术研究必须得到重视。目前国内的弹载存储测试技术研究主要针对高冲击单轴加速度传感器，随着高冲击三轴加速度传感器的出现和军事领域内及其广泛应用，弹载存储测试装置已经无法满足实际需要，因此开展高采样率、大存储容量的弹载三轴存储测试技术研究具有重大的国防意义。

现有的侵彻过载存储测试技术主要有硬线技术、无线电遥测技术和弹载存储测试技术。硬线技术指的通过导线直接传输弹丸飞行过程中信号直至导线被拉断的一种技术。由于其容易出现断线、测量距离短、测量通道数较少等缺点而发展受限制。20 世纪 70 年代后出现了无线电遥测技术。遥测技术指的是利用无线电波在距离测量仪器有一定距离的地方自动显示和记录测量结果的一种技术。相比于硬线技术，其回收数据较为可靠，但是其高昂的价格成本使其发展受到限制。随着微电子技术等的发展，存储测试技术开始出现。存储测试技术以其较低成本，信号记录全面（出膛信号、飞行阶段信号、侵彻信号）的优势得到了重视和发展。

13.1　瞬态冲击信息获取存储测试设计要求

典型的存储测试装置电路系统主要由以下几部分组成：系统控制器 MCU、信号调理电路模块、ADC 采样电路模块、数据存储模块、数据传输模块、电源模块等。运用模块化思想，在系统设计前需要根据各模块的要求完成芯片选型。

1. 系统控制器选型要求

对于目前存储测试系统控制器 MCU，主要有以下几种选择方式：意法半导体公司的STM32 系列的芯片，德州仪器的 MSP430、TMS320C2000 系列的芯片，Altera 或者 Xilinx 公司的现场可编程逻辑器件（FPGA）及中北大学自主研发的 TJXXX 和 HB 系列的芯片。基于MSP430 或者 STM32 系列的芯片满足功耗要求，但是其采样率一般低于 200 ksps，无法满足高频响传感器的需要。现场可编程逻辑器件虽然可以满足高采样率要求，但是功耗太高，无法在能源有限情况下持续工作。综上所述，选用德州仪器的 TMS320F28335 为所设计的弹载三轴存储测试电路系统的主控器。

2. 电源系统设计要求

对于弹载存储测试系统电源模块中电源芯片选择主要有以下两类：线性稳压电源和开关稳压电源。其中线性稳压电源包括普通线性稳压器和低压差线性稳压器；开关稳压电源包括电容式 DC – DC 转换器和电感式 DC – DC 转换器。对于这两类电源芯片的特点比较，如表 13 – 1 所示。

表 13 – 1　两类电源芯片特点比较

性能参数	线性稳压电源		开关稳压电源	
	普通线性稳压电源	低压差线性稳压电源	电容式	电感式
效率	低	中	中到高	高
输出电流	中	小	大	大
噪声	大	最小	小	大
热量	差	中	好	较好
储能元件	不需要	不需要	不需要	需要
设计难度	低	低	中	高
成本	低	低	中	高
局限性	不能升	不能升	无	不能升

由表 13 – 1 所列的电源芯片特点，结合高采样率弹载三轴存储测试装置的要求，选择低压差线性稳压电源有利于实现弹载三轴存储测试装置的低功耗设计。

3. 存储器设计要求

对于存储器的选择，必须具有非易失性存储器从而保证系统断电后数据依然存在。通常存储器主要分为两类：易失性存储器和非易失性存储器。易失性存储器主要指的 RAM，非易失性存储器主要包括 EEPROM、EPROM、Flash FRAM、FEEPROM、PROM 和 ROM。各类存储器的特点如表 13 – 2 所示。

表 13 – 2　各类存储器的特点

存储器类型		写入/擦除循环次数	每次访问存储器的写入时间	用 0.8 μm^2 技术典型单元大小
易失性存储器	SRAM	无限制	70 ns	1 700
非易失性存储器	EEPROM	10 000 ~ 100 000	3 ~ 10 ms	400
	EPROM	1（不能用紫外线擦除）	50 ms	200
	Flash	100 000	10 μs	200
	FRAM	10^{10}	100 ns	200
	PROM	1	100 ms	—
	ROM	0	—	100

对于弹载三轴存储测试系统，在高采样速率下既需要大容量实时数据存储又需要在掉电

后数据保持数据不丢失，这种情况下选择铁电存储器 FRAM 比较适合，但铁电存储器 FRAM 的存储容量有限，目前最大容量为 256 kb × 16 bit。因此所设计的弹载三轴存储测试电路主要结合 SRAM 和 FLASH 的特点，选择并行 SRAM 存储器满足高采样率下数据实时存储的要求；选择串行 FLASH 实现小体积下的 SRAM 中数据的转移，满足数据掉电不丢失的要求。

为了全面记录过载信号的特性，对不同过载信号进行检测时，应根据信号的特点确定需要记录的时间 T_s。由于所设计的系统主要针对高低过载、瞬态冲击信号，一般此类信号全部持续在几百毫秒内。假设 $T_s = 500$ ms，三通道 16 bitAD 以 500 ksps 采样时，则存储容量至少应为 0.75 Mb × 16 bit。而 F28335 的 XINTF 接口可扩展 2 Mb × 16 bit 的存储器，为了提高系统的通用性并充分利用 MCU 的资源，系统的存储容量设计为 2 Mb × 16 bit。

4. 信号调理电路设计要求

对于信号的放大，为了缩短设计周期，一般有以下两种可选方案：一种是选用合适的运算放大器自己设计电路，另一种是选用三运放仪表放大器进行信号的放大。第一种方式在性能方面可以满足设计指标要求，但是体积过大，从而无法满足体积要求。现有的仪表放大器如 ADI 公司的 AD8421 可以满足要求。因此选择仪表放大器实现微弱信号的放大。

5. 电桥调零电路设计要求

对于存在零偏的传感器，通常从以下几个角度实现零偏的调节：

传感器方面：由于选择的三轴加速度传感器是基于惠斯通电桥全桥方式，因此可以运用电桥调零的方式进行传感器的调零。主要是通过并联数字电位器或者事先确定零偏并联固定电阻的方式。

信号调理方面：通过调节仪表放大器的偏置电压或者选择 ADI 公司的电流反馈型仪表放大器实现零偏的调整。

软件方面：通过软件代码的方式进行传感器零偏的调整（即基线偏移），通常这种方式要求采样范围存在裕量。

6. ADC 的选型要求

在选择 AD 转换芯片时主要考虑以下几方面：采样精度、采样频率、采样通道等。

存储测试装置的精度由 AD 器件的字长、基准电源的精度和传感器的精度共同决定。对于引信的高冲击过载信号测试，8 bit 字长的 AD 器件能够满足要求。自研的高冲击三轴传感器抗过载能力强、量程程大、灵敏度较低，为了提高对信号的分辨率，选用字长为 16 bit 的 AD 芯片。对于基准电源为 5 V，字长为 16 bit 的 AD 芯片，其分辨率为 76.29 μV/bit。

依据采样定律，为了能够不失真地复现原始信号，测试系统的采样频率 f_s 应高于原信号的最高频率 f_m 的 2 倍，即 $f_s \geqslant 2f_m$，一般取 $f_s \geqslant (8 \sim 10) f_m$，因此针对选用的传感器系统采样频率应该不小于 160 kHz。但考虑到实际侵彻环境时加速度信号特征和后期传感器性能的提升，满足存储容量的前提下采样频率越高越好。

对于三轴加速度传感器，为了满足三轴同步采样至少需要三通道同步采样芯片。当传感器用于校准的环境下，至少需要五通道同步采样芯片。

7. 数据通信协议的选择

常用的数据传输方式有：遵循 RS232 或者 RS485 的通用同步/异步串行收发模块（USART）、遵循 SPI 的串行外设接口和遵循 I_2C 的两线式串行总线。针对高采样率弹载三轴存储测试电路通信的设计既需要其可以实现数据的传输还需要其实现程序的下载，选用 RS232 实现程序的下载和弹载三轴数据的传输。

13.2　瞬态信息获取存储测试总体设计

13.2.1　设计指标

任何测试系统的设计都有其具体针对的对象和具体的使用环境，高采样率弹载三轴存储装置具备以下功能：

（1）能够捕获脉冲宽度为 0.2 ~ 1.5 ms，脉冲幅度为 0.9 ~ 4.5 mV 的窄脉冲信号；

（2）装置能够记录整个侵彻过程中的全部信号；

（3）装置不能干扰其他系统的正常工作；

（4）装置具有一定的智能性；

（5）装置具有传感器零偏调节的功能。

依据弹载三轴存储测试装置的功能要求等，提出弹载三轴存储测试装置性能指标，其具体参数如表 13 - 3 所述。

表 13 - 3　弹载三轴存储测试装置性能指标参数

采样精度 /bit	最大放大倍数	采样频率 /ksps	存储容量 /（Mb × 16 bit）	调零范围 /mV	电气特性/（V·mA^{-1}）
16	800	500	2	± 13	5/100

13.2.2　系统总体方案

依据弹载三轴存储测试系统电路模块的要求及各模块选型，确定的高采样率弹载三轴存储测试系统电路模块框图如图 13 - 1 所示。

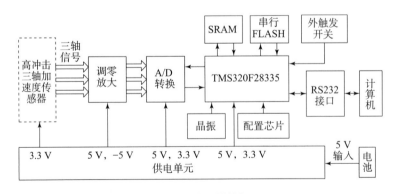

图 13 - 1　电路模块框图

整个系统采用数字电位器实现传感器零偏的调整和输出信号放大倍数的可调，采用两级放大实现微弱信号高带宽的放大，六通道同步采样 ADC 实现加速度传感器三路输出信号的采样量化，电池统一供电，电源芯片实现电压转换完成电源管理系统的设计，通过 RS232

实现数据的传输和程序的下载，使用 SRAM 和 FLASH 并存的方式实现弹载三轴数据的高速采集存储和掉电保存，外触发开关控制整个系统运行状态的切换，从而保证整个系统的功能。

13.2.3   测试系统工作流程

在进行整个弹载三轴存储测试系统工作流程设计时，首先根据实际需求借助于 CCS 调试工具设计合理的代码并且生成目标文件，并将生成的目标文件通过 RS232 烧写至整个系统中；其次将弹载三轴存储测试装置置于试验环境中，由外部触发信号触发整个系统工作；最后在试验结束后，弹载三轴存储测试装置与计算机相连，将存储的数据传送至弹载数据处理与分析软件中进行整个实验数据分析与处理。弹载三轴存储测试系统工作流程简图如图 13 – 2 所示。

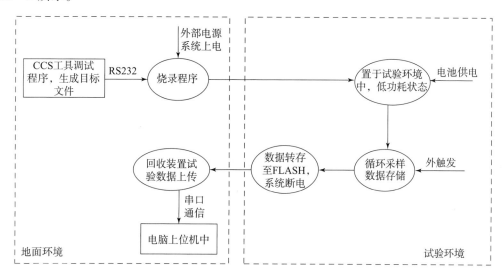

图 13 – 2   弹载三轴存储测试系统工作流框图

13.3   硬件系统设计与实现

高采样率弹载三轴存储测试系统硬件实现主要指的是根据系统总体要求完成整个硬件电路的设计。硬件设计主要包括以下几个步骤：芯片选型、原理图设计、PCB 设计、PCB 加工和硬件电路焊接调试等。

13.3.1   硬件电路原理图设计

常用的硬件电路设计工具软件有 Protel、Altium Designer、Cadence Allegro 等。本设计主要采用 Altium Designer 进行原理图的设计和优化。采用 NI Multisim 和 TI TINA 完成部分电路模块的仿真分析。原理图的设计将依据模块化思想，分别完成电源管理模块、主控器模块、调零模块、放大模块、抗混叠滤波模块、数据存储模块等的设计。

根据系统要求和使用环境要求完成系统原理图设计，为减小系统体积，整个系统设计由四块电路板组成，通过四个 PCB 工程分别进行设计。

13.3.2　电源管理模块设计

弹载三轴存储测试系统电源管理模块负责给整个系统提供所需的工作电压。整个系统所需的电压类型主要有以下四种：5 V、3.3 V、1.9 V、－5 V。其中 5 V 的电压直接由电池提供，其余三种类型的电压（3.3 V、1.9 V、－5 V）通过相应的变压芯片产生。

通常高冲击三轴加速度传感器的供电方式有恒压源和恒流源两种方式。本设计选择恒压源方式，运用运算放大器、MOSFET 等设计高精密电桥电压。REF3033 可以产生 3.3 V 的精密基准电压，将这个电压通过单电源的精密运放的同相输入端和 MOSFET 接入传感器，并反馈给运放的反相输入端，从而产生 3.3 V 的精密稳定电压。

选用 TI 公司的 TPS76HD301 电源芯片产生 3.3 V 和 1.9 V 电压。该芯片可以稳定输出一路 3.3 V 的电压和一路可调节的电压（电压的可调节通过配置两个电阻大小）。依据可调电压计算公式：$V_{OUT} = 1.182 \ (1 + R_1/R_2)$，选择 $R_1 = 18.1 \ k\Omega$，$R_2 = 30.2 \ k\Omega$ 产生 1.9 V 的输出电压。电源输入、输出端并联电容，不仅减少了电源的扰动，同时增加了系统的可靠性。

选用 Maxim 公司的 MAX660 电源芯片产生 －5 V 的电压。该电源芯片转换速率快，转换效率高，最大输出电流可达到 100 mA，可以满足系统要求。

13.3.3　主控器模块设计

本系统中采用 TI 公司的 TMS320F28335 芯片作为主控器。该器件精度高、成本低、功耗小、性能高、外设集成度高，兼备了较强的运算能力和控制通信功能，采用哈佛流水线结构，保证程序数据的高速传输，能够快速执行中断响应，并具有统一的内存管理模式，可用 C/C + +语言实现复杂的数学算法。为了保证主控器正常工作，需要设计电源电路、晶振电路、JTAG 接口电路和复位电路等。

TMS320F28335 的时钟发生器提供两种可选的时钟源：一是在 X1 和 X2 引脚间接加一个无源晶振来启动内部振荡器，此时 XCLKIN 接地；二是将外部有源晶振直接引入 X2 或者 CLKIN 引脚作为系统时钟。当以 XCLKIN 作为时钟源输入引脚时，X1 引脚接地，X2 悬空，此时接收 3.3 V 的时钟源；当以 X1 作为时钟源输入引脚时，XCLKIN 引脚接地，X2 悬空，此时只能接收 1.9 V 的时钟源。本系统设计中选择第一种方案，选用工作频率为 30 MHz 的外部无源晶振。用户可根据需要编程设置系统时钟频率为外部晶振频率的 0.25 ~ 10 倍，但系统最高频率为 150 MHz。

向主控器下载程序可采用 JTAG 接口和串口 ISP 下载两种方式，为调试方便，两种电路都加以设计。在程序设计调试阶段使用 JTAG 方式完成程序烧写。在整个程序调试优化完毕无须修改时通过串口 ISP 下载。

13.3.4　调零模块设计

对于传感器零偏的调整通过并联数字电位器的方式，其原理图如图 13 - 3 所示。关于传感器零偏能力的确定，即 W_1 和 W_2 具体数值的确定参见文献所用的方法。

由于三维加速度传感器所选的应变片阻值约为 330 Ω，供电电压为 3.3 V。对于同一个零偏值，加速度传感器桥臂阻值的配比存在很多种可能性，但一般情况下，其变化都分布在四个桥臂上。

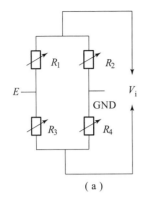
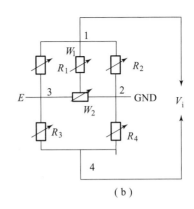

图 13 – 3　三轴加速度传感器电桥电路

13.3.5　放大模块设计

信号放大模块主要由仪表放大器和数字电位器、电容和电阻等构成。由于三轴加速度计输出的信号是微伏级别的，为了使 AD 芯片容易捕获，需要放大至伏特级信号。选用仪表放大芯片 AD8421 实现加速度计输出信号的放大。

由于所选传感器输出的信号非常微弱，通过选用合适电阻设置电桥输出的共模电压。为了防止高频造成破坏测量结果，在 AD8421 前端设计 RFI 滤波电路对高频信号进行调理。在差分信号输出端并联滤波电容。为了在保证放大倍数前提下满足带宽要求，对一路加速度信号采用两块 AD8421 构成两级放大电路，对于第一级放大，选择固定阻值的电阻进行放大；第二级放大，采用可调电阻进行放大（这样可以根据具体环境的变化而提高采样的分辨率）。可调电阻选用 Xicor 公司的 X9C102（10 kΩ），具体放大倍数根据公式 $G = 1 + (9.9\ \text{k}\Omega / R_G)$ 可得，其中 G 为放大倍数，R_G 为可调电阻的阻值。

13.3.6　抗混叠滤波与阻抗匹配模块设计

由于放大后加速度传感器输出信号电压范围在 $-3.3 \sim 3.3\ \text{V}$，故使用双电源供电的方式。基于巴特沃斯滤波器的优点，最终选用 MAX295 实现信号的抗混叠滤波。

信号在传输的过程中，为了实现信号的无损失传输，通常需要进行阻抗匹配。在进行 ADC 采样时，如果输入阻抗电路设计不够好，将影响采样结果的准确性，选用 OPA2211 设计信号输入阻抗匹配电路。

13.3.7　ADC 采样模块设计

选用 TI 公司的 ADS8556 实现放大后的加速度信号采样。ADS8556 可工作在并行和串行两种方式下。并行模式下最高可达 800 ksps，串行模式下最高可达 530 ksps。参考 TI 公司官方提供的数据手册，结合存储测试系统 AD 采样要求。

13.3.8　数据存储模块设计

对于数据存储模块，根据实际需求，选用了两类存储器，分别是 SRAM 和 FLASH。对于 SRAM 存储器，选择两块 IS61WV1024BLL，其容量为 16 Mb（1 Mb × 16 bit）。对于

FLASH 存储器，具体选择 W25Q32，其容量为 32 Mb。而在实际使用过程中，结合这两类存储器的特点，在低速采集场合，将采集的数据直接存储至 FLASH 中；高速采集场合将采集的数据存储至 SRAM 中，待采集完毕后再将数据转移至 FLASH 中。

13.3.9　串行通信模块设计

TMS320F28335 自带的串口无法直接与电脑通信，为了加快开发速度，购买 PL2303HX，它将 TTL RS232 的电平转为 USB，从而使得弹载三轴存储测试系统可以与计算机方便通信。

13.3.10　硬件电路 PCB 设计要求

整个电路设计阶段主要遵循了以下设计规则：

（1）空间允许时电源线和地线的宽度均为 20 mil①，信号线为 8 mil，并且在需要的地方用小面积的电源平面代替了电源线条。去耦电容的安装尽可能靠近电源引脚。TPS76HD301 的发热量较大，在 PCB 板上设计了散热盘从而达到较好的散热效果。

（2）通常数字系统中高频信号都发生在时钟电路中，F28335 采用外部无源晶振连接到外部时钟振荡器，选择了 24 pF 的贴片电容进行高频回路，并且无源晶振靠近 F28335 从而减少外界对时钟信号的干扰。

（3）仿真器和 F28335 的 JTAG 测试引脚的连接非常重要，当仿真器和 F28335 之间的间距大于 6 in 时，需要增加信号缓冲驱动器。本设计中为了避免在电路调试阶段下载程序不成功的情况，购买了带有缓冲器的仿真器 TMS320XDS510。

（4）由于所选用的 ADC 在使用时通常工作在最高采样率下，为了提高采样的准确性、降低误差，设计时通过蛇形走线的方式将 16 根数据线设计为等长。

（5）传感器输入差分微弱信号，采用对称设计方式将信号放大并接入到 ADC 中。

（6）由于整个系统中，既有模拟电路，又有数字电路，主要采取以下措施增强抗干扰性：模拟电压和数字电压直接采用了磁珠隔离外还利用了"壕"（没有敷铜的空白区域）将整个系统分成了一个个的"小岛"，从而降低了数字电路和模拟电路之间的互相干扰；模拟电路的接地点和数字电路的接地点通过星形结构连接。

（7）为增加整个电路板抗干扰性，在 PCB 绘制完毕后进行分块敷铜连接至地平面。

（8）为了方便调试，在一些关键信号点设计了相应的测量点，如电源供电端、ADC 的启动转换信号端等。

依据以上电路设计原则和系统功能划分完成 PCB 的设计。其中数据存储电路采用四层板的叠层结构，其余电路采用两层板叠层结构设计。整个系统由四块边长为 57 mm 的正方形板用铜柱连接。依据设计完成的 PCB 版图进行加工后，按照设计要求进行焊接。板与板之间通过铜柱连接形成一个完成的系统，最后形成高采样率弹载三轴存储测试装置电路系统。图 13 - 4 所示为弹载三轴存储测试装置实物图。

----

① 密耳，1 mil = 0.025 4 mm。

图 13 - 4　弹载三轴存储测试装置实物图

13.4　软件系统设计与实现

13.4.1　软件系统总体方案

针对弹载三轴存储测试装置基本功能，弹载数据采样存储设计了弹载存储测试装置软件系统的总体方案，如图 13 - 5 所示。装置在上电后进行系统的初始化并完成各个任务的创建。三轴数据采样任务是整个系统的灵魂和基础，通过消息队列直接完成采样数据的传输。调零放大任务是对传感器零偏的调整，三轴数据解耦和三轴数据存储等是对数据的某种处理方式，它们在系统运行中是互斥存在的，通过互斥信号量完成状态的切换。串口通信任务是弹载三轴存储装置与上位机软件通信的基础，通过发送信号量的方式完成数据的传输。

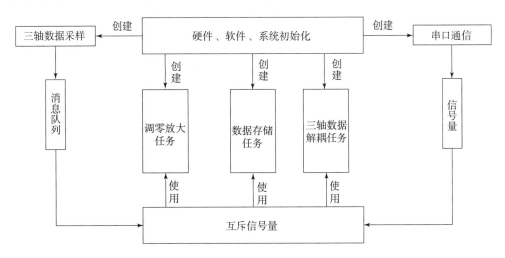

图 13 - 5　软件系统总体方案图

基于 TMS320F28335 芯片的弹载三轴存储测试装置的开发过程，需要一整套完整的软件开发工具。TI 公司的 DSP 集成开发环境 CCS 是该公司开发的专门进行 TMS320 系列 DSP 软件设计的集成开发环境，它采用 Windows 风格界面，集编辑、编译、链接、软件仿真、硬件调试功能于一体，可以加快弹载三轴存储测试软件系统的开发流程。

13.4.2　实时操作系统 UCOSII

实时操作系统 UCOSII 是一个可移植、可固化、可裁剪、占先式多任务实时内核，适用于多种微处理器。将此操作系统移植至弹载三轴存储测试装置中，可以有效利用系统资源，在满足实时性的前提下完成弹载高速数据采集、大容量存储等一系列功能。

13.4.3　基于 UCOSII 的任务设计要求

系统软件的设计是为了完成系统的功能，当借助于 UCOSII 进行系统软件设计时需要合理地将功能划分为程序语言可以解读的"任务"。进行任务划分前需要明确任务划分的原则并对所划分的任务进行优先级的分配。

一般来说，任务划分的原则有以下几点：

（1）满足系统"实时性"。在弹载存储测试系统中，系统的每个任务对响应时间要求很高，如果实时性得不到满足，系统会出现错误甚至导致难以挽回的故障。因此在任务划分时，保证系统实时性是首要原则。

（2）较少资源需求。多个任务协同运转，依靠操作系统的调度策略。任务之间的同步、任务之间的通信、内存管理都需要消耗系统资源，所以任务划分时，尽量将使用同类资源的应用归入同一任务中，减少操作系统调度时所消耗的资源。

（3）合理的任务数。同一系统中，任务划分的数目越多，每个任务的功能越简单，实现越容易。但任务数目增多，加大了操作系统的调度负担，资源开销也随之增大；相反，如果任务数目太少，会增加每个任务的复杂性，使任务设计难度加大。

13.4.4　软件系统任务划分

根据任务划分的原则和方法，将弹载三轴存储测试系统的软件系统划分为五个任务：三轴数据采样任务、自动调零放大任务、三轴数据解耦任务、数据存储任务和串口通信任务，任务划分框图如图 13-6 所示。

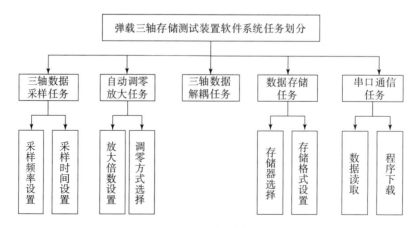

图 13-6　任务划分框图

三轴数据采样任务主要是配置 ADC 的相关寄存器启动 ADC 的采样，依据实际使用环境设置或者自动改变 ADC 的采样频率和采样时间等，从而实现对高冲击三轴加速度传感器输出信号的采样和量化。

自动调零放大任务主要是通过软件的方式控制数字电位器完成对传感器零点的调整和对仪表放大器放大倍数的设置，从而提高弹载存储测试装置的环境适应性。

三轴数据解耦任务主要是将实时采样所得的数据进行实时解算，还原出纯净的三轴信号，为引信起爆控制或者三轴信号处理等提供依据。

数据存储任务主要是为了将实时采样所得的加速度输出信号按照指定的存储格式进行存储。

串口通信任务主要是在试验之前将特定的程序下载至存储测试系统中，在试验完毕后将采样存储的数据通过串口读至上位机中从而进行数据的处理等操作。

13.4.5　软件系统任务优先级分配

在弹载三轴存储测试装置软件系统的任务划分完毕后，还需要给任务赋予相应的优先级，从而使得整个系统的性能达到最优化。弹载三轴存储测试装置软件系统的任务优先级划分如下：

三轴数据采样任务是整个弹载三轴存储测试装置完成指定功能的基础，只有采样量化三轴数据后才可以运行调零放大、数据存储等任务，因此在所有任务中该任务的优先级最高。

自动调零放大任务负责传感器零点的校正。系统每次上电后，三轴采样任务和该任务轮换运行，消除传感器的零点偏移，待调零结束后终止该任务的运行。因此该任务的优先级仅次于三轴数据采样任务。

某些试验场合只需要记录三轴原始数据时，数据存储任务的优先级仅次于自动调零放大任务。而在某些场合需要使用三轴采样数据时，三轴数据解耦任务的优先级将高于三轴数据存储任务。

串口通信任务在执行程序下载时，其工作方式由 PC 机发出，具有抢占优先级，优先级最高。串口通信任务在执行三轴数据传输时，其状态的切换主要也是通过外触发方式。因此可以将串口通信任务优先级定义为最低，通过指令方式达到任务状态切换。

以上五个任务之间通信通过信号量、消息队列方式进行切换。其优先级安排如下：

```
void Task_Sample(void  * pdata);//使用高优先级中断采样,优先级5
voidTask_BridgeZero(void  * pdata);//自动调零放大任务,优先级6
void Task_DataSave(void  * pdata);//三轴数据存储任务,优先级7
void Task_DataDecouple(void  * pdata);//三轴数据解耦任务,优先级8
void Task_DataSend(void  * pdata);//串口通信任务,优先级9
```

13.5　数据分析处理软件设计与功能实现

弹载数据分析处理软件的基本功能是读取弹载三轴存储测试装置中的数据，并将读取的数据用以存储、图形显示与分析处理等。美国 MathWorks 公司开发的 MATLAB 软件不仅具备功能强大的数值运算能力，而且还具备先进的图形、图像显示功能，通过使用其 GUI 功能可以开发出界面友好、数据处理功能强大的软件。本书所设计的弹载数据处理分析软件就是基于 MATLAB 开发。

13.5.1 数据分析处理软件需求分析

1. 功能需求

弹载数据处理与分析软件需要具备以下功能：

（1）能够通过 USB 口和弹载三轴存储测试装置进行通信。

（2）具备数据读取、数据标定、数据显示、数据保存等基本功能。

（3）具备数据分析处理，如速度计算、位移计算、频谱分析和滤波等扩展功能。

2. 性能需求

（1）数据传输过程中不能存在丢包的情况。

（2）软件需要具备良好的可扩展性和良好的可维护性。

（3）软件可在 32 位操作系统或者 64 位操作系统下正常使用。

（4）使用 RS232 进行数据传输时，传输速率最高波特率为 115 200。

3. 界面需求

（1）操作界面要简洁、友好，容易操作。

（2）菜单功能置于界面首页，方便软件扩展功能的统一管理。

13.5.2 弹载数据分析处理软件总体设计

对于弹载数据处理与分析软件的设计，依据需求分析，基于模块化设计思想，以功能为模块自顶向下逐层细化弹载数据处理与分析软件。软件总体设计如图 13 - 7 所示。整个软件平台分两部分，第一部分是主界面，主要进行人机交互。第二部分是功能模块，主要包含以下 6 个功能模块：主界面、数据读取、数据显示、数据分析、更多功能和退出。其中数据读取模块又包含传感器信息模块、数据存储设置模块、串口设置模块、显示区和按键组；数据显示模块包含参数设置模块、数据载入模块、显示选择模块和绘图区域；数据分析模块又包括频谱分析子模块和低通滤波子模块。第三部分是驱动模块，主要指的是弹载三轴存储测试装置，为整个系统软件提供源数据。

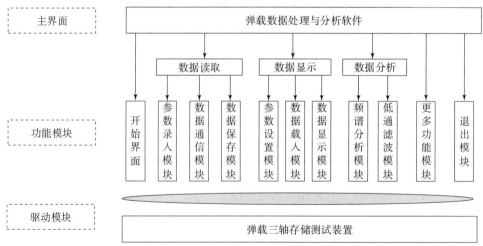

图 13 - 7　软件平台总体设计

数据读取模块主要指的是在试验完毕后按照既定的通信协议将弹载存储测试装置中的数据读取至该软件中，并将采集的数据按照一定的格式和要求存储为指定文件格式的文件。

数据显示模块的存在是以曲线的方式直观显示采样所得数据或者分析处理后的数据，便于观察和分析，主要显示加速度曲线、速度曲线和位移曲线。在显示速度曲线和位移曲线时，为了减小误差采用频率域积分的方式进行计算。

对于数据分析模块的设计主要有两项内容，即频谱分析和巴特沃斯滤波。加速度传感器频谱分析就是利用傅里叶变换的方法对加速度传感器信号进行分解，使其成为频率的函数，这样便于观察加速度传感器的信号构成。在获知传感器信号构成后，只有通过滤波处理后才可以获得比较准确的原始信号。对于高冲击加速度传感器信号的滤波，通常均选用巴特沃斯低通滤波进行传感器的信号处理。

13.5.3　弹载数据分析处理软件模块设计

软件的主界面由 3 个子模块组成。第一个模块是用来显示软件名称"弹载数据处理与分析软件"；第二个模块是由 6 个功能按钮组成，主要是为了实现功能界面切换。第三个模块主要是时间显示模块，主要是为显示当前时间。当单击主界面按钮时，软件置于初始化阶段，如图 13 – 8 所示。

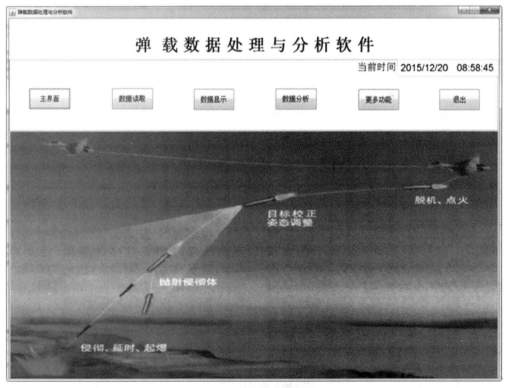

图 13 – 8　系统主界面

数据读取模块设计：传感器信息模块主要是为了录入与传感器相关的参数，在进行文件存储时，将这些参数和采集所得数据存至同一文本中。参数主要包括传感器编号、冲击主轴方向、电桥电压大小、放大倍数和冲击驱动气压值。数据存储模块主要是设置于弹载三轴存储测试装置有关的一些参数，如弹载存储测试装置中 AD 芯片的精度、供电电压等。因此通过设置这些参数设置可以提高该软件的兼容性，使得该软件与更多的存储测试装置进行通信。由于采用的是 RS232 进行数据传输，对于 RS232 的传输需要注意串口号、波特率、校验位、数据位和停止位的设计。由于 MATLAB 中自带了 RS232 串口设置的相关函数，因此在程序实现的过程中通过调用相关函数即可实现。但是需要注意的是，串口设置需要在OpenFcn 函数中默认设置为否，不启动，通过按钮的方式设置。显示区模块主要包括已接收数据个数和数据存储路径。当开启数据读取功能时，已接收数据个数置零，随着传输的数据个数变化而更新。数据存储路径只要是显示所采集数据存放位置。按键组模块主要包含两个按键，即"开始读取"按键和"数据存储"按键。在相关信息参数设置完毕后，触发"开始读取"按键将软件的开始读取功能激活，使得软件处于数据回读中。待数据读取完毕后，触发"数据存储"按键将数据按照规定文件名存储至指定的存储路径下。

数据显示功能模块设计：整个数据显示模块主要由三部分组成，即参数设置模块、数据载入模块和图形选择显示模块。"参数设置"一栏需要设置的参数主要有"主向灵敏度""横向灵敏度比 1""横向灵敏度比 2"和"初始速度"。"数据载入"主要是将采集所得数据载入软件中，需要输入四个参数。对于按列存储的文本，通过输入对应的列编号，即可载入相应的数据并进行显示。如对本书中所设计的弹载三轴存储测试装置存储的数据只需要分别输入 1、2、3 和 4。显示选择面板里有三个按钮，分别命名为"加速度""速度"和"位移"，通过此按钮选择显示的是何种物理量的图形。其中显示区域红色代表 X 轴数据，蓝色代表 Y 轴数据，绿色代表 Z 轴数据。各模块的设计如图 13 –9 ～图 13 –12 所示。

图 13 –9　数据读取 GUI 界面

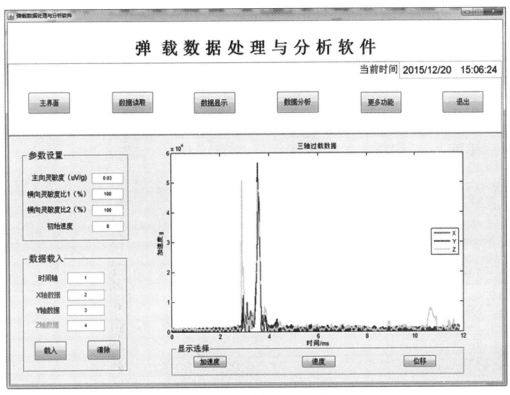

图 13-10　加速度-时间曲线图

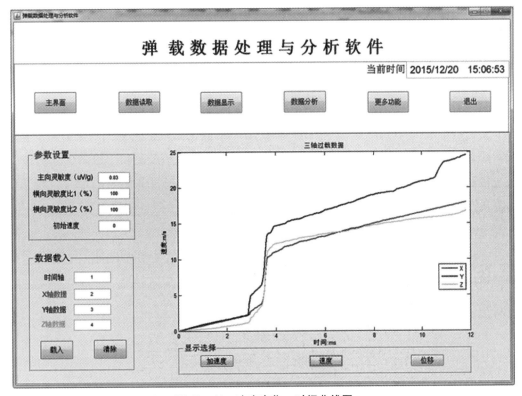

图 13-11　速度变化-时间曲线图

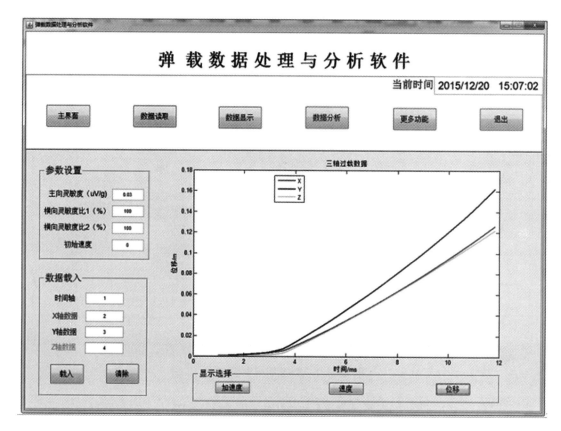

图 13 – 12　位移变化 – 时间曲线图

数据分析模块设计：数据分析模块主要包括以下几个子模块设计，即源数据子模块，主要为了确定数据来源。可以选择 X 轴或 Y 轴或 Z 轴的数据。截止频率子模块是为了确定巴特沃斯低通滤波器的截止频率。按钮子模块包括"频谱分析"按键和"巴特沃斯滤波"按键，主要是为了确定图形显示的结果是经过何种处理方式。通过调用 MATLAB 自带频谱分析函数和巴特沃斯滤波低通函数即可实现数据处理的功能。按照各模块设计的要求和方法，最终实现的数据分析 GUI 界面如图 13 – 13 和图 13 – 14 所示。

退出模块设计：退出模块的设计主要是为了实现软件的关闭而设计，主要通过调用 fclose ALL 函数而实现。当单击"退出"时，则关闭软件。

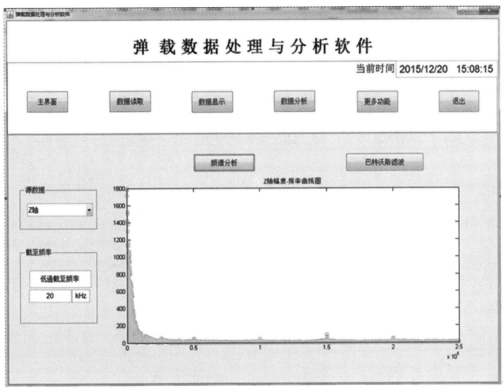

图 13 – 13　频谱分析图

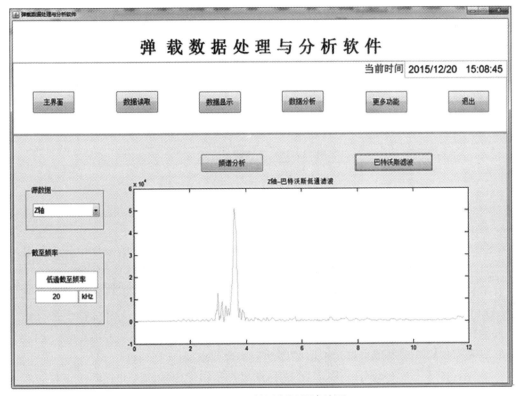

图 13 – 14　巴特沃斯低通滤波图

13.6　测试系统调试和试验验证

完成弹载三轴存储测试装置的软硬件设计后，只有通过软硬件调试才能确定系统性能指标是否达到了设计指标，通过试验验证才能确定其能否满足实际应用的要求。

弹载三轴存储测试系统的调试主要包含硬件调试、软件调试和软硬件联调三部分。硬件调试和软件调试是整个系统的基础，只有保证整个系统没有硬件故障时才能进行软硬件联调。

13.6.1　调试方案

在进行整个弹载三轴存储测试装置调试时，按照硬件调试、软件调试、软硬件联调的过程依次展开。系统调试方案如图 13 - 15 所示。硬件调试主要包括电源系统、时钟电路和复位电路等调试，旨在保证整个系统无硬件障碍。软件调试主要指的是根据芯片的数据手册编写各类芯片的驱动程序。软硬件联调主要指的是将编写的测试程序及最终程序烧写至整个系统完成设定的功能。

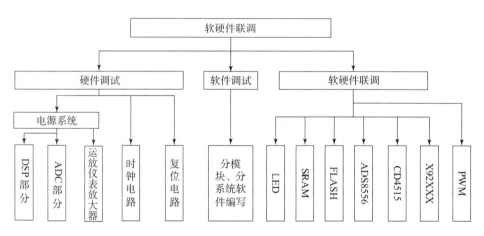

图 13 - 15　系统调试方案

13.6.2　调试过程

1. 硬件调试

F28335 工作在频率 150 MHz 时需要 1.9 V 的内核电压和 3.3 V 的 I/O 电压，因此在调试时需要注意电压的波纹，防止 DSP 芯片因电源输出的不稳定造成芯片的烧坏。

对于 F28335，如果内核先于 I/O 口模块上电，则 I/O 不会出现不稳定的未知状态；反之，I/O 口模块先于内核上电则会使输出引脚产生不确定的状态，从而对整个系统造成影响。本设计中采用了电源管理芯片 TPS76HD301，该电源芯片可以控制上电顺序。因此直接测量电源管理芯片输出电压来确定上电顺序是否符合要求。

对于 ADS8556，其上参考电压对 AD 转换结果产生很大影响，因此在系统工作过程中要严格控制 51 号引脚电压是否为 2.5 V，若误差较大时则需考虑采用软件的方式对 AD 采样数据进行校正。

　　系统中采用 MAX660 实现 5 V 转 −5 V，实现对双电源运放、仪表放大器等的供电。而在实际测试中无论采取何种措施（调整钽电容阻值，并联多个）均无法达到 −5 V，因此在放大电路时需要考虑此电压的影响。

　　对于复位电路的调试主要是观测 XRS 引脚、XCLKOUT 等的信号特征是否和依据 F28335 的复位时序图一致。由于在设计阶段设计了复位按钮，因此复位功能的验证通过触发复位按钮来检验。

　　本设计中采用了外部晶振，外部晶振在通电后正常起振是整个系统正常工作的第一步。因此在系统上电后，用示波器的探针观看晶振是否起振是必不可少的环节。有时晶振起振，但系统依然无法正常工作，这就需要检查负载电容。

2. 软件调试

　　为便于软硬件联调，采用模块化思想在软件调试阶段编写以下程序：

　　（1）LED 点灯程序：主要是保证整个系统的最小电路系统正常工作。

　　（2）PWM 波产生程序：本设计中的 ADC 转换基准时钟由 F28335 产生的 PWM 波提供，因此在调试 ADC 时先看 F28335 产生的 PWM 波是否满足要求。

　　（3）读取 ID 号的程序：为了检验 W25Q32（串行 FLASH）是否正常工作，最简单的方式是先读取 ID 号，看是否与数据手册中的一致。

　　（4）串口发送数据程序：通过串口发送简单的字符串"Hello ADS8556"，通过观察串口调试助手屏幕显示字符来检验。

　　（5）SRAM 读写程序：向 SRAM 指定区域写入数据，再将数据转移至指定数组中并通过串口发送至弹载数据处理与分析软件，观察现象确定 SRAM 读写是否正常。

　　（6）ADS8556 采样程序：用来测试 ADS8556 能否正常启动进行采样。

　　（7）CD4515 译码器驱动程序：主要用来测试译码器是否正常工作。

　　（8）X9CXXX 驱动程序：驱动数字电位器从而改变其阻值。

3. 软硬件联调

　　（1）PWM 波：F28335 产生的 PWM 波为 ADS8556 提供基准转换时钟，当 PWM 波频率为 20 MHz 时，ADS8556 可达到最高采样率。在调试阶段分别产生了 15 MHz、16 MHz、17 MHz、18 MHz、19 MHz 和 20 MHz 的波。发现当 F28335 最高只能产生 18 MHz 的 PWM 波，即理论上最高采样率可达 720 ksps。当 F28335 产生 20 MHz 的 PWM 波时，波形发生畸变。因此为了使 ADS8556 达到最高采样率，需要外接 20 MHz 的有源晶振。

　　（2）ADS8556 驱动验证：将编写的 ADS8556 测试程序烧写至弹载三轴存储测试装置，通过四通道示波器观察 CS、Convst_x、Busy 和 RD 引脚的信号。经观察比较，与 ADS8556 的数据手册中读时序图一致，ADS8556 可以正常工作。

　　（3）SRAM 读写验证：运用三种方法对 SRAM 读写进行验证。

　　①SRAM 中所有单元写入 0x0000；

　　②SRAM 中单元按地址依次写入 0x0001；

　　③将 SRAM 中的数据通过串口读到串口调试助手软件界面进行显示。

　　（4）FLASH 读取 ID 验证：对于选用的串行 FLASH 存储器 W25Q32，都有一个 ID 号（0xEF14），无论进行调试还是使用阶段，都先通过读取 ID 号来判断其是否工作正常，绿色标注为读取存储器 ID 的结果。

13.6.3 调试结果

依据设计系统调试方案对弹载三轴存储测试装置进行调试后，整个装置的软硬件功能均可以正常工作，但在实际使用中需要注意：

（1）F28335 无法产生频率为 20 MHz 的 PWM 波，产生的 PWM 波最高频率为 18 MHz。在需要 ADS8556 工作在最高频率的场合下，需要通过外部晶振为其提供基准频率。

（2）对于 X9C 系列的数字电位器，输出电阻并不是严格线性关系，因此在实际使用中需要确定事先测量其处于各种挡位的具体值或者在有些场合用固定阻值电阻代替数字电位器。

（3）对于仪表放大器和运算放大器，其电源工作范围决定了信号放大后峰 – 峰值范围，在实际使用过程中需要考虑工作电压对放大倍数的限制。

13.6.4 静态试验验证

在整个系统软硬件联调完毕后，需要验证其基本功能是否实现，实际指标是否与设计指标一致，因此进行了静态试验。静态试验主要分两部分：信号采集放大试验验证和零偏调节试验验证。

在进行信号采集放大验证时，弹载三轴存储测试装置与 CCS 软件相连接。采集函数信号发生器产生不同频率不同峰值的正弦波并借助 CCS 软件的绘图功能观察采样结果。验证试验的设置如表 13 – 4 ~ 表 13 – 7 所示。

表 13 – 4　验证方案 1

序号	原始信号（正弦波）		放大倍数 (X, Y, Z)	采样频率 /kHz
	频率/kHz	峰值/mV		
1				200
2	20	5	800 400 200	300
3				400
4				500

表 13 – 5　验证方案 2

显示结果	原始信号（正弦波）		放大倍数 (X, Y, Z)	采样频率 /kHz
	频率/kHz	峰值/mV		
1				200
2	50	10	400 200 100	400
3				500

表 13 - 6　验证方案 3

序号	原始信号（正弦波）		放大倍数 (X, Y, Z)	采样频率 /kHz
	频率/kHz	峰值/mV		
1			200	200
2	100	20	100	400
3			50	500

表 13 - 7　验证 4

序号	原始信号（正弦波）		放大倍数 (X, Y, Z)	采样频率 /kHz
	频率/kHz	峰值/mV		
1			100	200
2	100	40	50	400
3			25	500

　　由以上验证方案图可知，设计的存储测试装置对 20 kHz 以内的信号的采样和放大较为理想，对高于 20 kHz 信号采样放大有待改进。因此在实际使用中，该装置可以满足频响为 20 kHz 的传感器的需要。

第14章
高能量冲击光电信息获取技术

14.1 高能量冲击速度/加速度信号概述

传统的高冲击测试装置一般用于高冲击传感器校准和标定，包括激励源、测量系统与回收装置。利用激励源产生高冲击激励，使被测传感器置于高过载环境中；并通过标准加速度测量装置记录冲击过程的标准信号，结合传感器输出信号进行计算，可以得到包括灵敏度在内的各项参数。最后使用回收装置将被测传感器收回，回收装置将对被测传感器进行一定的保护，以减小传感器在测试过程中受到的损坏。

高冲击测试系统中，激励源一般包括空气炮、Hopkinson 杆、马希特锤、落球装置、自由落杆装置、实弹冲击等。基准测量装置一般有激光多普勒测速仪、光电靶、应变片、标准传感器等。

高冲击测试装置中对于标准冲击信号的测量装置可以分成两类，一类是利用激光多普勒测速仪、光电靶等装置直接测基本物理量来解算加速度，另一类则是利用标准传感器对加速度进行解算。这两类测量装置也分别对应传感器校准方法中的"绝对法"和"比较法"（相对法）。

在高冲击测试校准中较为常见的绝对法有激光干涉法和速度改变法。

激光干涉法的原理是把装有被测传感器的表面作为激光多普勒系统的活动反射体，当该表面受到冲击作用时系统频率发生多普勒频移。通过测量激光信号多普勒频率变化可以确定传感器运动速度随时间变化的情况。该方法直接由时间、长度计量的基本量复现冲击加速度量值，不需要对被校加速度传感器做任何假设，测量结果具有准确度高的优点。该方法可与Hopkinson 杆、空气炮等多种激励源配合。当前国际上对高冲击加速度传感器的校准也多采用 ISO16063 – 13 激光干涉法。

速度改变法又称为光切割法或积分法，该方法工作原理如图 14 – 1 所示。将被测加速度传感器安装在砧子上并受到冲击，传感器测得的冲击过程中运动加速度，通过积分运算换算为速度信息与光电测速系统测得砧子速度比较，便可以得到被校准加速度传感器的冲击灵敏度校准结果 S_{sh}。

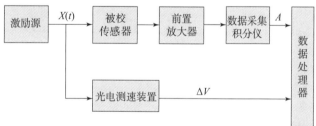

图 14 – 1 速度改变法工作原理示意图

$$S_{sh} = K \frac{A}{\Delta V} \qquad (14 – 1)$$

式中，A 为加速度传感器输出记录曲线的积分面积；ΔV 为砧子受到冲击后的速度；K 为所用仪器有关的系数；S_{sh} 为所求的被校准传感器的冲击灵敏度。

速度改变法在落锤装置或者空气炮系统中使用较多。兵器工业第 204 研究所依照 ISO5347 - 2 标准光切割法原理配合空气炮装置，对传感器进行校准。通过该方法校准上限达 10 万 g，校准不确定度小于 5%。

比较法中较为常见的是直接（背靠背）比较法。该方法先将被测传感器与标准传感器背靠背刚性安装在一起，发生撞击时受到相同的冲击加速度，由标准加速度传感器确定冲击运动形式，测量它们的输出量（标准加速度传感器 U_0、被测加速度传感器输出量 U），假设两传感器响应是线性，标准加速度传感器幅值灵敏度为 S_0，计算被测加速度传感器的灵敏度：

$$S = \frac{U}{U_0}S_0 \tag{14-2}$$

该方法使用方便，测量误差主要取决于标准传感器的精度。在高冲击测试中常在马希特锤装置中使用比较法。国际上以 ISO16063 - 21 比较法二次校准作为标准。

用于高冲击校准最常用的工作激励方式，一种是基于 Hopkinson 杆原理的压缩波激励，另一种是空气炮加速的碰撞激励。

高冲击试验使用空气炮作为激励源，使用空气炮加速弹丸的碰撞激励方式相较于 Hopkinson 杆的压缩波激励具有以下优点：

（1）空气炮装置更适合大脉宽测试；

（2）砧体的局部塑变不会影响校准精度；

（3）空气炮的带负载能力较强，夹具可用空间较大，较易实现传感器保护；

（4）缓冲垫层的性能控制范围大，可实现较大范围的脉宽控制；

（5）使用安全、易于控制，工作性能稳定。

在试验过程中将冲击用弹丸装入空气炮的发射管内，并将固定有传感器的砧体安装羊毛毡后装配至空气炮的止挡盘处，随后加压并释放，弹丸在炮管内飞行并撞击砧体，对砧体上的被测传感器进行冲击，并通过光电靶测速装置记录冲击过程。

14.2　空气炮高冲击测试系统的设计与实现

高冲击测试装置包括激励源、测量系统与回收装置。空气炮测试系统以空气炮作为激励源，多窄缝光电靶测速装置作为测量系统，使用多级缓冲端作为回收装置，系统的整体示意图如图 14 - 2 所示。

在试验中采用气炮装置实现冲击激励，采用快开阀门实现空气炮的开启，运行较为平稳。空气炮冲击机装置由空气炮、碰撞激励体系、缓冲装置构成。测速系统置于放置碰撞激励体系的测试管外。空气炮由气室、炮管和炮架及其他辅助部件组成。

炮架与气室和炮管刚性固结，在加速管内气室前端放置主动弹，在测速管内放置碰撞激励体系，内装有传感器的砧体。当气室内的快速气动阀打开时气室内的压缩气体快速泄出。在加速管内推动主动弹向测速管方向运动，将压缩气体的势能转变成主动弹运动的动能，完成对主动弹的加速过程。主动弹行至测速管内与砧体相撞，砧体上的传感器测出碰撞加速度信号，并与测速系统得到的信号一起被采集处理。完成碰撞后的砧体继续飞行，将能量传递

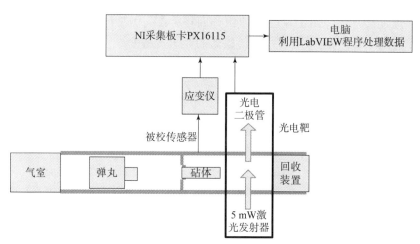

图 14 - 2　空气炮高冲击测试系统示意图

给缓冲器后停住实现回收。

　　回收装置布置在碰撞激励体系后端，由装有油泥的胶木与空气炮多级缓冲端组成。砧体撞击胶木的过程中，能量首先由油泥吸收，剩余能量传导至气炮尾部的缓冲端，由安装于其中的硬质弹簧、胶圈等弹性物质吸收。

　　试验的测试对象为装配有待测传感器的砧体，被测传感器安装于砧体，砧体受到的冲击方向与传感器被测轴向一致。使用光电靶测速系统作为标准信号测量装置，该装置可使用速度改变法或加速度绝对法计算被测传感器对应轴向的冲击灵敏度。

　　空气炮高冲击测试系统的测量装置为高动态应变仪与 NI 公司的 LabVIEW 测试平台。其中应变仪为被测传感器提供电源，并对传感器输出信号进行调零与放大。LabVIEW 测试平台由机箱、多路数据采集卡及接线盒构成。每块数据采集卡具有多路高速模拟输入，支持最高采样率获取每通道数据。数据采集器通过接线盒实现与外部信号的连接与输出，接线盒通过 BNC 连接线连接应变仪与光电测速系统的光电二极管输出端，由此采集传感器输出信号与测速装置的输出信号。

14.3　空气炮冲击测试与计量校准方法

　　冲击灵敏度校准方法主要有两种：绝对校准法和相对校准法（也称比较法）。绝对校准法常用于校准高精度传感器、标准传感器，或者无标准传感器的极端环境特种传感器；相对校准法是工程中最常用的校准方法，一般校准成本较低。

14.3.1　冲击绝对校准法

　　冲击绝对校准法是利用刚体碰撞加载原理，弹丸碰撞激励砧体使安装在砧体上的被校传感器与砧子同时获得相同的瞬时加速度 $a(t)$ 和速度增量 Δv ，Δv 表达式为

$$\Delta v = \int_{t_1}^{t_2} a(t)\,\mathrm{d}t \tag{14-3}$$

式中，t_1 和 t_2 为碰撞开始到至结束的时间点。加速度传感器输出电压 $u(t)$ 为

$$u(t) = S_u a(t) \tag{14-4}$$

传感器冲击灵敏度表达式为

$$S_u = \frac{1}{\Delta \nu} \int_{t_1}^{t_2} u(t)\, \mathrm{d}t \tag{14-5}$$

测出传感器输出信号所包络的面积和速度增量 $\Delta \nu$ ，就可以获得加速度传感器灵敏度，这种校准方法也称为速度改变法。测量速度所用的方法又分为激光多普勒速度干涉仪校准法和光切割冲击校准法。

（1）激光多普勒速度干涉仪校准法校准原理如图 14-3 所示。

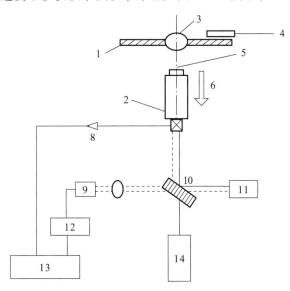

图 14-3　激光多普勒速度干涉仪校准原理图

1—锤头接收器；2—砧体；3—锤头；4—触发器；5—缓冲器；6—碰撞后砧体运动；7—被校传感器；
8—放大器；9—光检测器；10—分光镜；11—频偏器；12—频率跟随器；13—记录设备；14—激光器

校准时先去掉砧子和锤头接收器，检查锤头和速度测量系统，用速度测量系统测量锤头的速度，再由锤头的降落高度计算出锤头的速度。

$$v = \sqrt{2gh} \tag{14-6}$$

式中，h 为降落高度，为锤头最低位置到触发器光线之间的距离；测量值和计算值之间的差异应小于 $\pm 0.1\%$ 。

根据冲击校准需要，给锤头设置一定的高度，或用不同的砧子，不同材料的缓冲垫，以满足校准需要。对测量系统各旋钮要正确选择，以便准确记录输出波形。对传感器输出波形的积分可用数字式或模拟式积分求得，传感器的冲击灵敏度表达式：

$$S_u = \frac{A}{\Delta \nu} \tag{14-7}$$

$$\Delta \nu = \frac{c}{2}\left(\frac{f_c}{f_r} - 1\right) \tag{14-8}$$

式中，A 为加速度传感器输出波形的面积；$\Delta \nu$ 为加速度传感器碰撞过程中的速度变化；c 为在实验室条件下激光的传播速度；f_r 为激光的反射频率；f_c 为激光频率。

（2）光切割法落球冲击机校准原理如图 14-4 所示。

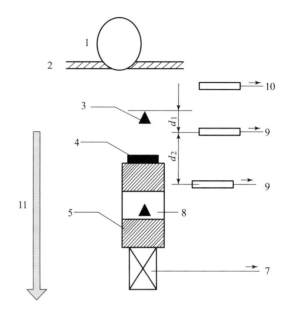

图 14 - 4 光切割法落球冲击机校准原理图

1—锤；2—锤捕损器；3—静止的边缘；4—垫片；5—砧；6—加速度计；7—测试子流；

8—光切割边缘；9—测速光电传感器；10—触发光电传感器；11—碰撞后运动方向

光切割法和激光多普勒速度干涉仪校准法的原理及所用的冲击装置都相同，所不同的是速度测量方法，依据传感器的冲击灵敏度公式，此时 $\Delta\nu$ 由下式给出：

$$\Delta\nu = \sqrt{\left(\frac{d_2}{t} - \frac{tg}{2}\right)^2 - 2gd_1} \qquad (14-9)$$

式中，d_2 为两个测速光电传感器之间的距离；t 为通过两个测速光电传感器之间的时间；d_1 为静止时砧子的切割光线边缘与第一个测速光电传感器之间的距离。

冲击绝对校准法适用于应变、压阻和压电型加速度传感器，可适用的冲击脉冲持续时间为 $10 \sim 0.1$ ms，冲击加速度幅值为 $10^2 \sim 10^5$ m/s²，校准的不确定度为 $\pm 3\%$。为了保证冲击校准的精度，锤头和砧子的共振频率至少为 $10/\tau$，其中 τ 是冲击脉冲持续时间。为了避免冲击校准装置结构谐振的影响，锤头和砧子碰撞时应与结构无接触。

14.3.2 冲击相对校准法

1. 冲击比较校准法

冲击比较校准法也称为冲击二次校准法，它所使用的冲击脉冲设备有 Hopkinson 杆、落球冲击机、跌落式冲击台、冲击摆、空气炮等能产生半正弦冲击脉冲的设备。通过毡垫、橡皮垫等调节脉冲使之达到所需的冲击脉冲持续时间，跌落式冲击台台面、冲击摆的摆锤以及空气炮炮弹上应设有良好的传感器安装座，以便将标准传感器及被校传感器背靠背安装于安装座上。冲击脉冲的持续时间优先选用 10 ms、5 ms、2 ms、1 ms、0.5 ms、0.2 ms、0.1 ms，加速度峰值优先选用 100 m/s²、200 m/s²、500 m/s²、1 000 m/s²、2 000 m/s²、5 000 m/s²、1×10^4 m/s²、2×10^4 m/s²、5×10^4 m/s²、10^5 m/s²。落球冲击机如图 14 - 5 所示。

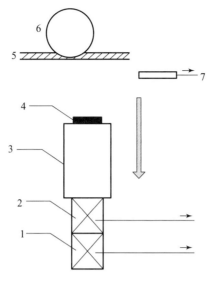

图 14 - 5　落球冲击机

1—被校传感器；2—参考标准传感器；3—砧体；4—垫片；5—锤捕捉器；

6—锤；7—触发光电传感器；8—锤碰撞后砧体运动方向

调节脉冲持续时间和幅值使之达到所需的数值，测量出标准传感器和被校传感器的输出值，用下式计算被校传感器的灵敏度：

$$S = \frac{a_p}{a_{sp}}S_{st} \qquad (14-10)$$

式中，a_p 为被校传感器输出加速度峰值；a_{sp} 为标准加速度传感器输出加速度峰值；S_{st} 为标准加速度传感器的参考灵敏度。

2. 速度改变法

前述的激光多普勒速度干涉仪校准法、光切割一次冲击校准法，所使用的冲击摆、跌落台、落球装置、空气炮等冲击校准装置都可采用速度改变法，即借助于碰撞原理突然改变被校加速度传感器的速度来产生较大的加速度。

由不同强度的碰撞产生不同的电压输出和不同的速度增量，即可利用前述的公式计算出一系列冲击灵敏度 S_{ui}，求出传感器的幅值线性度。

3. 冲击力法

冲击力法的原理服从于牛顿力学定律：

$$F = ma \qquad (14-11)$$

式中，m 为冲击物体（如落球等）的质量；a 为冲击加速度。

将加速度传感器安装在一个刚性锤体上，使它自由下落，与一个力传感器对心碰撞，记录下两个传感器的输出，即可求取一系列加速度值：

$$a_i = \frac{F_i}{m} \qquad (14-12)$$

式中，F_i 为峰值冲击力（由力传感器测出）；m 为落体质量（落锤连同加速度传感器的质量和）。

由 a_i 可求出一系列 S_i，进而可求出幅值线性度。冲击力法的原理框图如图 14 - 6 所示。

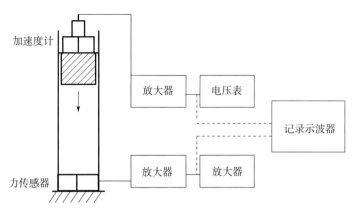

图 14 - 6　冲击力法的原理框图

4. 幅值线性的傅里叶分析法

这种校准方法的实质是将加速度传感器用冲击激励，其幅值响应在频域内取值。其原理如图 14 - 7 所示。

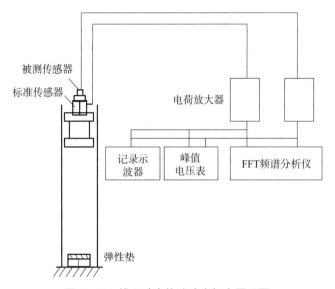

图 14 - 7　傅立叶变换法冲击标定原理图

校准时标准传感器和被校传感器背靠背刚性连接，并安装在落锤上，在落锤与弹性垫碰撞后，两只传感器输出信号分别经由电荷放大器进入 FFT 数据处理机进行变换和处理。可求得时域内被校传感器的灵敏度为

$$S_{x} = \frac{u_{x}(t)}{u_{b}(t)}S_{b} \qquad (14 - 13)$$

式中，$u_{x}(t)$ 为被校传感器的输出电压；$u_{b}(t)$ 为标准传感器的输出电压；S_{b} 为标准传感器的电压灵敏度。

同理，在频域内

$$S_{x}(f) = \frac{u_{x}(f)}{u_{b}(f)}S_{b}(f) \qquad (14 - 14)$$

式中，$u_x(f)$ 为被校传感器在给定频率下的输出电压值；$u_b(f)$ 为标准传感器在给定频率下的输出电压值；$S_b(f)$ 为标准传感器在给定频率下的灵敏度值。

这种校准方法得出的传感器频域内灵敏度偏差一般在 $\pm 1\%$ 之内。为减小校准误差应选择合适的采样频率，工程上采样频率应以高于被测信号最高频率 6~10 倍的速率进行采样，可以保证足够的校准精度。

14.4 高冲击测试测速系统设计

14.4.1 多窄缝测速工作原理

多窄缝光电靶测速装置由 12 对激光发射和接收装置组成。激光发射器产生特定波长的激光束，投射在与之对应的激光接收器上，每一对激光发射器与接收器构成一组测试靶。在测量区域无遮挡的情况下，接收器感受到激光发射器光照，输出恒定高电平信号；当被测物体通过测量区域，遮挡激光发射器射向接收器的光束，接收器接收光通量减少，输出电压信号降低。测量过程中，受到撞击的砧体依次经过多组测试靶，多个接收器依次输出各自的脉冲信号，接收器输出的信号经过电路处理后被采集存储。

在已知使用的各测试靶之间的距离 s_1、s_2、s_3、$\cdots$，以及受冲击砧体通过试靶的时间点 t_1、t_2、t_3、$\cdots$，根据式（14-15）计算出砧体通过各相邻测试靶之间的时间差值 Δt_1、Δt_2、Δt_3、$\cdots$，再根据式（14-16）由此计算出被校传感器在各段中的运动速度 v_1、v_2、v_3、$\cdots$。

$$\begin{cases} \Delta t_1 = t_1 - t_1 \\ \Delta t_2 = t_3 - t_2 \\ \Delta t_3 = t_4 - t_3 \\ \vdots \end{cases} \tag{14-15}$$

$$\begin{cases} v_1 = s_1 / \Delta t_1 \\ v_2 = s_2 / \Delta t_2 \\ v_3 = s_3 / \Delta t_3 \\ \vdots \end{cases} \tag{14-16}$$

当传感器输出信号理想时，可使用积分法，由于已知多段速度，可以选择各段中最为接近最大速度的速度值作为砧体受到冲击后的速度，根据式（14-17）使用积分法得到被校加速度传感器的冲击灵敏度 S。

$$S = K \frac{A}{\Delta v} \tag{14-17}$$

式中，A 为加速度传感器输出记录曲线包络下的面积；Δv 为砧体受到冲击后的速度；K 为信号放大倍数；S 为被校准传感器的冲击灵敏度。

当传感器输出信号并不理想时，可以采用加速度绝对法，根据式（14-18）计算出每段之间的平均加速度。

$$\begin{cases} a_1 = 2 \times (v_2 - v_1) / (\Delta t_1 + \Delta t_2) \\ a_2 = 2 \times (v_3 - v_2) / (\Delta t_2 + \Delta t_3) \\ \vdots \end{cases} \tag{14-18}$$

与传感器输出信号比对，根据式（14-19）计算出传感器冲击灵敏度。

$$S = V_{max}/a_{max} \qquad (14-19)$$

式中，S 为被校传感器的冲击灵敏度；V_{max} 为传感器输出的电压峰值；a_{max} 为计算得到的加速度峰值。

14.4.2 多窄缝测速装置的结构设计

光电靶装置由激光发射器、光电接收器、多窄缝固定支架三部分组成。其中激光发射器采用功率为 5 mW、波长 650 nm 的激光管，既保证激光的安全性，同时 650 nm 波长的可见红光方便进行对正观察，激光管实物如图 14-8 所示。

光电接收器采用高频响应的光电接收器，该光电二极管感光区面积为 0.78 mm^2，敏感波长段为 600~1 050 nm，对光照响应时间为 7 ns，输出信号响应快，输出信号大，不需要放大电路便可以直接采集输出。光电接收器实物如图 14-9 所示。

图 14-8　激光管

图 14-9　光电接收器实物

通过机械加工的固定支架，其作用为形成多窄缝通道，固定激光发射器与光电接收器。光电靶固定支架的三维示意图如图 14-10 所示，通过利用线切割机加工出 12 条互相平行、宽度为 0.5 mm 的窄缝，并在窄缝的两侧加工出与激光发射管、光电二极管大小一致的固定孔。通过窄缝和固定孔确保了发射器和接收器同轴安装，减少外界光线以及相邻激光管之间的互相干扰，同时各对测试靶中心距一定，减少了

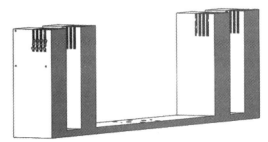

图 14-10　光电靶固定支架的三维示意图

测量误差。安装激光管后激光发射端与接收端如图 14-11 和图 14-12 所示。

图 14-11　光电靶激光发射端

图 14-12　光电靶激光接收端

为了准确测得被校传感器冲击后在各对测试靶之间的飞行速度变化情况，需要各对测试靶之间的靶距越小越好，同时又要保证各激光发射器、接收器之间不会发生干涉。因此采用了三个一组共四组，斜向下交替布置的方法来布置激光发射器和接收器。12 条窄缝中两两之间最小距离为 1.5 mm，由此保证此装置可以测得传感器在加速段内的速度变化情况。

14.4.3　多窄缝测速装置的电路设计

为了对激光接收器进行固定，并保证信号线输出的可靠连接，本书利用 Altium Designer 软件绘制了激光接收器部分的电路原理图与 PCB 板图。加工了双层电路板，用来固定接收器。电路分别由激光接收器、电压比较器以及电压比较器的保护电容、电阻、插针组成。

完成原理图设计后进行 PCB 板图的绘制，根据购买的光电接收器实际封装尺寸创建封装模型，进行位置排布，PCB 图中接收器安装位置与多窄缝固定支架中接收器安装孔的位置相同。在 PCB 板的四个角处预留圆孔进行固定。最后绘制的多窄缝装置 PCB 板图如图 14 - 13 所示。加工 PCB 并焊接相关器件后将电路板安装在保护盒中，再将保护盒安装固定在多窄缝固定支架上，电路板安装后如图 14 - 14 所示。

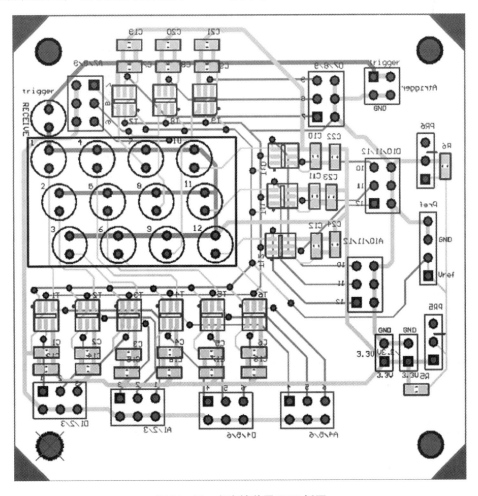

图 14 - 13　多窄缝装置 PCB 板图

图 14 - 14　电路板安装实物图

14.5　高冲击测试 LabVIEW 数据采集处理程序设计

为了实现高冲击测试试验的数据采集与处理工作，本书编写了一套 LabVIEW 数据采集处理程序，该程序针对"空气炮 - 光电靶"高冲击测试系统设计，用来采集光电靶与传感器的输出信号，并对采集信号进行求解，计算传感器的冲击灵敏度。

14.5.1　采集处理程序前面板

高冲实验 LabVIEW 程序主要实现两个功能：

（1）实验数据的采集与存储。

对冲击过程中传感器三个轴向的输出信号以及光电靶测速装置的光电二极管输出信号进行采集，采集长度需要覆盖冲击过程，采样长度与采样率可以进行调整。采集得到的数据存储为 EXCEL 格式进行输出。

（2）传感器冲击灵敏度计算与结果输出。

对采集得到的数据进行读取，显示传感器三轴输出信号波形曲线与光电靶的接收器输出信号曲线。分析光电靶输出信号，计算各段的速度值，使用加速度绝对法与速度改变法两种方法计算被测传感器冲击轴向的灵敏度。完成灵敏度计算后，使用截屏方式将实验结果保存成图像输出。

为了实现这两个功能，通过模块化设计，分别设计了对应的程序模块，并将各个模块进行组合而得到最终的 LabVIEW 程序。

程序前面板设计三个选项卡，分别对应数据采集、数据处理与其他数据显示。其中在数据采集选项卡中包括文件存储目录、文件名、采样率、采样长度、触发方式等信息，实现数据采集存储操作。数据采集结束后会在图表中显示采集得到的传感器信号与光电靶输出信号曲线图，并能够对曲线图实现局部显示、信号翻转、滤波等功能，以对采集得到的信号进行初步观察。前面板的数据采集选项卡如图 14 - 15 所示。

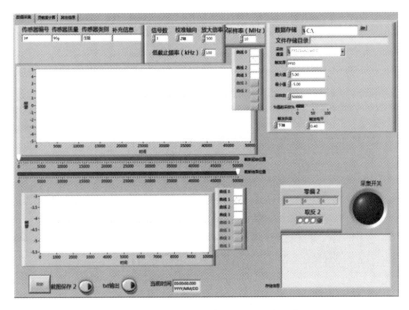

图 14 – 15 前面板的数据采集选项卡

在数据处理选项卡中，设置包括实验数据的采样率、放大倍数、光电靶使用情况等信息后，对采集得到的数据进行读取，读取的信号以曲线图的形式进行显示。通过游标操作选取光电靶中光电接收器输出信号的下降沿，计算出冲击过程中砧体在各段的速度与加速度。采用积分法与加速度绝对法两种方法计算，得出被测传感器冲击轴向的灵敏度，并通过截图保存按键进行截屏输出。前面板的数据采集选项卡如图 14 – 16 所示。

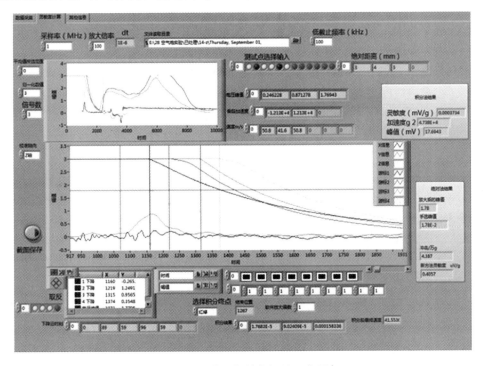

图 14 – 16 前面板的数据处理选项卡

在其他信息选项卡中对一些不常用的信息进行设置，并显示实验完整数据、积分段内波形与速度变化曲线等内容，在需要的情况下进行进一步的查看与设置。前面板中其他信息选项卡如图 14-17 所示。

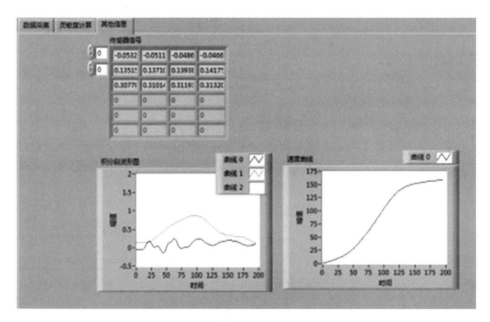

图 14-17　前面板中其他信息选项卡

14.5.2　数据采集存储模块

数据采集存储模块主要实现数据采集、图形显示、实验数据存储三个功能。为实现多通道采样，本书在程序编写中使用 DAQmx 模块。DAQ 即是 Data Acquisition（数据采集），该模块为用户提供了 LabVIEW 与外界硬件进行数据传递的接口，使用方便。在实验中一般使用两个高速多通道数据采集器对 7 路信号进行采样，前 3 路信号为传感器 X、Y、Z 三个轴向的信号输出，后 4 路为光电靶中依次四个接收器的信号输出；采样率一般为 1 MHz，每通道采样长度 10 000。

采样触发方式为下降沿触发，并提前采集 2 000 个数据点，以光电靶第一个接收器的输出作为触发源。采集程序运行后系统便进行循环采样保存 2 000 个数据点，当砧体飞行切割第一测试靶光路，第一个接收器输出电压信号下降时下降沿触发，程序继续采集 8 000 个点，每通道 10 000 个数据采集完成。由此实现较高的采样分别率，采集时间为 10 ms，触发前采集 2 ms，可以完全覆盖冲击实验的全过程。

数据采集结束后通过低通滤波、消除零偏、数据截断等操作对采集得到的数据进行简单处理并在图表中显示。

本模块将采集得到的数据自动存储为 EXCEL 电子表格格式，同时方便处理时更加详细地了解数据信息。本书编写了截屏与 TXT 关键信息输出函数，将实验的采样率、采样长度、存储目录等信息进行保存。DAQmx 数据采集存储模块的工作流程如图 14-18 所示。数据采集存储模块的后面板程序框图如图 14-19 所示。

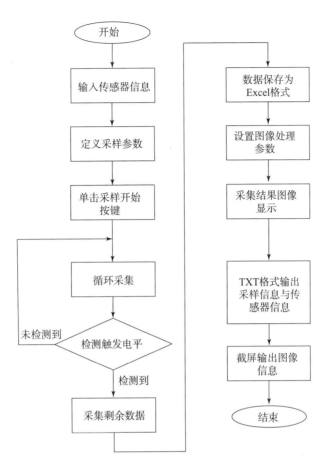

图 14 - 18　DAQmx 数据采集存储模块的工作流程

14.5.3　灵敏度计算与结果输出模块

完成了实验数据采集后需要对采集得到的传感器数据与光电靶输出数据进行处理。传感器灵敏度计算与输出模块依次实现数据读取与图形显示、速度信息计算、灵敏度计算、截图保存四个功能。

对于数据读取与图形显示的程序框图如图 14 - 20 所示，通过读取保存的 Excel 格式文件将文件数据保存为数组，对数据分割成传感器数据与光电靶输出数据。对两类数据分别进行处理：对传感器数据进行零偏消除、低通滤波、数据正负转换等操作；对于光电靶输出数据则对多个光电接收器输出的信号进行缩放，将其高电平信号统一到同一幅值，以方便之后的观察与处理。完成处理后将数据整合到曲线图中，并可对各个通道数据图像进行缩放或隐藏，由此更好地进行数据观察。

在处理过的数据图中创建游标，并通过属性节点设置读取游标的坐标信息，通过拖动游标的方式手动选择光电靶各接收器输出信号的下降时刻，记录下降时刻 t_1、t_2、t_3、$\cdots$，结合实验中使用测试靶的距离 s_1、s_2、s_3、$\cdots$，由此计算出测试靶各段的速度。速度信息计算的程序框图如图 14 - 21 所示。

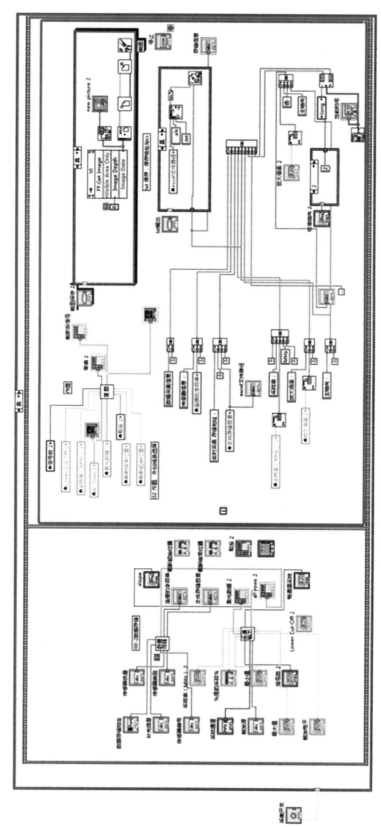

图14-19 数据采集存储模块的后面板程序框图

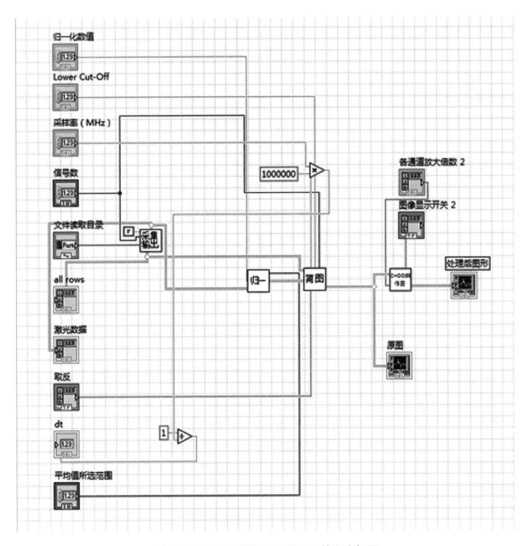

图 14 - 20　数据读取与图形显示的程序框图

　　完成速度计算后，计算传感器冲击轴向信号的面积积分，结合传感器运动的末速度，采用积分法（速度改变法）计算传感器的冲击灵敏度。同时，在传感器信号出现振荡等不良情况时，也可以根据各段速度值计算加速度，采用加速度绝对法的方式计算冲击灵敏度。灵敏度计算的程序框图如图 14 - 22 所示。

　　完成灵敏度计算后，单击"截图保存"按钮进行截屏，把图形信息、速度信息与求得的灵敏度信息保存为图片形式进行输出保存。截屏保存程序框图如图 14 - 23 所示。

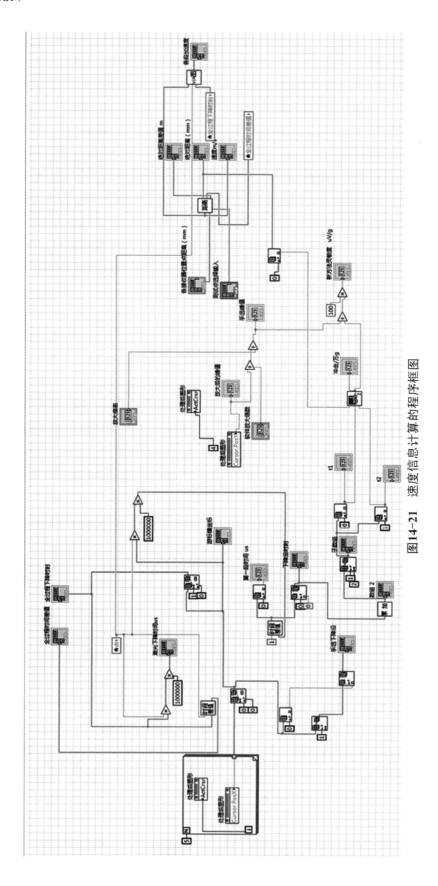

图14-21 速度信息计算的程序框图

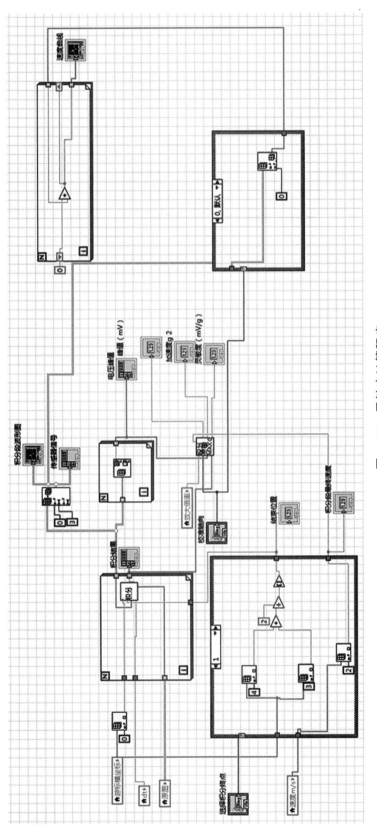

图14-22　灵敏度计算程序

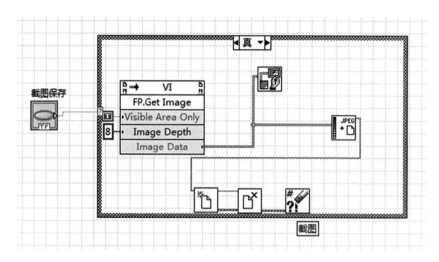

图 14 - 23　截屏保存程序框图

14.5.4　空气炮高冲击测试系统调试

对空气炮、回收装置、多窄缝测试系统、应变仪与 NI 采集装置进行安装。首先对空气炮系统进行调试，对不安装传感器的空砧体进行实验，保证空气炮能够正常运行。

调试光电靶测速装置，调整光电靶的摆放位置，确保第一个测试靶的光线能够贴近安装在止挡盘的砧体尾端，测试采集程序运行后能否顺利触发。

完成空气炮与光电靶的调试后对整个系统进行实验，使用弹丸冲击安装有传感器的砧体。通过 LabVIEW 程序控制数据的采集，并对实验数据进行处理。在实验过程中调整程序中的设置参数与光电靶中测试靶的选用情况。最终保证高冲击实验测试系统能够正常工作，满足设计的要求。

14.6　空气炮高冲击测试实验结果分析

使用空气炮高冲击测试系统对 5 只传感器的 Z 轴向芯片进行了初步冲击测试，测试过程中逐渐增大气压，由此产生不同的冲击加速度。使用积分法计算得到每次冲击实验的冲击加速度峰值，结合每次实验中传感器 Z 轴输出的信号峰值，对数据进行线性拟合计算出传感器的冲击灵敏度。空气炮高冲击测试实验结果如表 14 - 1 所示。

表 14 - 1　空气炮高冲击测试实验结果

传感器编号	实验序号	冲击加速度 /$10^4 g$	Z 向输出峰值 /mV	Z 轴向拟合冲击灵敏度 /$(mV \cdot g^{-1})$
9# - Z	1	3.91	11.47	3.04×10^{-4}
	2	3.30	8.79	
	3	4.26	10.67	
	4	5.57	19.66	

传感器 编号	实验 序号	冲击加速度 /$10^4 g$	Z 向输出峰值 /mV	Z 轴向拟合冲击灵敏度 /(mV·g^{-1})
14# – Z	1	5.29	17.69	3.38×10^{-4}
	2	5.68	18.77	
	3	7.06	24.32	
	4	8.36	28.29	
23# – Z	1	3.85	12.03	3.04×10^{-4}
	2	3.93	11.53	
	3	4.67	14.02	
	4	5.41	16.65	
24# – Z	1	5.61	17.85	3.23×10^{-4}
	2	5.77	15.56	
	3	6.11	19.58	
	4	7.34	26.32	
41# – Z	1	2.01	6.01	2.81×10^{-4}
	2	3.24	8.4	
	3	3.45	9.49	
	4	3.84	11.37	

第 15 章

汽车辅助驾驶双目视觉里程计信息获取技术

15.1 视觉里程计信息获取技术概述

在汽车辅助驾驶中,环境感知作为信息获取的首要环节,处于无人驾驶车辆各部分关键的位置。环境感知包括车辆周围环境态势感知和车辆自身状态感知。车辆自身状态感知包括整车工况和车辆动力、控制系统的状态,以及从卫星定位设备和惯性导航系统得到的车辆位置、速度、加速度、角速度等数据。车辆周围环境态势感知则是通过车辆搭载的大量传感器对车辆周围的可行驶区域、障碍物、三维地形等信息进行获取和理解。如图 15 - 1 所示,无人驾驶车辆上搭载的众多传感器包括视觉传感器(可见光相机、红外相机)、激光雷达、毫米波雷达、惯性导航系统、卫星定位系统、车辆轮速计、方向盘偏角仪、超声波声呐等。

图 15 -1 卡内基·梅隆大学的无人驾驶车辆

在这些传感器中,视觉传感器具有安装使用简单、获取的图像信息量丰富、成本低等特性,目前有很多算法是使用视觉传感器进行环境感知的。单目视觉主要用于行人、车辆、标志物的检测和识别以及道路分割等,双目视觉主要应用于图像立体匹配、深度信息获取、障碍物检测等。

无人车在行驶过程中需要对自身位置进行定位,并对周围环境地图进行重建,单一传感器无法胜任和完成所有感知任务,所以多传感器融合是今后的技术趋势。定位任务可以由卫星定位和惯性导航系统完成,但是卫星信号存在盲区和惯性导航系统的累计误差使得完成长时间精准的定位任务变得困难，基于视觉信息的定位算法可以很好地弥补这些缺陷。同样，对于地图重建来说，激光雷达所采集的仅仅是稀疏的点云图，能够用来做导航用途的稠密点云地图必须依赖深度相机或者双目立体相机来完成。

双目立体全景视觉相较于普通单目和双目视觉，全景视觉视场角度更大，信息量更丰富，使用双目立体视觉可以获得大场景下的深度信息，能够完成大场景下障碍物的检测与定位，在精度、鲁棒性方面都更有优势。全景视觉可以分为单相机旋转式、多相机拼接式、鱼眼相机、反射式。单相机旋转式由于其存在转动结构并且同一时刻观察视野有限已经很少使用。多相机拼接的分辨率高，但是整个系统标定复杂、成本太高、图像拼接困难。鱼眼相机的结构接近普通相机，但是图像畸变较大、镜头可选种类不多且昂贵。反射式相机构造简单、成本低，成像特性由反射面决定，可以衍变多种类型，但标定算法较特殊，调试方法较复杂。近年来对于结合双目立体全景视觉和 SLAM 方向的研究开始起步且内容较少，所以设计并实现双目全景立体视觉以及双目立体全景视觉里程计，将对无人驾驶感知定位具有一定的探索意义。

15.2　汽车辅助驾驶信息获取总体设计

本节介绍无人车驾驶平台（图 15 - 2）的总体组成，对电气部分和网络数据交换等重要部分做出了简要说明，并详细介绍了全景视觉反射镜的设计过程，最终确定了其重要的设计参数。无人车环境感知平台包括无人驾驶车辆和环境感知平台两部分，环境感知平台安装于无人驾驶车辆上，实现了多种传感器数据的采集功能。无人驾驶车辆则为环境感知平台提供载体，向环境感知平台提供电力和数据交换接口。

图 15 - 2　无人车感知平台

15.2.1　汽车辅助驾驶改造架构

无人驾驶车辆是由一辆北汽 EC180 纯电动汽车改造而来，EC180 纯电动汽车的一些参数如表 15 - 1 所示。

表 15 - 1   EC180 电动汽车参数

参数	值
车辆长/mm	3 675
车辆宽/mm	1 630
车辆高/mm	1 518
最大功率/kW	30
最高车速/(km·h⁻¹)	100
电池容量/(kW·h)	20.3
车辆控制接口	CAN 总线

无人驾驶车辆的改造主要是安装车内的供电系统以及数据交换系统。供电系统采用磷酸铁锂动力电池单独供电，与车辆动力电池部分进行隔离，防止对车辆原有电路产生影响。整个供电系统结构如图 15 - 3 所示。

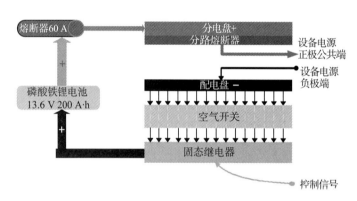

图 15 - 3   整个供电系统结构

磷酸铁锂电池组满容量电压 13.6 V，带载稳定工作电压 13 V，输出截止电压为 11.6 V，在正常工作状态下，经过主熔断器、分路熔断器、固态继电器后的压降为 0.4 V，整个电路在实际工作过程中输出端电压稳定在 12.4 V 左右。由于电路中所有用电设备的供电电压范围均包括 12 V，因此在考虑线路的电阻损耗后，实际输出电压 12.4 V 完全可以满足供电要求。数据交换系统包括各个传感器的数据传输、计算机间的数据交互、各种设备控制接口等，如图 15 - 4 所示。

数据交换系统的核心设备为一台 24 口千兆交换机，负责所有的网络数据交换。在数据交换拓扑图中，主要数据的流向为从传感器到交换机再到计算机。其中所有具有以太网接口的传感器和设备都接入千兆交换机，为数据的源节点，三个计算机节点为数据的终端节点，负责采集和处理数据，三台计算机之间也存在数据交换。高性能计算机为核心计算节点，工控机 1 和 2 为数据采集节点和辅助计算节点。其中工控机 1 是主要的图像数据采集节点，配备了 6 个千兆以太网接口，可以同时采集 6 路相机数据（每个相机带宽为 1 Gbps），同时通过 USB 3.0 接口连接 USB - CAN 转接卡完成一个前毫米波雷达和两个侧后方毫米波雷达的

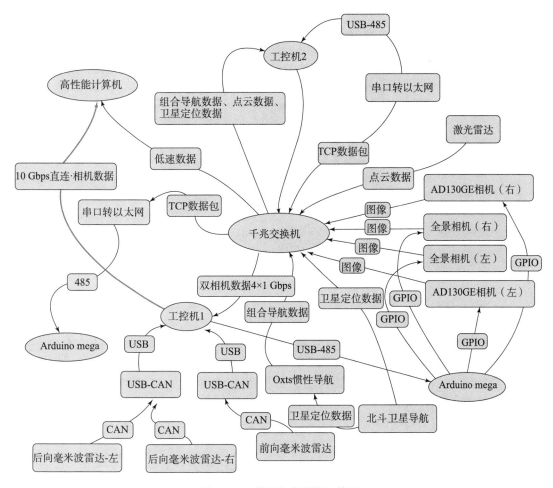

图 15 - 4　数据交换结构拓扑图

数据采集，通过 USB 2.0 接口连接 USB - 485 转接卡完成用于连接惯性导航、各个相机的 Arduino 微控制器与核心节点的数据交换，工控机 1 采集的所有数据都会通过一条 10 Gbps 带宽的光纤通道传输到高性能计算机中。工控机 2 主要完成除相机之外其他传感器的数据采集，包括激光雷达、惯性导航设备、卫星定位设备，采集到的数据经过简单计算处理后通过千兆交换机传输到高性能计算机和工控机 1 中，同时连接控制步进电动机的 Arduino 微控制器设备。高性能计算机为主要的计算节点，接收来自工控机 1 和工控机 2 的数据，并进行运算，通过千兆交换机完成与工控机 1 和工控机 2 的低速数据交换。

15.2.2　汽车辅助驾驶环境感知平台

环境感知平台上安装了包括 Velodyne 64 线激光雷达、全景视觉系统、德尔福毫米波雷达、Oxts Inertia + 惯性导航、北斗卫星定位、结构光相机、ICX694 CCD 双目相机等各种传感器，如图 15 - 5 所示。全景视觉系统安装在平台左右两侧，全景视觉系统之间安装了激光雷达和全景视觉系统的控制箱。这种安装方式充分利用了水平双目立体全景视觉系统的对视的无效区域，减少了全景视觉系统视野被遮挡的面积。

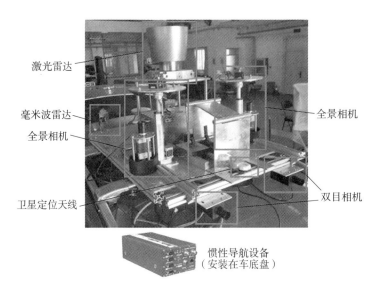

图 15 - 5　环境感知平台

全景视觉系统如图 15 - 6 所示，配有透视镜头的 ICX694 CCD 相机垂直向上安装，反射镜挂载于反射镜圆盘上的一个挂载点上，圆盘上的四个挂载点所在的圆周和 ICX694 CCD 相机的光轴是对准的，反射镜圆盘上方安装有步进电动机，可以控制反射镜圆盘转动从而实现不同型号的反射镜的切换。反射镜圆盘安装在一根电动推杆上，可以在垂直方向上自由移动，实现调节反射镜与 ICX694 CCD 相机的相对位置。位于 ICX694 CCD 侧方的广角相机通过识别反射镜来对反射镜圆盘进行视觉反馈定位，确保系统上电或者切换不同反射镜时反射镜圆盘上的反射镜可以转动到对准 ICX694 CCD 相机的位置上。反射镜挂载圆盘以及反射镜高度调节推杆由位于两个 ICX694 CCD 相机之间的控制箱控制，这个控制箱通过以太网接入千兆交换机，来接收相应的计算机的指令。

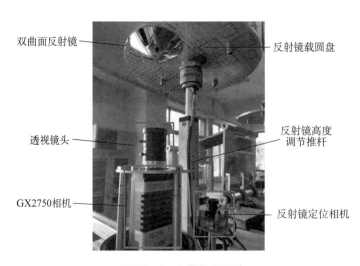

图 15 - 6　全景视觉系统

15.2.3　汽车辅助驾驶硬件配置

环境感知平台采集数据要传输到计算机上进行处理运算，三台计算机完成数据采集、数据处理、主要算法运行任务。这三台计算机按照其任务特点进行了设计，其中工控机 1 主要用来采集多路图像数据，配置如表 15 - 2 所示。

表 15 - 2　工控机 1 参数

CPU	i7 - 370
内存	DDR3 8Gb
硬盘	500G SSD + 4T HDD
网口	2 × 1 Gbps
PCIEx4	PCIE - CAN 卡
PCIE2x16	万兆光纤网卡 2 × 10 Gbps
PCIE3x4	四口千兆网卡 4 × 1 Gbps
USB	USB3. 0 × 4，USB2. 0 × 4

工控机 2 主要用来采集其他低带宽传感器数据，并对数据进行预处理，配置如表 15 - 3 所示。

表 15 - 3　工控机 2 参数

CPU	i7 - 370
内存	DDR3 16Gb
硬盘	500G SSD
网口	2 × 1 Gbps
USB	USB3. 0 × 4，USB2. 0 × 4

高性能计算机主要用来运行各种算法，处理器性能和内存要求高，并且需要从工控机 1 接收相机的数据流，配置如表 15 - 4 所示。

表 15 - 4　高性能计算机参数

CPU	i7 - 8700K
内存	DDR4 16Gb
硬盘	500G nvme
网口	2 × 1 Gbps
PCIEx16	万兆光纤网卡 2 × 10 Gbps
USB	USB3. 0 × 4，USB2. 0 × 4

15.2.4　汽车辅助驾驶系统及网络配置

三台计算机安装 Ubuntu 16. 10 稳定版操作系统，并配置安装各种依赖软件。统一使用

ROS（机器人操作系统）软件框架作为底层应用平台，并配置为多机协同工作。高性能计算机为主节点，工控机 1 通过 10 Gbps 的光纤通道与主节点通信，工控机 2 通过 1 Gbps 的交换机网络和主节点通信。主要的视觉算法运行在高性能计算机上，各传感器的驱动程序运行在工控机 1 上，工控机 2 主要运行惯性导航等其他算法。为了平衡分布数据流量，做到流量均衡，必须对每台计算机的路由表进行编辑，指定网络流量的出口和入口，其网络结构如图 15 - 7 所示。

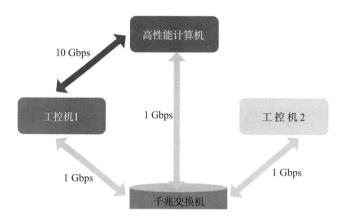

图 15 - 7　三台计算机间网络拓扑结构

15.3　双目立体全景视觉工作原理

在透视变换的对极几何中（图 15 - 8），深度信息是由两幅图像的视差 d 计算出来的。视差是两幅图像中同一环境点在两幅图像中的像素点的坐标差值。对于同一个环境点，与 O_1O_2 的所形成的平面和成像平面所截交出的直线始终是与 x 轴平行的，在左右两幅图像中只有 x 轴方向的坐标值是不同的，根据三角形相似原理 $\Delta P_\text{w}O_1O_2 \sim \Delta P_\text{w}P_{c1}P_{c2}$，深度 z 就可以根据式（15 - 1）计算出来：

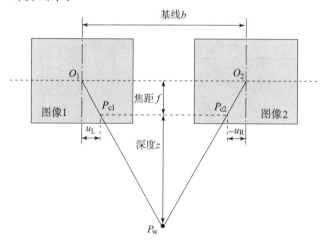

图 15 - 8　透视变换中的对极几何

$$\begin{cases} \dfrac{z-f}{z} = \dfrac{b-u_{\mathrm{L}}+u_{\mathrm{R}}}{b_1} \\[3mm] z = \dfrac{fb_1}{d} \\[2mm] d = u_{\mathrm{L}} - u_{\mathrm{R}} \end{cases} \tag{15-1}$$

图 15 - 9 所示为水平双目全景立体视觉系统坐标系。水平双目构型的双目立体全景视觉系统使用水平排列的两个全景视觉系统，坐标系使用柱坐标系，两个全景视觉系统的双曲面反射镜的上焦点和 x 轴在一条直线上，z 轴向上，角度 φ 以顺时针方向为正满足右手定则。

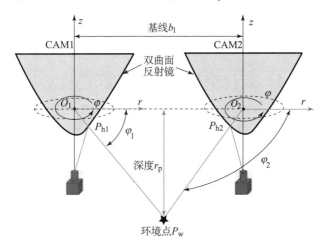

图 15 - 9　水平双目全景立体视觉系统坐标系

不同于普通的透视成像中的对极几何原理及公式推导过程，全景视觉的成像模型和坐标系的定义完全不同，双目全景立体视觉的深度信息推导不能完全使用透视几何中的原理规律，为便于分析将图 15 - 9 中的结构图简化为图 15 - 10。

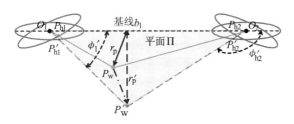

图 15 - 10　全景立体几何

两个全景视觉系统距离为 b_1，在环境中有一点 P_{w}，在全景视觉系统 CAM1、CAM2 的世界坐标为 $P_{\mathrm{w1}} = (r_{\mathrm{w1}};\varphi_{\mathrm{w1}};z_{\mathrm{w1}})$、$P_{\mathrm{w2}} = (r_{\mathrm{w2}};\varphi_{\mathrm{w2}};z_{\mathrm{w2}})$，在双曲面上的投影点分别为 P_{h1}，P_{h2}。

在全景图像上的投影点分别为 P_{i2}，P_{i2}，P_{w} 点到 $O_1 O_2$ 的距离为 r_{p}，$P_{\mathrm{w}} O_1$，$P_{\mathrm{w}} O_2$ 和 CAM1、CAM2 的双曲面的交点分别为 P_{h1}、P_{h2}。平面 $\prod$ 为柱坐标系 x 轴所在平面，且垂直于 z 轴。P_{w} 点在 $\prod$ 平面的投影为 P'_{w}，$P'_{\mathrm{w}} O_1$、$P'_{\mathrm{w}} O_2$ 和 CAM1、CAM2 双曲面的交点分别为 P'_{h1}、P'_{h2}、$P'_{\mathrm{w}} P'_{\mathrm{h1}}$、$P'_{\mathrm{w}} P'_{\mathrm{h2}}$ 与 x 轴夹角分别为 φ'_1、φ'_2。

经过分析推导极坐标系下的方程，最终可以计算出环境点 P_{w} 分别在 CAM1、CAM2 相机坐标系下的空间坐标：

$$CAM1\begin{cases} r_{w1} = b_1 \dfrac{\sin\varphi_{i2}}{\sin(\varphi_{i2} - \varphi_{i1})} \\[3mm] \varphi_{w1} = \varphi_{i1} \\[3mm] z_{w1} = b_1 \dfrac{\sin\varphi_{i2}}{\sin(\varphi_{i2} - \varphi_{i1})} \times \dfrac{-2c - fN}{Nr_{i2}} \end{cases} \qquad (15-2)$$

$$CAM2\begin{cases} r_{w2} = b_1 \dfrac{\sin\varphi_{i2}}{\sin(\varphi_{i2} - \varphi_{i1})} \\[3mm] \varphi_{w1} = \varphi_{i2} \\[3mm] z_{w2} = b_1 \dfrac{\sin\varphi_{i1}}{\sin(\varphi_{i2} - \varphi_{i1})} \times \dfrac{-2c - fN}{Nr_{i1}} \end{cases} \qquad (15-3)$$

15.4　双目全景视觉系统标定及实验

本节对全景视觉系统标定原理、过程和实验验证进行描述，并在单目全景视觉标定完成后的基础上，对全景视觉系统进行了展开。

15.4.1　双目立体全景视觉系统标定原理

在计算双目立体全景视觉系统的立体深度时，两台全景视觉系统是严格按照水平对齐排列的。在实际情况下，因为安装精度等原因，两台全景视觉系统并不会严格地水平对齐，总是存在一定偏差，并且全景视觉系统之间的基线 b_1 也无法通过实际测量得到。因此在使用双目立体全景视觉系统之前需要对其进行标定，确定其相对位置关系和基线长度，标定原理及结构如图 15-11 所示。

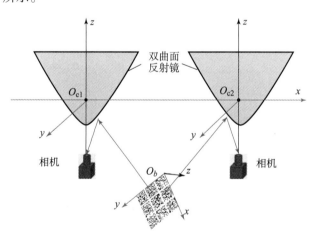

图 15-11　双目立体全景标定原理图

双目立体全景视觉系统标定相较于单目全景视觉系统的标定更加容易，其原理可以参考普通的双目相机标定方法。在对单目全景视觉系统进行标定后，准确的投影关系就可以确定，各种计算机视觉算法也可以正常应用。通过使用第三方视觉检测库 Aruco 来完成对双目立体全景视觉系统的标定工作。Aruco 是一个开源的增强现实库，可以用来完成追踪、识别、定位等计算机视觉任务，本研究主要应用 Aruco 的定位功能。需要注意的是，Aruco 库支持的相机模型不包括全景视觉系统，因此需要对 Aruco 前端的图像检测部分进行修改，将全景图像进行热点区域展开。

双目立体全景视觉系统标定的坐标系关系如图 15 - 12 所示，两个全景视觉系统分别为 CAM1 和 CAM2，由 CAM2 到 CAM1 的姿态变换矩阵为 $\boldsymbol{T}_{c2}^{c1} = \left[\boldsymbol{R}_{c2}^{c1}, \boldsymbol{t}_{c1}^{c1} \right]$，标定板为印有特定 Aruco 图样的平板。两台全景立体视觉系统同时对同一个 Aruco 标定板进行检测识别，得到 $\boldsymbol{T}_{b}^{c1} = \left[\boldsymbol{R}_{b}^{c1}, \boldsymbol{t}_{b}^{c1} \right]$ 和 $\boldsymbol{T}_{b}^{c2} = \left[\boldsymbol{R}_{b}^{c2}, \boldsymbol{t}_{b}^{c2} \right]$，可以得出

$$\begin{cases} \boldsymbol{T}_{c2}^{c1} = \boldsymbol{T}_{b}^{c1} \cdot \boldsymbol{T}_{b}^{c2} \\ \boldsymbol{T}_{c2}^{c1} = \begin{bmatrix} \boldsymbol{R}_{b}^{c1} & \boldsymbol{t}_{b}^{c2} \\ 0 & 1 \end{bmatrix} \cdot \begin{bmatrix} \boldsymbol{R}_{b}^{c2\,\mathrm{T}} & -\boldsymbol{R}_{b}^{c2\,\mathrm{T}} \cdot \boldsymbol{t}_{b}^{c2} \\ 0^{\mathrm{T}} & 1 \end{bmatrix} \end{cases} \tag{15 - 4}$$

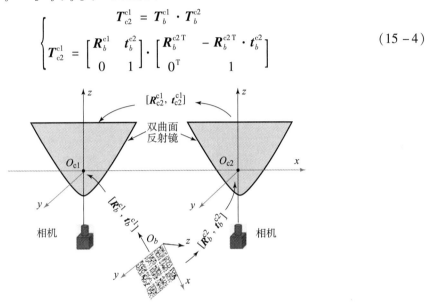

图 15 - 12　双目立体全景标定的坐标系关系

两个全景视觉系统之间姿态变换矩阵计算，重复计算多对双目图像，得出最优 $\boldsymbol{T}_{c2}^{c1}$。$\boldsymbol{T}_{c2}^{c1}$ 是位姿变换矩阵，无法进行加减运算，通过多个计算结果得到最优解。

构造非线性优化问题来求解，设置 $\boldsymbol{P}_{ij}^{c1}$ 为第 i 张图像中第 j 角点在 CAM1 坐标系下坐标，$\boldsymbol{P}_{ij}^{c2}$ 为 CAM2 坐标系下的坐标，根据变换关系：

$$\boldsymbol{T}_{c2}^{c1} \cdot \boldsymbol{P}_{ij}^{c1} = \boldsymbol{P}_{ij}^{c2} \tag{15 - 5}$$

构造优化问题

$$\mathrm{argmin} \boldsymbol{T}_{c2}^{c1} \sum_{i=1}^{n} \sum_{j=1}^{k} \| \boldsymbol{T}_{c2}^{c1} \cdot \boldsymbol{P}_{ij}^{c1} - \boldsymbol{P}_{ij}^{c2} \|_{2}^{2} \tag{15 - 6}$$

式中，$\boldsymbol{P}_{ij}^{c1}$ 和 $\boldsymbol{P}_{ij}^{c2}$ 分别为左右相机观测到的 Aruco 标定板上的角点在各自坐标系下的坐标。为了避免优化过程中旋转矩阵的正交性约束有可能导致优化失败的问题，在实际标定过程中，位姿变换矩阵 $\boldsymbol{T}_{c2}^{c1}$ 中的旋转部分使用四元数来参与优化，在得到最优结果后转换为旋转矩阵。整个标定的算法流程见算法 1。

算法 1 Aruco 估计 Tag 姿态

输入：n 对左右全景图像对

　if i < n then

双目全景图像畸变校正展开

图像预处理，提取 Aruco Tag

if 左右图像同时发现 Aruco Tag then

提取 Aruco Tag 姿态，将 $\sum\limits_{i=1}^{n}\sum\limits_{j=1}^{k}\|T_{c2}^{c1} \cdot P_{ij}^{c1} - P_{ij}^{c2}\|_2^2$ 加入非线性优化方程组

 elsei = i + 1

 end if

else

 MATLAB 求解非线性优化方程组

 if 平均重投影误差小于 ±5 像素 then

 标定成功

 else

  标定失败

 end if

end if

15.4.2　双目标定实验

完成单目全景视觉系统标定后，便可以对水平双目全景视觉系统进行标定。首先搭建标定环境，使用两台全景视觉系统，即一个 Aruco 标定板（图 15 - 13）和一台计算机。

图 15 - 13　Aruco 标定板

两台全景视觉系统预先标定好，对齐安装在同一基座上。Aruco 标定板的尺寸为 1 200 mm × 1 200 mm，使用 ArucoMarkerMap 的图案作为 Aruco Tag 以提高 Aruco 检测算法稳定性。具体标定步骤如下：

（1）同时采集两台全景视觉系统的图像，并保持图像尽量包含 Aruco 标定板，共采集 12 对，如图 15 - 14 所示。

（2）根据全景视觉系统的标定结果以及反向投影变换，将采集到的图像进行局部展开以及畸变校正，经过反向投影变换后得到的全景视觉系统局部展开图像。

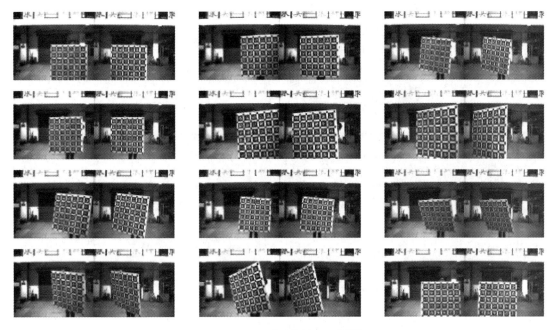

图 15 - 14　同时采集的 12 对图像

（3）分别使用 Aruco 检测算法得出每张图像中 Aruco 标定板的位姿，如图 15 - 15 所示。

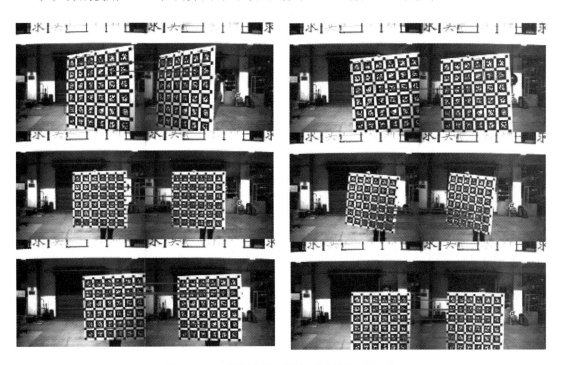

图 15 - 15　提取出的匹配点以及位姿（1~6）

（4）根据每张图像中 Aruco 标定板的位姿计算出标定板上的各角点在当前相机坐标系下的坐标 $\boldsymbol{P}_{ij}^{c1}$ 和 $\boldsymbol{P}_{ij}^{c2}$，如图 15 - 16 所示。

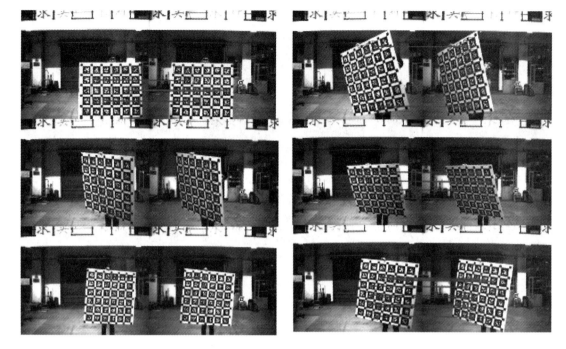

图 15-16　提取出的匹配点以及位姿

（5）构造非线性优化问题，并通过 MATLAB 求解。

（6）计算重投影误差，平均在 10 像素内可以认为标定成功。

经过 MATLAB 计算后，最终得到的标定结果如下：

（1）两台全景视觉系统之间的 T_{c2}^{c1}。

（2）两台全景视觉系统之间的基线长度为 0.64，y 方向上的偏差为 -0.007，z 方向上的偏差为 -0.014。

$$T_{c2}^{c1} = \begin{bmatrix} 0.999 & -0.020 & -0.012 & -0.641 \\ 0.020 & 0.999 & 0.015 & -0.006 \\ 0.011 & -0.016 & 0.999 & -0.013 \\ 0 & 0 & 0 & 1 \end{bmatrix} \qquad (15-7)$$

旋转矩阵对角线上的值接近于 1，这说明两台全景视觉系统之间的姿态关系是基本对齐的，如图 15-17 所示。

为了说明双目标定的准确度，根据计算出来的 T_{c2}^{c1} 将右相机所有标定板中的角点通过 T_{c2}^{c1} 重投影到左相机对应图像中，这些投影点与左相机对应图像中的对应点之间的像素误差代表了对应图像对之间的标定误差。为了更好地说明标定结果，计算重投影误差时不仅使用了用来标定 12 对图像，还另外从没有参与的图像对中选择了 52 对，共 64 对图像参与重投影误差的计算。最终 64 对图像重投影误差如图 15-18 所示，camera index 代表图像对的序号，一共 64 对。图 15-18（a）所示为 64 对图像对的投影位置分布，坐标单位为像素。图 15-18（b）所示为 64 对图像平均重投影误差的叠加图，可以看出 64 对图像，每一对图像的重投影误差的 y 方向都在 ± 5 个像素内，x 方向大部分都在 ± 5 个像素内，可以认为标定结果有效。

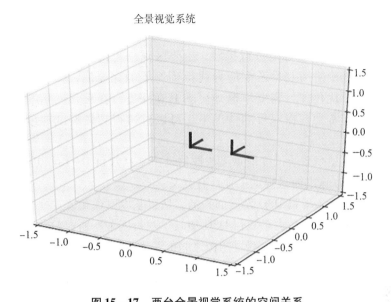

图 15 - 17　两台全景视觉系统的空间关系

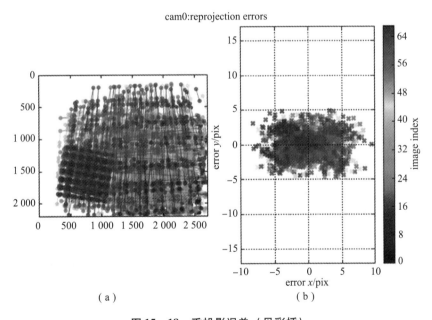

（a）　　　　　　　　　　　　（b）

图 15 - 18　重投影误差（见彩插）

15.5　双目立体全景视觉里程计设计与实验验证

基于双目立体全景视觉系统的数学模型，对其实现了双目立体视觉系统的 DSO 视觉里程计感知定位功能以及双目全景 DSO 感知定位。

15. 5. 1 视觉里程计原理

双目 DSO 是在 DSO 的基础上进行扩展，主要区别是初始化的过程不再需要单目 DSO 中的随机初始化，直接使用双目匹配的方式得到初始的深度值，并且当一个关键帧内的点加入到窗口内进行优化前，需要不断地更新其逆深度。在单目的情况下，深度信息的初始值随机，方差非常大；在双目的情况下，可以直接得到较好的深度估计，提高跟踪的精度。

在单目 DSO 中，整个系统尺度信息无法被估计出来；双目 DSO 可以通过固定基线长度得出绝对的尺度信息，这也使得视觉里程计有意义。

由于双目 DSO 是基于单目 DSO 发展而来的，所以基本原理和公式推导与单目 DSO 基本相同。不同于单目 DSO 的是，由于双目 DSO 加入了双目匹配，所以整体的能量函数相对于单目 DSO 增加了双目匹配误差项，双目图像之间的匹配误差残差项表示为

$$r_k^s = I_i^R \big[p'(T_{ij}, d, c) \big] - b_i^R \frac{\mathrm{e}^{a_i^R}}{\mathrm{e}^{a_i^L}} (I_i[p] - b_i^L) \qquad (15-8)$$

双目匹配的能量函数为

$$E_{is}^P = w_p \cdot \left\| I_i^R \big[p'(T_{ij}, d, c) \big] - b_i^R \frac{\mathrm{e}^{a_i^R}}{\mathrm{e}^{a_i^L}} (I_i[p] - b_i^L) \right\| \qquad (15-9)$$

式中，p' 为 p 点根据逆深度 d_p 经过投影变换后得到的点；$\|\cdot\|$ 表示 Huber 函数，目的是防止残差的能量函数随光度误差增长过快；T_{ij} 表示左相机到右相机之间位置变换关系；d 为基线长度；c 为相机内参（左右相机内参式相同）。

适用于双目 DSO 的整体能量函数：

$$E = \sum_{i \in F} \sum_{p \in P_i} \Big(\sum_{j \in \mathrm{obs}^t(p)} E_{ij}^P + \lambda E_{is}^P \Big) \qquad (15-10)$$

式中，E_{is}^P 为双目匹配误差能量函数；λ 为平衡系数，用来调整在单目 DSO 中的能量函数和新加入的双目匹配误差能量函数之间的关系。

图 15-19 所示为双目 DSO 因子图，最下面方框代表 4 帧关键帧，最上面的椭圆代表观测到 5 个地图点，每一个能量函数表示为中间小方块，且都关联了一个地图点和两个关键帧，蓝色的线代表来自关键帧约束，红色线左右双目相机之间约束，灰色的线表示来自观测到地图点的关键帧的约束。

推导双目 DSO 使用的是普通的透视相机，为能够适应本研究中设计的双目立体全景视觉系统，需要对双目 DSO 进行部分修改，将透视相机模型扩展到全景模型上。其中光度标定与相机模型无关，只与图像中像素点的位置有关，因此直接对全景图像进行光度标定，并将经过修正的图像传递给后端。

E_{ij}^P 需要进行修改。E_{ij}^P 中 p' 点的投影变换方法需要改为全景视觉系统中方法，为了得到正确的变换结果，需要将其替换为在全景视觉系统模型下的正向变换关系 $\Omega(\cdot)$ 和反向变换关系 $\Lambda(\cdot)$：

$$p' = \Omega_c \big[R\Lambda_c(p, d_p) + t \big] \qquad (15-11)$$

$$\begin{bmatrix} R & t \\ 0 & 1 \end{bmatrix} := T_j T_i^{-1} \qquad (15-12)$$

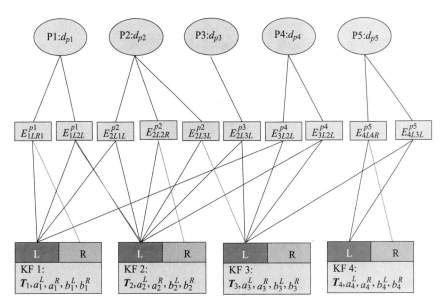

图 15 – 19　双目 DSO 因子图（见彩插）

对经过修改的整体能量函数进行优化求解即可得到最终的位置变换关系。和单目 DSO 相同，随着时间变化，算法将在一个窗口内对关键帧进行联合优化，最终得到优化后的轨迹。

15.5.2　视觉里程计实验

使用双目立体全景视觉系统进行实验，得到实际轨迹，并与无人驾驶车辆感知平台上其他传感器的数据进行对比，如表 15 – 5 所示。

表 15 – 5　公开数据集测试方案

数据集　　　　相机数目 相机类型	单目	双目
宽视场	Kitti	Kitti
窄视场	Kitti	Kitti

因为并没有反射式全景视觉系统的数据集公开，而对于全景视觉系统来说，和普通相机的主要差异在于视场角的不同，因此在这一部分使用具有宽视场角相机的数据集进行评测，通过对比单目和双目情况下，宽视场角和窄视场角（为保持场景一致性，对宽视场角图像进行裁剪）下算法运行效果，如图 15 – 20 所示。

公开数据集测试部分使用 Kitti 的 OdomGray 数据集实验方案分别进行测试。Kitti 数据集是由德国卡尔斯鲁厄理工学院和丰田美国技术研究院联合创办，是目前国际上最大的自动驾驶场景下的计算机视觉算法评测数据集。其数据采集平台使用 2 个黑白相机（PointGray Flea2）、2 个彩色相机（PointGray Flea2）、一个 64 线激光雷达（Velodyne 64E）、一个卫星

图 15 - 20　宽视场角和窄视场角场景示例

定位（L1/L2 RTK）与组合惯性导航设备（OXTSRT3003），激光雷达以及所有的相机都通过 GPS 接收机进行精确的时间同步；Oxts 惯性导航设备通过接收 GPS 的定位信息，融合自身的 IMU 后输出与 GPS 数据同步的导航信息，确保所有的传感器数据都是同步的，并且配备了磁盘阵列用来存储所有传感器的数据，如图 15 - 21 所示。

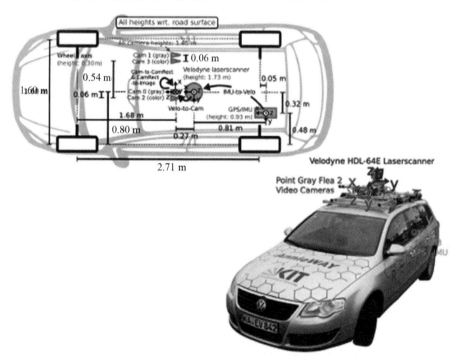

图 15 - 21　车辆采集平台

测试数据选择 OdomGray - 00（图 15 - 22），共有 4 541 对双目图像，在单目测试时只使用左相机的数据，数据内部包含了由高精度组合导航设备获取的位置点，作为车辆行驶的轨迹真值，统一称为 GroundTruth。

使用双目 DSO 算法对全分辨率 OdomGray - 00 数据集和经过裁剪的 OdomGray - 00 数据集进行测试。

图 15 – 22　Kitti Odom Gray00 数据集

1. 全分辨率和半分辨率 *XZ* 方向上轨迹图

双目 DSO 由于引入了双目立体匹配技术，基线长度为系统提供了一个绝对的尺度信息，算法的运行轨迹也就可以和 GroundTruth 进行对比分析。如图 15 – 23 所示，黑色虚线为 GroundTruth，蓝色实线为使用全分辨率图像运行算法的结果，绿色实线为使用半分辨率图像

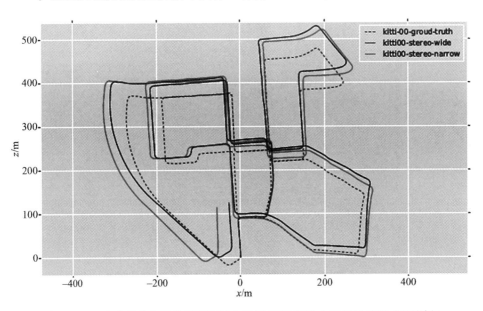

图 15 – 23　全分辨率与半分辨率图像在双目 DSO 算法上运行轨迹图（见彩插）

的结果。可以看出，相较于单目 DSO，全分辨率的双目 DSO 的运行轨迹可以接近闭合，受益于大视场角的影响，在一帧图像内可以同时观测到更多的地图点，同时在处理剧烈旋转等场景时，超宽的视场角可以在较长时刻内跟踪地图点，不会因为视野范围有限导致地图点过快地从视野中移出，从而可以获得更加稳定的定位效果。

2. 全分辨率和半分辨率 *XYZ* 方向上误差图（图 15 - 24）

应用双目视觉后，宽视场角的图像产生的蓝色轨迹相比绿色的半分辨率的图像产生的轨迹更好，双目立体相机的性能要远好于单目相机。相机种类相同的情况下，在直接法中使用宽视场角的图像所生成的轨迹更加贴近真实值，准确度更高。

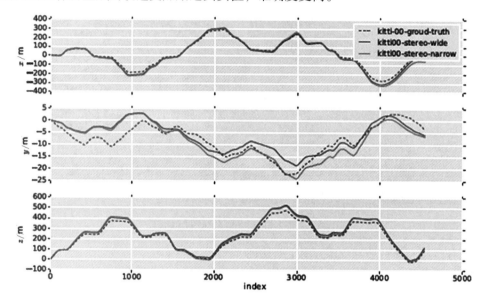

图 15 - 24 *XYZ* 方向误差图（见彩插）

第 16 章
高分辨图像传感器信息获取技术

16.1 图像信息获取技术概述

图像作为人类感知世界的视觉基础，既是信息传输的主要载体，也是人类获取信息、传递信息以及表达信息的重要手段之一。研究表明，人类所获取信息的 70% 以上都来自于视觉，因此，周围景物在视网膜上的映像是人类最有效和最重要的信息获取形式。同时，通过视觉获取的视频图像信息往往比通过听觉获取的音频信息具有更大的信息量，"百闻不如一见"便是十分形象的例子。换句话说，人类是在对自己双眼所观察到的世界进行仔细的思考和缜密的分析之后，才用自己的聪明才智推动了科技的进步，同时推动了整个世界的发展。正是由于图像给人类提供直观信息的特点，使得图像处理技术随着计算机技术、多媒体技术的飞速发展而迎来了自身高速发展的新时代。

一个完整的视觉系统，一般由光学成像系统、图像信息获取前端、图像处理系统组成。光学成像系统主要应用光学技术，把来自目标的光学信息经过折射、反射等成像于图像信息获取系统传感器的感光面上。图像处理系统主要对来自图像信息获取系统的图像数据进行图像处理，如图像拼接、图像存储、特征域提取、图像编码等。图像信息获取前端的主要功能是：利用图像传感器完成目标信息由光信号到电信号的光电转换；通过驱动将信号电荷传输到图像传感器；对该信号电荷进行预处理；将预处理后的数据传输给后端的图像处理系统。

随着各类视觉系统应用和高清图像质量的需求，高分辨率图像传感器越来越多地被使用，高分辨率图像传感器带来了数据量较大和同步复杂等一系列问题。为满足视觉系统的实时性与可靠性，设计合适的高分辨率图像信息获取前端具有重要的实用意义，可以广泛应用于全景视觉成像、安全监控、工业测试等领域。

16.1.1 CMOS 与 CCD 图像传感器分析

CCD 图像传感器由贝尔实验室（AT&T Bell Labs）的 Willard Boyle 和 George E. Smith 于 1969 年发明。各类 CMOS 图像传感器则主要在 20 世纪 80 年代末至 90 年代初实现了理论与技术的完善。CMOS 图像传感器分为像素具有信号放大功能的 APS（Active Pixel Sensor，有源像素传感器），以及像素不具备信号放大功能的 PPS（Passive Pixel Sensor，无源像素传感器）。目前绝大部分的 CMOS 图像传感器属于有源像素传感器，因此本章讨论的 CMOS 传感器均指 APS 型 CMOS 图像传感器。

CCD 图像传感器与 CMOS 图像传感器的光电转换原理基本相同，两者的主要区别在于制造工艺方面：尽管都是基于 MOS 构造，但是 CCD 图像传感器使用的是以光电二极管和

CCD 为核心的特有构造，而 CMOS 图像传感器则大多使用基于 DMOS LSI 的标准制造工艺。两种制造工艺方面的差异主要是由于 CCD 图像传感器与 CMOS 图像传感器在构成方面采用了不同的思路。CCD 图像传感器的像素在完成光电转换后，信号电荷在驱动电路驱动下依次转移到输出端，并在输出端的 FD 放大器中完成信号放大与输出。CMOS 传感器则将放大器集成在每个像素单元中，每个像素完成光电转换后的信号电荷经过集成在像素中的放大器放大后，经扫描电路的驱动完成信号输出，且在输出前通常由集成在传感器内的 A/D 转换器完成了图像信号的 A/D 转换。两者的结构框架分别如图 16-1 和图 16-2 所示。

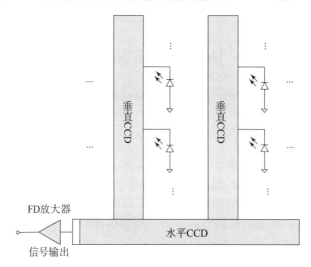

图 16-1   CCD 图像传感器结构框架

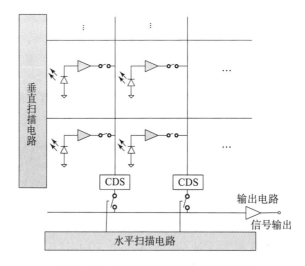

图 16-2   CMOS 图像传感器结构框架

CCD 图像传感器与 CMOS 图像传感器经历了交替赶超的发展过程。早在 CCD 图像传感器发明前，可被视为 CMOS 图像传感器前身的 APS 就已经诞生。CCD 图像传感器发明并实用化后逐渐成为图像传感器主流，而近年来 CMOS 图像传感器获得高速发展并大有取代 CCD 之势。CCD 图像传感器与 CMOS 图像传感器在性能运用方面存在不同的特性，主要表现在以下几方面。

（1）感光度：CMOS 图像传感器在感光度上不如 CCD 图像传感器。其原因主要是 CMOS 图像传感器采用的 CMOS LSI 制造工艺难以达到光电二极管的最优化，而 CCD 图像传感器在几十年的发展过程中在感光度方面积累了比较成熟的技术。

（2）信噪比：影响图像传感器信噪比的主要因素为图像传感器内放大器的性能。对于 CCD 图像传感器，每个像素的电荷信息通过传感器边缘的同一个 FD 放大器进行放大，噪声主要取决于 FD 放大器；而对于 CMOS 图像传感器，每个像素单元的光电二极管都经过像素内集成的放大器进行放大，因此噪声主要取决于晶体管性能。由于 CMOS 图像传感器不同像素内放大器性能无法完全一致，并且采用 CMOS LSI 制造工艺的 CMOS 图像传感器暗电流大于采用专用制造技术的 CCD 图像传感器，因此 CCD 图像传感器的信噪比优于 CMOS 图像传感器。

（3）漏光：CCD 图像传感器在信号电荷转移期间，由于入射光线反射、衍射产生光电转换、扩散电流、遮光部分光穿透等原因，在理论上比较容易产生漏光，进而产生噪声并影响成像质量。而 CMOS 图像传感器的结构，保证了其难以产生漏光现象，漏光影响可以忽略。

（4）动态范围：CCD 图像传感器的光电二极管占有率较高，且信噪比高于 CMOS 图像传感器，因此具有较大的动态范围。而 CMOS 图像传感器容易发生混色问题，限制了其动态范围。

（5）分辨率：CMOS 图像传感器的像素结构较为复杂。尽管 CMOS 图像传感器的芯片集成度较高，但其每个像素的尺寸仍大于 CCD 图像传感器的像素尺寸。因此在传感器尺寸相同的情况下，CCD 图像传感器的分辨率高于 CMOS 图像传感器。

（6）电源与功耗：CCD 图像传感器所需的电源较为复杂，一般来讲，为准确驱动信号电荷进行转移，需要用到 V_H、V_M、V_L 三种电平，其所需的电源数量较多，电源电路复杂；而 CMOS 图像传感器一般只需一种电源即可。在功耗方面，CCD 图像传感器的驱动电路与 FD 放大器上均需要施加较高的电压，因此功耗高于 CMOS 传感器。

综上所述，CCD 图像传感器与 CMOS 图像传感器在特性与使用上各有特色。尽管 CMOS 图像传感器在集成度、功耗、防漏光等方面相比 CCD 图像传感器有比较明显的优势，但在动态范围、分辨率、信噪比、感光度等方面与 CCD 图像传感器仍存在一定的差距。尽管 CMOS 图像传感器近几年高速发展，在大部分性能上与 CCD 图像传感器的差距正在快速缩小，但综合系统各方面考虑，本系统选用 CCD 图像传感器。

16.1.2　CCD 图像传感器的工作原理

图像传感器的基本功能是完成拍摄对象的"摄像"表现，即通过感光面受光、信号的读出传输等步骤，完成图像信号的取出。而具体到 CCD 图像传感器，可以分为四个基本动作：光电转换、电荷存储、电荷转移、电荷检测。

1. 光电转换

半导体材料吸收光，将光子的能量转换为电能。对于光的吸收过程，CCD 图像传感器使用的单晶硅半导体材料无法在表面将光线完全吸收转化，因此在半导体材料内同样存在光的吸收过程。以材料表面为坐标零点，垂直于材料表面向下的方向为 x 轴，则光强度的变化

公式为

$$dI = -aIdx \tag{16-1}$$

式中，I 为坐标为 x 处的光强；a 为光的吸收系数。若半导体材料表面的光强度为 I_0，则利用指数表示光强度在深度 x 时的值为

$$I = I_0 e^{-ax} \tag{16-2}$$

对于 CCD 传感器的一个像素单元，其受光面积 A 并不等于像素单元的面积 A_p。在每个像素的垂直 CCD 部分，存在铝遮光膜，可以将照射在垂直 CCD 上的光全部反射，而铝遮光膜在光电二极管上存在开口。经过该开口的光，在除去被保护膜吸收与反射成分、开口便于衍射和散射部分、穿透二极管成分等无效成分后，剩余的有效成分在光电二极管上进行光电转换。铝遮光膜开口面积与像素面积之比称为开口率，是评价 CCD 图像传感器的感光度的重要指标，其公式为

$$\eta = \frac{A}{A_p} \times 100\% \tag{16-3}$$

CCD 图像传感器产生的特有漏光现象主要产生于光电转换过程。对于典型的 CCD 图像传感器像素结构，产生漏光的原因有：

（1）光电二极管周围部分发生了光电转换；

（2）铝遮光膜开口边缘部分的反射与衍射；

（3）光电二极管 P 型区内的扩散电流；

（4）铝遮光膜被光穿透。

评价漏光程度的漏光抑制比与光源信号量和漏光信号量有关，漏光抑制比一般使用分贝（dB）为单位，其公式为

$$\varepsilon_s = 20 \cdot \lg\left(\frac{S_{mr}}{S_{ig}}\right) \tag{16-4}$$

式中，S_{mr} 为漏光信号量；S_{ig} 为光源信号量。

2. 电荷存储

半导体材料中信号电荷的载流子可以是带正电的空穴（hole），也可以是带负电的导带自由电子（electron）。一般来讲，CCD 图像传感器利用的信号电荷载流子为带负电的电子，具有被正向电压（高电势）所吸引的性质。因此可以在像素结构内，采用制造出高于周围电势的高电势阱的方法来存储光电转换得到的信号电荷，直到传感器完成电荷的转移动作。

以表面型 MOS 电容器为例，其存储原理如图 16 - 3 所示。由金属材料构成的表面电极被施加了正电压，由 Si 材料构成的半导体基板的底部接地。受此电势差的影响，半导体基板表面中位于金属电极下部区域的电势将增高。基板表面的该高电势区域被周围的低电势区域包围，从而形成了可以存储带负电电子的电势阱。由于半导体基板与金属表面电极之间存在绝缘层（多为氧化物，又称氧化物层），经过光电转换产生的信号电荷无法流向金属表面电极，从而存储在该电势阱内。信号电荷在表面型 MOS 电容器上的存储，将降低电容器的表面电势，该变化的近似公式为

$$\Delta \Psi_S \approx \frac{Q_S}{C_{OX} + C_D} \tag{16-5}$$

式中，$\Delta \Psi_S$ 为存储信号电荷的表面电势；Q_S 为信号电荷的电荷量；C_{OX} 为金属表面电极到基

板表面的等效电容；C_D 为基板表面到基板底部接地端的等效电容。

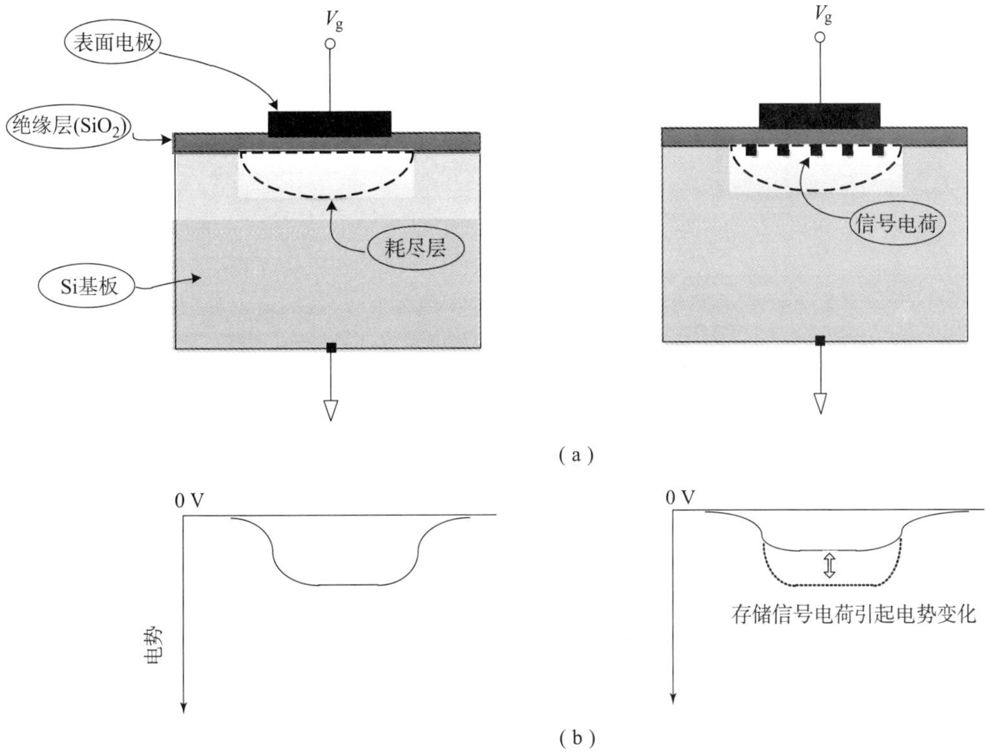

(a)

(b)

图 16 - 3 信号电荷存储原理

（a）MOS 电容器；（b）表面电荷分布图

3. 电荷转移

图 16 - 4 所示为三相 CCD 的电荷转移原理。加载在 MOS 电容器金属表面电极的两种电压中，高电压为 V_H，低电压为 V_L。在零时刻，信号电荷存储在相位为 Φ_1 的 MOS 电容器下的电势阱中，如图 16 - 4（a）所示。当 Φ_2 的电势由 V_L 升高到 V_H 时，相位为 Φ_1 与 Φ_2 的相邻 MOS 电容器的电势阱逐渐融合，部分信号电荷由 Φ_1 电势阱向 Φ_2 电势阱移动，如图 16 - 4（b）所示。在相位为 Φ_1 与 Φ_2 的 MOS 电容器上金属表面电极的加载电压完全相同时，信号电荷均匀分布在由 Φ_1 和 Φ_2 形成的大电势阱中，如图 16 - 4（c）所示。一段时间之后，Φ_1 的电势由 V_H 降低为 V_L，使得 Φ_1 电势阱逐渐消失，迫使电势阱内的信号电荷向 Φ_2 电势阱内移动，如图 16 - 4（d）所示。当 Φ_1 的电势完全变为 V_L 时，Φ_1 下的电势阱消失，信号电荷完全传输到了 Φ_2 下的电势阱中，如图 16 - 4（e）所示。对比图 16 - 4（a）与图 16 - 4（e）可以发现，通过相位上电势按照一定的时序进行改变可以实现电势阱与信号电荷移动。

根据相位数量的多少，CCD 图像传感器可以分为二相 CCD、三相 CCD 和四相 CCD 等。一般来讲相位数越多，CCD 可以转移的电荷量越大。但 CCD 相位数量的增多，可能会降低 CCD 图像传感器内信号电荷的传输速度。值得注意的是，由于 CCD 电荷转移原理要求在 MOS 电容器的金属表面电极上施加至少两种偏置电压（V_H、V_L），且为保证转移效率，偏置电压的电势一般差别较大，同时系统的功耗较高，这些原因造成了 CCD 图像传感器的供电系统较为复杂。

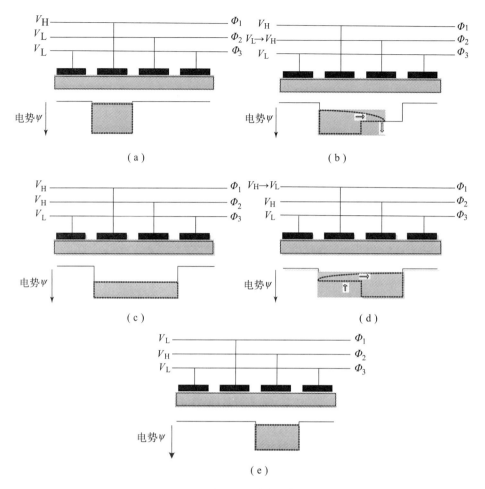

图 16 – 4 三相 CCD 的电荷转移原理

对于一维排布的线阵 CCD 图像传感器，按照上文所述的电荷转移原理即可依次完成各像素单元内信号电荷的传输转移；而对于二维排布的面阵 CCD 图像传感器，二维分布的像素单元中信号电荷的传输转移方式较为复杂。典型的面阵 CCD 图像传感器转移方式有三种：帧转移（Frame Transfer，FT）方式，行间转移（Interline Transfer，IT）方式，帧行间转移（Frame Interline Transfer，FIT）方式。

目前常用转移方式为行间转移方式，其原理如图 16 – 5 所示，像素结构由光电二极管与垂直 CCD 组成，其电荷转移分为由光电二极管向垂直 CCD 读出转移、在垂直 CCD 内逐行移动到水平 CCD 内的垂直转移、以及在水平 CCD 内逐一向 FD 放大器内传输的水平转移三个转移动作。帧转移方式在早期研究时使用较多，由于其像素结构仅包含分离的垂直 CCD，且必须具有和摄影区域相等面积的存储区域，因此具有感光度差、易产生漏光、面积利用率低等缺点，实用性不高。采用帧行间转移方式 CCD 图像传感器像素结构与采用行间转移的 CCD 图像传感器基本相同，但其在摄影区域与水平 CCD 之间存在存储区。在转移动作上，较之于行间转移方式，帧行间转移方式在读出转移与垂直转移（线转移）之间存在将信号电荷从摄影区传输到存储区的帧转移。采用这种转移方式的图像传感器尺寸较大但可以有效防止漏光，一般应用于要求漏光噪声小的专业摄影领域。

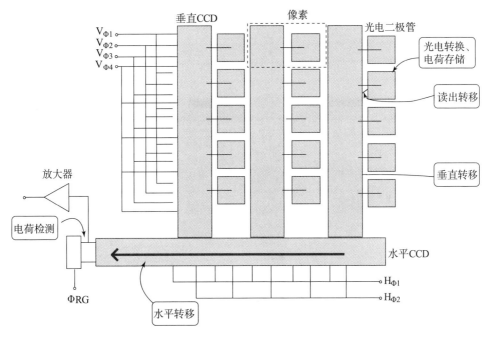

图 16 – 5　CCD 工作原理示意图

4. 电荷检测

电荷检测的作用主要是将信号电荷转换成电信号。根据输出方式的不同，可以分为电流与电压两大类，而电压类中又可分为浮置扩散放大器（Floating Diffusion Amplifier，FDA）与浮置栅极放大器（Floating Gate Amplifier，FGA）两种方式。由于几乎所有 CCD 图像传感器使用的都是浮置扩散放大器方式，因此以浮置放大器为例说明电荷检测的原理。

电荷检测所使用的方法是将信号电荷转换为电容器两端的电压变化。电容器两端的电压变化与信号电荷的电荷量成正比，与该电容器的电容成反比，表示为

$$\Delta V_{\mathrm{FD}} = \frac{Q}{C_{\mathrm{FD}}} \tag{16 – 6}$$

式中，ΔV_{FD} 表示电容两端电压变化量；Q 表示传输来的信号电荷量；C_{FD} 表示电容。该电压变化，水平 CCD 末端的 PN 结二极管在施加逆向偏压的情况下，其 N 端处于浮置扩散（Floating Diffusion，FD）状态，实现了进行信号电荷转换为电压变化的电容的功能。

CCD 图像传感器的电荷检测原理如图 16 – 6 所示，通过相位上电势有规律的变换而驱动电势阱的移动，将电势阱中的信号电荷传输到该二极管上。信号电荷在等效电容 C_{FD} 上引起电容两端电压 V_{FD} 的变化，该电压经过缓冲放大器进行放大后，得到传感器的输出电压 V_{out}。为进行信号电荷的连续检测，在上一个像素的信号电荷完成检测后，必须对 FD 上的电压进行复位，以保证对每个电荷进行检测前 FD 上的基准电压相同。在进行复位动作时，复位栅（Reset Gate，RG）开启，从而使 FD 上的电压与复位漏极（Reset Drain，RD）上的复位电压 V_{FD} 相等，从而将 FD 复位回基准电压。

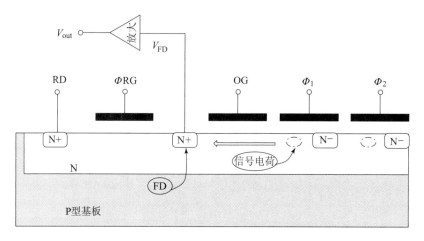

图 16 - 6　CCD 图像传感器的电荷检测原理

16.2　高分辨图像信息获取前端总体设计

16.2.1　设计要求

图像信息获取前端属于传感器图像数据传输技术的应用范畴，主要为后端嵌入式图像处理系统提供高分辨率、高灵敏的图像信息。基于以上目的，提出以下设计要求：

（1）图像分辨率：大于 6 Mb；
（2）驱动方式：可调；
（3）灵敏度：典型值不高于 3 000 mV；
（4）输出格式：RAW 格式；
（5）输出接口：FFC 接口。

16.2.2　系统总体框架结构

图像信息获取前端一般由光学系统、视觉图像传感器、传感器驱动系统、图像数据预处理系统和输出显示接口等子系统组成，其总体框架如图 16 - 7 所示。

光学系统的主要作用，是通过透镜组（lens）等光学元件，把来自目标的光线通过折射或反射等投影到视觉图像传感器的感光表面。视觉图像传感器的作用是将经由光学系统成像在感光表面的光学信号，通过光电转换为电荷信号，并在传感器驱动系统的驱动与同步下将电信号转移输出。图像数据预处理系统的主要作用是对视觉图像传感器输出的电信号进行初步处理，如噪声抑制、采样、A/D 转换等，并按照后端系统的不同需要，将预处理后的图像数据按照相应硬件接口进行输出显示。

图像数据的传输，指的是经过光电转换得到的图像信号数据，以选定的接口格式输出到采集前端系统之外的过程。本章设计的采集前端系统，图像数据传输的内容包含：

（1）图像数据在图像传感器内的传输。

将图像传感器通过光电转换得到的信号电荷，经过外部驱动电路的驱动完成信号转移

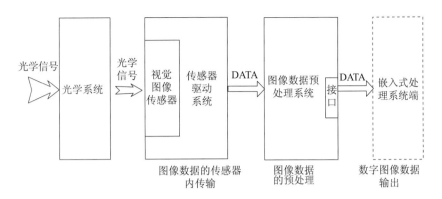

图 16 - 7　图像信息获取前端总体框架

和检测，最终传输到芯片外得到图像传感器的输出，即图像传感器的电荷转移和芯片驱动。

（2）图像数据的预处理。

CCD 图像传感器的输出信号一般是三阶梯型的模拟信号，而后端的嵌入式或 PC 端图像处理系统只能对数字信号进行处理，因此在下一步传输前需要对 CCD 图像传感器的输出信号进行预处理。图像数据的预处理主要包括对 CCD 输出信号进行相关双采样、VGA 放大以及 A/D 转换等。

（3）数字图像数据输出。

通过图像数据预处理得到的数字图像数据，按照后端图像处理系统的需求，进行数据封装、时序同步，并按照一定的硬件接口完成数据输出。

16. 2. 3　ICX694ALG 图像传感器工作原理

综合考虑系统要求与图像传感器工作原理，本系统选用 Sony 公司的面阵 CCD 芯片 ICX694ALG 图像传感器。该型 CCD 图像传感器具有灵敏度高、分辨率高和驱动方式灵活等特点。其主要参数性能如下：

（1）芯片尺寸：对角线 15.99 mm。

（2）像素数量：总像素 2 838 H×2 224 V（约 6.31 M 像素）；

有效像素 2758 H×2 208 V（约 6.09 M 像素）。

（3）转移方式：逐行扫描，行间转移方式。

（4）像素尺寸：4.54 μm（H）×4.54 μm（V）。

（5）暗像元：水平方向：每通道前 40 像素；

垂直方向：每通道前 8 像素。

（6）水平驱动频率：最高 54 MHz。

（7）帧率可调。依据输出方式不同，有 7.5、13、15、25 等多种帧率。

ICX694ALG 属于四通道爆发式的黑白图像传感器，其结构如图 16 - 8 所示。芯片灵敏度典型值为 1 000 mV，其相对灵敏度曲线如图 16 - 9 所示。芯片的饱和信号最小值为 800 mV；漏光（Smear，又称弥散）典型值为 - 110 dB，最小值为 - 100 dB，因此具有高灵敏度和抗弥散的特点。

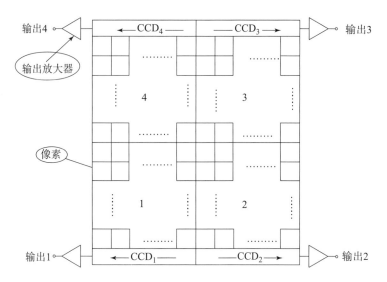

图 16-8　四通道爆发式图像传感器结构

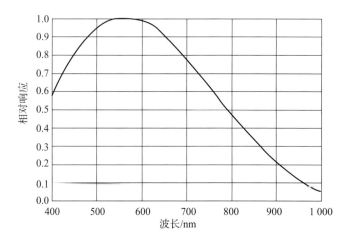

图 16-9　ICX694ALG 芯片相对灵敏度

ICX694ALG 的芯片结构如图 16-10 所示。由于芯片为四通道爆发式 CCD 图像传感器，因此四个通道需要各自进行驱动脉冲。对于该芯片的 68 个引脚，从引脚功能上大致可以分为四个组，每个组分别驱动图像传感器的一个通道。每个通道的驱动组，包含了 4 个垂直驱动的引脚：$V_{\Phi1XX}$，$V_{\Phi2XX}$，$V_{\Phi3XX}$，$V_{\Phi4XX}$（XX 在通道 1 至通道 4 中分别为 BL、BR、TL、TR）；5 个水平驱动引脚：$H_{\Phi1Tn}$，$H_{\Phi1Sn}$，$H_{\Phi2Tn}$，$H_{\Phi2Sn}$，$LH1_{\Phi n}$（n 为通道编号 1~4）；1 个像素复位信号引脚 ΦRGn（n 为通道编号 1~4）；1 个通道输出引脚 V_{OUTn}。除上述四个组中的引脚外，芯片还包含 5 个电源引脚、12 个接地引脚以及用于 1 个接光学快门信号的 ΦSUB 引脚。应当注意的是，该芯片对电压要求较为苛刻，且功耗相较于常见的小尺寸图像传感器而言较大，因此对系统的电源部分提出了较高的要求。ICX694ALG 芯片的几种典型电压特征如表 16-1 所示。

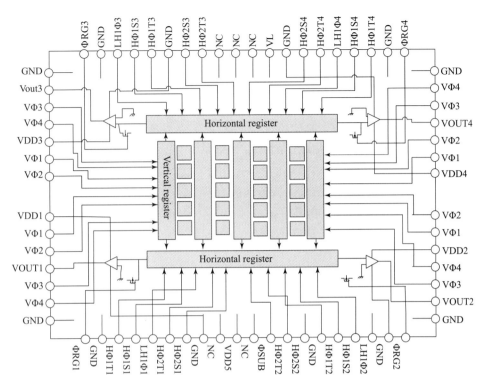

图 16 - 10 ICX694ALG 的芯片结构图

表 16 - 1 ICX694ALG 芯片的几种典型电压特征

典型特征 电压值	项目	最小值/V	典型值/V	最大值/V
供电电压	V_{DD}	11.64	12.0	12.36
垂直转移	V_{VT}	11.64	12.0	12.36
	V_{VH}	-0.05	0	0.05
	V_{VL}	-3.7	-7.0	-6.7
水平转移	$V_{\Phi H}$	3.3	3.6	3.9
	V_{HL}	-0.05	0	0.05
快门时钟	$V_{\Phi SUB}$	18.34	19	19.66
复位栅	$V_{\Phi RG}$	3.3	3.6	3.9

16.2.4 高分辨 CCD 图像传感器驱动方案分析

1. 常见图像传感器驱动方式

CCD 图像传感器的应用首先需要通过驱动模块进行正确的时序驱动。从 CCD 图像传感器发明至今的几十年中,产生了多种灵活的驱动方式,主要有电路直接驱动、单片机直接驱动、存储元件电路驱动、专用芯片驱动和 FPGA 控制驱动等方法。

1）电路直接驱动

电路直接驱动是通过晶振、触发器、计数器等标准逻辑器件直接搭建数字电路，以实现驱动时序。这种方法的电路设计与调试非常复杂，多用于早期线阵型 CCD 图像传感器的驱动。

2）单片机直接驱动

单片机直接驱动是通过在单片机中的编程，满足各驱动信号的时序功能。在外接时钟的作用下，经过单片机内部的循环、延时、计数、中断等完成各驱动信号的输出。相较于早期的电路直接驱动，利用单片机直接驱动的方法更为灵活，修改、调试和移植。但这种驱动方法主要存在两点不足：①单片机输出端的电平标准与 CCD 图像传感器所需的驱动信号的电平标准不一定匹配，且单片机输出端的带负载能力不一定满足需求，因此在单片机输出端与 CCD 图像传感器之间常需要外加电压转化芯片；②受限于单片机的性能与处理能力，这种方法得到的驱动信号的频率较低。

3）存储元件电路驱动

使用存储元件电路驱动方法的电路，一般是由 EPROM 存储器、晶振、触发器、计数器等元件组成。这种方法的基本原理是将所需要产生的驱动信号作为不同的数据位，以驱动信号组中最窄的不变时间或驱动信号的同步时钟 CLK 为基本单位，将时域划分为不同的等时间间隔，称之为"状态"。在同一个状态下，将各路信号的高低电平作为逻辑"1"或逻辑"0"，从而得到这一状态下的驱动信号组构成的若干位的一个数据。按照时间状态顺序依次排列的数据反映了驱动信号的时序。通过晶振、计数器等组成的计数电路，将存放在存储元件中的时序数据依次输出，即可得到所需的驱动时序。与单片机直接驱动同理，使用存储元件电路驱动的方法也常需另加电压转化芯片。这种驱动方法的时序设计简单且便于调试，但限于存储元件的限制，对于复杂的驱动时序实现较为困难。

4）专用芯片驱动

专用芯片驱动是最为理想的驱动方式。所谓专用驱动芯片，是指为驱动某一特定型号或某一类型的 CCD 图像传感器而设计制造的专用 IC 芯片。这种专用芯片通常是由 CCD 图像传感器的生产商开发，针对其 CCD 图像传感器芯片驱动信号时序、特性及电平标准等，进行了集成与优化，使用较为方便。虽然各个 CCD 图像传感器生产商开发专用芯片的集成功能和配置方法不尽相同，但通常需要搭配控制芯片使用。

5）FPGA 控制驱动

FPGA 控制驱动方法最主要的特点，是利用 FPGA 芯片作为驱动电路模块的控制核心。在使用这种驱动控制方法的系统中，CCD 图像传感器一般并不是由 FPGA 芯片直接驱动，而是通过通用驱动芯片或专用驱动芯片进行驱动。通过使用 Verilog HDL 或 VHDL 等硬件编程语言，在 FPGA 芯片内进行编程与调试，从而实现以 FPGA 为控制核心的时序同步、驱动芯片配置等功能。这种驱动控制方法通用性强且灵活多变，对于复杂的驱动时序和高频的驱动频率具有良好的适应性，是目前最为常用的驱动方法。

2. 高分辨 CCD 驱动方案分析

CCD 图像传感器的几种驱动方案各有利弊。本设计选择的 ICX694ALG 型 CCD 图像传感器为面阵传感器，具有高分辨率和高灵敏度的特点。为满足系统多种可选驱动方案的要求，驱动信号具有频率高与时序复杂的特点，同时 ICX694ALG 芯片对于驱动信号中的干扰极其敏感，这些特性对驱动电路提出了较高的要求，需提供 4 组共 11 种驱动信号：垂直 CCD 驱动信号 VΦ1、VΦ2、VΦ3、VΦ4；水平 CCD 驱动信号 HΦ1T、HΦ1S、HΦ2T、HΦ2S、LHΦ1；复位栅驱动信号 RG；电子快门脉冲 ΦSUB。

针对 ICX694ALG 芯片特性和系统要求，本设计选择 FPGA 控制驱动的方法设计 CCD 图像传感器的驱动方案。这种选择主要是考虑到：

（1）本设计选用的 CCD 芯片为面阵图像传感器，驱动时序复杂且信号电压种类较多，因此电路直接驱动、单片机直接驱动、存储元件电路驱动等方法难以达到 CCD 芯片的驱动要求。

（2）ICX694ALG 图像传感器的生产商 Sony 公司推出了该型号 CCD 专用垂直驱动芯片 CXD3400N，能够良好地实现 CCD 芯片的垂直驱动。但水平驱动信号尚没有专用的驱动芯片，需要使用通用具有水平驱动功能的芯片。因此无法完全使用专用驱动芯片的方法，而需要利用 FPGA 控制的方法控制和协调专用驱动芯片和通用驱动芯片。

（3）驱动模块中的 FPGA 芯片，除了可以用于驱动系统的控制与时序同步外，还可以对图像数据预处理系统进行控制和配置，并对图像传输系统中的图像数据进行控制与时序同步，提高了整个系统的集成度。

本设计最终选定的 FPGA 控制驱动方案的结构如图 16 – 11 所示。以 FPGA 为控制核心，使用专用驱动芯片控制垂直驱动，通用驱动芯片控制水平驱动。由于 CCD 芯片为四通道爆发式图像传感器，因此每个通道均需要一块专用垂直驱动芯片和一块通用水平驱动芯片提供该通道所需的垂直驱动、水平驱动和复位栅驱动。电子快门驱动为四个通道共用，由其中一块专用垂直驱动芯片提供。

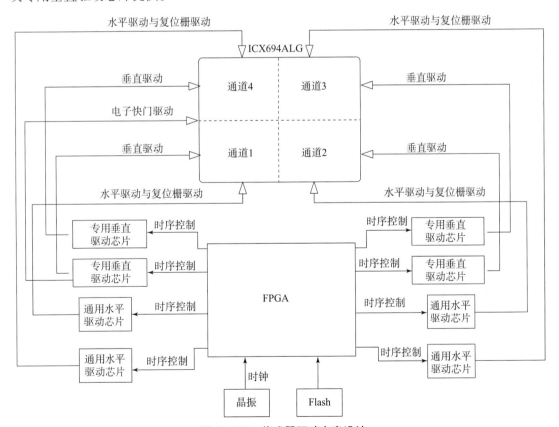

图 16 – 11　传感器驱动方案设计

图像传输的第（1）部分，主要由 CCD 图像传感器的驱动电路完成，而本节主要讨论图像传输的第（2）、（3）部分。

对 CCD 图像传感器输出信号的预处理技术比较成熟，目前常见的方法是使用高度集成的 CCD 信号处理器芯片完成 CCD 输出信号的相关双采样、A/D 转换等预处理。ADI 公司的 AD9979 芯片就是一种典型的 CCD 信号处理器芯片，该芯片内部还集成了通用水平驱动等功能。在通过三线串行接口完成芯片的寄存器配置后，AD9979 芯片能够在水平同步信号和时钟信号的同步下，同时实现：①CCD 图像驱动系统中的水平驱动和复位栅驱动；②图像预处理系统中的相关双采样、VGA 放大、A/D 转换。因此，本书选用 AD9979 芯片作为图像驱动系统的通用水平驱动芯片和图像预处理系统的 CCD 信号处理器芯片，并利用 FPGA 完成 AD9979 的芯片配置与时序同步控制。

对于数字图像数据输出，需要考虑后端的接口与数据格式。本书设计的高分辨高灵敏图像信息获取前端，主要用于接入到本课题组现有的后端嵌入式图像处理系统中进行图像处理。为实现与后端图像处理系统的硬件接口与图像数据格式兼容，数据以 RAW 格式通过 36 位并行 FFC 线进行数字图像的数据输出。图像信息获取前端的数据输出方案设计原理图如图 16 – 12 所示。

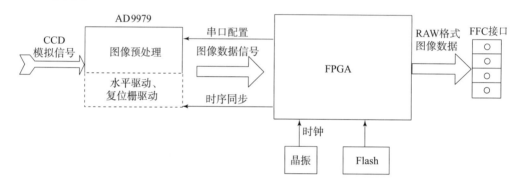

图 16 – 12　图像信息获取前端数据输出方案设计原理图

16.3　CCD 图像信息获取前端硬件电路设计

根据前面设计的 CCD 图像信息获取前端的图像传感器驱动、图像数据传输等方案，本节进行 CCD 图像信息获取前端的硬件电路设计与实现。依据电路中的核心芯片不同将硬件电路分为垂直驱动电路、AD9979 控制模块电路、FPGA 时序控制电路以及多电源系统电路等。

从硬件电路系统功能上分析，垂直驱动电路属于图像传感器驱动系统；AD9979 控制模块既属于传感器驱动系统也属于图像数据预处理系统；FPGA 时序控制电路对整个 CCD 图像信息获取前端各系统进行控制和时序同步等；多电源系统则用于满足图像信息获取前端各系统中不同的电源需求。

16.3.1　垂直驱动电路设计

垂直驱动电路主要用于为 CCD 图像传感器驱动系统提供垂直驱动与电子快门驱动。本设计选择的 CCD 图像传感器 ICX694ALG 所需的垂直驱动和电子快门驱动，驱动时序较为复杂，每个通道的 5 种驱动脉冲（VΦ1、VΦ2、VΦ3、VΦ4、ΦSUB）在启动周期，垂直转移周期和水平转移周期中具有完全不同的时序。同时，CCD 芯片所需的驱动信号的电平电压种类较多，垂直驱动中的电平电压有 12 V、0 V、−7 V，而电子快门驱动的高电平电压更是高达 19 V。为简化垂直驱动信号的设计难度，本设计选择以专用垂直驱动芯片 CXD3400N 为核心搭建图像信息获取前端的垂直驱动电路。

CXD3400N 芯片可以提供 2 类 7 种驱动信号。对于 ICX694ALG 芯片，每个通道只需要 4 种垂直驱动信号。驱动电路选择 V1A、V2、V3A、V4 作为垂直驱动输出，利用 FPGA 产生的各类时序同步驱动脉冲，实现 CXD3400N 中输出信号的控制。而由于 CCD 芯片的 4 个通道共用同一个电子快门驱动，因此只需选择 1 个 CXD3400N 芯片提供电子快门驱动。

16.3.2　控制电路功能分析

AD9979 芯片的原理框图如图 16-13 所示。在功能上，AD9979 可以视作由模拟前端和可编程时钟驱动两部分结合而成。模拟前端部分包含了相关双采样（Correlated Double Sampler，CDS），放大（Variable Gain Amplifier，VGA），65MSPS 采样率的 14 位模/数转换器等功能。可编程时钟驱动部分提供水平驱动 H1、H2、H3、H4，复位栅驱动 RG，以及 HL 信号（CCD Last Horizontal Clock，本设计选用的 CCD 芯片不需要使用该驱动）。

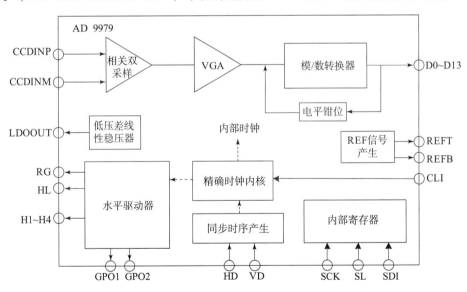

图 16-13　AD9979 芯片的原理框图

1. 模拟前端

模拟前端从功能划分上属于图像信息获取前端的图像预处理系统。CCD 图像传感器的输出信号为三阶梯型的模拟信号，该信号中包含了较大的噪声，其直流偏置电压较高但有效信号较为微弱。AD9979 的模拟前端部分的作用，就是将对该信号进行图像预处理，转换为数字信号处理系统能够处理的数字图像数据。

不同型号的 CCD 芯片输出信号的直流偏置电压各不相同，但一般电压值都较高，有的可以达到 10 V 以上。该输入信号无法被 AD9979 芯片直接处理，甚至会损坏芯片的内部结构，因此需要对信号进行 DC 恢复。CCD 输出信号先通过串联 0.1 μF 电容滤除直流偏压，然后通过 AD9979 芯片内部的 DC 恢复电路，将直流偏压恢复到 1.2 V，便于后端进行相关双采样。在 AD9979 芯片内部的 DC 恢复电路中，开关 S_1、S_2、S_3 由芯片内部的 PBLK 和 SHP 信号控制。AD9979 芯片的直流恢复原理如图 16 - 14 所示。

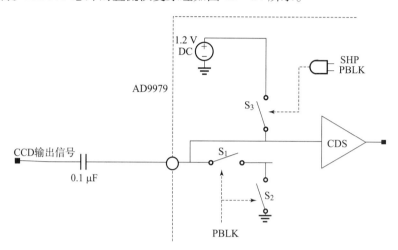

图 16 - 14   AD9979 芯片的直流恢复原理

经过 DC 恢复后，信号在芯片内进行相关双采样。所谓相关双采样，是指 CDS 电路对每个 CCD 像素的信号进行两次采样，以得到准确的图像信息并滤除低频噪声。CCD 输出的三阶梯型信号，可以分为耦合部、参照部和数据部三部分，如图 16 - 15 所示。其中耦合部的高电平脉冲是 CCD 图像传感器中 ΦRG 复位栅驱动信号与输出信号耦合而形成，不包含图像信息。参照部的电压由基准电压与复位噪声决定，而数据部的电压由基准电压、复位噪声和信号电荷电压决定。

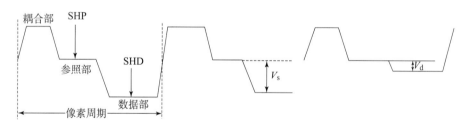

图 16 - 15   CCD 芯片三阶梯型输出信号

所谓复位噪声，又称 FD 复位噪声，是 CCD 图像传感器进行采样时，因开关介入电容而产生的噪声，该噪声可由式计算：

$$V_n = \sqrt{\frac{kT}{C}} \tag{16-7}$$

$$I_n = \sqrt{kTC} \tag{16-8}$$

式中，V_n 为噪声电压；I_n 为噪声电流；k 为玻耳兹曼常数；T 为绝对温度；C 为电容。

复位噪声虽然无法避免，但通过相关双采样可以消除。AD9979 芯片通过参照部采样脉冲 SHP 的定位采集参照部的电压 V_{SHP}，通过数据部采样脉冲 SHD 的定位采样数据部的电压

V_{SHD}。由于以上两种电压中都包含了相同的复位噪声，因此两次采样电压相减，即可得到信号电荷电压 V_S。采样脉冲 SHP 和 SHD 的采样时序由 AD9979 上的寄存器 SHPLOC 和 SHDLOC 配置。对于单 CCD 输出信号的相关双采样，只需将信号接入 AD9979 芯片的 CCDINP 引脚，而将 CCDINM 引脚接地即可，如图 16 – 16 所示。

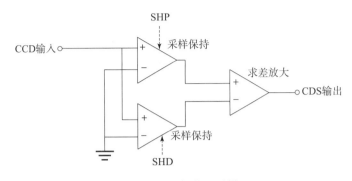

图 16 – 16　相关双采样

信号电荷电压 V_S 中实际上还包含了残留偏置电压 V_d。在 CCD 图像传感器中每行和每列的前若干个像素是不进行感光的暗像元，但因为残留偏置电压 V_d 的存在，此时的相关双采样输出结果并不为零。AD9979 芯片采用黑电平钳位的方法来消除残留偏置电压干扰。其原理是通过芯片内寄存器的配置而人为设置一个黑电平标准。将像素为暗像元时的 A/D 转换器的数字输出与该黑电平标准相减，从而得到数字误差值。该误差值经过芯片内部的 D/A 转换器转换为模拟误差值。处理正常感光的像素时，在信号进入 A/D 转换器进行 A/D 转换前，利用之前得到的模拟误差值对信号进行修正，达到消除残留偏置电压干扰的目的。

相关双采样得到的模拟输出在可调增益放大器（VGA）中进行放大，使输出信号的变化范围更有效地契合后端 A/D 转换器的输入范围，以得到较好的数字图像信号输出。VGA 放大器增益的幅值由 AD9979 芯片中的 10 bit 寄存器 VGAGAIN 决定，通过外部串口配置该寄存器，可以使 VGA 增益在 6 ~ 42dB 变化，增益的计算公式为

$$\text{Gain（dB）} = （0.035\ 8 \times \text{Code}） + 5.75\ \text{dB} \tag{16 – 9}$$

式中，Gain 为放大器的 VGA 增益；Code 为 10 位寄存器 VGAGAIN 的值，其数值范围为 0 ~ 1 023。

经过可调增益放大器的处理，信号电压的幅值被调整为输入 A/D 转换器所需的 2 V 电压范围内，经过 A/D 转换器转换为 14 位数字输出信号。AD9979 芯片中的 A/D 转换器具有频率高、功耗小的特点，采样频率最高可达 65 M，芯片总功耗最高值在 200 mW 左右。芯片的微分非线性误差（Differential Nonlinearity，DNL）的典型值为 0.5LSB，具有较好的 A/D 转化性能。

经过以上相关双采样、VGA 放大、A/D 转换等过程，AD9979 芯片将 CCD 图像传感器的输出信号转换为数字图像数据信号，实现了 CCD 图像信息获取前端的图像预处理功能。

电路供电电源的滤波去耦电容的布置应当靠近 AD9979 芯片，否则会影响电容对电源电压的滤除干扰和稳压效果。电源线宽度应当加粗，至少在 15 mil 以上。采用多点接地的方

法，减少接地阻抗并改善信号回流路径，改善电源和地平面上的干扰。尽管模块电路中的模拟地和数字地需要连接在同一地平面，但在 GND 层将控制模块电路的地与供电电压接口的地分离并以 0 Ω 电阻连接以减少干扰。在 Power 层通过电层分割，达到减短走线和减少阻抗、改善电压性能的目的。分割电层和底层的分割线线宽应在 20 mil 以上，以保证良好的分割性能。AD9979 PCB 板的实物如图 16 - 17 所示。

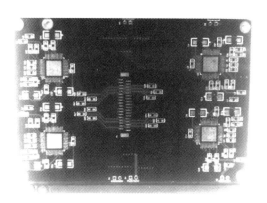

图 16 - 17　AD9979 PCB 板的实物

16.3.3　FPGA 时序控制电路设计

FPGA 时序控制电路是 CCD 图像信息获取前端的控制核心，功能上既属于传感器驱动系统又属于图像数据预处理系统，同时为图像信息获取前端的数字图像数据输出提供了接口控制和数据格式转换。

FPGA 的布线资源的作用是连通芯片内的各个单元和模块，包括全局布线资源、长线资源、短线资源和分布式布线资源四种。布线资源的数量直接决定了 FGPA 的性能和成本，其使用方法与设计结果直接相关。实际使用中由软件自动完成布线资源的连接，不需要直接选择使用。

FPGA 芯片电路的主要功能有三项：①对 CCD 图像传感器驱动系统中各驱动芯片进行时序同步控制，使所需的垂直驱动、水平驱动、电子快门驱动和复位栅驱动能够按照正确的时序和电平标准正确驱动 CCD 图像传感器；②对图像预处理系统中的 AD9979 芯片进行配置，并为其提供准确的同步信号和主时钟信号；③为数字图像信号添加时序信息，将图像数据 RAW 格式通过 FFC 接口完成传输。其电路的控制功能作用原理框图如图 16 - 18 所示。

FPGA 芯片电路板采用 4 层板布置，层叠式结构由上而下依次为 Top 层（信号层）、GND 层（地层）、POWER 层（电源层）和 Bottom 层（信号层）。FPGA 芯片和部分电源转换芯片主要分布在 Top 层，而 PROM 芯片、晶振等主要分布在 Bottom 层。

XC3S1000 芯片所采用的封装为 FT256，其圆形焊盘呈 16 × 16 阵列分布，焊盘直径 0.45 mm，焊盘中心间距 1 mm。为降低制造成本，PCB 板中使用的信号过孔（via）均为通孔而非盲孔或埋孔，为保证过孔的寄生电容和寄生电感等对传输信号影响较小，过孔的内径尺寸选择为 10 mil（约 0.254 mm）、外径尺寸选择 20 mil（约 0.508 mm）。

FPGA 芯片电路板 PCB 板布线，信号线线宽选择为 8 mil，而电源线的线宽则至少为

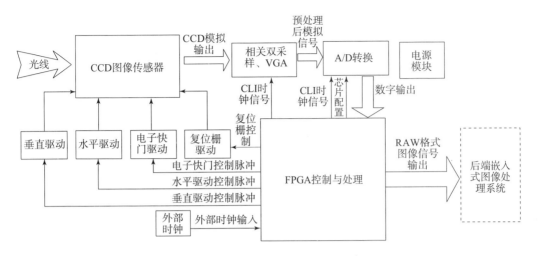

图 16 - 18　FPGA 控制功能作用原理框图

12 mil。适当加大线宽可以提高信号传输线的抗干扰能力，本设计中线宽难以继续提高的原因是受到 XC3S1000 过于密集的芯片封装限制。FPGA 芯片的输入/输出信号数量众多，而焊盘和过孔的存在，严重妨碍了靠近内侧的输入/输出引脚的信号布线。因此在设计时，需要对信号线的布线统筹考虑：不刻意追求将同一类型的信号接入一个 Bank 中，而是以布线方便为原则设置接口；对专用引脚信号优先布线；统筹安排 Top 层和 Bottom 层信号走线，靠近外侧的引脚信号线尽量在 Top 层布线以减少过孔数量。

本设计中 FPGA 芯片电路板上的信号线的信号频率较高，为提高信号的抗干扰能力，应当对 Top 层和 Bottom 层进行覆铜处理。覆铜与地相连，从而使覆铜成为整片连续的地平面，起到降低信号对地阻抗、稳定电源与信号传输、减少高频电磁辐射干扰的作用。覆铜时应当注意其与信号线的最小距离设置，该距离至少应为 10 mil，以防在 PCB 加工过程中，覆铜与信号之间出现短路。对 FPGA 芯片电路板上的供电电压，其滤波电容的放置应当靠近芯片，否则会影响电容的滤波去耦效果。

FPGA 芯片电源引脚和地引脚大多数集中在芯片中央附近，但在芯片封装中靠外部分引脚零散分布。如果采用外部接线的供电方法，无疑会占用本就紧张的布线面积。为简化电源引脚和地引脚的布线，可以利用 POWER 层和 GND 层简化引脚走线。对于 FPGA 芯片的 VCCO_N、VCCAUX、VCCINT 所需的 3.3 V、2.5 V、1.2 V 电压，POWER 层采用电层分割的方法进行供电。GND 层则主要为接地引脚的连接提供便利，对于电流较大的信号，适当增加连接地层的过孔有利于改善信号回流性能。FPGA PCB 电路板实物如图 16 - 19 所示。

图 16 - 19　FPGA PCB 电路板实物

16.4 信息获取前端软件设计与实现

在图像信息获取前端的硬件设计基础上，通过使用硬件编程语言在 FPGA 上进行编程，能够实现图像信息获取前端的软件设计，使图像信息获取前端能够正确完成图像数据的传输过程。

在硬件电路的基础上，通过驱动软件的合理设计，才能正确实现图像信息获取前端的图像数据传输中传感器内传输部分的功能。CCD 驱动软件的设计，需要根据设计要求正确分析 CCD 图像传感器所需的驱动信号时序和特性，并利用硬件编程语言使 FPGA 芯片产生合适的时序同步信息。

16.4.1 CCD 时序原理与分析

FPGA 需要根据 CCD 图像传感器所需的驱动时序，控制传感器驱动系统中的 CXD3400N 芯片和 AD9979 芯片正确完成驱动信号的输出。CCD 图像传感器有多种输出模式，不同模式之间只在时序上有差异，传感器的时序原理和工作流程是相同的。本节以 25 fps 模式为例分析 ICX694ALG 芯片的时序原理。

CCD 图像传感器的时序周期如图 16-20 所示。其分为启动周期和转移周期两个阶段，每个时序周期内完成一帧图像数据在图像传感器内的传输过程。每个时序周期的开始部分是启动周期，在启动周期中 CCD 芯片完成电荷的清除、光电转换、电荷存储、电荷读出转移等动作。启动周期完成后进入转移周期。转移周期分为将电荷从垂直 CCD 转移至水平 CCD 的垂直转移和将电荷从水平 CCD 转移至 FD 放大器并输出的水平转移。传输周期中，先进行一次垂直转移动作，将一行信号电荷移动至水平 CCD，再重复进行 N_h 次水平转移动作，每次水平转移动作将一个信号电荷传输到 CCD 传感器外，而后再进行下一次垂直转移动作，重复以上步骤 N_v 次（N_h、N_v 的值与 CCD 芯片工作模式有关），完成传输周期。传输周期完成后，一个完整的图像数据帧完成了从 CCD 图像传感器内的输出。不断重复时序周期，可以得到连续多帧的图像信号。

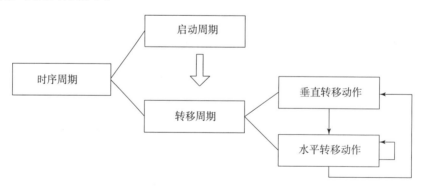

图 16-20 CCD 时序周期

16.4.2 AD9979 配置分析

AD9979 控制模块同时属于传感器驱动系统和图像预处理系统，软件功能较为复杂。作为一种通用的 CCD 信号处理器，通过对芯片中寄存器的配置，AD9979 芯片可以灵活实现针对不同 CCD 图像传感器或同一款 CCD 图像传感器不同工作模式的应用。

AD9979 芯片的配置寄存器为 28 bit 位宽，每个寄存器被分为一个或多个配置段。配置段的值决定了某项逻辑功能的配置。AD9979 的软件配置，就是对这些配置寄存器、配置段的功能配置。

AD9979 的配置寄存器地址分为两部分，地址 0x000 至 0x7FF 为位置固定的寄存器区域，地址 0x800 至 0xFFF 为位置可调的寄存器区域。位置固定的寄存器区域中，每个配置寄存器的地址是固定的，该区域内的寄存器包含了模拟前端配置寄存器、辅助功能配置寄存器、VD/HD 参数配置寄存器、输入/输出控制寄存器、模式控制寄存器、时序配置寄存器等。位置可调寄存器区域主要包含了水平模式寄存器组和场寄存器组。AD9979 支持最多 32 个水平模式和 32 个场，当前配置中的水平模式数量由 HPARTNUM 配置段决定、场的数量由 FIELDNUM 配置段决定。每个水平模式或场需要 16 个配置寄存器。在位置可调寄存器区域内，这些寄存器按照水平模式寄存器组在前、场寄存器组在后的方式依地址次序连续排列。

16.5　测试分析与实验验证

16.5.1　测试条件

图像信息获取前端样机如图 16-21 所示，采集前端进行系统测试与实验验证，测试硬件系统与软件编程是否能使图像信息获取前端正常工作。系统测试从测试条件上分为两方面：①对图像信息获取前端电信号进行测试；②对系统传输的输出信号进行显示测试。

进行系统测试和实验验证的前提是硬件电路设计与调试无误，并完成软件编程、调试与烧录，即硬件电路与软件编程两步前提条件。对于硬件电路，应当根据系统功能

图 16-21　图像信息获取前端样机

需要与相应典型应用的参考电路，完成原理图设计，并根据布线规则完成 PCB 板的布线，在厂家完成电路板的加工。焊接完成后，应当采用分模块调试的方法，对电源模块、各功能模块进行测试，保证各电源电压特性符合需求，各功能模块能够实现相应功能。完成各模块测试后，需要对电路板上各连接接口，特别是芯片配置下载接口进行测试。对于软件编程，需要根据系统功能需要和芯片手册，对编程思路有清晰的认识，并按照功能模块分别完成代码编写。通过仿真软件，观察代码的输出结果，确保软件代码能够实现模块功能。

对于图像信息获取前端的电信号测试，主要测试对前端较为关键的驱动时序、AD9979 芯片配置串口时序以及 CCD 传感器输出信号特性等。对于以上三类电信号测试实验，可以利用示波器、逻辑分析仪观察模拟信号和数字信号的信号特性，在驱动时序和配置串口时序中可以与仿真软件对比，观察实际输出信号与理想信号是否一致。

对于图像信息获取前端传输的输出信号的显示测试，可采用 OMAPL138 开发板 VPIF 端口接收图像信息获取前端传输的数字信号，并通过控制 EDMA 和 LCDC 模块将图像显示在 LCD 屏上。

16.5.2　驱动时序测试与分析

根据前文分析，驱动信号分为4组：垂直驱动信号、水平驱动信号、复位栅信号和电子快门信号。时序驱动信号使用 FPGA 芯片实现各电路的同步时序控制，可以利用 FPGA 上 CCD 驱动程序的信号仿真结果与示波器采集的4组驱动信号的波形特性进行对比分析，实现测试与实验。FPGA 上的 CCD 驱动程序仿真结果如图 16 – 22 所示。

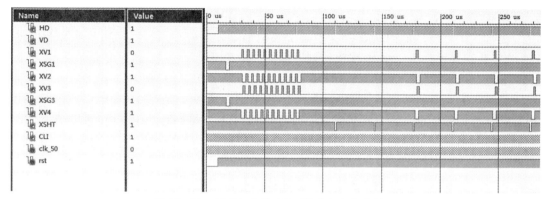

图 16 – 22　FPGA 上的 CCD 驱动程序仿真结果

利用 ATTEN 公司的 ADS1102C 型示波器采集垂直驱动信号 VΦ1 与 VΦ2 的输出。如图 16 – 23（a）、（b）所示中的左半部分属于启动周期，右半部分属于转移周期。对比 FPGA 程序的仿真结果，在 FPGA 中，VΦ1 的时序由 XV2 控制，根据真值表，XV2 为高电平时 VΦ1 为低电平，XV2 为低电平时 VΦ1 为高电平，因此图 16 – 23 所示示波器采集到的 VΦ1 信号符合软件仿真结果。VΦ2 的时序由 XV1 和 XSG1 控制，当 XV1 和 XSG1 同时为低电平时，XΦ2 信号为 12 V 高电平；当 XSG1 为高电平、XV1 为低电平时，XΦ2 信号为 0 V 中电平；当 XSG1 和 XV1 均为高电平时，XΦ2 信号为 – 7 V 低电平。示波器采集到 XΦ2 信号仿真结果。由于 VΦ3、VΦ4 与 VΦ1、VΦ2 相比仅在时钟上略有滞后，示波器采集到的输出图像基本相同。

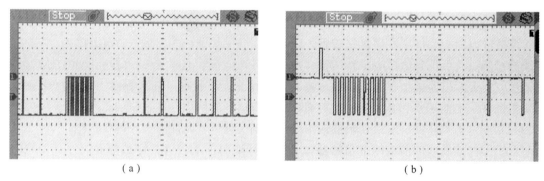

（a）　　　　　　　　　　　　　　　　　　（b）

图 16 – 23　垂直驱动信号测试

（a）VΦ1；（b）VΦ2

电子快门驱动信号 SHT 的时序由 XSHT 控制，当 XSHT 为高电平时 SHT 为低电平，XSHT 为低电平时 SHT 为高电平。利用示波器采集电子快门驱动信号如图 16 – 24 所示，对比仿真结果，电子快门驱动信号工作正常。

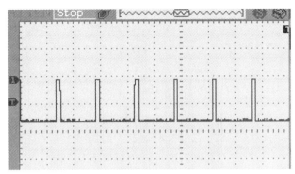

图 16 - 24　电子快门驱动信号测试

　　由于水平驱动信号的频率远高于垂直驱动信号和电子快门信号，ATTEN 示波器无法采集到良好的信号波形，因此改用 Agilent 示波器进行信号采集，水平驱动信号的采集结果如图 16 - 25 所示。图 16 - 25 中 HΦ1 信号其消隐区极性为低电平，HΦ2 信号消隐区极性为高电平，与本设计在 AD9979 芯片中的寄存器配置相符。将 HΦ2 信号由消隐区向有效区转换的部分在时间轴放大，观察到其高电平约为 3.5 V、有效区驱动信号周期约为 18.6 ns，符合 CCD 芯片所需的水平驱动信号的时序和电压要求。

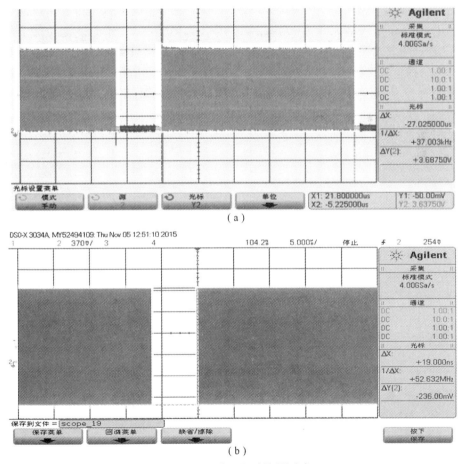

图 16 - 25　水平驱动信号测试
（a）HΦ1；（b）HΦ2

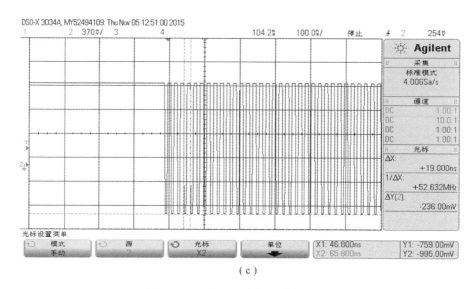

（c）

图 16 - 25　水平驱动信号测试（续）

（c）HΦ2 从消隐区到有效区特征

在有效区复位栅驱动信号 RG 的频率与水平驱动信号相同，最高均可达到 54 MHz，因此同样利用 Agilent 示波器采集复位栅驱动信号，如图 16 - 26 所示。复位栅驱动信号由 AD9979 芯片产生，本设计根据 CCD 图像传感器的需求，在 AD9979 芯片的寄存器配置中将复位栅信号的占空比设置为 1/4。根据图 16 - 26 中采集到的 RG 信号特性，可以发现复位栅信号的周期为 18.4 ns，占空比约为 1/4，符合复位栅驱动信号要求。

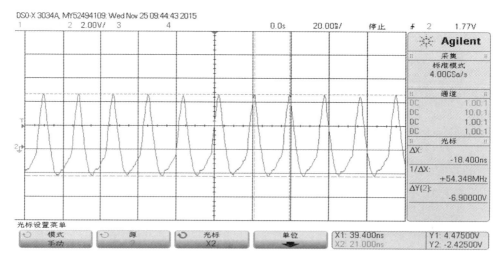

图 16 - 26　复位栅驱动信号测试

根据以上驱动时序信号的测试结果，可以得出结论：驱动时序信号输出与预期相符，能够满足 CCD 传感器的驱动需求。

16.5.3　AD9979 配置串口测试与分析

AD9979 的配置串口由 SDATA、SCK、SL 三根信号线组成。FPGA 芯片的 AD9979 芯片配置串口程序控制以上 3 种信号的输出，其输出结果应符合 AD9979 芯片的串口配置时序要求。使用 ISim 软件对配置串口程序进行仿真。串口信号属于数字信号，因此选择 Tektronix 公司的 TLA7012 逻辑分析仪对配置串口的信号进行采集，逻辑分析仪的采集结果中 UserGrp（3）信号为配置串口中的 SDATA 信号、UserGrp（2）信号为配置串口中的 SL 信号、UserGrp（1）信号为配置串口中的 SCK 信号。

通过 AD9979 配置接口时序要求的比较分析，可以发现仿真结果与配置结果时序要求相符，Verilog HDL 软件的功能符合 AD9979 芯片串口配置的需求。FPGA 芯片的 AD9979 串口配置 SDATA 信号、SL 信号、SCK 信号与仿真结果相符，可以实现 AD9979 芯片的串口配置功能。

16.5.4　CCD 图像传感器输出测试与分析

CCD 图像传感器的输出信号为模拟信号，频率较高且形状较不规则，为取得良好的输出信号波形，使用 Agilent 示波器进行信号采集，如图 16 – 27 所示。根据前文分析，CCD 图像传感器的输出信号属于三阶梯型模拟信号，其三个阶梯为耦合部、参照部和数据部。示波器采集到的 CCD 芯片输出信号三阶梯形状较为清晰，CCD 芯片输出信号的周期约为 18.4 ns。三阶梯信号的最低点电压约为 6.9 V，最高点电压为 8.8 V，信号含有较高直流偏压成分，因此在图像预处理系统电路设计中，AD9979 模块的直流恢复功能设计是合理和必要的。

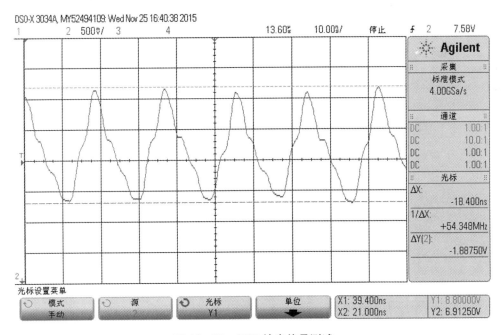

图 16 – 27　CCD 输出信号测试

根据 ICX694ALG 芯片手册中输出信号的特性，对比示波器采集到的 CCD 输出信号，可知输出信号的三阶梯形状明显，信号频率和电压等特性符合手册描述，CCD 图像传感器输出的模拟信号良好。

16.5.5 图像传输显示测试与分析

在验证过图像信息获取前端中各模块的特性以及功能的实验验证和测试后，需要对整个图像信息获取前端输出数据进行输出与显示的测试，以验证图像信息获取前端的输出信号的传输与显示的有效性。

图像信息获取前端传输的输出信号是 RAW 格式的数字图像信号，VPIF 端口接收图像信息获取前端的输出信号，在 CCS 软件环境下编写图像传输程序与 LCD 图像显示程序并完成调试，可以将 VPIF 端口采集到的图像信息获取前端传输来的 RAW 格式数据显示在 LCD 屏上，如图 16 – 28 所示。

（a）   （b）

图 16 – 28 图像获取传输显示测试

（a）图像获取对象；（b）图像获取效果

下篇：实践篇　信息获取技术综合实验

基于杭州英联科技有限公司专用实验设备开展传感器信息获取技术综合实验的教学工作。

网址：www. yingliantech. com

邮箱：yingliantech@ 163. com

第 17 章

传感器基础实验

实验 1　金属箔式应变片——1/4 桥性能实验

一、实验目的

了解金属箔式应变片的应变效应，1/4 桥电桥工作原理和性能。

二、基本原理

电阻应变式传感器是在弹性元件上通过特定工艺粘贴电阻应变片来组成。此类传感器主要是通过一定的机械装置将被测量转化成弹性元件的形变，然后由电阻应变片将弹性元件的形变转化为电阻的变化，再通过测量电路将电阻的变化转换成电压或者电流变化信号输出。它可用于能转化成形变的各种物理量的检测。

1. 应变片的电阻应变效应

所谓电阻应变效应是指具有规则外形的金属导体或半导体材料在外力的作用下发生应变而其电阻值也会产生相应的改变。以圆柱形导体为例：设其长为 L，半径为 r，截面积 A，材料的电阻率为 ρ，根据电阻的定义得：①$R = \rho L/A = \rho L/\pi r^2$，当导体因某种原因产生形变时，其长度 L、截面积 A、电阻率 ρ 变化为 dL、dA、$d\rho$，相应的电阻变化为 dR。对上式全微分得电阻变化率；②$dR/R = dL/L - 2dr/r + d\rho/\rho$，式中，$dL/L$ 为导体轴向应变量 ε_L，dr/r 为横向应变量 ε_r，由材料力学可知③$\varepsilon_L = -\mu\varepsilon_r$，式中 μ 为材料的泊松比，大多数金属材料的泊松比为 $0.3 \sim 0.5$；负号表示两者变化方向相反。将式③代入式②得：④$dR/R = (1 + 2\mu)\varepsilon + d\rho/\rho$，式④说明电阻应变效应主要取决于它的几何应变（几何效应）和本身特有的导电性能（压阻效应）。

2. 应变灵敏度

应变灵敏度是指电阻应变片在单位应变作用下所产生的电阻的相对变化量。

（1）金属导体的应变灵敏度 K 主要取决于其几何效应，取 $dR/R \approx (1 + 2\mu)\varepsilon_L$，其灵敏度系数 $K = dR/\varepsilon_L R = 1 + 2\mu$。金属导体在受到应变作用时将产生电阻变化，拉伸时电阻增大，压缩时电阻减小，且与其轴向应变成正比。金属导体的应变灵敏度一般在 2 左右。

（2）半导体的应变灵敏度主要取决于其压阻效应：$dR/R \approx d\rho/\rho$。半导体材料之所以具有较大的电阻变化率，是因为它具有远比金属导体显著得多的压阻效应。在半导体受力变形时会暂时改变晶体结构的对称性，因而改变了半导体的导电机理，使得它的电阻率发生变化，这种物理变化称为半导体的压阻效应。不同材质的半导体材料在不同受力条件下产生的压阻效应不同，可以是正或者负的压阻效应。也就是说，同样是拉伸变形，不同材质的半导体将得到完全相反的电阻变化效果。

半导体材料的电阻应变效应主要体现为压阻效应，其灵敏度系数较大，一般在 100 ~ 200。

3. 贴片式应变片的应用

在贴片式工艺的传感器上普遍应用金属箔式应变片，贴片半导体应变片很少应用（温漂、稳定性、线性度不好且易损坏），一般半导体应变片采用 N 型单晶硅为传感器的弹性元件，在它上面直接蒸镀扩散出半导体电阻应变薄膜（扩散出敏感栅），制成扩散型压阻式（压阻效应）传感器。

本实验以金属箔式应变片为研究对象。

4. 箔式应变片的基本结构

金属箔式应变片是在用苯酚、环氧树脂等绝缘材料的基板上，粘贴直径为 0.025 mm 左右的金属丝或者金属箔制成，如图 17 - 1 所示。

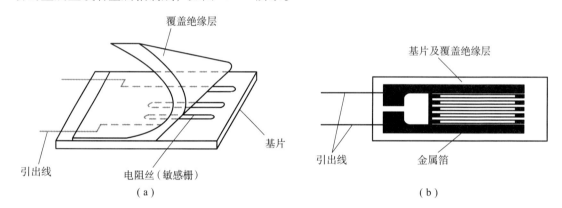

图 17 - 1 应变片结构图

（a）丝式应变片；（b）箔式应变片

金属箔式应变片是通过光刻、腐蚀等工艺制成的应变敏感元件，与丝式应变片工作原理相同。电阻丝在外力的作用下发生机械形变时，其电阻值发生变化，这就是电阻应变效应。描述电阻应变效应的关系式为

$$\Delta R/R = K\varepsilon \qquad\qquad (17 - 1)$$

式中，$\Delta R/R$ 为电阻丝电阻的相对变化；K 为应变灵敏系数；$\varepsilon = \Delta L/L$ 为电阻丝长度相对变化。

5. 测量电路

为了将电阻应变式传感器的电阻变化转化成电压或者电流信号，在应用中一般采用电桥电路作为测量电路。电桥电路具有结构简单、灵敏度高、测量范围宽、线性度好且易实现温度补偿等优点，能较好地满足各种应变测量要求，因此在测量应变中得到了广泛的应用。

电路电桥按其工作方式分有 1/4 桥、半桥、全桥三种如图 17 - 2 所示，1/4 桥工作输出信号最小，线性、稳定性较差；半桥输出是 1/4 桥的 2 倍，性能比 1/4 桥有所改善；全桥工作时的输出是 1/4 桥的 4 倍，性能最好。因此，为了得到较大的输出电压一般采用半桥或者全桥工作。基本电路如下：

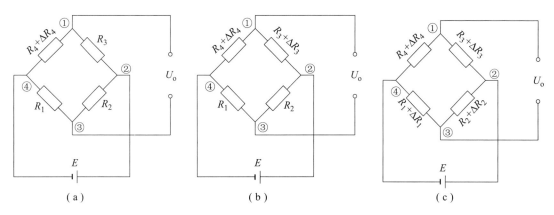

图 17 - 2　应变片测量电路

（a）1/4 桥；（b）半桥；（c）全桥

（a）1/4 桥

$$U_o = U_① - U_③ = [(R_4 + \Delta R_4)/(R_4 + \Delta R_4 + R_3) - R_1/(R_1 + R_2)]E$$
$$= \{[(R_1 + R_2)(R_4 + \Delta R_4) - R_1(R_3 + R_4 + \Delta R_4)]/[(R_3 + R_4 + \Delta R_4)(R_1 + R_2)]\}E$$

设 $R_4 = R_3 = R_2 = R_1$，且 $\Delta R_4/R_4 = \Delta R/R \ll 1$，$\Delta R/R = K\varepsilon$，$K$ 为灵敏度系数。

则

$$U_o \approx (1/4)(\Delta R_4/R_4)E = (1/4)(\Delta R/R)E = (1/4)K\varepsilon E \tag{17 - 2}$$

（b）半桥

同理：

$$U_o \approx (1/2)K\varepsilon E \tag{17 - 3}$$

（c）全桥

同理：

$$U_o \approx K\varepsilon E \tag{17 - 4}$$

6. 箔式应变片 1/4 桥电桥实验原理

箔式应变片 1/4 桥电桥实验原理图如图 17 - 3 所示。

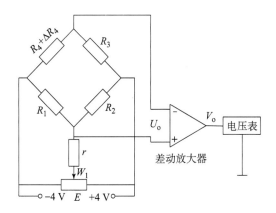

图 17 - 3　应变片 1/4 桥电桥实验原理图

图 17 - 3 中 R_1、R_2、R_3 为 350 Ω 固定电阻，R_4 为应变片；W_1 和 r 组成电桥调平衡网络，E 为供桥电源（ ±4 V）。桥路输出电压 $U_o \approx (1/4)K\varepsilon E$，差动放大器输出为 V_o。

三、需用器件与单元

应变式传感器实验模块、砝码、托盘、电压表、直流稳压电源（±15V）、可调直流稳压电源（±4V）、万用表（自备）。

四、实验步骤

（1）检查应变传感器的安装。

如图 17 - 4 所示，应变式传感器已装于应变传感器模块上，将托盘固定到电子秤支柱上。传感器中各应变片已接入模块左上方的 R_1、R_2、R_3、R_4。没有文字标记的 5 个电阻符号是空的（无实体），其中 4 个电阻符号组成的电桥模型是为了电路初学者组成电桥接线方便而设。加热丝也接于模块上，可用万用表进行测量判别，加热丝初始阻值为 20 ~ 50 Ω，各应变片初始阻值 $R_1 = R_2 = R_3 = R_4 = (350 \pm 2)$ Ω，R_5、R_6、R_7 是 350 Ω 固定电阻，是为应变片组成 1/4 桥、半桥电桥而设的其他桥臂电阻。

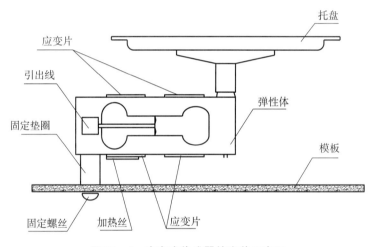

图 17 - 4　应变式传感器的安装示意图

（2）差动放大器的调零。

首先将实验模块调节增益电位器 R_{w3} 顺时针旋到底（即此时放大器增益最大），然后将差动放大器的正、负输入端相连并与地短接，输出端与主控台上的电压表输入端 V_i 相连。检查无误后从主控台上接入模块电源 ±15 V 以及地线。合上主控台电源开关，调节实验模块上的调零电位器 R_{w4}，使电压表显示为零（电压表的量程切换开关打到 2 V 挡），关闭主控箱电源。（注意：R_{w4} 的位置一旦确定就不能改变，一直到做完实验为止。）

（3）电桥调零。

适当调小增益 R_{w3}（逆时针旋转 1 ~ 2 圈，电位器最大可顺时针旋转 5 圈左右），将应变式传感器的其中一个应变片 R_1（即模块左上方的 R_1）接入电桥作为一个桥臂与 R_5、R_6、R_7 接成直流电桥（R_5、R_6、R_7 模块内已连接好，其中模块上虚线电阻符号为示意符号，没有实际的电阻存在），按图 17 - 5 完成接线，给桥路接入 ±4 V 电源（从主控箱电压选择处引入），同时将模块右上角拨段开关拨至左边"直流"挡（直流挡和交流挡调零电阻阻值不同）。检查接线无误后，合上主电源开关，调节电桥调零电位器 R_{w1}，使电压表显示为零。

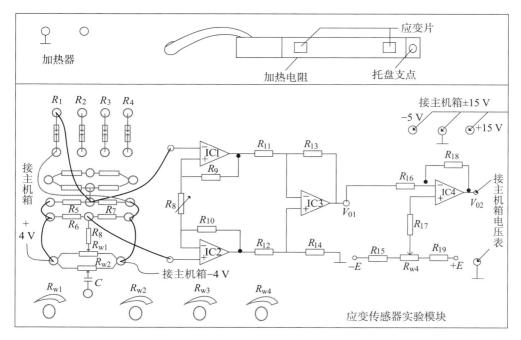

图 17 - 5　应变式传感器 1/4 桥电桥实验接线图

（4）测量并记录。

在电子秤托盘上逐个增加标准砝码，读取并记录电压表数值，直到 10 只砝码加完，将实验结果填入表 17 - 1。

表 17 - 1　1/4 桥电桥输出电压与加负载质量值

质量/g				
电压/mV				

（5）计算灵敏度和误差。

根据表 17 - 1 计算系统灵敏度 $S:S = \Delta u / \Delta W$（ Δu 为输出电压变化量；ΔW 为为加负载质量质变化量）；计算非线性误差：$\delta_{fl} = \Delta m / y_{F \cdot S} \times 100\%$ ，式中 Δm 为输出值（多次测量时为平均值）与拟合直线的最大偏差，$y_{F \cdot S}$ 为满量程输出平均值，此处为 500 g 或 200 g。

（6）实验完毕，关闭主电源。

五、注意事项

（1）如出现零漂现象，则是在供电电压下，应变片本身通过电流所形成的应变片温度效应的影响，可观察零漂数值的变化，稍等 1~5 min，若调零后数值稳定下来，表示应变片已处于工作状态。

（2）若数值还是不稳定，电压表读数出现随机跳变情况，可再次确认各实验线的连接是否牢靠，且保证实验过程中尽量不接触实验线，另外，由于应变实验增益比较大，实验线陈旧或老化后产生线间电容效应，也会产生此现象，可使用屏蔽实验线接电桥部分电路来减少干扰。

（3）因应变实验差动放大器放大倍数很高，应变传感器实验模块对各种信号干扰很敏感，所以用应变模块做实验时模块周围尽量不要放置有无线数据交换的设备，例如正在无线上网的手机、平板电脑、笔记本电脑等电子设备。

六、思考题

做 1/4 桥电桥实验时，作为桥臂电阻应变片应选用哪一种？

（1）正（受拉）应变片；（2）负（受压）应变片；（3）正、负应变片均可。

参考答案：（3）

实验 2　金属箔式应变片——半桥性能实验

一、实验目的

比较半桥与 1/4 桥电桥的不同性能，了解其特点。

二、基本原理

不同受力方向的两片应变片（实验模块上对应变片受力方向有标识）接入电桥作为邻边，电桥输出灵敏度提高，非线性得到改善。当两片应变片阻值和应变量相同时，其桥路输出电压 $U_o = (1/2)K\varepsilon E$。

三、需要器件与单元

应变式传感器实验模块、砝码、托盘、电压表、直流稳压电源（±15 V）、可调直流稳压电源（±4 V）。

四、实验步骤

（1）首先将实验模块调节增益电位器 R_{w3} 顺时针旋到底（即此时放大器增益最大），然后将差动放大器的正、负输入端相连并与地短接，输出端与主控台上电压表输入端 V_i 相连。检查无误后从主控台上接入模块电源 ±15 V 以及地线。合上主控台电源开关，调节实验模块上的调零电位器 R_{w4}，使电压表显示为零（电压表的量程切换开关打到 2 V 挡），关闭主控箱电源。（注意：R_{w4} 的位置一旦确定，就不能改变，一直到做完实验为止。）

（2）按图 17 – 6 接线，将托盘固定到电子秤支柱上。根据模块上的标识确认 R_2 和 R_3 受力状态相反，即将传感器中两片受力相反（一片受拉、一片受压）的电阻应变片作为电桥的相邻边即可。将实验模块左上方的应变片 R_2、R_3 接入电桥，给桥路接入 ±4 V 电源，确认模块右上角拨段开关拨至左边"直流"挡。检查连线无误后，合上主控箱电源开关，调节电桥调零电位器 R_{w1} 进行桥路调零，按图 17 – 6 接线，逐个轻放标准砝码，将实验数据记入表 17 – 2，计算灵敏度 $S = \Delta u / \Delta W$，非线性误差 δ。

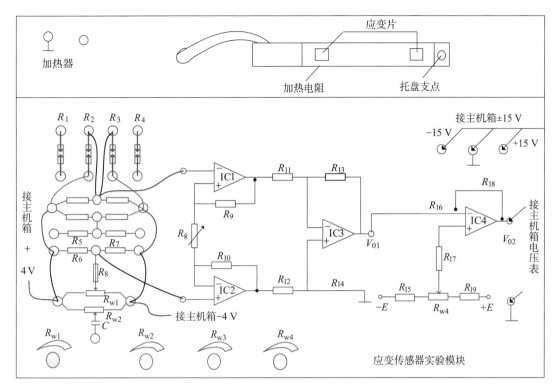

图 17 - 6 应变式传感器半桥实验接线图

表 17 - 2 半桥输出电压与加负载质量值

质量/g					
电压/mV					

（3）实验完毕，关闭主电源。

五、思考题

桥路（差动电桥）测量时存在非线性误差，原因是什么？

参考答案：（1）电桥测量原理上存在非线性；（2）应变片应变效应是非线性的；（3）调零值不是真正为零。

实验 3 金属箔式应变片——全桥性能实验

一、实验目的

了解全桥测量电路的工作特点及性能。

二、基本原理

全桥测量电路，如图 17-7 所示将受力性质相同的两应变片接入电桥对边，受力方向不同的接入邻边，当应变片初始阻值 $R_1 = R_2 = R_3 = R_4$，其变化值 $\Delta R_1 = \Delta R_2 = \Delta R_3 = \Delta R_4$ 时，其桥路输出电压 $U_o = (1/2)K\varepsilon E$。其输出灵敏度比半桥又提高了一倍，非线性误差和温度误差均得到改善。

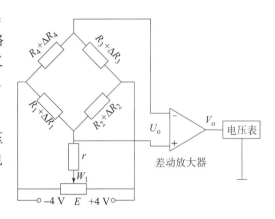

图 17-7 应变片全桥特性实验原理图

三、需用器件和单元

应变式传感器实验模块、砝码、托盘、电压表、直流稳压电源（±15 V）、可调直流稳压电源（±4 V）。

四、实验步骤

（1）首先将实验模块调节增益电位器 R_{w3} 顺时针旋到底（即此时放大器增益最大），然后将差动放大器的正、负输入端相连并与地短接，输出端与主控台上电压表输入端 V_i 相连。检查无误后从主控台上接入模块电源 ±15 V 以及地线。合上主控台电源开关，调节实验模块上的调零电位器 R_{w4}，使电压表显示为零（电压表的量程切换开关打到 2 V 挡），关闭主控箱电源。（注意：R_{w4} 的位置一旦确定，就不能改变，一直到做完实验为止。）

（2）按图 17-8 接线，将托盘固定到电子秤支柱上。在全桥测量电路中，将受力性质相同的两应变片接入电桥对边，不同的接入邻边。给桥路接入 ±4 V 电源，确认模块右上角拨段开关拨至左边"直流"挡。检查连线无误后，合上主控箱电源，调节电桥调零电位器 R_{w1} 进行桥路调零，然后逐个轻放标准砝码，将实验数据记入表 17-3。

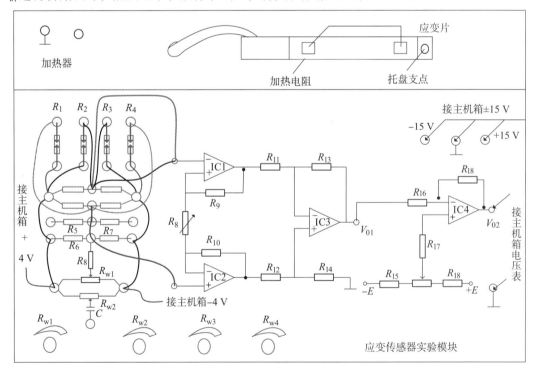

图 17-8 全桥实验接线图

（3）根据表 17-3 计算系统灵敏度 S：$S = \Delta u/\Delta W$（Δu 为输出电压变化量；ΔW 为质量变化量）；计算非线性误差：$\delta_{fl} = \Delta m/y_{F.S} \times 100\%$，$\Delta m$ 为输出值（多次测量为平均值）与拟合直线最大偏差，$y_{F.S}$ 为满量程输出平均值。

表 17-3　全桥输出电压与加负载质量值

质量/g					
电压/mV					

（4）实验完毕，关闭主电源。

五、思考题

测量中，当两组对边电阻值相同，即 $R_1 = R_3$，$R_2 = R_4$，而 $R_1 \neq R_2$ 时，是否可以组成全桥？

参考答案：可以，满足 $R_1 R_4 = R_2 R_3$，电桥满足平衡条件。

实验4　金属箔式应变片 1/4 桥、半桥、全桥性能比较

一、实验目的

比较 1/4 桥、半桥、全桥输出时的灵敏度和非线性度，得出相应的结论。

二、基本原理

图 17-9 所示为应变测量电路。

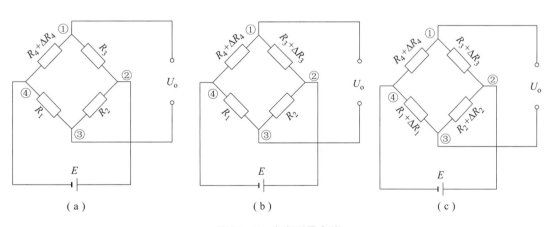

图 17-9　应变测量电路

（a）1/4 桥；（b）半桥；（c）全桥

（a）1/4 桥

$$U_o = U_① - U_③ = [(R_4 + \Delta R_4)/(R_4 + \Delta R_4 + R_3) - R_1/(R_1 + R_2)]E$$
$$= \{[(R_1 + R_2)(R_4 + \Delta R_4) - R_1(R_3 + R_4 + \Delta R_4)]/[(R_3 + R_4 + \Delta R_4)(R_1 + R_2)]\}E$$

设 $R_4 = R_3 = R_2 = R_1$，且 $\Delta R_4/R_4 = \Delta R/R \ll 1$，$\Delta R/R = K\varepsilon$，$K$ 为灵敏度系数。

则
$$U_o \approx (1/4)(\Delta R_4/R_4)E = (1/4)(\Delta R/R)E = (1/4)K\varepsilon E \tag{17-5}$$

（b）半桥

同理：
$$U_o \approx (1/2)K\varepsilon E \tag{17-6}$$

（c）全桥

同理：
$$U_o \approx K\varepsilon E \tag{17-7}$$

三、需用器件与单元

应变式传感器实验模块、砝码、托盘、电压表、直流稳压电源（±15 V）、可调直流稳压电源（±4 V）。

四、实验步骤

根据实验一、二、三所得的1/4桥、半桥和全桥输出时的灵敏度和非线性度，从理论上进行分析比较，阐述理由。（注意：做比较时实验一、二、三中的放大器增益 R_{w3} 必须在相同的位置。）

实验5　金属箔式应变片的温度影响实验

一、实验目的

了解温度对应变片测试系统的影响。

二、基本原理

电阻应变片的温度影响，主要来自两个方面：

（1）敏感栅丝的温度系数。

（2）应变栅线膨胀系数与弹性体（或被测试件）的线膨胀系数不一致会产生附加应变。因此当温度变化时，在被测体受力状态不变时，输出会有变化。

三、需用器件与单元

应变传感器实验模块、砝码、托盘、电压表、直流稳压电源（±15 V）、加热器（已贴在应变电子秤左下角应变片的紧挨下方）、可调直流稳压电源（+5 V）。

四、实验步骤

（1）按照实验三进行全桥实验。

（2）将10个砝码加于砝码盘上，在电压表上读取当前电压值 U_{o1}。

（3）将 +5 V 直流稳压电源接到实验模块的加热器插孔一端，另一端接地，数分钟后待电压表显示基本稳定后，记下读数 U_{ot}，$U_{ot} - U_{o1}$ 即为温度变化的影响。计算这一温度变化产生的相对误差 $\delta = \dfrac{U_{ot} - U_{o1}}{U_{ot}} \times 100\%$。

（4）实验完毕，关闭主电源。

五、思考题

（1）金属箔式应变片温度影响有哪些消除方法？

（2）应变式传感器可否用于测量温度？

实验 6 直流全桥的应用——电子秤实验

一、实验目的

了解应变片直流全桥的应用及电路的标定。

二、基本原理

电子秤实验原理为全桥测量原理，数字电子秤实验原理如图 17 - 10 所示，本实验只做放大器输出 V_0 实验，通过对电路调节使电路输出的电压值为质量对应值，电压量纲（V）改为质量量纲（g）即成为一台原始电子秤。

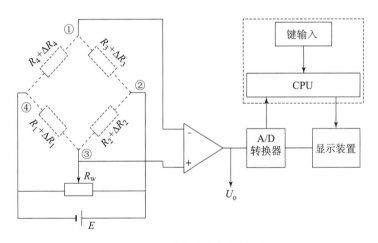

图 17 - 10 数字电子秤实验原理

三、需用器件与单元

应变式传感器实验模块、砝码、托盘、直流稳压电源（±15 V）、可调直流稳压电源（±4 V）、电压表。

四、实验步骤

（1）先将差动放大器输入短接接地，开启主电源，增益打到最大，调节 R_{w4} 调零，然后关闭主电源，按全桥电路接线，将托盘固定到电子秤支柱上，电压表量程选择 2 V 挡，开启主电源，调节电桥平衡电位器 R_{w1}，使电压表显示为零。

（2）将 10 只砝码全部置于传感器的托盘上，调节电位器 R_{w3}（增益即满量程调节），使电压表显示为 0.200 V。如果显示为负值，将差动放大器两端的连线互换位置即可，需重新调零。

（3）取下托盘上所有砝码，再次调节电位器 R_{w1}，使电压表显示为零。

（4）重复步骤（2）、（3）的标定过程，一直到精确为止，把电压量纲 V 改为质量量纲 g 就可以称重，成为一台原始的电子秤。

（5）把砝码依次放在托盘上，记录数据填入表 17 - 4。

表 17 - 4　应变全桥电子秤实验数据

质量/g							
电压/mV							

（6）根据上表计算灵敏度与非线性误差。实验完毕，关闭主电源。

五、思考题

如何使用应变式扭矩传感器（内部已按全桥电路接好）设计一个电子秤？

实验 7　交流全桥的应用——振动测量实验

一、实验目的

了解利用交流电桥测量动态应变参数的原理与方法。

二、基本原理

用交流电桥测量交流应变信号时，桥路输出的波形为一调制波，不能直接显示其应变值，只有通过移相检波和滤波电路后才能得到变化的应变信号，此信号可以从示波器读得，图 17 - 11 所示为应变片测振动的实验原理。当振荡器提供的载波信号经交流电桥调制成微弱调幅波，再经差动放大器放大为 $U_1(t)$，$U_1(t)$ 经相敏检波器检波解调为 $U_2(t)$，$U_2(t)$ 经低通滤波器滤除高频载波成分后输出应变片检测到的振动信号 $U_3(t)$（调幅波的包络线），$U_3(t)$ 可用示波器显示。图 17 - 11 所示交流电桥就是一个调制电路，$W_1(R_{w1})$、$r(R_8)$、$W_2(R_{w2})$、C 是交流电桥的平衡调节网络，移相器为相敏检波器提供同步检波的参考电压，这也是实际应用中的动态应变仪原理。

三、需用器件与单元

音频振荡器、低频振荡器、万用表（自备）、应变式传感器实验模块、移相/相敏检波/低通滤波器模块、频率表、直流稳压电源（±15 V）、振动源模块、双踪示波器（自备）。

四、实验步骤

（1）应变式传感器实验模块上的应变传感器不用，改为振动模块双平行梁上的应变片（即振动模块上的应变输出，应变片已按全桥方式连接）。

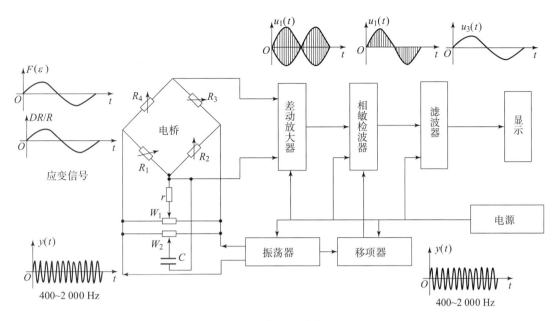

图 17 - 11　应变测振动的实验原理

（2）接线如图 17 - 12 所示，按振动台模块上的应变片顺序，用连接线插入应变传感器实验模块上组成全桥电路。接线时应注意连接线上每个插头的意义，若对角线的阻值均为 350 Ω 左右，相邻电阻阻值均为 260 Ω 左右，则接法正确。

（3）接好交流电桥调平衡电路（音频振荡器 LV 输出端接全桥电路一端，另一端接 LV 的"地"端，差放一端连 R_{w2} 处的电容 C，其余与全桥实验相同），R_8、R_{w1}、C、R_{w2} 为交流电桥调平衡网络，同时将模块右上方拨段开关拨至"交流"挡，检查接线无误后，合上主控箱电源开关，将音频振荡器频率调节到 1 kHz 左右，幅度调节到 $10Vp - p$（频率可用频率表监测，幅度可用示波器监测）。将 R_{w3} 顺时针调节到最大，用示波器观察 V_{o1} 或 V_{o2}（如果增益不够大，则观察 V_{o2}），调节电位器 R_{w1} 和 R_{w2} 使得示波器显示波形接近一条直线（示波器的电压轴为 0.1 V/div，时间轴为 0.1 ms/div）。用手按振动圆盘，观察波形幅值有明显变化，然后将示波器接入相敏检波器输出端，观察示波器波形，调节 R_{w1}、R_{w2}、R_{w4} 以及移相器和相敏检波器旋钮，使示波器显示的波形最小（参考位置：示波器的 Y 轴为 0.1 V/div，X 轴为 0.2 ms/div），用手按下振动圆盘（且按住不放），调节移相器与相敏检波器的旋钮（前面实验已介绍移相器和相敏检波器原理），使示波器显示的波形有检波趋向，即显示波形如图 17 - 13（a）所示。

（4）将低频振荡器输出接入振动模块低频输入插孔，调节低频振荡器输出幅度和频率使振动圆盘明显振动（调节频率和幅度时应缓慢调节）。

（5）调节示波器电压轴为 50 mV/div 或 100 mV/div，X 轴为 10 ms/div 或 5 ms/div 或 2 ms/div，用示波器观察差动放大器输出端（调幅波）和相敏检波器输出端（解调波）及低通滤波器输出端（包络线波形——传感器信号）波形，调节实验电路中各电位器旋钮，用示波器观察各环节波形，体会电路中各电位器的作用。在应变梁振动时，观察 V_{o1}（或 V_{o2}）波形，此时波形接近包络线，如图 17 - 13（b）所示。

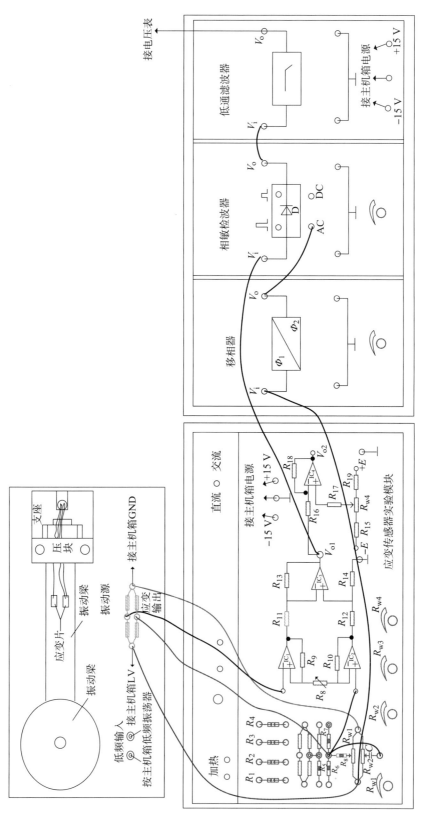

图17-12 应变片测量电路

将 V_{o1}（V_{o2}）连接到相敏检波器 V_i。观察此时相敏检波输出 V_o 波形，此时波形如图 17 – 13（c）所示。

再观察此时低通滤波器输出端波形为正弦波，如图 17 – 13（d）所示。

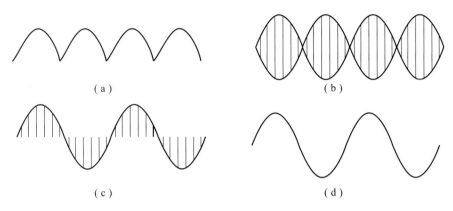

图 17 – 13　输出波形

调节电位器使各波形接近理论波形，并使低通滤波器输出波形不失真，并且峰 – 峰值最大。

（6）固定低频振荡器幅度旋钮位置不变，低频输出端接入频率表的 f_i，把频率表的切换开关打到频率挡监测低频频率。调节低频输出频率，用示波器读出低通滤波器输出 V_o 的电压峰 – 峰值，填入表 17 – 5。

表 17 – 5　应变交流全桥测量数据

f/Hz					
V_o（p – p）/V					

（7）从实验数据得振动梁的自振频率为　Hz。

（8）实验完毕，关闭主电源。

备注：因本实验涉及模块及电位器较多，步骤（3）和（5）前两个波形调出来的难度较大，实际实验中如果实在调试不出来可以跳到步骤（5），直接观察最后一个波形。

五、思考题

（1）在交流电桥测量中，对音频振荡器频率和被测梁振动频率之间有什么要求？

（2）请归纳直流电桥和交流电桥的特点。

实验 8　压阻式压力传感器的压力测量实验

一、实验目的

了解扩散硅压阻式压力传感器测量压力的原理和方法。

二、基本原理

扩散硅压阻式压力传感器的工作机理是半导体应变片的压阻效应，在半导体受力变形时会暂时改变晶体结构的对称性，因而改变了半导体的导电机理，它的电阻率发生变化，这种物理现象称为半导体的压阻效应。半导体一般采用 N 型单晶硅为传感器的弹性元件，在它的上面直接蒸镀扩散出多个半导体电阻应变薄膜（扩散出 P 型或 N 型电阻条）组成电桥。在压力（压强）作用下弹性元件产生应力，半导体电阻应变薄膜的电阻率产生很大的变化，引起电阻的变化，经电桥转换成电压输出，则其输出电压的变化反映了所受到的压力的变化。压阻式压力传感器压力测量实验原理图如图 17 – 14 所示。

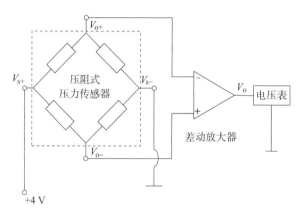

图 17 – 14　压阻式压力传感器压力测量实验原理图

三、需用器件与单元

差压计（气压表、气阀连球、三通），压力传感器实验模块，电压表，可调直流稳压源（±4 V），直流稳压电源（±15 V）。

四、实验步骤

（1）按图 17 – 15 连接供压管路，将差压计的出气口软管插入压阻式传感器模块的气压嘴，差压传感器两只气嘴中，一只为高压嘴，另一只为低压嘴，这里选用的高压嘴。压力传感器有 4 端：3 端接 +4 V 电源，1 端接地线，2 端为 U_{o+}，4 端为 U_{o-}。按图 17 – 16 连接压阻式压力传感器测量系统电路。

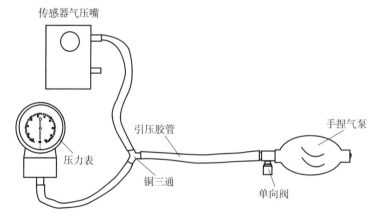

图 17 – 15　压阻式压力传感器供压管路示意图

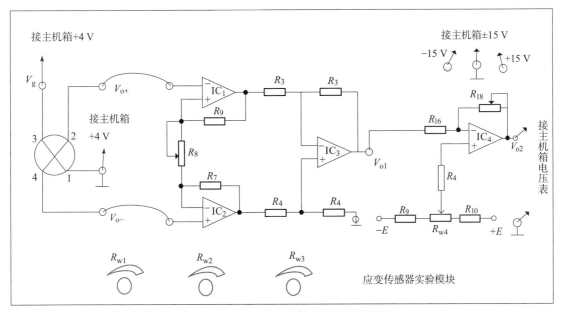

图 17 - 16　压阻式压力传感器模块接线图

（2）实验模块上 R_{w2} 用于调节零位，R_{w1} 和 R_{w3} 调节放大倍数，模块的放大器输出 V_{o2} 引到主控箱电压表的 V_i 插座，将电压表量程选择开关拨到 20 V 挡，反复调节 R_{w2}（此时 R_{w1} 顺时针旋到底，R_{w3} 处于电位器中间位置）使电压表显示为零。

（3）打开主控箱电源，按压差压计的气囊观察气压表读数。

（4）按压气囊调节气压，使在 5～40 kPa 之间每变化 5 kPa 分别读取气压表读数，同步记录电压表读数，将数据记录于表 17 - 6，画出实验曲线计算本系统的灵敏度和非线性误差。

表 17 - 6　压力表数值与变换电路输出电压值

P/kPa					
V_o/V					

（5）实验完毕，关闭主电源。

五、思考题

如何使用本系统设计成为一个压力计？（采用逼近法）

实验 9　差动变压器的性能实验

一、实验目的

了解差动变压器的工作原理和特性。

二、基本原理

差动变压器的工作原理是电磁互感原理。差动变压器结构如图 17 - 17 所示，由一个一次绕组 1 和两个二次绕组 2、3 及一个衔铁 4 组成。差动变压器一、二次绕组间的耦合能随衔铁的移动而变化，即绕组间的互感随被测位移改变而变化。由于把两个二次绕组反向串接（同名端相接），以差动电势输出，所以把这种传感器称为差动变压器式电感传感器，通常简称差动变压器。

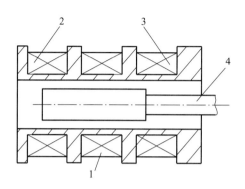

图 17 – 17　差动变压器结构示意图

1——一次绕组；2，3—二次绕组；4—衔铁

当差动变压器工作在理想情况下（忽略涡流损耗、磁滞损耗和分布电容等影响），它的等效电路如图 17 – 18 所示。

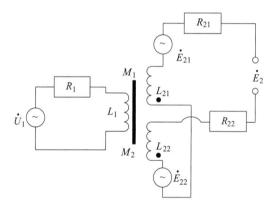

图 17 – 18　差动变压器等效电路图

图 17 – 18 中 U_1 为一次绕组激励电压，M_1、M_2 分别为一次绕组与两个二次绕组之间的互感，L_1、R_1 分别为一次绕组的电感和有效电阻，L_{21}、L_{22} 分别为两个二次绕组的电感，R_{21}、R_{22} 分别为两个二次绕组的有效电阻。对于差动变压器，当衔铁处于中间位置时，两个二次绕组互感相同，因而由一次侧激励引起的感应电动势相同。由于两个二次绕组反向串接，所以差动输出电动势为零。当衔铁移向二次绕组 L_{21}，这时互感 M_1 大，M_2 小，因而二次绕组 L_{21} 内感应电动势，大于二次绕组 L_{22} 内感应电动势，这时差动输出电动势不为零。在传感器的量程内，衔铁位移越大，差动输出电动势就越大。同样道理，当衔铁向二次绕组 L_{22} 一边移动差动输出电动势仍不为零，但由于移动方向改变，所以输出电动势反相。因此通过差动变压器输出电动势的大小和相位可以知道衔铁位移量的大小和方向。由图 17 – 18 可以看出一次绕组的电流为

$$\dot{I}_1 = \frac{\dot{U}_1}{R_1 + \mathrm{j}\omega L_1} \tag{17-8}$$

二次绕组的感应动势为

$$\dot{E}_{22} = -\mathrm{j}\omega M_2 \dot{I}_1 \tag{17-9}$$

由于二次绕组反向串接，所以输出总电动势为

$$\dot{E}_2 = -\mathrm{j}\omega(M_1 - M_2)\frac{\dot{U}_1}{R_1 + \mathrm{j}\omega L_1} \tag{17-10}$$

其有效值为

$$E_2 = \frac{\omega(M_1 - M_2)U_1}{\sqrt{(R_1^2 + (\omega L_1))^2}} \tag{17-11}$$

差动变压器的输出特性曲线如图 17-19 所示，图中 E_{21}、E_{22} 分别为两个二次绕组的输出感应电动势，E_2 为差动输出电动势，x 表示衔铁偏离中心位置的距离。其中 E_2 的实线表示理想的输出特性，而虚线部分表示实际的输出特性。E_0 为零点残余电动势，这是由于差动变压器制作上的不对称以及铁芯位置等因素所造成的。零点残余电动势的存在，使得传感器的输出特性在零点附近不灵敏，给测量带来误差，此值的大小是衡量差动变压器性能好坏的重要指标。

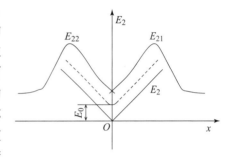

图 17-19　差动变压器的输出特性

为了减小零点残余电动势可采取以下方法：

（1）尽可能保证传感器几何尺寸、线圈电气参数及磁路的对称。磁性材料要经过处理，消除内部的残余应力，使其性能均匀稳定。

（2）选用合适的测量电路，如采用相敏整流电路，既可判别衔铁移动方向又可改善输出特性，减小零点残余电动势。

（3）采用补偿线路减小零点残余电动势。

图 17-20 所示为三种典型的减小零点残余电动势的补偿电路。在差动变压器的线圈中串、并适当数值的电阻、电容元件，当调整 R_{W1}、R_{W2} 时，可使零点残余电动势减小。

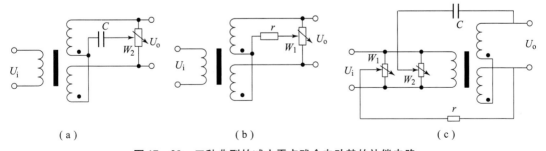

图 17-20　三种典型的减小零点残余电动势的补偿电路

三、需用器件与单元

差动变压器实验模块、测微头、紧固钉、双踪示波器、差动变压器及连线、音频振荡

器、直流稳压电源（±15 V）、频率表。

四、实验步骤

（1）根据图 17-21，将差动变压器和测微头装在差动变压器实验模块上，调节测微头位置使差动变压器动杆大致处于可移动范围的中间位置。测微头使用方法可见本实验附。

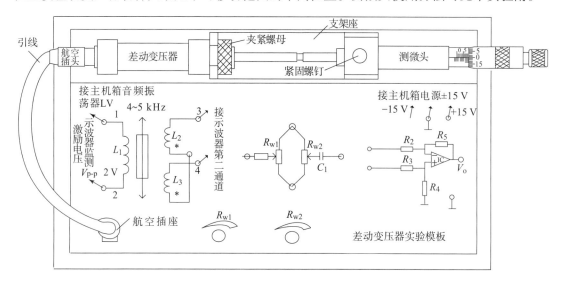

图 17-21　差动变压器性能实验安装、接线图

（2）在模块上按照图 17-21 接线，音频振荡器信号必须从主控箱中的 LV 端输出，调节音频振荡器的频率，输出频率为 5~10 kHz（可用主控箱的频率表来监测，实验中可调节频率使波形不失真）。调节幅度使输出幅度为峰-峰值 V_{p-p} = 2 V（可用示波器监测：X 轴为 0.2 ms/div、Y 轴 CH_1 为 1 V/div、CH_2 为 0.2 V/div）。判别初、次级线圈及次级线圈同名端方法如下：设任一线圈为初级线圈（1 和 2 实验插孔作为初级线圈），并设另外两个线圈的任一端为同名端，按图 17-21 接线。当铁芯左、右移动时，观察示波器中显示的初级线圈波形及次级线圈波形，当次级波形输出幅值变化很大，基本上能过零点（即 3 和 4 实验插孔），而且相位与初级线圈波形（LV 音频信号 V_{p-p} = 2 V）比较能同相和反相变化，说明已连接的初、次级线圈及同名端是正确的，否则继续改变连接再判断直到正确为止。

（3）检测无误后开启主电源，旋动测微头，使示波器第二通道显示的波形峰-峰值 V_{p-p} 为最小。这时可以左右位移，假设其中一个方向为正位移，则另一个方向位移为负。从 V_{p-p} 最小处向左或右开始旋动测微头，每隔 0.5 mm 从示波器上读出若干输出电压 V_{p-p} 值填入表 17-7。再旋动测微头回到 V_{p-p} 最小处后反向位移做实验。在实验过程中，注意左、右位移时，初、次级波形的相位关系。

表 17-7　差动变压器位移 ΔX 值与输出电压 V_{p-p} 数据表

X/mm				– ←	0 mm	→ +	
V/mV							

（4）实验过程中注意差动变压器输出的最小值即为差动变压器的零点残余电压大小。

根据表格画出 $V_{p-p}-X$ 曲线，作出量程为 ±4 mm、±6 mm 灵敏度和非线性误差。

（5）实验完毕，关闭主电源。

实验10　激励频率对差动变压器特性的影响实验

一、实验目的

了解初级线圈激励频率对差动变压器输出性能的影响。

二、基本原理

差动变压器输出电压的有效值可以用近似用关系式表示

$$U_O = \frac{\omega(M_1 - M_2)U_i}{\sqrt{R_p^2 + \omega^2 L_p^2}} \tag{17-12}$$

式中，L_p、R_p 为初级线圈电感和损耗电阻；U_i、ω 为激励电压和频率；M_1、M_2 为初级与两次级间互感系数。

由关系式可以看出，当初级线圈激励频率太低时，若 $R_p^2 \gg \omega^2 L_p^2$，则输出电压 U_o 受频率变动影响较大，且灵敏度较低；只有当 $\omega^2 L_p^2 \gg R_p^2$ 时输出 U_o 与 ω 无关，当然 ω 过高会使线圈寄生电容增大，对性能稳定不利。

三、需用器件与单元

差动变压器实验模块、测微头、紧固螺钉、双踪示波器、差动变压器及连接线、音频振荡器、直流稳压电源（±15 V）。

四、实验步骤

（1）差动变压器及测微头的安装、接线同实验9"差动变压器性能实验"并仔细参阅其中附：测微头的组成与使用。

（2）检查接线无误后，合上主机箱电源开关，调节主机箱音频振荡器 LV 输出频率为 1 kHz（可用主机箱的频率表监测频率），$V_{p-p}=2$ V（用示波器监测 V_{p-p}）。调节测微头微分筒使差动变压器的铁芯处于线圈中心位置即输出信号最小时（用示波器监测 V_{p-p}最小时）的位置。

（3）调节测微头位移量 ΔX 为 2.50 mm，差动变压器较大 V_{p-p} 输出。

（4）在保持位移量不变的情况下改变激励电压，调节音频振荡器的频率在 1～9 kHz（激励电压幅值 2 V 不变）变化，并记录差动变压器的相应输出的 V_{p-p} 值填入表 17-8。

表 17-8　相同位移下激励频率于输出电压（峰-峰值）的关系

f/kHz								
V_{p-p}/V								

（5）作出 $f-V_{p-p}$ 曲线，计算灵敏度。

（6）实验完毕，关闭主电源。

实验 11 差动变压器零点残余电压补偿实验

一、实验目的

了解差动变压器零点残余电压补偿方法。

二、基本原理

由于差动变压器两只次级线圈的等效参数不对称，初级线圈的纵向排列的不均匀性，二次级的不均匀、不一致，铁芯 $B-H$ 特性的非线性等，因此在铁芯处于差动线圈中间位置时其输出电压并不为零，称其为零点残余电压。在差动变压器性能实验中已经得到了零点残余电压，用差动变压器测量位移时一般要对其零点残余电压进行补偿。

三、需用器件与单元

音频振荡器、测微头、紧固螺钉、差动变压器及连接线、差动变压器实验模块、双踪示波器、直流稳压电源（±15 V）。

四、实验步骤

（1）按图 17-22 接线，安装好传感器和测微头，音频信号源从 LV 插口输出，实验模块 R_1、C_1、R_{w1}、R_{w2} 为电桥单元中调平衡网络。

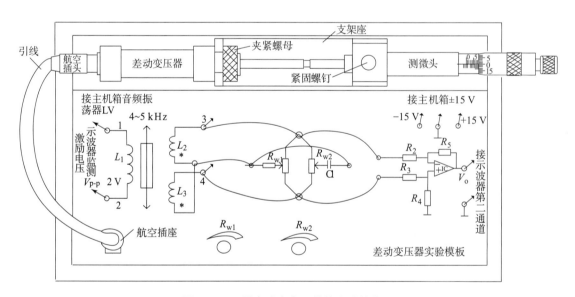

图 17-22　零点残余电压补偿实验接线图

（2）检测无误后开启主电源，调整音频振荡器输出峰-峰值为 2 V。

（3）调整测微头，使差动放大器输出电压最小。

（4）依次交替调节 R_{w1}、R_{w2}，使输出电压进一步降至最小。

（5）用示波器观察零点残余电压的波形，注意与激励电压比较。

（6）从示波器上观察，记录差动变压器的零点残余电压值（$V_{零点p-p}$）。（注：此零点残余电压是经过放大的，实际零点残余电压 = $V_{零点p-p}/K$，放大倍数 $K = 10$）。

（7）实验完毕，关闭主电源。

实验 12　差动变压器测位移实验

一、实验目的

了解差动变压器测位移的应用方法。

二、基本原理

差动变压器工作原理参阅实验 9。差动变压器在应用时要设法消除零点残余电动势和死区，选用合适测量电路，如采用相敏检波电路，既可判别衔铁移动方向又可改善输出特性，消除测量范围内的死区。

三、需用器件与单元

音频振荡器、差动变压器实验模块、移相器/相敏检波器/低通滤波器模块、低频振荡器、双踪示波器、直流稳压电源（±15 V）、振动源模块、差动变压器及连接线、电压表、测微头、紧固螺钉。

四、实验步骤

（1）按图 17 - 23 接线，检查无误后合上主控箱电源开关，调节音频输出 $f = 5$ kHz，$V_{p-p} = 5$ V，调节相敏检波器的电位器使相敏检波器输出幅值相等、相位相反的两个波形，保持相敏调节电位器位置不动。

（2）调节音频输出 $V_{p-p} = 2$ V，顺着差动变压器衔铁的位移方向移动测微头，使差动变压器衔铁明显偏离 L_1 初级线圈（中间线圈）的中点位置，再调节移相器的移相电位器使相敏检波器输出为全波整流波形。再缓慢移动测微头使相敏检波器输出波形幅值尽量为最小（尽量使衔铁处在 L_1 初级线圈的中点位置），然后拧紧螺钉固定测微头位置。

（3）交替调节差动变压器模块上的 R_{w1}、R_{w2} 使相敏检波器输出趋于水平线且电压表显示趋于 0 V。

（4）调节测微头，每隔 0.2 mm 从电压表上读取低通滤波器输出的电压值，填入表 17 - 9。

表 17 - 9　差动变压器测位移实验数据

X/mm												
V/mV												

（5）根据表中数据作出实验曲线并截取线性较好的线段计算灵敏度 $S = \Delta V/\Delta X$ 于线性度及测量范围。

（6）实验完毕，关闭主电源。

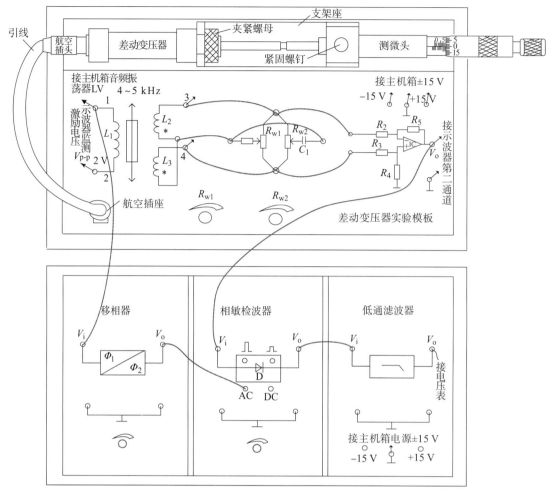

图 17－23　差动变压器测位移接线图

五、思考题

差动变压器输出经相敏检波器检波后是否消除了零点残余电压？从实验曲线上能理解相敏检波器的鉴相特性吗？

实验 13　差动变压器的应用——振动测量实验

一、实验目的

了解差动变压器测量振动的方法。

二、基本原理

由实验 9 基本原理可知，当差动变压器的衔铁连接杆与被测体接触连接时就能检测到被测体的位移变化或振动。

三、需用器件与单元

音频振荡器、差动变压器实验模块、移相器/相敏检波器/低通滤波器模块、低频振荡器、双踪示波器、直流稳压电源（±15 V）、振动源模块、差动变压器及连接线、测微头、工形支架。

四、实验步骤

（1）将差动变压器按图17 – 24通过连接板（工形支架）安装在振动源模块的传感器安装支架上，调整传感器安装支架使差动变压器的衔铁连杆与振动盘磁钢吸合。

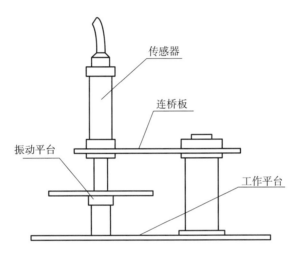

图17 – 24　差动变压器传感器安装示意图

（2）按图17 – 25接线，检查接线无误后，合上主控台电源开关，用示波器观察LV峰 – 峰值，调整音频振荡器幅度旋钮使$V_{p-p}=8$ V，频率在3 ~ 3.5 kHz。

（3）利用示波器观察相敏检波器输出，调整传感器连接支架高度，使相敏检波器输出的波形幅值为最小，差动变压器衔铁大致处于L_1初级线圈的中点位置，并且要使振动平台振动的阻力最小，便于接下来的实验。

（4）仔细调节R_{w1}和R_{w2}使示波器（相敏检波器输出）显示的波形幅值更小，基本为零点（电压在0.2 V左右）。

（5）用手按住振动平台让传感器产生一个大位移，仔细调节移相器和相敏检波器的旋钮，使示波器显示的波形接近全波整流波形。松手后，整流波形消失，变为一条接近零点线（否则再调节R_{w1}和R_{w2}）。

（6）将低频振荡器输出引入振动源的低频输入，调节低频振荡器幅度旋钮和频率旋钮，使振动台振荡较为明显。用示波器观察差动模块放大器的输出、相敏检波器及低通滤波器的V_o波形。

（7）保持低频振荡器的幅度不变，改变振荡频率，用示波器观察低通滤波器的输出，读出峰 – 峰电压值，记下实验数据，填入表17 – 10。

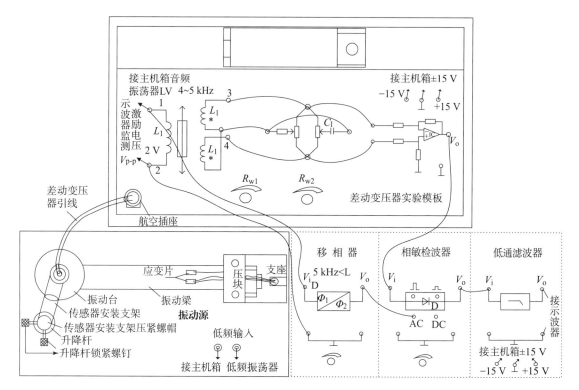

图 17 – 25　差动变压器传感器振动测量接线图

表 17 – 10　振动频率与输出波形峰峰值的关系

f/Hz					
V_{p-p}/V					

（8）根据实验结果作出梁的 $f - V_{p-p}$ 特性曲线。保持低频振荡器频率不变，改变振荡幅度，同样实验，可得到振幅 $- V_{p-p}$ 曲线（定性）。

（9）指出自振频率的大致值，并与其他传感器测量振动的结果相比较。

（10）实验完毕，关闭主电源。

五、注意事项

低频振荡器电压幅值不要过大，以免梁在自振频率附近振幅过大。

实验 14　直流激励霍尔传感器位移特性实验

一、实验目的

了解霍尔传感器原理与应用。

二、基本原理

霍尔传感器是一种磁敏传感器，基于霍尔效应原理工作。它将被测量的磁场变化（或以磁场为媒体）转换成电动势输出。
霍尔效应是具有载流子的半导体同时
处在电场和磁场中而产生电势的一种
现象。如图 17 – 26 所示（带正电的
载流子），把一块宽为 b，厚为 d 的
导电板放在磁感应强度为 $\boldsymbol{B}$ 的磁场
中，并在导电板中通以纵向电流 I，
此时在板的横向两侧面 A、A' 之间就
呈现出一定的电势差，这一现象称为

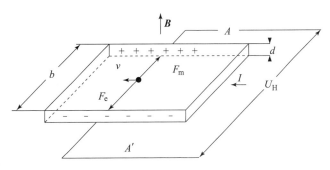

图 17 – 26　霍尔效应原理

霍尔效应（霍尔效应可以用洛伦兹力来解释），所产生的电动势 U_{H} 称霍尔电压。

霍尔效应的数学表达式为

$$U_{\mathrm{H}} = R_{\mathrm{H}} IB/d = K_{\mathrm{H}} IB \tag{17 – 13}$$

式中，$R_{\mathrm{H}} = -1/(ne)$ 是由半导体本身载流子迁移率决定的物理常数，称为霍尔系数；$K_{\mathrm{H}} = R_{\mathrm{H}}/d$ 是灵敏度系数，与材料的物理性质和几何尺寸有关。

具有上述霍尔效应的元件称为霍尔元件，霍尔元件大多采用 N 型半导体材料（金属材料中自由电子浓度 n 很高，因此 R_{H} 很小，使输出 U_{H} 极小，不宜作霍尔元件），厚度 d 只有 1 μm 左右。

霍尔传感器有霍尔元件和集成霍尔传感器两种类型。集成霍尔传感器是把霍尔元件、放大器等制作在一个芯片上的集成电路型结构，与霍尔元件相比，它具有微型化、灵敏度高、可靠性高、寿命长、功耗低、负载能力强、使用方便等优点。

本实验采用的霍尔位移传感器（小位移 1 ~ 2 mm）是由线性霍尔元件、永久磁钢组成的，工作原理和实验电路原理如图 17 – 27 所示。将磁场强度相同的两块永久磁钢同极性相对放置，线性霍尔元件置于两者中点时，其磁感应强度为 0，设这个位置为位移的零点，即 $X = 0$，$\boldsymbol{B} = 0$，故输出电压 $U = 0$。当霍尔元件沿 X 轴有位移时，$\boldsymbol{B} \neq 0$，则有电压输出，U 经差动放大器放大输出为 V。V 与 X 有一一对应关系。

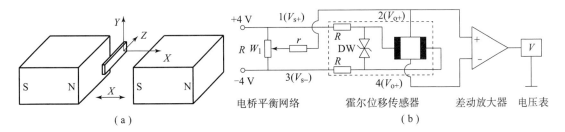

图 17 – 27　霍尔位移传感器工作原理图
（a）工作原理；（b）实验电路原理

注意：线性霍尔元件有四个引线端。涂黑两端是电源输入激励端，另外两端是输出端。接线时，电源输入激励端与输出端千万不能颠倒，激励电压也不能太大，否则霍尔元件就会损坏。

三、需用器件与单元

霍尔传感器实验模块、霍尔传感器及连接线、可调直流稳压源（± 4 V）、直流稳压

电源（±15 V）、测微头、紧固螺钉、电压表。

四、实验步骤

（1）将霍尔传感器按图 17-28 安装，调节测微头使微分筒轴套上的可见刻度在 10 mm 附近。接好 ±15 V 电源及地，霍尔传感器模块左边接激励电压 ±4 V，将 R_1 接入霍尔输出一端后和另一输出端一起接差动放大器，差放输出接电压表。

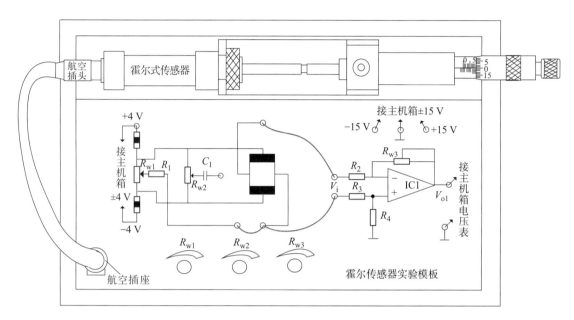

图 17-28　霍尔传感器安装示意图

（2）检查无误后开启主电源，调节测微头使霍尔片处在两磁钢中间位置，再调节平衡电位器 R_{w1}（增益旋钮 R_{w3} 旋至最大，电压表量程挡位选择 20 V 挡）使电压表示数为 0 V。

（3）同一方向转动测微头至电压显示绝对值最大处，记录此时的测微头读数和电压表示数作为实验起点，然后反方向转动测微头，每隔 0.2 mm 记下位移 X 与输出电压值（这样单行程位移方向做实验可以消除测微头的回差），直到读数近似不变，将数据填入表 17-11。

表 17-11　霍尔传感器位移 X 与输出电压的关系

X/mm							
V/mV							

（4）作出 V-X 曲线，分析曲线在不同线性范围时灵敏度和非线性误差。

（5）实验完毕，关闭主电源。

五、思考题

本实验中霍尔元件位移的线性度实际上反映的是什么量的变化？

实验 15　交流激励时霍尔传感器的位移特性实验

一、实验目的

了解交流激励时霍尔传感器的特性。

二、基本原理

交流激励时霍尔元件与直流激励一样，基本工作原理相同，不同之处是测量电路。

三、需用器件与单元

霍尔传感器实验模块、霍尔传感器及连接线、音频振荡器、直流稳压电源（±15 V）、测微头、紧固螺钉、电压表、移相/相敏检波/低通滤波模块、双踪示波器。

四、实验步骤

（1）开启主电源，用示波器测量 LV 输出端，调节音频振荡器频率和幅度旋钮，使其输出为 1 kHz、峰 – 峰值为 4 V，然后关闭主电源，按图 17 – 29 安装传感器以及连线。（激励电压从音频输出端 LV 输出频率为 1 kHz，幅值为 4 V，注意频率、幅值过大会烧坏霍尔元件。）

（2）检查无误后开启主电源，增益电位器 R_{w3} 顺时针旋转至最大，调节测微头使霍尔传感器产生一个较大的位移，利用示波器观察相敏检波器输出（此时示波器挡位时间轴为 0.2 ms/diV，电压轴为 0.2 V/diV），调节移相单元电位器和相敏检波电位器，使示波器显示全波整流波形后，保持移相单元电位器和相敏检波电位器位置不变。

（3）用示波器观察相敏输出，调节测微头使霍尔传感器处于传感器位移中部，使霍尔元件不等位电势为最小（即相敏检波输出接近一条直线）。

（4）然后将相敏输出通过低通滤波器接电压表，观察电压表示数，调节电位器 R_{w1}、R_{w2} 使之显示为 0 V，记录此处测微头示数为初始位置，然后旋动测微头，记下每转动 0.2 mm 时电压表读数，读完数据后反方向移动可再次实验，记录数据填入表 17 – 12。

表 17 – 12　交流激励时输出电压和位移数据

X/mm					
V/mV					

（4）根据表格作出 $V – X$ 曲线，计算不同量程时的灵敏度和非线性误差。

（5）实验完毕，关闭主电源。

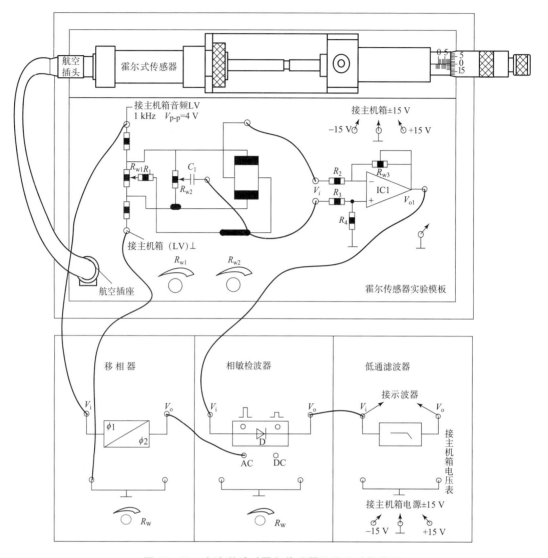

图 17-29　交流激励时霍尔传感器位移实验接线图

实验 16　霍尔测速实验

一、实验目的

了解开关式霍尔转速传感器的应用。

二、基本原理

开关式霍尔传感器是线性霍尔元件的输出信号经放大器放大，再经施密特电路整形成矩形波（开关信号）输出的传感器。利用霍尔效应表达式 $U_H = K_H I B$，当被测圆盘上装上 N 只磁性体时，圆盘每转一周，磁场就变化 N 次，霍尔电势相应变化 N 次，输出电势通过放大、整形和计数电路就可以测量被测旋转物的转速（转速 $n = 60 * $ 频率 $f/12$）。

三、需用器件与单元

开关式霍尔转速传感器、可调电源（ $+2 \sim 24$ V）、转动源模块、转速表、直流稳压电源（ $+5$ V）、电压表。

四、实验步骤

（1）根据图 17 - 30，将霍尔转速传感器装于传感器支架上，探头对准反射面的磁钢，距离 2~3 mm 为宜。

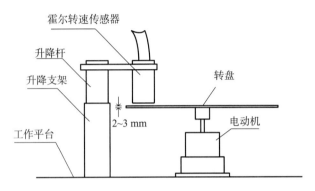

霍尔转速传感器
升降杆
升降支架
转盘
2~3 mm
电动机
工作平台

图 17 - 30　开关式霍尔传感器安装示意图

（2）霍尔转速传感器红线为电源输入端，接 +5 V；蓝线为输出端，接转速表 fi；黑线接地。

（3）将 +2~24 V 可调电源输出接到电压表监测电压变化并接到转动源的 +2~24 V 红色插孔，黑色插孔接地。

（4）将转速/频率表波段开关拨到转速挡，此时数显表指示转速。

（5）开启主电源，根据电压表显示输入的电压，调节电压调整旋钮使电动机带动转盘旋转，从 5 V 开始记录每增加 1 V 对应转速表显示的转速（待电动机转速比较稳定后读取数据），观察电动机转速的变化，画出电动机的 $V - n$ 特性曲线。

五、思考题

（1）利用霍尔元件测转速，在测量上是否有限制？

（2）本实验用了 12 只磁钢，能否用 1 只磁钢，二者有什么区别呢？

实验 17　磁电式传感器测速实验

一、实验目的

了解磁电式传感器测量转速的原理。

二、基本原理

磁电传感器是一种将被测物理量转换成感应电动势的有源传感器，也称为电动式传感器或者感应式传感器。基于电磁感应原理，一个 N 匝线圈在磁场中切割磁力线时，穿过线圈的磁通量发生变化，线圈两端就会产生出感应电势，线圈中感应电势：$e = -N\dfrac{\mathrm{d}\phi}{\mathrm{d}t}$，线圈感应电势的大小在线圈匝数一定的情况下与穿过该线圈的磁通变化率成正比。当传感器的线圈匝数和永久磁钢选定（即磁场强度已定）后，使穿过线圈的磁通发生变化的方法通常有两种：一种是让线圈和磁力线做相对运动，即利用线圈切割磁力线而使线圈产生感应电势；另一种则是把线圈和磁钢都固定，靠衔铁运动来改变磁路中的磁阻，从而改变通过线圈的磁通。因此磁电式传感器可分为两大类型：动磁式和可动衔铁式。本实验应用动磁式磁电传感器，当转盘上嵌入 N 个磁钢时，每转一周线圈感应电势产生 N 次变化，通过放大、整形和计数等电路即可测量转速（$N = 12$）。

三、需用器件与单元

磁电传感器、转速表、可调电源 +2～24 V、转动源模块。

四、实验步骤

（1）磁电式转速传感器按图 17－31 安装，传感器端面离转动盘面 2～3 mm，并且对准反射面内的磁钢。

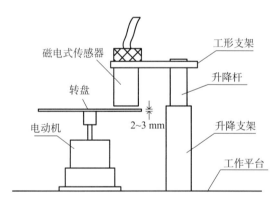

图 17－31　磁电式转速传感器安装示意图

（2）将磁电传感器输出端红线插入转速表 fi 端口，黑线接地。选转速测量挡，将可调电源 +2～24 V 引入到转动源上 +2～24 V 红色插孔，黑色端接地。

（3）检查无误后合上主控箱电源开关，调节电源调整旋钮使转速电动机带动转盘旋转，从 5 V 开始记录每增加 1 V 对应转速表显示转速（待电动机转速较稳定后读取数据），观察电动机转速变化，画出电动机的 $V-n$ 特性曲线。

五、思考题

为什么说磁电式转速传感器不能测很低速的转动，能说明理由吗？

实验 18　压电式传感器测量振动实验

一、实验目的

了解压电传感器测量振动的原理和方法。

二、基本原理

压电式传感器是一种典型的发电型传感器，其传感元件是压电材料，它以压电材料的压电效应为转换机理实现力到电量的转换。压电式传感器可以对各种动态力、机械冲击和振动进行测量，在声学、医学、力学、导航方面都得到广泛的应用。

1. 压电效应

具有压电效应的材料称为压电材料，常见的压电材料有两类压电单晶体，如石英、酒石酸钾钠等；人工多晶体，如压电陶瓷，如钛酸钡、锆钛酸铅等。

压电材料受到外力作用时，在发生变形的同时内部产生极化现象，表面会产生符号相反的电荷。当外力去掉时，又重新恢复到原不带电状态，当作用力的方向改变后电荷的极性也随之改变，这种现象称为压电效应，如图 17 - 32 所示。

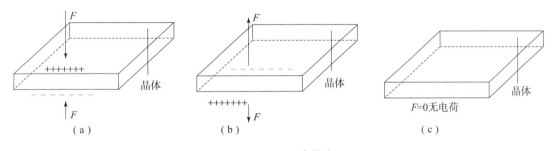

（a）　　　　　　　　　（b）　　　　　　　　　（c）

图 17 - 32　压电效应

2. 压电晶片及其等效电路

多晶体压电陶瓷的灵敏度比压电单晶体要高很多，压电传感器的压电元件是在两个工作面上蒸镀有金属膜的压电晶片，金属膜构成两个电极，如图 17 - 33（a）所示。当压电晶片受到力的作用时，便有电荷聚集在两极上，一面为正电荷，另一面为等量的负电荷。这种情况和电容器十分相似，所不同的是晶片表面上的电荷会随着时间的推移逐渐漏掉，这是因为压电晶片材料的绝缘电阻虽然很大，但毕竟不是无穷大，从信号变换角度来看，压电元件相当于一个电容发生器。从结构上来看，它又是一个电容器。因此通常将压电元件等效为一个电荷源与电容相并联的电路，如 17 - 33（b）所示。其中 $e_a = Q/C_a$，式中 e_a 为压电晶片受力后所呈现的电压，也称为极板上的开路电压；Q 为压电晶片表面的电荷；C_a 为压电晶片的电容。

实际的压电传感器中，往往用两片或两片以上的压电晶片进行并联或串联。压电晶片并联时如图 17 - 33（c）所示，两晶片正极集中在中间极板上，负电极在两侧的电极上，因而电容量大，输出电荷量大，时间常数大，宜于测量缓变信号并以电荷量作为输出。

压电传感器的输出，理论上应当是压电晶片表面的电荷 Q。根据图 17 - 33（b）可知，测试中也可取等效电容 C_a 上的电压值作为压电传感器的输出。因此，压电式传感器就有电荷和电压两种输出形式。

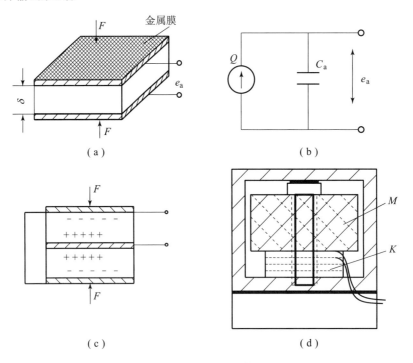

图 17 – 33　压电晶片及等效电路
（a）压电晶片；（b）等效电荷源；（c）并联；（d）压电式加速度传感器

3. 压电式加速度传感器

图 17 – 33（d）所示为压电式加速度传感器结构图。图 17 – 33（d）中，M 是惯性质量块，K 是压电晶片。压电式加速度传感器实质上是一个惯性力传感器。在压电晶片 K 上，放有质量块 M，当壳体随被测体一起振动时，作用在压电晶体上力 $F = Ma$。当质量 M 一定时，压电晶体上产生的电荷与加速度 a 成正比。

4. 压电式加速度传感器和放大器等效电路

压电传感器的输出信号很微弱，必须进行放大，压电传感器所配接的放大器有两种结构形式：一种是带电阻反馈的电压放大器，其输出电压与输入电压（即传感器的输出电压）成正比；另一种是带电容反馈的电荷放大器，其输出电压与输入电荷量成正比。等效电路图如图 17 – 34 所示。

电压放大器测量系统的输出电压对电缆电容 C_c 敏感。当电缆长度变化时，C_c 就会变化，使得放大器输入电压 e_i 变化，系统的电压灵敏度也将发生变化，这就增加了测量的难度。电荷放大器则克服了上述电压放大器的缺点。它是一个高增益带电容反馈的运算放大器。当略去传感器的漏电阻 R_a 和电荷放大器的输入电阻 R_i 影响时，有：① $Q = e_i(C_a + C_c + C_i) + (e_1 - e_y)C_f$。式中，$e_i$ 为放大器的输入端电压；e_y 为放大器输出端电压，$e_y = -ke_1$，k 为电荷放大器开环放大倍数；C_f 为电荷放大器反馈电容。将 $e_y = -ke_1$ 代入式①中可得到放大器输出端电压 e_y 与传感器电荷 Q 的关系式：设 $C = C_a + C_c + C_i$，② $e_y = -kQ/[(C + C_f) + kC_f]$，当放大器的开环增益足够大时，则有 $kC_f \gg C + C_f$，式②简化成③ $e_y = -Q/C_f$，式③

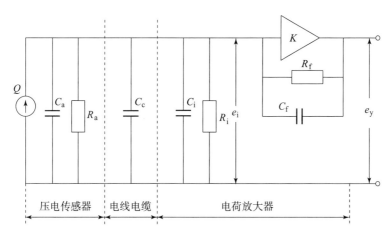

图 17 - 34　传感器 - 电缆 - 电荷放大器系统的等效电路图

表明在一定条件下，电荷放大器的输出电压与传感器的电荷量成正比，而与电缆分布电容无关，输出灵敏度取决于反馈电容 C_f。所以，电荷放大器的灵敏度调节，都是采用切换运算放大器反馈电容 C_f 的办法。采用电荷放大器时，即使连接电缆长度达百米以上，其灵敏度也无明显变化，这是电荷放大器的主要优点。

5. 压电加速度传感器实验原理图

压电加速度传感器、电荷放大器实验原理如图 17 - 35 所示。

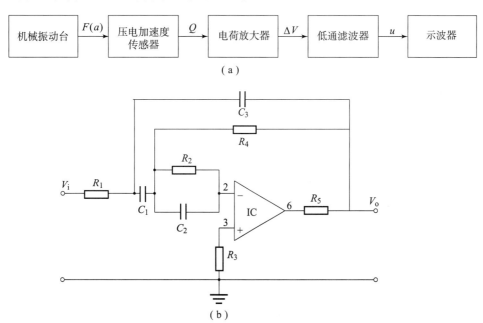

图 17 - 35　压电传感器测试原理

（a）压电加速度传感器实验原理框图；（b）电荷放大器原理图

三、需用器件与单元

直流稳压电源（±15 V）、振动源模块、压电传感器、移相/相敏检波/低通滤波器模块、低频振荡器、压电式传感器实验模块、双踪示波器。

四、实验步骤

（1）首先将压电传感器装在振动源模块上，压电传感器底部装有磁钢，可和振动盘中心的磁钢吸合。

（2）将低频振荡器信号接入到振动源的低频输入源插孔。

（3）按图 17 – 36 接线，将压电传感器输出红线插入到压电传感器实验模块 1 输入端，黑线接地。将压电传感器实验模块电路输出端 V_{o1}（如增益不够大，则 V_{o1} 接入 IC_2，V_{o2} 接入低通滤波器）接入低通滤波器输入端 V_i，低通滤波器输出 V_o 与示波器相连。

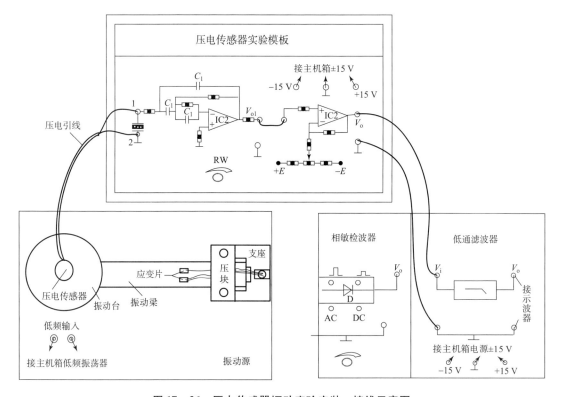

图 17 – 36　压电传感器振动实验安装、接线示意图

（4）检查无误后合上主控箱电源开关，调节低频振荡器的频率与幅度旋钮使振动台振动，观察示波器波形。

（5）调整好示波器，改变低频振荡器频率，观察输出波形变化。如果压电的波形不完美，则可调节压电传感器上方的螺母（旋紧或旋松），切忌不可用尖嘴钳等物旋转螺母，只可用手轻度调节，不能太紧，否则压电传感器中的陶瓷片会被损坏。

（6）用示波器两个通道同时观察低通滤波器输入和输出端波形并比较。

（7）低频振荡器的幅度旋钮固定至最大，调节低频频率，调节时可用频率表监测频率，用示波器读出输出波形峰 – 峰值，填入表 17 – 13。

表 17 – 13　压电传感器输出与振动频率的关系

F/Hz	5	7	12	15	17	20
V_{p-p}						

（8）根据表格推测出振动台的自振频率。

（9）实验完毕，关闭主电源。

实验 19　电涡流传感器位移特性实验

一、实验目的

了解电涡流传感器测量位移的工作原理和特性。

二、基本原理

电涡流式传感器是一种基于涡流效应原理的传感器。电涡流式传感器由传感器线圈和被测体（导电体——金属涡流片）组成，如图 17 – 37 所示。根据电磁感应原理，当传感器线圈通以交变电流（频率较高，一般为 1 ~ 2 MHz）I_1 时，线圈周围空间会产生交变磁场 H_1，当线圈平面靠近某一导体面时，由于线圈磁通链穿过导体，使导体的表面层感应出呈旋涡状自行闭合的电流 I_2，而 I_2 所形成的磁通链又穿过传感器线圈，这样线圈与涡流线圈形成了有一定耦合的互感，最终原线圈反馈一等效电感，从而导致传感器线圈的阻抗 Z 发生变化。我们可以把被测导体上形成的电涡等效成一个短路环，这样就可以得到图 17 – 38 所示的等效电路。

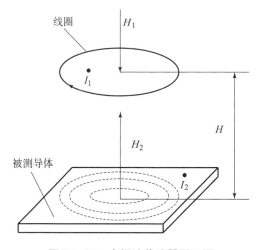

图 17 – 37　电涡流传感器原理图

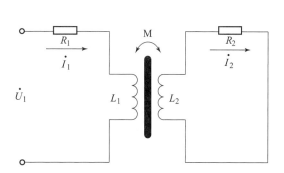

图 17 – 38　电涡流传感器等效电路图

图 17 – 38 中，R_1、L_1 为传感器线圈的电阻和电感。短路环可以认为是一匝短路线圈，其电阻为 R_2、电感为 L_2。线圈与导体间存在一个互感 M，它随线圈与导体间距的减小而增大。根据等效电路可列出电路方程组：

$$\begin{cases} R_2 \dot{I}_2 + j\omega L_2 \dot{I}_2 - j\omega M I_1 = 0 \\ R_1 \dot{I}_1 + j\omega L_1 \dot{I}_1 - j\omega M I_2 = \dot{U}_1 \end{cases} \qquad (17-14)$$

通过求解方程组，可得 I_1、I_2。因此传感器线圈的复阻抗为

$$Z = \frac{\dot{U}}{\dot{I}} = \left[R_1 + \frac{\omega^2 M^2}{R_2^2 + (\omega L_2)^2} R_2 \right] + j \left[\omega L_1 - \frac{\omega^2 M^2}{R_2^2 + (\omega L_2)^2} \omega L_2 \right] \qquad (17-15)$$

线圈的等效电感为

$$L = L_1 - L_2 \frac{\omega^2 M^2}{R_2^2 + (\omega L_2)^2} \qquad (17-16)$$

线圈的等效 Q 值为

$$Q = Q_0 \left\{ \left[1 - (L_2 \omega^2 M^2)/(L_1 Z_2^2) \right] / \left[1 + (R_2 \omega^2 M^2)/(R_1 Z_2^2) \right] \right\} \qquad (17-17)$$

式中，Q_0 为无涡流影响下线圈的 Q 值，$Q_0 = \omega L_1 / R_1$；Z_2^2 为金属导体中产生电涡流部分的阻抗，$Z_2^2 = R_2^2 + \omega^2 L_2^2$。

由 Z、L、Q 可看出，线圈与金属导体系统的阻抗 Z、电感 L、品质因数 Q 值都是该系统互感系数平方的函数，而从麦克斯韦互感系数的基本公式出发，可得互感系数是线圈与金属导体间距离 x（H）的非线性函数，因此 Z、L、Q 均是 x 的非线性函数。虽然整个函数是非线性的，其函数特征为 S 形曲线，但可以选取它近似为线性的一段。其实 Z、L、Q 的变化与导体间的距离有关，如果控制上述参数中的一个参数改变，而其他参数不变，则阻抗就成为这个变化参数的单值函数。当电涡流线圈、金属涡流片以及激励源确定后，并保持环境温度不变，则只与距离 x 有关。于是，通过传感器的调理电路（前置器）处理，将线圈阻抗 Z、L、Q 的变化转化成电压或者电流的变化输出，输出信号的大小随探头到被测体表面之间的间距而变化，电涡流传感器就是根据这一原理实现对金属物体的位移、振动等参数的测量。

为实现电涡流位移测量，必须有一个专门的测量电路。这一测量电路（前置器）应包括具有一定频率的稳定的振荡器和一个检波电路等。电涡流位移传感器特性实验原理框图如图 17 - 39 所示。

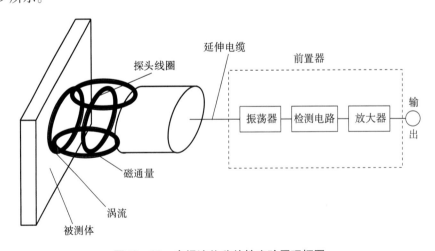

图 17 - 39　电涡流位移特性实验原理框图

根据电涡流传感器的基本原理，将传感器与被测体间距离变换为传感器的 Q 值、等效

阻抗 Z 和等效电感 L 三个参数，用相应的测量电路来测量。

本实验涡流变换器为变频调幅式测量电路，电路原理如图 17 - 40 所示。

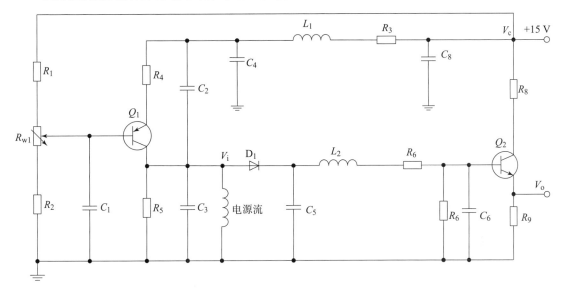

图 17 - 40　电涡流变换器原理图

电路组成：（1）Q_1、C_1、C_2、C_3 组成电容三点式振荡器，产生频率为 1 MHz 左右的正弦载波信号。电涡流传感器接在振荡回路中，传感器线圈是振荡回路的一个电感元件。振荡器的作用是将位移变化引起的振荡回路的 Q 值变化转换成高频载波信号的幅值变化。

（2）D_1、C_5、L_2、C_6 组成由二极管和 LC 形成的 π 形滤波的检波器。检波器的作用是将高频调幅信号中传感器检测到的低频信号提取出来。

（3）Q_2 组成射极跟随器。射极跟随器的作用是输入、输出匹配以获得尽可能大的不失真输出的幅度值。

电涡流传感器是通过传感器端部线圈与被测物体间的间隙变化来测物体的振动相对位移量和静位移，它与被测物之间没有直接的机械接触，具有很宽的使用频率范围（0 ~ 10 Hz）。当无被测导体时，振荡器回路谐振于 f_0，传感器端部线圈 Q_0 为定值且最高，对应的检波输出电压 V_0 最大。当被测导体接近传感器线圈时，线圈 Q 值发生变化，振荡器谐振频率发生变化，谐振曲线变得平坦，检波出的幅值 V_0 变小。V_0 变化反映了位移 x 的变化。电涡流传感器在位移、振动、转速、探伤、厚度测量上得到应用。

三、需用器件与单元

电涡流传感器实验模块、电涡流传感器、直流稳压电源（+15 V）、电压表、测微头、紧固螺钉、铁圆片、螺丝刀。

四、实验步骤

（1）观察传感器结构，这是一个扁平绕线圈。

（2）按图 17 -41 安装电涡流传感器、测微头、铁圆片及连线。将电涡流传感器输出线接入模块上标有 Ti 的插孔中，作为振荡器的一个元件，在测微头端部装上铁质金属圆片，作为电涡流传感器的被测体。

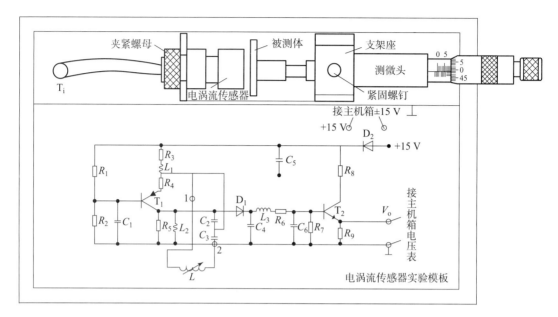

图 17 - 41　电涡流传感器安装、接线示意图

（3）将实验模块输出 V_o 与电压表输入端 V_i 相接。电压表量程设为 20 V 挡，用连接导线从主控台接入 +15 V 直流电源到模块上标有 +15 V 的插孔中，同时主控台的"地"与实验模块的"地"相连。

（4）调节测微头使之与传感器线圈端部有机玻璃平面刚好水平接触，开启主控箱电源开关，此时电压表读数应为零，向右旋动测微头使铁圆片慢慢远离传感器，然后每隔 0.2 mm 记录电压表读数，直到输出几乎不变为止（在传感器两端可接示波器观察振荡波形），将结果列入表 17 - 14。

表 17 - 14　电涡流传感器位移 x 与输出电压数据

x/mm						
V/V						

（5）根据表 17 - 14 数据，画出 $V - X$ 曲线，根据曲线找出线性区域及进行正、负位移测量时的最佳工作点，试计算量程为 1 mm、3 mm、5 mm 时的灵敏度和线性度（可以用端基法或其他方法拟合直线）。

（6）实验完毕，关闭主电源。

五、思考题

（1）电涡流传感器的量程与哪些因素有关，如果需要测量 ±5 mm 的量程应如何设计传感器？

（2）用电涡流传感器进行非接触位移测量，如何根据量程选用传感器？

实验 20　材质对电涡流传感器特性影响实验

一、实验目的

了解不同的被测体材料对电涡流传感器性能的影响。

二、基本原理

涡流效应与金属导体本身的电阻率和磁导率有关，因此不同的材料就会有不同的性能。

三、需用器件与单元

电涡流传感器模块、电涡流传感器、直流稳压电源（+15 V）、电压表、测微头、紧固钉、铁圆片、铜圆片、铝圆片、螺丝刀。

四、实验步骤

（1）传感器安装及连线同实验 19。

（2）将铁圆片换成铝圆片和铜圆片。

（3）重复实验 19 步骤（4）、（5），进行被测体为铝圆片和铜圆片时的位移特性测试，分别记入表 17 – 15 和表 17 – 16。

表 17 – 15　被测体为铝圆片时的位移与输出电压数据

X/mm						
V/V						

表 17 – 16　被测体为铜圆片时的位移与输出电压数据

X/mm						
V/V						

（4）根据表格计算量程为 1 mm 和 3 mm 时的灵敏度和非线性误差（线性度）。

（5）比较实验 19 和本实验所得的结果，在同一坐标上画出实验曲线进行比较，并进行小结。

（6）实验完毕，关闭主电源。

五、思考题

根据实验曲线分析应选用哪一个作为被测体为好？说明理由。

实验 21　面积大小对电涡流传感器特性影响实验

一、实验目的

了解电涡流传感器在实际应用中其位移特性与被测体的形状和尺寸有关。

二、基本原理

电涡流传感器在实际应用中，由于被测体的形状、大小不同会导致被测体上涡流效应的不充分，会减弱甚至不产生涡流效应，因此影响电涡流传感器的静态特性。所以在实际测量中，往往必须针对具体的被测体进行静态特性标定。

三、需用器件与单元

电涡流传感器实验模块、电涡流传感器、直流稳压电源（+15 V）、电压表、测微头、紧固螺钉、铝圆柱、铝圆片、螺丝刀。

四、实验步骤

（1）传感器安装及连线同实验19。

（2）重复实验19步骤（4）、（5），在测微头上分别用两种不同被测铝（小圆片、小圆柱体）进行电涡流位移特性测定，测得数据分别记入表17-17。

表17-17　不同尺寸时的被测体特性数据

X/mm						
被测体1						
被测体2						

（3）根据表格数据计算目前范围内两种被测体：被测体1、2的灵敏度，画出实验曲线进行比较，并说明理由。

（4）实验完毕，关闭主电源。

五、思考题

根据实验曲线分析应选用哪一个作为被测体为好？为什么？

实验22　电涡流传感器的应用——振动测量实验

一、实验目的

了解电涡流传感器测量振动的原理和方法。

二、基本原理

根据电涡流传感器动态特性和位移特性，选择合适的工作点即可测量振幅。

三、需用器件与单元

电涡流传感器实验模块、电涡流传感器、低频振荡器、振动源模块、直流稳压电源（+15 V）、电压表、频率表、测微头、铁圆片、双踪示波器、工形支架。

四、实验步骤

（1）按图17-42安装电涡流传感器并连线。将被测体放在振动源的振动台中心点上，

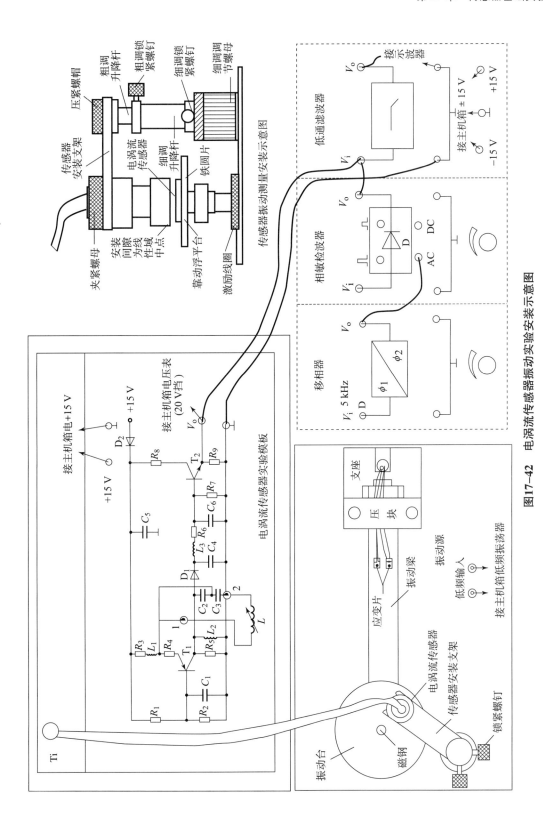

图 17-42　电涡流传感器振动实验安装示意图

注意传感器端面与吸附在振动圆盘中心的磁钢上的铁圆片之间的安装距离为线性区域内（根据实验 19 得出的线性范围）。将电涡流传感器插入实验模块标有 Ti 的插孔中，实验模块输出端接示波器的一个通道，接入 + 15 V 电源及地。

（2）将低频振荡信号接入振动源中的低频输入插孔，一般应避开梁的自振频率，将振荡频率设置在 6 ~ 12 Hz。

（3）低频振荡器幅度旋钮初始为零，慢慢增大幅度，使振动台明显起振，但要注意适当调节升降架高度，使振动台面振动时不与传感器端面发生碰撞。

（4）用示波器观察电涡流实验模块输出端 V_o 波形，调节传感器安装支架高度，读取正弦波形失真最小时的电压峰 – 峰值。

（5）保持低频振荡器幅度旋钮不变，改变振动频率，可以用频率表检测。从示波器测出低通滤波输出的 V_o 峰 – 峰值，记录数据填入表 17 – 18。

表 17 – 18　振动频率与输出波形峰 – 峰值的关系

f/Hz					
$V_{\mathrm{p-p}}/\mathrm{V}$					

（6）根据实验结果作出梁的 f – $V_{\mathrm{p-p}}$ 特性曲线。保持低频振荡器频率不变，改变幅度旋钮，同样实验，可得到振幅 – $V_{\mathrm{p-p}}$ 曲线。

（7）指出自振频率的大致值，并与其他振动实验测出的结果相比较。

（8）实验完毕，关闭主电源。

实验 23　电涡流传感器的应用——电子秤实验

一、实验目的

了解电涡流传感器用于称质量的原理与方法。

二、基本原理

利用电涡流传感器位移特性和振动台受载时的线性位移，可以组合成一个称重测量系统。

三、需用器件与单元

电涡流传感器、电涡流传感器实验模块、直流稳压电源（ + 15 V）、电压表、振动源模块、砝码、铁圆片、工形支架。

四、实验步骤

（1）传感器安装与"电涡流振动测量实验"相同，实验连线与"电涡流位移特性实验"相同。

（2）利用铁圆片线性范围，调节传感器支架高度，使反射面与探头之间距离为线性起点，将线性段距离最近点作为零点，记下此时电压表读数。

（3）在振动台上从 20 g 起逐个加砝码到 200 g（砝码应尽量远离传感器），分别读取电压表读数，记入表 17 – 19。

表 17 – 19 电涡流传感器称重时的电压与质量数据

W/g						
V/V						

（4）根据表 17 – 19 计算出该称重系统的灵敏度 S，注意和前面做电子秤的实验比较，即可知梁的重复性能。

（5）在振动台面上放置一未知物，记下电压表的读数。

（6）根据实验步骤（4）、（5），计算出未知物质量。

实验 24 电涡流传感器测转速实验

一、实验目的

了解电涡流传感器测转速的原理。

二、基本原理

利用电涡流位移传感器及其位移特性，当被测转轴的端面或径向有明显的位移变化（齿轮、凸台）时，就可以得到相应的电压变化量，再配上相应电路测量转轴转速。

三、需用器件与单元

电涡流传感器、电涡流传感器实验模块、直流稳压电源（ +15 V）、可调电源（ +2 ~ 24 V）、电压表、转动源模块、频率表、双踪示波器、工形支架。

四、实验步骤

（1）电涡流测转速传感器安装示意图如图 17 – 43 所示。

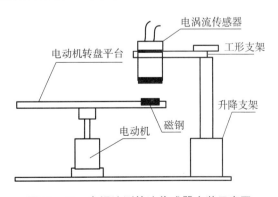

图 17 – 43 电涡流测转速传感器安装示意图

（2）实验接线同实验 19，开启电源，调节好电涡流传感器与磁钢之间的距离，使磁钢

在移动时 V_o 输出电压有较大的区别，但不要让两者接触到。然后将 V_o 接到示波器和频率表。

（3）给转动盘接入 +2～24 V 电压，调节到一定电压使转盘明显起转，待转动盘稳定后，观察示波器波形和频率表的示数。

（4）调节电压观察相应频率变化，与其他转速传感器实验效果做比较。

五、思考题

由于本实验采用的电涡流传感器不是专门设计来测转速的，能否从器材选择或者实验方法上做改进从而达到更好的实验效果？

实验 25   光电式转速传感器的转速测量实验

一、实验目的

了解光电式转速传感器测量转速的原理及方法。

二、基本原理

光电式转速传感器有反射型和直射型两种，本实验装置是反射型的，传感器端部有发光管和光电管，发光管发出的光源在转盘上反射后由光电管接收转换成电信号，由于转盘上有均匀分布的 12 个反射面，转动时将获得与转速及反射面数有关的脉冲，将电脉冲计数处理即可得到转速值。

三、需用器件与单元

光电式转速传感器、直流稳压电源（+5 V）、转动源模块、可调电源（+2～24 V）、转速/频率表、电压表。

四、实验步骤

（1）光电式转速传感器安装示意图如图 17 - 44 所示。

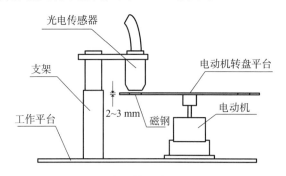

图 17 - 44   光电式转速传感器安装示意图

（2）在传感器支架上装上光电式转速传感器，调节高度，使传感器端面距离平台表面

2~3 mm，转速/频率表切换开关置转速挡，电压表量程选择 20 V 挡。将可调电源 +2~24 V 接到转动源 +2~24 V 插孔上，黑端接地。将光电式传感器引线红端接入直流稳压电源 +5 V，黑端接地，蓝端为信号输出端，接到电压表输入端 V_i。

（3）用手转动圆盘，使探头避开反射面（磁钢处为反射面），合上主控箱电源开关，读出此时的电压值。再用手转动圆盘，使光电式传感器对准磁钢反射面，调节升降支架高低，使电压表读数最大。

（4）重复步骤（3），直至两者的电压差值最大，再将光电式传感器引线蓝端与转速表输入端 fi 相接。合上主控箱电源开关，将可调电源 +2~24 V 接入转动电源 +2~24 V 插孔上，慢慢增加输出电压（可用电压表监测）使电动机转速盘明显起转，固定转速电压不变，待转速稳定时，记下此时转速表上的读数 n_1。将转速/频率表选择开关拨到频率挡，记下频率表读数，根据转盘上的测速点数折算成转速值 n_2（转速和频率的折算关系为：转速 = 频率 ×60/12）。实验完毕，关闭主电源。

（5）比较转速表读数 n_1 与根据频率计算的转速 n_2，以转速 n_1 作为真值计算两种方法的测速误差（相对误差），相对误差 $r = \left[(n_1 - n_2)/n_1 \right] \times 100\%$。

五、思考题

试分析比较已进行的实验中哪种传感器测量转速的方法最简单、方便。

实验 26　Cu50 温度传感器的温度特性实验

一、实验目的

了解 Cu50 温度传感器的特性与应用。

二、基本原理

在一些测量精度要求不高且温度较低的场合，一般采用铜电阻，可用来测量 -50~+150℃ 的温度。在上述温度范围内，铜的电阻与温度呈线性关系：$R_t = R_0 (1 + a_t)$；$R_0 = 50\ \Omega$ 是铜电阻在温度为 0℃ 时的阻值；$a = (4.25~4.28) \times 10^{-3}/℃$。铜电阻是用直径 0.1 mm 的绝缘铜丝绕在绝缘骨架上，再用树脂保护，优点是线性好、价格低、α 值大，但易氧化，氧化后线性度变差，所以一般铜电阻检测较低的温度，接线方法一般为三线制。实际测量时将铂电阻随温度变化的阻值通过电桥转换成电压变化量输出，再经放大器放大后直接用电压表显示。

三、需用器件与单元

K 型热电偶、Cu50 热电阻、YL 系列温度测量控制仪、温度源、直流稳压电源（±15 V）、可调直流稳压电源（±2 V）、可调电源（+2~24 V）、温度传感器实验模块、电压表、万用表（自备）。

四、实验步骤

（1）差动放大电路调零。

首先对温度传感器实验模块的运放测量电路调零。具体方法是把 R_5 和 R_6 的两个输入点短接并接地，然后调节增益电位器 R_{w2} 至最大，电压表量程选择 2 V 挡，再调节 R_{w3}，使 V_{o2} 的输出电压为零，此后 R_{w3} 不再调节。

（2）温控仪表的使用。

将温度测量控制仪上的 220 V 电源线插入主控箱两侧配备的 220 V 控制电源插座上。

（3）热电偶及温度源的安装。

温控仪控制方式选择为内控，将 K 型热电偶温度感应探头插入温度源上方两个传感器放置孔中的任意一个。将 K 型热电偶自由端引线插入"YL 系列温度测量控制仪"面板的"热电偶"插孔中，红线接正端，黑线接负端。然后将温度源的电源插头插入温度测量控制仪面板上的加热输出插孔，将可调电源 +2～24 V 接入温度源 +2～24 V 端口，黑端接地，将 Di 两端接温控仪冷却开关两端。

（4）热电阻的安装及室温调零。

按图 17 - 45 接线，将 Cu50 热电阻传感器探头插入温度源的另一个插孔中，尾部红色线为正端，插入实验模块的 a 端，其他两端相连插入 b 端（左边的 a、b 代表铜电阻），a 端接电源 +2 V，b 端与差动运算放大器的一端相接，R_{w1} 的中心活动点和差动运算放大器的另一端相接。模块的输出 V_{o2} 与主控台电压表 V_i 相连，连接好 ±15 V 电源及地线，合上主控台电源，调节 R_{w1}，使电压表显示为零（此时温度测量控制仪电源关闭，电压表量程选择 2 V 挡）。

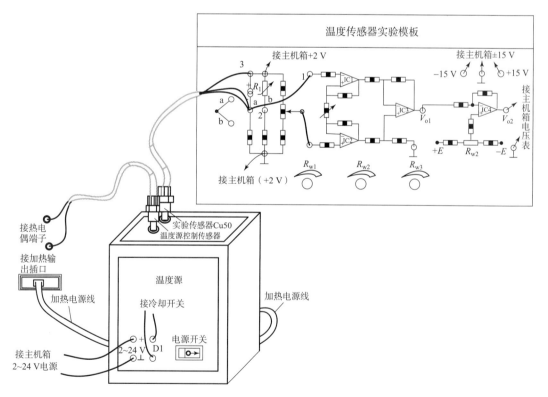

图 17 - 45　Cu50 温度传感器特性实验

（5）测量记录。

合上温控仪及温度源开关（"加热方式"和"冷却方式"均打到内控方式），设定温度控制值为 40℃，当温度稳定控制在 40℃时开始记录电压表读数，重新设定温度值为 40℃ + $n \cdot \Delta t$，建议 $\Delta t = 5℃$，$n = 1 \sim 7$，待温度稳定后记下电压表上的读数（若在某个温度设定值点的电压值有上下波动现象，则是由于控制温度在设定值的 $\pm 1℃$ 范围波动的结果，这样可以记录波动时，传感器信号变换模块对应输出的电压最小值和最大值，取其中间数值），记录对应的温度并填入表 17 - 20。

表 17 - 20　Cu50 热电阻测温实验数据

$T/℃$						
V/mV						

（6）根据数据结果，计算 $\Delta t = 5℃$ 时，Cu50 热电阻传感器对应变换电路输出的 ΔV 数值是否接近。

（7）实验完毕，关闭各电源。

五、思考题

实验产生的误差主要由哪些因素造成？

表 17 - 21 所示为 Cu50 铜电阻分度表。

表 17 - 21　Cu50 铜电阻分度表

分度号：BA$_2$　$R_0 = 100\ \Omega$　$\alpha = 0.003\ 910$

温度 /℃	电阻值/Ω									
	0	1	2	3	4	5	6	7	8	9
0	100.00	100.40	100.79	101.19	101.59	101.98	102.38	102.78	103.17	103.57
10	103.96	104.36	104.75	105.15	105.54	105.94	106.33	106.73	107.12	107.52
20	107.91	108.31	108.70	109.10	109.49	109.88	110.28	110.67	111.07	111.46
30	111.85	112.25	112.64	113.03	113.43	113.82	11.21	114.60	115.00	115.39
40	115.78	116.17	116.57	116.96	117.35	117.74	118.13	118.52	118.91	119.31
50	119.70	120.09	120.48	120.87	121.26	121.65	122.04	122.43	122.82	123.21
60	123.60	123.99	124.38	124.77	125.16	125.55	125.94	126.33	126.72	127.10
70	127.49	127.88	128.27	128.66	129.05	129.44	129.82	130.21	130.60	130.99
80	131.37	131.76	132.15	132.54	132.92	133.31	133.70	134.08	134.47	134.86
90	135.24	135.63	136.02	136.40	136.79	137.17	137.56	137.94	138.33	138.72
100	139.10	139.49	139.87	140.26	140.64	141.02	141.41	141.79	142.18	142.66
110	142.95	143.33	143.71	144.10	144.48	144.86	145.25	145.63	146.10	146.40
120	146.78	147.16	147.55	147.93	148.31	148.69	149.07	149.46	149.84	150.22
130	150.60	150.98	151.37	151.75	152.13	152.51	152.89	153.27	153.65	154.03

续表

温度/℃	电阻值/Ω									
	0	1	2	3	4	5	6	7	8	9
140	154.41	154.79	155.17	155.55	155.93	156.31	156.69	157.07	157.45	157.83
150	158.21	158.59	158.97	159.35	159.73	160.11	160.49	160.86	161.24	161.62
160	162.00	162.38	162.76	163.13	163.51	163.89	164.27	164.64	165.02	165.40
170	165.78	166.15	166.53	166.91	167.28	167.66	168.03	168.41	168.79	169.16
180	169.54	169.91	170.29	170.67	171.04	172.42	171.79	172.17	172.54	172.92
190	173.29	173.67	174.04	174.41	174.79	175.16	175.54	175.91	167.28	176.66

实验 27　Pt100 热电阻测温特性实验

一、实验目的

了解 Pt100 热电阻的特性与应用。

二、基本原理

利用导体电阻随温度变化的特性。热电阻用于测量时，要求其材料电阻温度系数大，稳定性好，电阻率高，电阻与温度之间最好有线性关系。常用铂电阻和铜电阻，铂电阻在 0 ~ 630.74℃以内，电阻 R_t 与温度 t 的关系为

$$R_t = R_0 \left(1 + A_t + Bt^2\right)$$

R_0 是温度为 0℃时的铂热电阻的电阻值。本实验 $R_0 = 100℃$，$A = 3.908\ 02 \times 10^{-3}℃^{-1}$，$B = -5.080\ 195 \times 10^{-7}℃^{-2}$，铂电阻为三线连接，其中一端接两根引线主要是为了消除引线电阻对测量的影响。

Pt100 热电阻一般应用在冶金、化工工业等需要温度测量控制设备上，适用于测量、控制 <600℃ 的温度。本实验由于受到温度源以及安全上的限制，温度值最好 ≤100℃。

三、需用器件与单元

K 型热电偶、Pt100 热电阻、温度测量控制仪、温度源、温度传感器实验模块、电压表、直流稳压电源（±15 V）、可调直流稳压电源（+2 V）、可调电源（+2 ~ 24 V）。

四、实验步骤

（1）实验操作参照"Cu50 温度传感器实验"的步骤（1）~（4）。

（2）按图 17-46 接线，将 Pt100 铂电阻三根引线引入"Rt"输入的 a、b 上；Pt100 三根引线中的蓝线和黑线短接 b 端，红线接 a 端（右边的 a、b 代表 Pt100）。这样 R_t（Pt100）与 R_1、R_{w1}、R_3、R_4 组成直流电桥，是一种 1/4 桥电桥工作形式。R_{w1} 中心活动点与 R_6 相接，b 端与 R_5 相接。

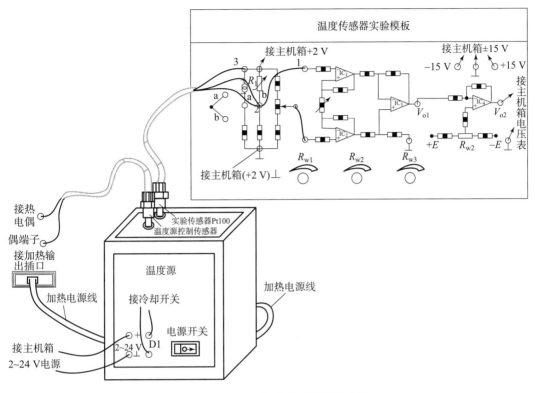

图 17-46 Pt100 温度传感器特性实验

（3）测量记录：合上温控仪及温度源开关（"加热方式"和"冷却方式"均打到内控方式），设定温度控制值为 40℃，当温度控制在 40℃ 时开始记录电压表读数，重新设定温度值为 40℃ + $n \cdot \Delta t$，建议 $\Delta t = 5$℃，$n = 1 \sim 7$，待温度稳定后记下电压表上的读数（若在某个温度设定值点的电压值有上下波动现象，则是由于控制温度在设定值的 ± 1℃ 范围波动的结果，这样可以记录波动时，传感器信号变换模块对应输出的电压最小值和最大值，取其中间数值），记录对应温度并填入表 17-22。

表 17-22 Pt100 热电阻测温实验数据

$T/$℃							
$V/$mV							

（4）根据数据结果，计算 $\Delta t = 5$℃ 时，Pt100 热电阻传感器对应变换电路输出的 ΔV 数值是否接近。

（5）实验完毕，关闭各电源。

五、思考题

（1）如何根据测温范围和精度要求选用热电阻？

（2）利用本实验装置自行设计 PN 结等其他类型的温度传感器的测量实验。

表 17 – 23 所示为 Pt100 铂电阻分度表（t—R_t 对应值）。

表 17 – 23　Pt100 铂电阻分度表（t—R_t 对应值）

分度号：Pt100　　$R_o = 100\ \Omega$　　$\alpha = 0.003\ 910$

温度 /℃	0	1	2	3	4	5	6	7	8	9
	电阻值/Ω									
0	100.00	100.40	100.79	101.19	101.59	101.98	102.38	102.78	103.17	103.57
10	103.96	104.36	104.75	105.15	105.54	105.94	106.33	106.73	107.12	107.52
20	107.91	108.31	108.70	109.10	109.49	109.88	110.28	110.67	111.07	111.46
30	111.85	112.25	112.64	113.03	113.43	113.82	114.21	114.60	115.00	115.39
40	115.78	116.17	116.57	116.96	117.35	117.74	118.13	118.52	118.91	119.31
50	119.70	120.09	120.48	120.87	121.26	121.65	122.04	122.43	122.82	123.21
60	123.60	123.99	124.38	124.77	125.16	125.55	125.94	126.33	126.72	127.10
70	127.49	127.88	128.27	128.66	129.05	129.44	129.82	130.21	130.60	130.99
80	131.37	131.76	132.15	132.54	132.92	133.31	133.70	134.08	134.47	134.86
90	135.24	135.63	136.02	136.40	136.79	137.17	137.56	137.94	138.33	138.72
100	139.10	139.49	139.87	140.26	140.64	141.02	141.41	141.79	142.18	142.66
110	142.95	143.33	143.71	144.10	144.48	144.86	145.25	145.63	146.10	146.40
120	146.78	147.16	147.55	147.93	148.31	148.69	149.07	149.46	149.84	150.22
130	150.60	150.98	151.37	151.75	152.13	152.51	152.89	153.27	153.65	154.03
140	154.41	154.79	155.17	155.55	155.93	156.31	156.69	157.07	157.45	157.83
150	158.21	158.29	158.97	159.35	159.73	160.11	160.49	160.86	16.24	161.62
160	162.00	162.38	162.76	163.13	163.51	163.89	164.27	164.64	165.02	165.40
170	165.78	166.15	166.53	166.91	167.28	167.66	168.03	168.41	168.79	169.16
180	169.54	169.91	170.29	170.67	171.04	171.42	171.79	172.17	172.54	172.92
190	173.29	173.67	174.04	174.41	174.79	175.16	175.54	175.91	176.28	176.66

实验 28　热电偶测温性能实验

一、实验目的

了解热电偶测量温度的性能与应用范围。

二、基本原理

热电偶测温原理是利用热电效应。当两种不同的金属组成回路，如两个接点有温度差，

就会产生热电势，这就是热电效应。温度高的接点称工作端，将其置于被测温度场，以相应
电路就可间接测得被测温度值，温度低的接点称为冷端（也称自由端），冷端可以是室温值
或经补偿后的 0℃、25℃。冷热端温差越大，热电偶的输出电动势就越大，因此可以用热电
动势大小衡量温度的大小。常见的热电偶有 K（镍铬 – 镍硅或镍铝）、E（镍铬 – 康铜）等，
并且有相应的分度表（即参考端温度为 0℃ 时的测量端温度与热电动势的对应关系表），可
以通过测量热电偶输出的热电动势再查分度表得到相应的温度值。热电偶一般应用在冶金、
化工和炼油行业，用于测量、控制较高温度。

热电偶的分度表是定义在热电偶的参考端为 0℃ 时热电偶输出的热电动势与热电偶测量
端温度值的对应关系。热电偶测温时要对参考端进行补偿，计算公式：

$$E(t,t_0) = E(t,t_0') + E(t_0',t_0) \qquad (17-18)$$

式中，$E(t,t_0)$ 是热电偶测量端温度为 t，参考端温度 $t_0 = 0℃$ 时的热电动势值；$E(t,t_0')$
是热电偶测量温度 t，参考端温度为 t_0' 不等于 0℃ 的热电动势；$E(t_0',t_0)$ 是热电偶测量端
温度为 t_0'，参考端温度为 $t_0 = 0℃$ 的热电动势。

三、需用器件与单元

K 型、E 型热电偶、温度测量控制仪、温度源、温度实验模块、电压表、直流稳压电源
（±15 V）、可调电源（+2 ~ 24 V）。

四、实验步骤

（1）在温度控制仪上选择控制方式为内控方式，将 K、E 型热电偶插到温度源的两个插
孔中，将 K 型热电偶自由端引线插入温度测量控制仪面板的"热电偶"插孔中，红线接正
端、黑线接负端。然后将温度源的电源插头插入温度测量控制仪面板上的加热输出插孔，
将可调电源 +2 ~ 24 V 接入温度源 +2 ~ 24 V 端口，黑端接地，将 Di 两端接温控仪冷却开
关两端。

（2）从主控箱上将 ±15 V 电源、地接到温度模块上，并将 R_5、R_6 两端短接同时接地，
打开主控箱电源开关，将模块上的 V_{o2} 连到电压表输入端 V_i。将 R_{w2} 旋至最大位置，调节 R_{w3}
使电压表显示为零，然后关闭主电源，去掉 R_5、R_6 连线。

（3）调节温度模块放大器的增益 $K = 10$ 倍（可根据实际调整，现以 $K = 10$ 为例）：拿出
应变传感器实验模板，将应变传感器实验模板上的放大器输入端短接并接地，应变传感器实
验模板上的 ±15 V 电源插孔与主机箱的 ±15 V 电源相应连接，合上主机箱电源开关，电压
表量程选择 2 V 挡，用电压表监测应变模块输出 V_{o2}，调节应变模板上的调零电位器 R_{w4} 使放
大器输出一个较大的 mV 信号 V_i，如 10 mV；再将这个 10 mV 信号接到温度传感器实验模板
的放大器输入端（单端输入：上端接 mV，下端接地），用电压表监测温度传感器实验模板
中的 V_{o2}，调节温度传感器实验模板中的 R_{w2} 增益电位器，使放大器输出 $V_{o2} = 100$ mV，则放
大器的增益 $K = V_{o2}/V_i = 100/10 = 10$ 倍。（注意：增益 K 调节好后，不要再旋动 R_{w2} 增益电
位器。）

（4）调节完增益后拿掉应变模块及连线，按图 17 – 47 接线，将 E 型热电偶的自由端与
温度模块的放大器 R_5、R_6 相接，同时 E 型热电偶的蓝色接线端接地。

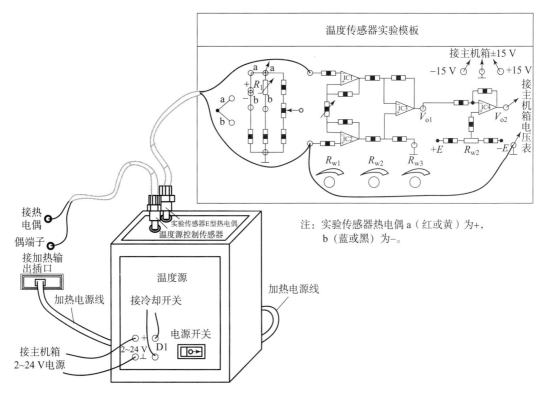

图 17 – 47 热电偶温度测温性能实验

（5）开启主电源，打开温控仪，观察温控仪的室温 t_0' 并记录，调节 R_{w3} 使输出电压为零。

（6）设定温度值为室温 $+ n\Delta t$，建议 $\Delta t = 5℃$，$n = 1 \sim 7$，打开温度源开关，每隔 5℃读出电压表显示的电压值，同时记录对应温度值填入表 17 – 24。考虑到热电偶的精度及处理电路的本身误差，分度表的对应值可能有一定的偏差。

表 17 – 24 E 型热电偶电势（经放大）与温度数据

$T + n \cdot \Delta t$					
V_o/mV					

（7）在上述步骤确定放大倍数为 10 倍后，通过公式来计算得到温度与电势的关系。不改变放大倍数，用温控仪记录室温 t_0'，从表 17 – 25 中查到相应的热电势 V_0'，由 $E(t, t_0) = E(t, t_0') + E(t_0', t_0) = V_0' + V_0/10$ 计算得到 $E(t, t_0)$，再根据 $E(t, t_0)$ 的值从表 17 – 25 中查到相应的温度并与实验得出的温度对照。热电偶一般应用于测量较高温度，不能只看绝对误差。

五、思考题

（1）同样实验方法，完成 K 型热电偶电势（经放大）与温度数据。

（2）通过温度传感器的三个实验，你对各类温度传感器的使用范围有何认识？

表 17 - 25　E 型热电偶分度表

参考端温度：0℃

工作端温度/℃	0	1	2	3	4	5	6	7	8	9
	热电动势/mV									
-10	-0.64	-0.70	-0.77	-0.83	-0.89	-0.96	-1.02	-1.08	-1.14	-1.21
-0	-0.00	-0.06	-0.13	-0.19	-0.26	-0.32	-0.38	-0.45	-0.51	-0.58
0	0.00	0.07	0.13	0.20	0.26	0.33	0.39	0.46	0.52	0.59
10	0.65	0.72	0.78	0.85	0.91	0.98	1.05	1.11	1.18	1.24
20	1.31	1.38	1.44	1.51	1.577	1.64	1.70	1.77	1.84	1.91
30	1.98	2.05	2.12	2.18	2.25	2.32	2.38	2.45	2.52	2.59
40	2.66	2.73	2.80	2.87	2.94	3.00	3.07	3.14	3.21	3.28
50	3.35	3.42	3.49	3.56	3.62	3.70	3.77	3.84	3.91	3.98
60	4.05	4.12	4.19	4.26	4.33	4.41	4.48	4.55	4.62	4.69
70	4.76	4.83	4.90	4.98	5.05	5.12	5.20	5.27	5.34	5.41
80	5.48	5.56	5.63	5.70	5.78	5.85	5.92	5.99	6.07	6.14
90	6.21	6.29	6.36	6.43	6.51	6.58	6.65	6.73	6.80	6.87
100	6.96	7.03	7.10	7.17	7.25	7.32	7.40	7.47	7.54	7.62

实验 29　温度仪表 PID 控制实验

常规仪表控制在当前检测和控制领域的应用非常广泛，即使在一些复杂控制系统中，仪表控制仍起着非常重要的作用。

一、主要功能

针对毕业设计、课程设计专门研制的温度控制系统。YL 系列温度测量控制仪主要功能如下：

（1）传感器可以选择 K 或 E 型热电偶、Pt100 或 Cu50 热电阻（已提供）。

（2）温度测量控制仪输出标准 0 ~ 5 V（对应 0 ~ 100℃），作为外部控制系统中的传感器测量信号。

（3）提供标准外部输入信号 0 ~ 5 V，作为线性加热控制信号（1 A，220 V）；同时，为了平衡加温和降温效果，提供了继电器冷却信号，作为外部控制系统的输出控制信号。

（4）选择内控方式可以分析 PID 控制系统中 P、I、D 各参数的影响效果，为外控方式的开发提供了实验基础。

（5）可以作为通用的温度控制对象研究常见 PID 控制算法、各种智能控制算法等，是一种十分理想的实验模型。

（6）提供了标准的信号源，相关课程的应用模式为：单片机信号采集与控制、计算机控制、自动控制原理、过程控制等。

二、需用器件与单元

K 或 E 型热电偶、Pt100 或 Cu50 热电阻、可调电源（+2 ~ 24 V）、温度源、温控仪。

三、实验步骤

（1）接通 YL 系列温度测量控制仪的电源，打开电源按钮，将"加热方式""冷却方式"拨至"内控"方式。检查温度仪表的内部参数设置（实验指南附录中有出厂设置参考值）。

（2）选用 K 型热电偶，探头插在温度源上方的测温孔中，输出引线分别对应接至控制仪面板的传感器（+）和（−）端，开启电源即可读出当前加热块的温度值。

（3）设定温度值、P 参数、I 参数、D 参数，打开温度源开关，观察控制效果（具体设定方法参考附录的温度智能控制仪表的说明书），同时注意在报警状态下，冷却装置（风扇）是否运行（温度源冷却端接温控仪冷却端，风扇电源接 +2 ~ 24 V 并选择合适电压值，需开启主控台电源）。

（4）观察温度控制的效果如何？根据控制规律可设置不同的 P、I、D 参数，以达到最佳的控制效果。更换传感器重复实验，比较温度控制效果。

（5）实验完毕，关闭各电源。

实验 30　暗光街灯（光敏电阻）应用实验

一、实验目的

利用光敏电阻的电阻变化特性，将之作为街灯自动点亮与熄灭的传感器件，掌握基于光敏电阻的暗光街灯的工作原理及应用。

二、实验原理

根据实验测定，光敏电阻的电阻值随光亮度的增大而迅速减小。利用这一特性，设计了暗光街灯演示实验。其原理是当环境变暗时光敏电阻的阻值增大，当亮度降低到一定值时，即光敏电阻值增大到某一阈值时，光电传感电路系统自动点亮小灯泡，从而达到与暗光街灯相似的目的。

三、实验所需单元

直流稳压电源（+5 V）、光敏电阻传感器、专用连接导线、暗光街灯（光敏电阻）应用模块。

四、实验步骤

（1）给模块连接 +5 V 电源和地，将光敏电阻传感器通过专用连接导线与模块上的 Ti 孔相连。

（2）检查连接无误后，开启主电源。

（3）用挡光物（如黑纸片或瓶盖）慢慢靠近实验台上的光敏电阻，即将光敏电阻上的部分光线挡住时，可观察到小灯泡慢慢由暗变亮；当光敏电阻完全被挡住时，或者室内灯光全部熄灭时，小灯泡亮度达到最亮。这一实验过程与暗光街灯的自动亮暗控制原理完全相同。适当调节该单元的"增益"旋钮，可改变小灯泡的亮度。

五、注意事项

直流稳压电源应确认为 +5 V，否则有可能毁坏小灯泡。如房间内光线太强或太暗，请做适当调整，以使光敏电阻正常工作。

实验 31　红外遥控（光敏管）应用实验

一、实验目的

进一步了解光敏三极管的光电特性，掌握由"红外 LED—光敏三极管对"构成的红外遥控系统的原理及应用。

二、实验原理

光敏三极管和普通晶体三极管相似，具有电流放大作用，只是它的集电极电流不只是受基极电路的电流控制，更主要的是受光信号的控制。

实验中发射电路驱动红外 LED 发射连续或编码脉冲光信号，由光敏三极管接收，转换为相应的电信号，经放大或解码电路处理后，驱动控制对象工作。

三、实验所需单元

直流稳压电源（ +15 V）、红外遥控（光敏管）应用实验模块。

四、实验步骤

（1）给模块连接 +15 V 电源和地，将面板上左边继电器符号的输出端接到对应的右边继电器符号的输入端，光敏管已经安装在模块上，白色的是发射管，黑色的是接收管。

（2）检查无误后，开启电源。

（2）用手或书本隔挡"红外 LED—光敏三极管对"之间的红外线，当有物体隔挡时小灯泡不亮，没有隔挡时灯泡亮。

第 18 章

LabVIEW 及 MATLAB 高级实验

实验 32　LabVIEW 程序开发环境

LabVIEW 是美国国家仪器公司（National Instrument，NI）的软件产品，自 1986 年 1.0 版本问世以来不断升级。LabVIEW 是一个具有革命性的图形化开发环境，它内置信号采集、测量分析与数据显示功能，摒弃了传统开发工具的复杂性，从简单的仪器控制、数据采集到过程控制和工业自动化系统，LabVIEW 都得到了广泛的应用。由于 LabVIEW 采用了图形化的编程方法，因此 LabVIEW 又被称为 G 语言。

应用 LabVIEW 开发的程序称为虚拟仪器。虚拟仪器是计算机技术与仪器技术完美结合的产物，代表仪器发展的方向。

一、LabVIEW8.5 的运行

正确安装 LabVIEW8.5 后，执行 Windows 命令【开始】→【程序】→【National Instrument LabVIEW8.5】，启动 LabVIEW，启动界面如图 18－1 所示。

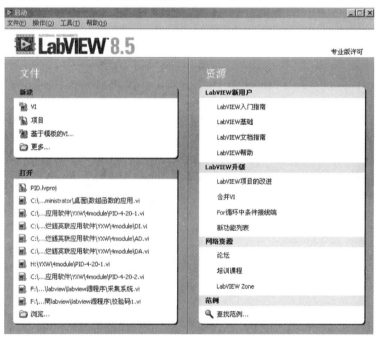

图 18－1　LabVIEW8.5 启动界面

通过【文件】菜单，用户可以新建或打开一个 VI。另外，用户也可以方便地移动光标到如图 18 – 2 所示的【文件】列表中的【新建】或【打开】等项目上快捷地创建或打开一个 VI。

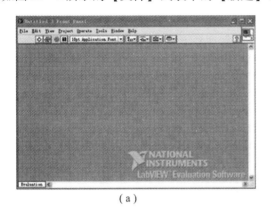 

（a）　　　　　　　　　　　　　　　　　（b）

图 18 – 2　LabVIEW 的设计窗口

（a）前面板设计窗口；（b）程序框图设计窗口

执行【文件】→【新建】菜单命令，系统自动弹出 LabVIEW 前面板（Front Panel）和程序框图（Block Diagram）设计窗口，如图 18 – 2 所示。

二、LabVIEW8.5 的控件选项板、函数选项板和工具选项板

LabVIEW 提供了 3 种操作选项板，即控件选项板、函数选项板和工具选项板，这些选项板集中反映了该软件的功能和特征。用户的设计主要是通过对这 3 个选项板的操作来完成前面板的设计和程序框图的设计。

控件选板只能通过前面板才能打开，执行【查看】→【控件选板】菜单命令，可以打开 LabVIEW 的【控件选板】选项板，如图 18 – 3（a）所示。函数选板只能通过程序框图打开，执行【查看】→【函数选板】菜单命令可以打开【函数选板】选项板，如图 18 – 3（b）所示。执行【查看】→【工具选板】菜单命令可以打开【工具选板】选项板，如图 18 – 3（c）所示。

（a）　　　　　　　　　　（b）　　　　　　　　　（c）

图 18 – 3　控件选板，函数选板和工具选板

（a）控件选板；（b）函数选板；（c）工具选板

三、使用 LabVIEW8.5 的帮助

LabVIEW 为用户提供了强大的帮助功能，可以帮助用户解决在使用 LabVIEW 过程中遇到的常见问题。

在启动界面下，用户可以根据情况在资源内选择需要寻求的帮助，查看相应的内容。例如，当用户单击【帮助】时，将弹出如图 18-4 所示的帮助界面。另外，无论在哪个界面下，用户只要按下 F1 快捷键，都可以调出帮助界面。

图 18-4 LabVIEW 帮助界面

实验 33 虚拟温度计的设计

本实验主要目的是使读者通过一个虚拟温度计的例子，了解 LabVIEW 的设计过程。在本例中，选用典雅型集成温度传感器 LM315，该传感器的灵敏度为 10 mV/K，输出电压正比于绝对温度。本例中采用一个"液罐"控件来模拟传感器的输出，并设定被测量介质温度范围为 0~100℃，通过调节液罐中液体的多少来模拟传感器输出。

虚拟温度计设计界面如图 18-5 所示，虚拟温度传感器可以在摄氏温标和华氏温标间切换，换算公式为 $F = (C \times 9/5) + 32$，式中 F 为华氏温度；C 为摄氏温度。

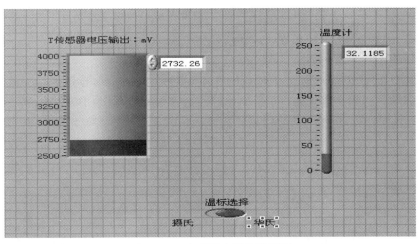

图 18 – 5　虚拟温度计设计界面

操作步骤：

1. 首先设计前面板

操作步骤如下：

（1）执行 Windows 操作命令【开始】→【程序】→【National Instrument LabVIEW8.5】，启动 LabVIEW，打开启动界面。

（2）在【文件】菜单下，单击【新建】分栏的【VI】，创建一个 VI。

（3）系统自动打开前面板和程序框图设计窗口，切换到前面板设计窗口下。

（4）执行【查看】→【控件选板】菜单命令或单击鼠标右键，打开控件选项。

（5）打开【经典】→【经典布尔】，如图 18 – 6 所示。

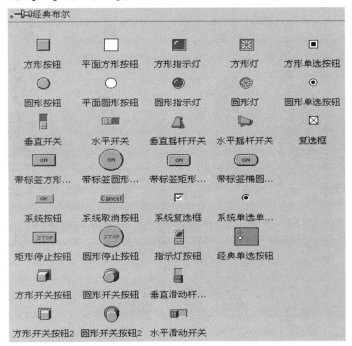

图 18 – 6　经典选项板的选择

（6）找出【水平开关】，单击鼠标左键，此时光标变为手形<img_手形>，将光标移到前面板设计区，在适当的位置单击鼠标左键，此时可以看到前面板上放置了一个【布尔】型的水平开关按钮，如图 18 – 7 所示。

（7）移动光标到文本标签"布尔"上，双击鼠标左键，此时标签被选中，并且文本被高亮显示，此时可以对文本内容进行编辑，修改为"温标选择"，移动光标到工具选项板的 A 按钮上，单击鼠标左键选中该按钮。移动光标到前面板水平开关按钮"假"位置，单击鼠标左键，即可对文本进行编辑，编辑该文本的字符串为"摄氏"；相同的方法，在水平开关按钮"真"的位置放置文本字符串并编辑"华氏"，修改后的水平开关按钮如图 18 – 8 所示。

图 18 – 7　放置的［布尔］型水平开关按钮

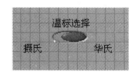

图 18 – 8　修改后的水平开关按钮

（8）从【控件选板】选项板中，选择【新式】选项板下【数值】子选项板中的【液罐】控件，放置到前面板上，如图 18 – 9 所示。

（9）移动光标到"液罐"上，双击鼠标左键选中标签并修改为"传感器电压输出：mV"。用同样的方法修改"液罐"控件的最大标尺为"4 000"，最小标尺为"2 500"。移动光标到"液罐"上，单击鼠标右键，执行【显示项】→【数值显示】命令，允许数字显示液罐中液体的多少。修改后的"Tank"控件如图 18 – 10 所示。

图 18 – 9　放置的"Tank"控件

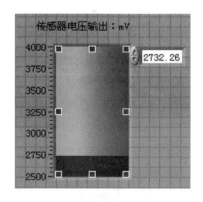

图 18 – 10　修改后的"Tank"控件

（10）从【控件选板】→【新式】→【数值】选项板下选择【温度计】控件，放置到前面板上，修改温度计的最大标尺为"250"，与液罐控件修改方式类似，允许温度计的数字显示，修改后的温度计如图 18 – 11 所示。

（11）适当调整空间的布局，完成前面板的设计，如图 18 – 12 所示。

设计完前面板后，执行【窗口】【显示程序框图】菜单命令，或用快捷键 Ctrl + E 命令切换到程序框图设计窗口下，如图 18 – 13 所示。可以看到在程序框图设计区自动生成了与前面板上放置的控件相对应的节点对象。

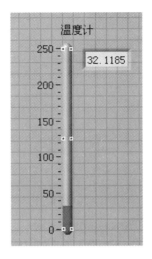

图 18 – 11　修改后温度计控件

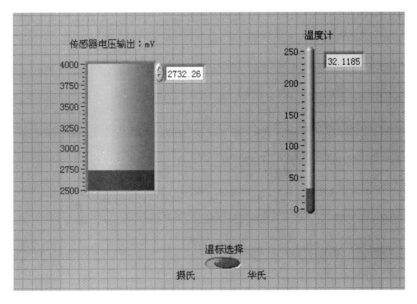

图 18 – 12　前面板的设计

2. 程序框图的设计

操作步骤如下：

（1）在程序框图设计窗口下，执行【查看】【函数选板】菜单命令，打开【函数】【编程】【数值】选项板，选择【数值常量控件】⬚123，放置到程序框图设计区。

（2）因为传感器的灵敏度为 10 mV/K，所以传感器的输出与摄氏温标之间存在关系式：$T = S/10 - 73.16$，式中 S 为传感器输出，单位为 mV；T 为待测温度，单位为℃。修改数值常量为"10"。

（3）用相同的方法，在【数值】子选项板中选择函数"除"节点 ▷ 对象，"减"节点对象和数值常量"273.16"放置到程序框图设计区适当的范围。

（4）单击【工具】选项板上的 ◈ 按钮，进入连线状态，按图 18 – 13 所示进行连线。

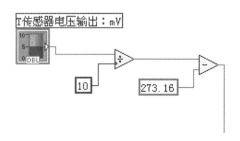

图 18 – 13 除法函数和减法函数的连接

（5）从【函数】选项板【编程】→【结构】子选项
板节点对象中选择【条件结构】节点，拖动光标形成适
当大小的方框后释放，如图 18 – 14 所示。

（6）根据前面板上对水平开关控件的设置可知，当
开关为"关"时，即开关输出为逻辑"False"时，温
标选择为"摄氏"温标；反之，开关为"开"时，即开
关输出为逻辑"True"时，温标选择为"华氏"温标。
首先设计条件为"真"时的条件结构的通道。在条件
"真"设计下，要在如图 18 – 15 所示的条件结构内实现
公式：$F = (C \times 9/5) + 32$，式中 F 为华氏温度，C 为摄

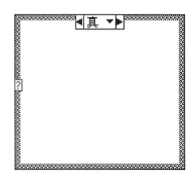

图 18 – 14　条件循环节点的放置

氏温度，其中摄氏温度为输入量。所以按照如图 18 – 15 所示进行程序框图的设计和连线。

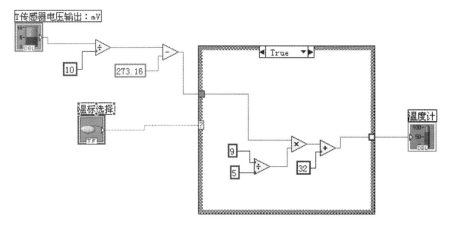

图 18 – 15　条件"真"通道的设计

（7）条件"真"通道设计完成后，接下来单击条件结构转换按钮◀真▼▶转换到条件
"假"的通道。

（8）由于在条件"假"时，减法函数输出即为摄氏温度，因此条件"假"通道下，按
图 18 – 16 所示进行连线，即可完成对虚拟温度的程序框图设计。

（9）切换到前面板设计窗口，单击工具栏上连续运行程序按钮，开始调试程序。通
过调整液罐内液体的体积，以模拟传感器输出电压的高低，同时拨动水平开关按钮，改变温
度计的温标选择，对设计的虚拟温度计进行测试。虚拟温度计的测试过程如图 18 – 17 所示。

（10）单击工具栏上按钮，结束调试。

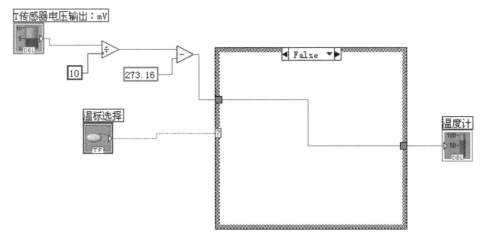

图 18 – 16　条件"假"通道的设计

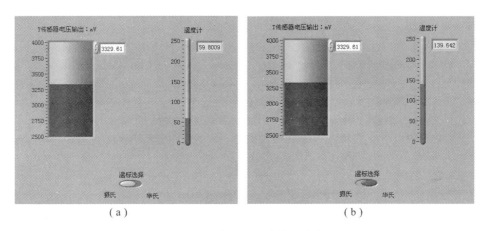

（a）　　　　　　　　　　　　　（b）

图 18 – 17　虚拟温度计的测试过程

（a）华氏温度的显示测试；（b）摄氏温度的显示测试

（11）对设计中存在的问题进行修改，修改测试无误后，执行【文件】【保存】菜单命令，保存 VI。

实验 34　子 VI 的创建与调用

LabVIEW 在创建子 VI 时有两种方法，一种是通过 VI 来创建子 VI，另一种方法是通过在设计的 VI 程序上，选定一部分内容创建子 VI。

操作步骤：

1. 通过 VI 创建子 VI

（1）创建一个新 VI，切换到前面板设计窗口下，打开【控件】→【新式】→【数值】控件选项板，从中一次选择 3 个"数值输入控件"放置在前面板上，并分别编辑它们的标签为"a""b""c"，然后再放置一个"数值显示控件"并编辑其标签为"（a + b）＊c"，如图 18 – 18 所示。

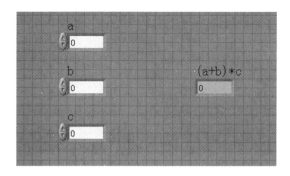

图 18 - 18　前面板的设计

（2）切换到程序框图设计窗口下，打开【函数】→【编程】→【数值】函数选项板，从中分别选择一个"加"和"乘"函数节点放置到程序框图设计区，并适当调整各节点的位置，按图 18 - 19 所示进行连线。

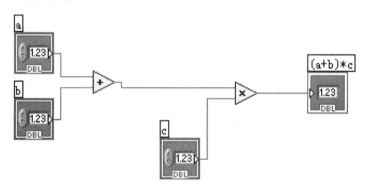

图 18 - 19　程序连线

（3）移动光标到前面板或程序框图右上角的图标上，双击鼠标左键，弹出【图标编辑器】对话框，如图 18 - 20 所示。

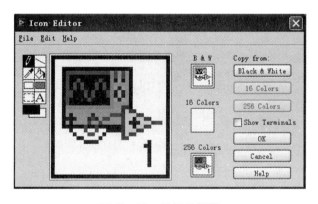

图 18 - 20　图标编辑器

（4）用户可以根据自己喜好来编辑图标，如图 18 - 21 所示，编辑完成后单击"OK"按钮，可以看到前面板和程序框图右上角图标变为。

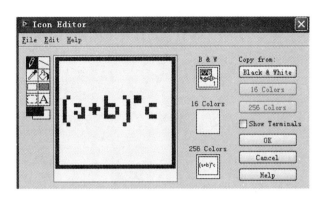

图 18-21 编辑图标

（5）移动光标到前面板右上角图标 ⎡(a+b)*c⎤ 上，单击鼠标右键，从弹出的快捷菜单中执行
【显示连线板】菜单命令，右上角图标变为连线板形式 ⊞⊞。

（6）移动光标到前面板图标上，单击鼠标右键，从弹出的菜单中执行【模式】菜单命令，可以看到 LabVIEW 内置的集中端口模式，如图 18-22 所示。

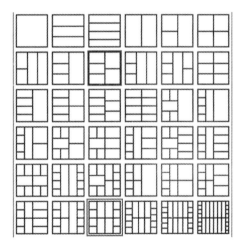

图 18-22 数据端口模式

（7）从连线板端口模式中选择 ⊟，可以看到前面板和程序框图右上角的连线板端口图标变为 ⊟ 形状。

（8）打开【工具 s】选项板对话框，选择连线 ✎ 工具。移动光标到前面板右上角的连线板端上，单击鼠标左键，即对选择的端口和数值输入控件对象"a"之间建立了对应的映射关系。同样的方法，对连线板上其他端口和前面板上节点建立对应的映射关系。对应的关系如图 18-23 所示。（选择"a"端口，再将鼠标移动到"a"的数值输入端的输入出双击即可。）

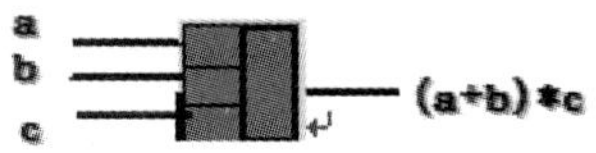

图 18-23 端口和对象的对应关系

（9）保存 VI。

2. 选定 VI 程序上的内容创建子 VI

（1）创建一个新的 VI，切换到前面板设计窗口下。打开【控件】→【新式】→【数值】控

件选项板，从中选择4个"数值输入控件"放置到前面板上，并分别编辑它们的标签为"a""b""c""d"，然后放置2个"数值显示控件"并编辑它们的标签为"（a＋b）＊c"和"（a＋b）＊c－d"，如图18－24所示。

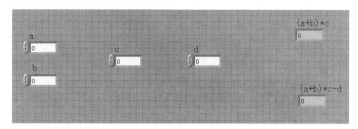

图18－24　前面板设计

（2）切换到程序框图设计窗口下，打开【函数】→【编程】→【数值】函数选项板，从中分别选择一个"乘""加"和"减"函数节点，放置程序框图设计区内，并适当调整各节点的位置，按图18－25所示进行连线。

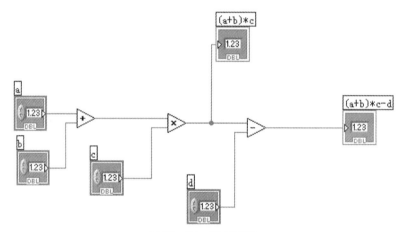

图18－25　节点连接

（3）选择需要生成子VI的内容部分，如图18－26所示。

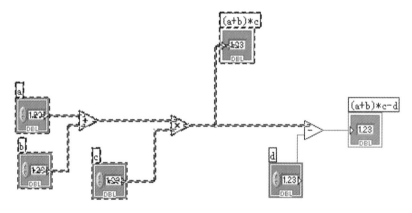

图18－26　节点元素的选择

（4）执行菜单命令【编辑】→【创建子VI】，从程序框图区可以看到，选择的VI内容中的加法和乘法函数节点被创建的一个子 VI 节点图标所代替，如图 18 - 27 所示。

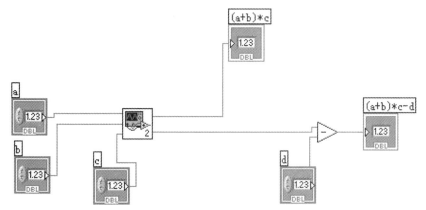

图 18 - 27　创建的子 VI 节点图标

（5）将光标移动到子 VI 节点图标，双击鼠标左键，打开了该子 VI 的前面板，如图 18 - 28 所示。

（6）用户可以编辑该子程序的图标。需要说明的是，用这种方法创建子 VI 时，连接板端口与数值输入控件和现实控件之间的映射关系已由系统自动建立，用户无须再进行设计。

（7）保存子 VI。

（8）关闭创建的子 VI，系统自动回到最初创建的 VI 程序。用户可以继续创建先前的程序，也可以对先前的程序进行保存，这些编辑均不会影响根据其内容创建的子 VI。

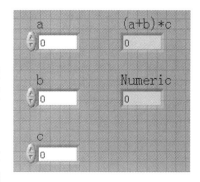

图 18 - 28　子 VI 前面板

3. 子 VI 的调用

（1）创建一个新的 VI 项目，切换到前面板设计窗口下。在前面板设计区，一次放置 3 个 "数值输入控件" 和一个 "数值显示控件"，并分别修改它们的标签为 "a" "b" "c" 和 "（a + b）＊c"，如图 18 - 29 所示。

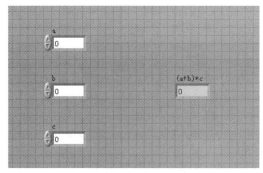

图 18 - 29　前面板的设计

（2）切换到程序框图设计窗口，打开【函数】→【选择 VI】函数选项板，弹出【选择需要打开的 VI】对话框，选择要调用子 VI，单击【确定】按钮。

（3）此时在程序框图设计区放置了一个新的图标，创建的子 VI 如图 18 - 30 所示。

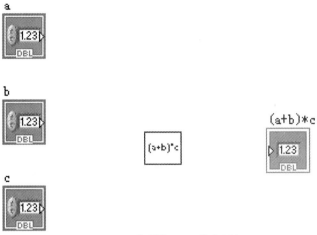

图 18-30 放置的子 VI 节点图标

（4）按图 18-31 所示进行节点连接。

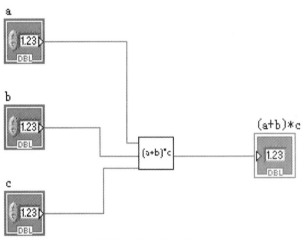

图 18-31 节点连接

（5）返回前面板，设置各输入控件的值，单击【运行】按钮，进行程序测试，如图 18-32 所示。

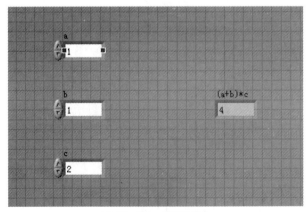

图 18-32 程序测试

（6）保存 VI。

实验 35 常用数字信号发生器

VI 是 LabVIEW 设计的应用程序。LabVIEW 为了方便用户的设计，将一些常用的 VI 按照功能分类别地集成到了函数选项板上。VI 的引入简化了程序的设计过程，减轻了设计人员的工作量，并提高了设计代码的简洁性和可读性，提高了设计效率。下面是利用 VI 设计的一个数字信号发生器，前面板和程序框图设计如图 18 - 33 所示。

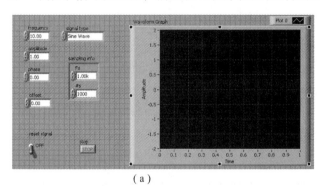
（a）

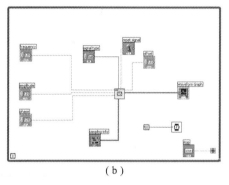
（b）

图 18 - 33 常用数字信号发生器的设计
（a）前面板设计；（b）程序框图设计

操作步骤：

（1）创建一个新的 VI，切换到前面板设计窗口。

（2）打开【控件】→【新式】→【波形图表】控件选项板，如图 18 - 34 所示。

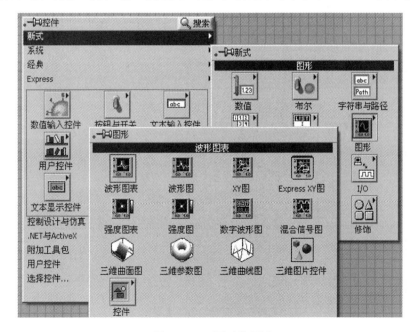

图 18 - 34 图形选项板

（3）选择"波形图表" 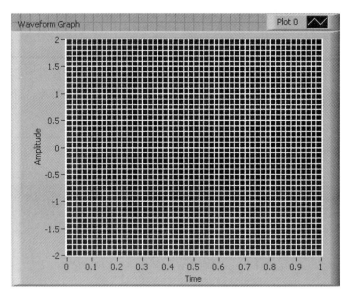 控件，并放置在前面板适当位置，调整大小，如图 18 – 35 所示。

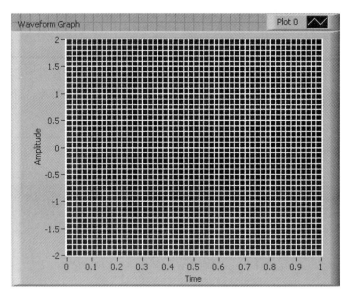

图 18 – 35　波形图表控件的放置

（4）切换到程序设计窗口下，可以看到在程序框图设计区与"波形图表"控件对应的"波形图表"节点。

（5）打开【函数】→【编程】→【波形】→【模拟波形】→【波形生成】选项板，如图 18 – 36 所示。

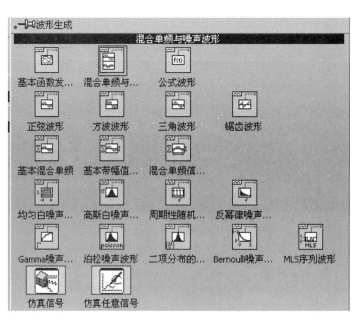

图 18 – 36　波形生成选项板

（6）从【波形生成】选项板中选择"基本函数发生器.vi" 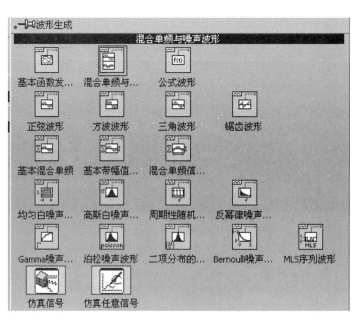 节点，放置到程序设计

区适当位置。

（7）移动光标到"基本函数发生器.vi"节点，可以看到该节点有多个端口，并且具有不同的颜色，颜色代表了与该端口相连接的数据类型。移动光标到一个端口，会出现关于该端口的注释框，如图 18 – 37 所示。

（a）   （b）

图 18 – 37 节点端口的显示与注释

（a）端口显示；（b）端口注释

（8）移动光标到"Frequency"（频率）端口上，单击鼠标右键，从弹出的快捷菜单中执行【创建】→【输入控件】菜单命令，创建一个与"Frequency"端口相连接的输入控件节点并自动连线，同时在前面板上创建了一个与该节点相对应的数值输入控件对象，如图 18 – 38 所示。

（a）   （b）

图 18 – 38 通过"Frequency"端口创建数值输入控件

（a）创建的节点；（b）前面板上相对应的空间对象

（9）用同样的方法，分别通过"Amplitude"（幅值）、"Phase"（相位）、"Signal Type"（信号类型）、"Reset Signal"（重置信号）、"Offset"（偏移量）、"Sampling Info"（采样信息）端口创建数值输入控件，调整这些数值输入控件节点在程序框图中的位置，并按图 18 – 39 所示进行连线。

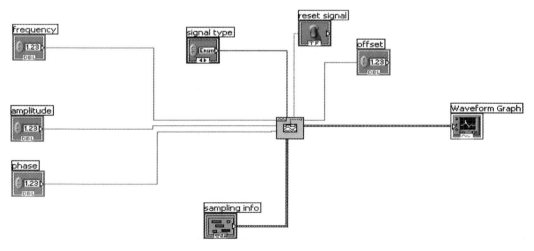

图 18 – 39 节点端口连线

（10）打开【函数】→【编程】→【结构】函数选项板，从中选择"While 循环"节点，放置到程序框图设计区，并调整大小，使其包含所有的节点，如图 18-40 所示。

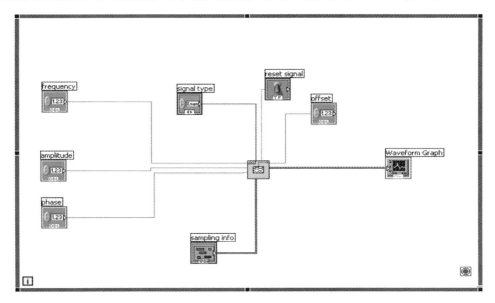

图 18-40　While 循环结构的放置

（11）打开【函数】→【编程】→【定时】函数选项板，如图 18-41 所示。

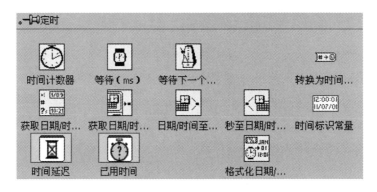

图 18-41　定时函数选项板

（12）从【定时】函数选项板中选择"等待（ms）"函数节点，放置在"While 循环"结构框图中，移动光标到"等待（ms）"节点的"等待时间"端口上，单击鼠标右键，执行【创建】→【→常量】菜单命令，创建一个数值常量并修改常量值为"50"，如图 18-42 所示。

（13）移动光标到"While 循环"结构框图的循环条件◉上，单击鼠标右键，执行【创建输入控件】菜单命令，创建一个停止按钮节点，如图 18-43 所示。

（14）切换到前面板设计窗口，调整各输入控件的位置，如图 18-44 所示。

（15）调整前面板上个控件的值，单击【运行】按钮，对程序进行测试，如图 18-45 所示。

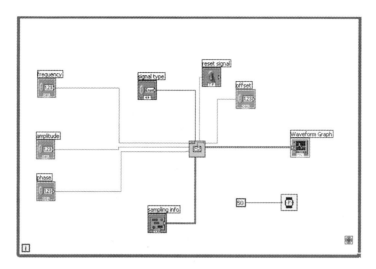

图 18 - 42　"Wait（ms）"节点的放置和数值常量的创建

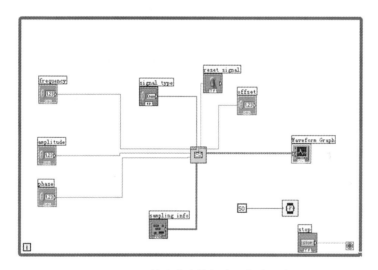

图 18 - 43　停止节点的创建和自动连线

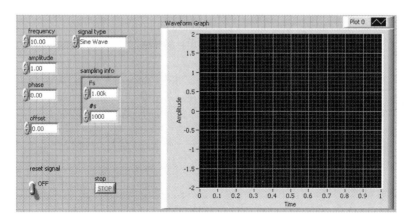

图 18 - 44　调整后的前面板设计

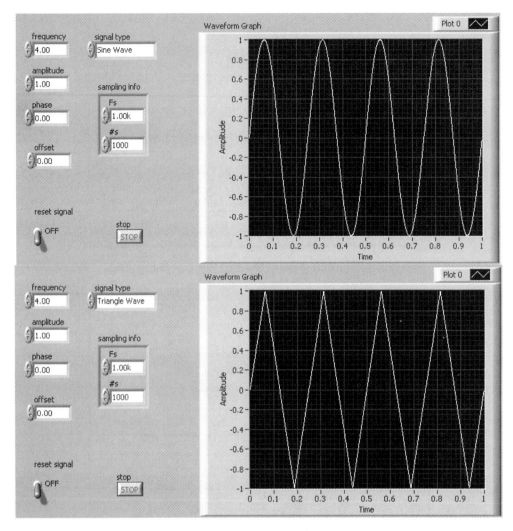

图 18 – 45　程序测试

（16）单击停止按钮，保存 VI。

实验 36　信号的瞬态特性测量

瞬态特性测量节点用于测量信号的瞬态特性，包括持续期（上升或下降的时间）、边缘斜率、前冲或过冲。"瞬态特性测量"节点端口如图 18 – 46 所示。

操作步骤：

（1）创建一个新的 VI，切换到前面板设计窗口下，在前面板设计区放置 3 个"波形图表"控件。

（2）切换到程序框图设计窗口下，打开【函数】→【编程】→【波形】→【模拟波形】→【波形生成】函数选项板，分别选择一个"基本函数发生器 . vi"节点和一个"高斯白噪声波形 . vi"节点，放置到程序框图设计区。

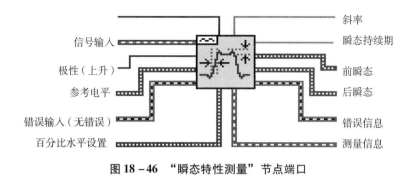

图 18 - 46　"瞬态特性测量"节点端口

（3）在程序框图设计区放置一个加法函数节点，并按图 18 - 47 根据各节点相应的端口创建相应的输入控件并进行连接。

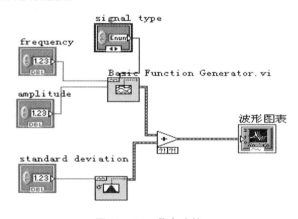

图 18 - 47　节点连接

（4）在程序框图设计区放置一个"Transition Measurements. vi"即"瞬态特性测量"相应节点，根据该节点的输入/输出端口创建相应的输入/输出控件并进行连接，按图 18 - 48 完成程序框图的设计。

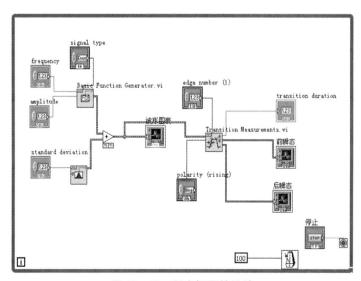

图 18 - 48　程序框图的设计

（5）切换到前面板设计窗口下，调整空间的大小和位置，并适当设置输入控件的参数，然后单击工具栏上程序运行按钮，开始运行程序。当输入控件参数设置不能满足测量要求时，系统会自动弹出如图18－49（a）所示的错误对话框。调整后的测试界面如图18－49（b）所示。

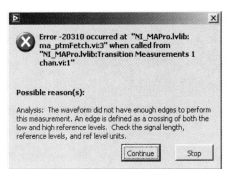 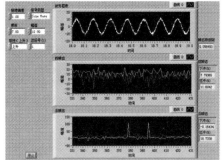

图 18－49　程序测量

（a）参数不满足测量要求；（b）参数满足测量要求

（6）结束程序测试，保存设计的 VI。

实验37　常见信号的频谱（幅值－相位）

FFT 频谱（幅值－相位）节点用于对时域信号进行 FFT 变换，然后在此基础上求变换的幅值和相位谱。

操作步骤：

（1）创建一个新的 VI，切换到前面板设计窗口下，在设计区放置 3 个"波形图表"控件，分别编辑它们的标签为"时间信号""FFT 幅值谱"和"FFT 相位谱"。

（2）切换到程序框图设计窗口下，在设计区放置一个"基本函数发生器 . vi"节点和一个"While 循环"节点，并根据各节点的端口创建相应的输入/输出控件，然后按图18－50所示完成程序框图的设计。

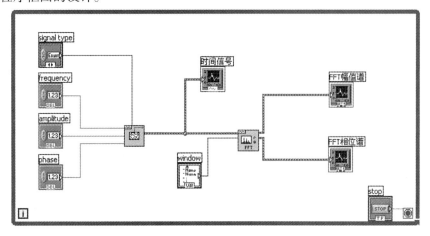

图 18－50　程序框图的设计

（3）切换到前面板设计窗口下，适当调整各控件的大小和位置，并设置各个输入控件的输入参数，然后单击工具栏上程序运行按钮运行程序，其中一个运行界面如图 18－51 所示。

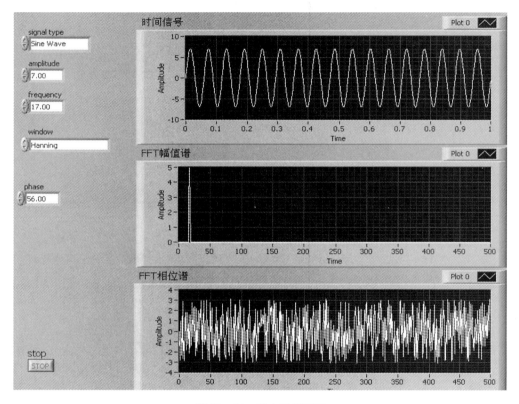

图 18－51　程序运行界面

（4）结束程序运行，保存 VI。

实验 38　巴特沃斯（Butterworth）滤波器

（1）创建一个新的 VI，切换到前面板设计窗口下，在设计区放置两个"波形图表"控件，分别编辑它们的标签为"原始信号"和"滤波后信号"。

（2）切换到程序框图设计窗口下，在设计区放置一个"正弦波形"节点、一个"高斯白噪声波形．Vi"、一个"加"函数节点、一个"Butterworth 滤波器"节点和一个"While 循环"方框图节点，并根据各节点的端口创建相应的输入/输出控件，然后按图 18－52 完成程序框图的设计。

（3）切换到前面板设计窗口下，适当调整各控件的大小和位置。设置各个输入控件的输入参数，然后运行程序，其中一个运行界面如图 18－53 所示。

（4）结束程序运行，保存 VI。

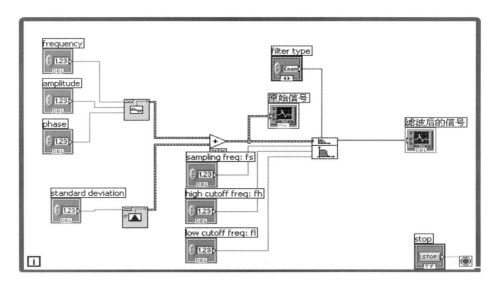

图 18 - 52　程序框图的设计

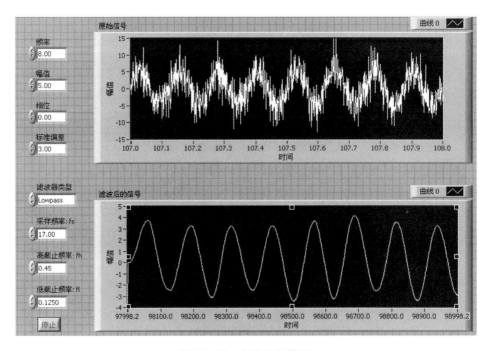

图 18 - 53　程序运行界面

实验 39　串口通信——A/D 实验

LabVIEW 支持多种仪器通信方式，如通用接口总线（GPIB）和仪器扩展 VME 接口
（VXI）。而且 LabVIEW 还内建了许多通信仪器的支持库，可直接控制使用这些仪器，大大
方便了仪器的计算机控制使用。但当前这些支持主要还是进口仪器，对大多数的仪器控制及
自制仪器的控制主要还是使用串口通信。串口通信的优点在于它是计算机内建的端口，所以

不必购置另外的硬件通信设备。

　　LabVIEW 中的串口通信模块在【函数】【仪器 I/O】子选项板中，如图 18 – 54 所示，共 8 个功能模块。

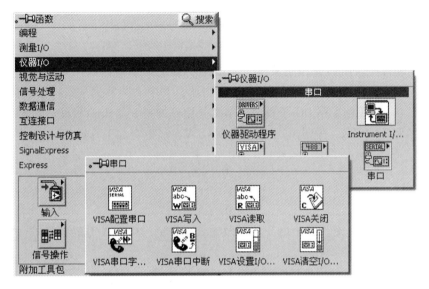

图 18 – 54　串口通信模块

常用串口模块的端口说明如下：

（1）VISA 配置串口【VISA Configure Serial Port】：

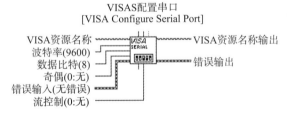

（2）VISA 写入【VISA Write】：

将写入缓冲区的数据写入VISA资源名称指定的设备或接口中

（3）VISA 读取【VISA Read】：

从VISA资源名称所指定的设备或接口中读取指定数的字节，并将数据返回至读取缓冲区

（4）VISA 关闭【VISA Close】：

VISA关闭
[VISA Close]

VISA资源名称 ～～～～～

错误输入(无错误) ━━━━━━━ 错误输出

关闭VISA资源名称指定的设备会话句柄或事件对象

本实验的硬件平台由转速控制系统、温度控制系统和多路数据采集控制器三个模块组成。这里用到温度控制系统和多路数据采集控制器，其中多路数据采集控制器内置 8 路 A/D、4 路 D/A、8 路 DI 和 4 路 DO 子模块。本实验用到的是 8 路 A/D 模块，分辨率为 10 bit，温度控制范围为 0 ~ 100℃，输出电压范围为 0 ~ 5 V，所以有如下算数关系式：

$$\frac{T - 0}{100 - 0} = \frac{V - 0}{5 - 0}$$

$$\frac{D - 0}{2^{10} - 0} = \frac{V - 0}{5 - 0}$$

式中，T 为输入温度值；V 为输出电压信号及输入模拟量；D 为 A/D 转换后的数字量。

操作步骤：

（1）将 PC 机与实验台用串口线和 RS232/485 转换器（或 USB）进行连接，打开实验台电源。

（2）将 K 型热电偶插入温度源上面板的加热孔内，热电偶红、黑接线端分别与温度测量控制仪面板的传感器正、负接口连接。

（3）温度测量控制仪的标准信号输出的正、负接口分别与 A/D 模块 0 通道和 GND 连接。

（4）将温度源电源线插入温度测量控制仪面板内的加热输出插口。

（5）温度测量控制仪面板的加热方式和冷却方式开关均打到外控，加热手动调节旋钮逆时针旋转到底。

（6）打开温度源和温度测量控制仪电源开关。

（7）打开 LabVIEW 软件平台，打开 AD.vi，用户可自行编写程序。

（8）切换到前面板，设置各控件参数。通道选择为 COM1（根据实际选择），下位机端口板卡地址默认为 01，通道号为 00，波特率为 9 600 bit，然后运行程序，如图 18 - 55 所示。此时温度值为 18℃，对应电压为 0.9 V。

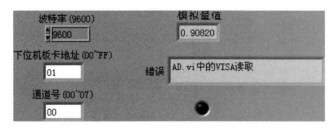

图 18 - 55　测试结果

（9）停止运行程序。

（10）按照以上步骤，继续测试 A/D 通道 1，2，…，7，并记录实验现象和计算误差。

（11）实验完毕关闭实验台电源，拔掉连线，整理器具。

实验 40　串口通信——D/A 实验

本实验完成的是一个从数字量到模拟量的转换。由 PC 机将一个八位数字量，如 01011010，转化为电压值（0～5 V）形式输入，即 1.757 8 V，通过串口通信，由实验台内的 D/A 模块转换为实际模拟电压量，可通过万用表检测。

D/A 模块的分辨率为 8 bit，所以由如下关系式：

$$\frac{V-0}{5-0} = \frac{D-0}{2^8-0}$$

式中，V 为输出模拟电压值；D 为输入数字量。

操作步骤：

（1）将 PC 机与实验台用串口线和 RS232/485 转换器（或 USB）进行连接，打开实验台电源。

（2）电压表量程选择 20 V 挡，将 D/A 模块 0 通道输出到电压表输入 V_i，GND 插口接地。

（3）打开实验台电源开关。

（4）打开 LabVIEW 软件平台，打开 DA.vi，用户可自行编写程序。

（5）切换到前面板，设置各控件参数。通道选择为 COM1（根据实际选择），下位机端口板卡地址默认为 01，通道号为 00，波特率为 9 600 bit，设置输出值为 2.5 V，然后运行程序，如图 18 – 56 所示。

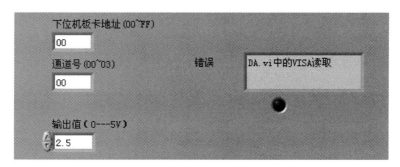

图 18 – 56　前面板参数

（6）观察电压表示数，并记录数据。

（7）停止程序运行，重新设置参数，然后运行程序，观察电压表示数并记录数据。

（8）停止程序运行，按照上述步骤，依次测量通道 1、2、3 的 D/A 输出结果。

（9）实验完毕关闭实验台电源，拔掉连线，整理器具。

实验 41　串口通信——DI 实验

本实验主要完成 8 路开关量的采集。实验台上 8 路开关量的默认状态是 "1"，即高电平，当对其进行与地短接时，将变为低电平。

操作步骤：

（1）将 PC 机与实验台用串口线和 RS232/485 转换器（或 USB）进行连接，打开实验台电源。

（2）将 DI1、DI3、DI6、DI7 通道与 GND 短接。

（3）打开 LabVIEW 软件平台，打开 DI. vi 或者用户自行编写程序。

（4）切换到前面板，设置各控件参数。通道选择为 COM1（根据实际选择），下位机端口板卡地址默认为 01，通道号为 00，波特率为 9 600 bit，然后运行程序，结果如图 18 - 57 所示。

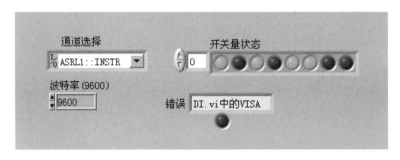

图 18 - 57　实验测试

（5）停止运行程序，重新设置参数，然后运行程序，对 DI 通道进行测试。

（6）实验完毕关闭实验台电源，拔掉连线，整理器具。

实验 42　串口通信——DO 实验

本实验将 PC 机上输出的数字量反映到实验台上的 8 路 DO 通道，DO 通道默认状态是"00"，即灯是熄灭状态的，当输入"01"时，灯将会点亮。DO 通道输出的开关量可以控制温度源上风扇的开关状态。

操作步骤：

（1）将 PC 机与实验台用串口线和 RS232/485 转换器（或 USB）进行连接，打开实验台电源。

（2）打开 LabVIEW 软件平台，编写 DO 程序。

（3）切换到前面板，设置各控件参数。通道选择为 COM1（根据实际选择），下位机端口板卡地址默认为 01，通道号为 01，波特率为 9 600 bit，状态可以选择"00"或"01"，然后运行程序，如图 18 - 58 所示。

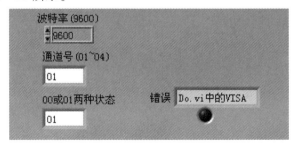

图 18 - 58　前面板参数设置

(4) 观察实验台上 DO 通道的变化，可观察到 DO 通道 0 的 LED 灯点亮。

(5) 停止运行程序。重新设置参数，然后运行程序，如图 18 – 59 所示。

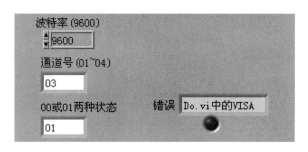

图 18 – 59　重新设置参数

(6) 再次观察实验台 DO 通道的变化，可观察到 DO 通道 2 的 LED 灯也点亮了。

(7) 实验完毕关闭实验台电源，拔掉连线，整理器具。

实验 43　串口通信综合实验

本实验是对前面 4 个实验的综合，以加深对 LabVIEW 串口通信的理解和应用。

操作方法：

(1) 将 PC 机与实验台用串口线和 RS232/485 转换器进行连接，打开实验台电源。

(2) 将 K 型热电偶插入温度源上面板的加热孔内，热电偶红、黑接线端分别与温度测量控制仪面板的传感器的正、负接口连接。

(3) 温度测量控制仪面板的标准信号输出接口的正、负接口分别与 A/D 模块 0 通道和GND 接口连接。

(4) 将温度源电源线插入温度测量控制仪面板的加热输出插口。

(5) 温度测量控制仪面板的加热方式和冷却方式开关均打到外控，将手动调节旋钮逆时针旋转到底。

(6) 将 D/A 模块 0 通道输出到电压表 Vi，量程选择 20 V 挡，GND 接口接地。

(7) 打开温度源电源开关和实验台电源开关。

(8) 运行【控制系统 LabVIEW 软件 v1.0】可执行程序。

(9) 首先设置参数。串口号选择【COM1】（根据实际选择），功能选择【A/D】，通道选择【通道 0】，板卡地址为【1】。

(10) 单击工具栏上运行按钮，观察【返回值】中【下位机模拟量】以及和其对应的【下位机模拟量电压】，同时观察温度计示数和波形图表的变化，如图 18 – 60 所示。

(11) 将加热开关打到内控，等待一段时间观察面板变化，如图 18 – 61 所示。

(12) 改变功能选择为【D/A】，下位机通道选择【通道 0】，设置 DA 输出值为【80】(16 进制)，观察电压表示数。修改 DA 输出值，观察电压表示数，如图 18 – 62 所示。

(13) 改变功能选择为【DI】，观察开关量返回值为"111111111"。

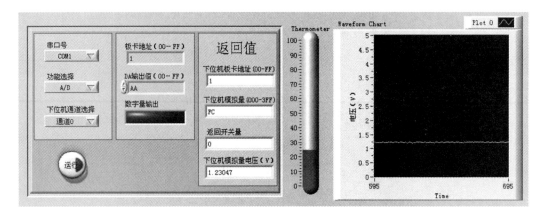

图 18 - 60   A/D 实验结果

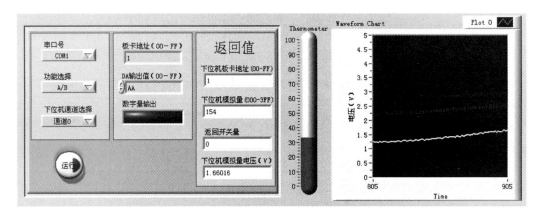

图 18 - 61   加热时 A/D 实验结果

图 18 - 62   D/A 实验结果

（14）改变开关量输入值，如将通道 0 与地短接，观察开关量返回值，如图 18 - 63 所示。

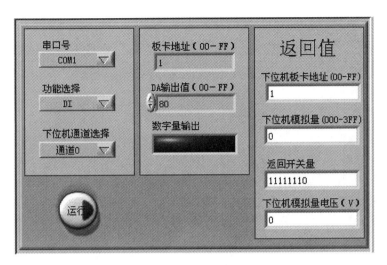

图 18－63　DI 实验结果

（15）改变功能选择为【DO】，下位机通道选择【通道 0】，单击数字量输出下面的开关控件，使其变为亮绿色██。

（16）观察实验台内 DO 模块，发现 DO 通道 0 的 LED 灯点亮。

（17）依次改变下位机通道选择和数字量输出状态，观察 DO 通道 LED 灯的状态。

（18）单击██按钮，使其变为██，然后关闭该可执行程序。

[29] 实验完毕关闭温控仪、温度源和实验台电源开关，整理实验设备。

实验 44　智能温度控制系统的设计

本实验通过 K 型热电偶将温度信号转化为电压信号，由 A/D 模块转化为数字量，再在 PC 机上，由 LabVIEW 完成 PID 控制，再经过 D/A 输出对被控量加热，DO 输出对被控量冷却（以启动风机方式冷却），实现对温度的智能控制，以达到预期的要求。

操作方法：

（1）将 PC 机与实验台用串口线和 RS232/485 转换器（或 USB）进行连接，打开实验台电源。

（2）将 K 型热电偶插入温度源上面板的加热孔内，热电偶红、黑接线端分别与温度测量控制仪面板的传感器的正、负接口连接。

（3）温度测量控制仪面板的标准信号输出接口的正、负接口分别与 A/D 模块 0 通道和 GND 接口连接。

（4）将温度源电源线插入温度测量控制仪面板的加热输出插口，风机电源的红、黑接口与实验台上的 +2 ~ 24 V、地接口连接，冷却输入 Di 与温度测量控制仪面板的 Di 冷却控制输入连接。

（5）温度测量控制仪面板的加热方式和冷却方式开关均打到外控，将手动调节旋钮逆时针旋转到底。

（6）温度测量控制仪面板加热控制输入（外）Vi 与 D/A 模块 0 通道连接。

（7）温度测量控制仪面板的冷却控制输入 Di 与实验台上 DO 通道 0 连接并且与温度源上的 Di 相连接。

（8）打开温度源电源开关。

（9）运行由 VI 生成的【PID】可执行程序，如图 18 - 64 所示。

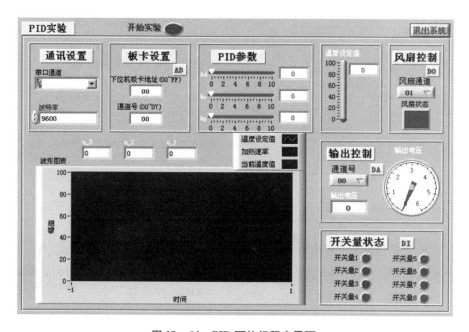

图 18 - 64 PID 可执行程序界面

（10）通信设置面板中，设置串口通道选择【COM1】（根据实际选择），波特率选择默认的 9 600。

（11）板卡设置面板中，下位机板卡地址选择【01】，通道号选择【00】。

（12）PID 参数依次选择 5、1、1（用户也可另外设计修改）。

（13）温度设定值选择 50℃（用户可随意设置）。

（14）风扇控制面板中，风扇通道选择【01】。

（15）输出控制面板中，输出通道选择【00】。

（16）单击【开始实验】按钮，观察风扇状态、温度变化值和输出电压值。

（17）观察温度控制系统模块中温度值的变化，等待其变化到与预期设定值相等，如图 18 - 65 所示。

（18）改变 PID 参数，重复上述步骤，记录数据，总结 PID 控制的作用。

（19）单击【退出系统】按钮，关闭该可执行程序。

（20）实验完毕关闭各电源，整理实验设备。

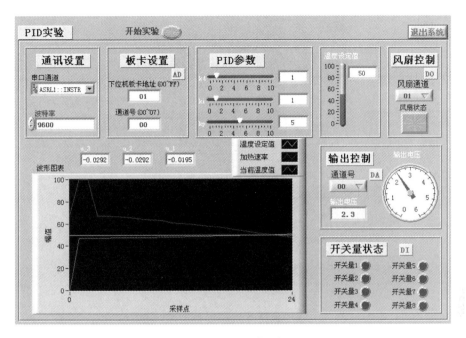

图 18 - 65　系统运行

实验 45　智能转速控制系统的设计

本实验通过位置传感器将转速信号转换为电压信号，由 A/D 模块转换为数字量，再在 PC 机上由 LabVIEW 完成 PID 控制，再经过 D/A 输出控制电动机的转速，实现对转速的智能控制，以达到预期的要求。

操作方法：

（1）将 PC 机与实验台用串口线和 RS232/485 转换器（或 USB）进行连接，打开实验台电源。

（2）将转速控制系统模块中的电压输出 F/V 正、负接口接 A/D 模块 0 通道和 GND 接口，自动控制 0 ~ 5 V 输入，正、负接口接 D/A 模块 0 通道、GND 接口，给转动源模块供 220 V 电源。

（3）运行由 VI 生成的 PID 可执行程序，如图 18 - 66 所示。

（4）通信设置面板中，设置串口通道选择【COM1】（根据实际选择），波特率选择默认的 9 600。

（5）板卡设置面板中，下位机板卡地址选择【01】，通道号选择【00】。

（6）PID 参数依次选择 1、1.2、0（用户也可另外设计修改）。

（7）转速设定值选择 1 000（用户可随意设置，由于电动机的驱动电压约为 1.3 V，所以转速设定尽量在 400 以上）。

（8）输出控制面板中，输出通道选择【00】。

（9）单击【开始实验】按钮，观察转速表和输出电压值，如图 18 - 67 所示。

（10）改变 PID 参数，重复上述步骤，记录数据，总结 PID 控制的作用。

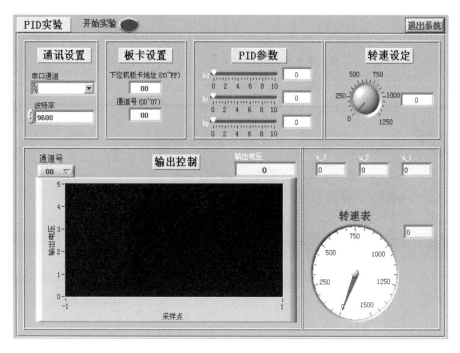

图 18 – 66　PID 可执行程序界面

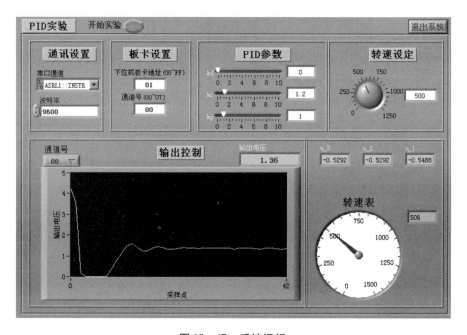

图 18 – 67　系统运行

（11）单击【退出系统】按钮，关闭该可执行程序。

（12）实验完毕关闭各电源，整理实验设备。

实验 46　MATLAB 运行环境及配置

MATLAB 译为矩阵实验室（MATrix LABoratory），是用来提供通往 LINPACK 和 eispack 矩阵软件包接口的。后来，它渐渐发展成了通用科技计算、图视交互系统和程序语言。

MATLAB 的基本数据单位是矩阵。它的指令表达与数学、工程中常用的习惯形式十分相似。比如，矩阵方程 Ax = b，在 MATLAB 中被写成 A * x = b。而若要通过 A，b 求 x，那么只要写 x = A \ b 即可，完全不需要对矩阵的乘法和求逆进行编程。因此，用 MATLAB 解算问题要比用 C、Fortran 等语言简捷得多。

MATLAB 环境的行为就像一个超级复杂的计算器，可以在 ≫ 命令提示符下输入命令。

MATLAB 是一个解释性的环境。换句话说，用户只要给出一个命令，MATLAB 马上执行它。

一、MATLAB 的运行

（1）正确安装 MATLAB 后，执行 Windows 命令【开始】【程序】【MATLAB7.0】，启动 MATLAB，启动界面如图 18 - 68 所示。

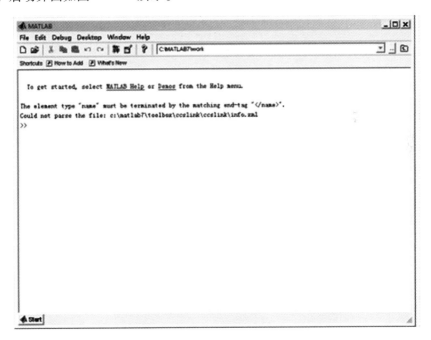

图 18 - 68　启动

（2）可以在命令行窗口中输入有效的表达式，例如 5 + 5，然后按回车键，MATLAB 立即执行，返回结果如图 18 - 69 所示。

单击 File，选择 New 新建 M - file 出现编程界面，即可输入相应的程序语言，保存后单击【运行】即可。

下面举个简单的函数编程及调用的例子：首先新建一个 M 文件，通过【文件】→【新建】，或者通过快捷方式，然后在 M 文件中输入如下代码完成函数的编写：

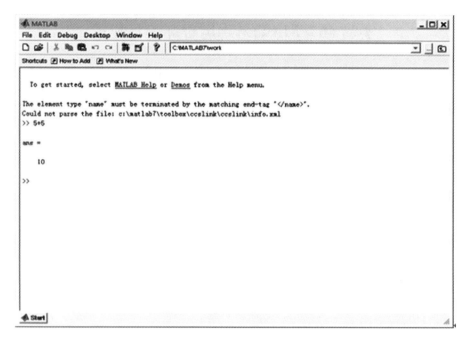

图 18 – 69　返回结果

```
function [a,b] = example(x1,x2)
a = x1;
b = x1 + x2;
```

在 MATLAB 主窗口中输入如下命令：[a,b] = example(1,2)，回车后看到如下结果，即完成了函数的调用，如图 18 – 70 和图 18 – 71 所示。

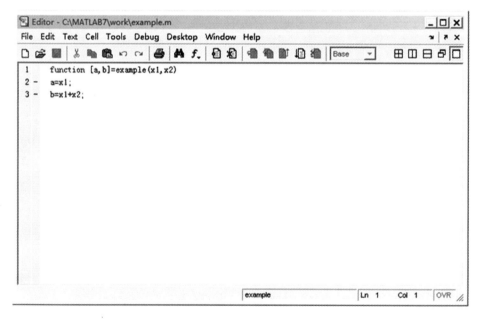

图 18 – 70　函数调用

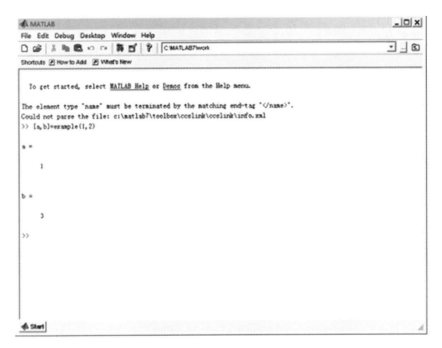

图 18 – 71　函数调用

函数的编写必须开头加 function 关键字，并且函数名称与 M 文件名保持一致，函数调用时也必须用如上形式，形参部分要加上必要的输入内容。

二、MATLAB 配置

要在 MATLAB 中使用本设备，需要对 MATLAB 进行比较简单的配置。

方式一：将 YLTD. DLL 文件复制进 MATLAB 的当前工作目录即可。

方式二：将 YLTD. DLL 所在路径添加进 MATLAB 的 Path 中即可。

实验 47　A/D 操作实验

一、实验目的

应用 A/D 操作函数，从设备中读取模拟量电压值。

二、函数格式

```
val = YLTD('ad',address,channel);
```

三、函数说明

参数 address 为设备板卡地址，取值范围为 0 ~ 255。参数 channel 为板卡通道号，取值范围为 0 ~ 7。函数返回值 val 为设备读取的模拟量电压值，范围为 0 ~ 5 V，实验例子运行结果如图 18 – 72 所示。

四、实验例子

【例1】

```
YLTD('open');                %打开设备接口
val1 = YLTD('ad',1,0);       %从板卡 1 的通道 0 中读取电压值
val2 = YLTD('ad',1,1);       %从板卡 1 的通道 1 中读取电压值
YLTD('close');               %关闭设备接口
```

【例2】

```
YLTD('open');                    %打开设备接口
x = [ ];                         %电压值数组
for i = 1:100                    %连续读取 100 个电压值
    val = YLTD('ad',1,0);        %从板卡 1 的通道 0 中读取电压值
    x = [x,val];
        plot(i,val,'r - o');
        hold on
        axis([ - inf,inf,0,5]);
        pause(0.0000001)
    end
YLTD('close');
%plot(x)
```

五、实验运行结果

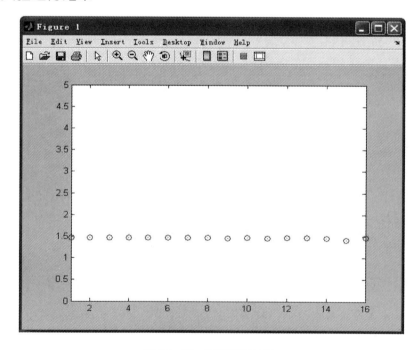

图18-72　实验运行结果

实验 48　D/A 操作实验

一、实验目的

应用 D/A 操作函数，设置设备中的输出电压值。

二、函数格式

```
YLTD('da',address,channel,val);
```

三、函数说明

参数 address 为设备板卡地址，取值范围为 0 ~ 255。参数 channel 为板卡通道号，取值范围为 0 ~ 7。参数 val 为设备输出的模拟量电压值，范围为 0 ~ 5 V。

四、实验例子

```
YLTD('open');          %打开设备接口
YLTD('da',1,0,3.5);    %设置板卡 1 的通道 0 的输出电压值为 3.5 V
YLTD('da',1,1,1.5);    %设置板卡 1 的通道 1 的输出电压值为 1.5 V
YLTD('close');         %关闭设备接口
```

实验 49　DI 操作实验

一、实验目的

应用 DI 操作函数，读取设备中的开关量。

二、函数格式

```
val = YLTD('di');
```

三、函数说明

函数返回值 val 为一个 1×8 的矩阵，分别对应 8 个开关量状态，数值为 0 表示开关量关闭，数值为 1 表示开关量打开。

实验 50　DO 操作实验

一、实验目的

应用 DO 操作函数，设置设备中的开关量。

二、函数格式

```
YLTD('do',address,channel,val);
```

三、函数说明

参数 address 为设备板卡地址，取值范围为 0 ~ 255。参数 channel 为开关量通道号，取值范围为 1 ~ 4。参数 val 为设定的开关量状态，1 表示开启，0 表示关闭。

四、实验例子

```
YLTD('do',1,1,0);     % 设置板卡 1 的通道 1 的开关量为关闭状态
YLTD('do',1,2,1);     % 设置板卡 1 的通道 2 的开关量为开启状态
YLTD('do',1,3,0);     % 设置板卡 1 的通道 3 的开关量为关闭状态
YLTD('do',1,4,1);     % 设置板卡 1 的通道 4 的开关量为开启状态
```

实验 51 电压状态监视/报警实验

一、实验目的

应用 A/D 和 DO 操作函数，定时监视输入电压，如果越限则报警。

二、实验说明

循环检测板卡 1 通道 1 的电压数值，并判断其是否在正常范围之内。如果电压值超过最大电压阈值，则电压过高报警灯亮，否则为暗。如果电压值小于最小电压阈值，则电压过低报警灯亮，否则为暗。

三、实验例子

```
minV = 0.5;              % 最小电压阈值
maxV = 2.5;              % 最大电压阈值
delay = 0.1;             % 检测周期
YLTD('open');            % 打开设备接口
while(1)
    v = YLTD('ad',1,1);       % 读入板卡 1 通道 1 的电压数值
if(v < minV)             % 判断电压是否小于最小阈值
        YLTD('do',1,1,1);     % 越限报警灯亮(电压过低)
else
        YLTD('do',1,1,0);     % 正常
end
if(v > maxV)             % 判断电压是否大于最大阈值
        YLTD('do',1,2,1);     % 越限报警灯亮(电压过高)
```

```
else
        YLTD('do',1,2,0);        % 正常
end % 正常
    pause(delay);                % 暂停时间
end
YLTD('close');                   % 关闭设备接口
```

实验 52　PID 控制实验

一、实验目的

熟悉 PID 控制原理及各种算法（本例提供增量式算法），掌握比例、积分和微分调节器各自的作用。

二、算法说明

增量式 PID 算法如下：

$$\Delta u_k = q_0 e(k) + q_1 e(k-1) + q_2 e(k-2) \tag{18-1}$$

式中，

$$q_0 = K_p \Big[1 + \frac{T_S}{T_I} + \frac{T_D}{T_S} \Big] \tag{18-2}$$

$$q_1 = -K_p \Big[1 + 2\frac{T_D}{T_S} \Big] \tag{18-3}$$

$$q_2 = K_p \frac{T_D}{T_S} \tag{18-4}$$

在程序中近似将 q_0、q_1、q_2 用 k_d、k_i、k_p 来代替，方便程序的实现。

三、实验说明

本实验根据增量型 PID 算法实现，实验时可根据实际需要设定设备的温度值（即程序中的 wendu 值，0℃ ~ 100℃ 对应 wendu 值的 0 ~ 5）。打开设备和设置相应的通道（YLTD('open')），然后设置 PID 的比例、积分和微分 3 个参数（$k_p = 5.0$；$k_i = 1.0$；$k_d = 1$），由于接口规定输出电压值为 0 ~ 5 V，否则报错，所以程序中设定当 PID 计算输出电压值大于 5 V 时，输出设为 5 V；同样，当 PID 计算输出电压值小于 0 时，输出设为 0 V。实验结果图中，蓝色的直线为设定的温度值，带圆圈的红色直线为 PID 输出值（此时电压值已经转化为温度值），带箭头的绿色直线为采集到的当前温度值，实验例子运行结果如图 18 - 73 所示。

四、实验例子

```
% PID 控制
clear all;
```

```
close all;
% 打开设备,默认为 COM1
YLTD('open');
% 逼近温度
wendu = 4;
% 误差采样值 e(k),e(k-1),e(k-2);
u_1 = 0.0;u_2 = 0.0;u_3 = 0.0;
% 取 3 000 个实验数据
tic;
for k = 1:1:30000
    % 分别取比例、积分和微分参数初值(实验时可自行设定,比较实验结果)
kp = 5.0;ki = 1.0;kd = 1;
    dt = toc;
  tic;
    % 实验假设从板卡 1 的通道 0 中输入(比如温度曲线)(可根据实际自己调整)
    rin2(k) = YLTD('ad',1,0);
if(k ~=1 && abs(rin2(k) - rin2(k-1)) > 3/100* 5* dt)
        rin2(k) = rin2(k-1);
end
    if rin2(k) > wendu
        % 如果当前温度值大于设定的温度值时,打开风扇
        YLTD('do',1,1,1);
    else
        % 如果当前温度值大于设定的温度值时,关闭风扇
        YLTD('do',1,1,0);
end
    rin(k) = wendu;
    % PID 控制器
    u_3 = rin(k) - rin2(k);
    u_1 = u_2;
    u_2 = u_3;
    u(k) = kd* u_1 + ki* u_2 + kp* u_3;
    yout(k) = u(k) + rin2(k);
if yout(k) > 5
        yout(k) = 5;
end
    if yout(k) < 0.001
      yout(k) = 0;
end
```

%输出控制量 yout(k),实验从板卡 1 通道 1 输出(可根据实际自己调整)

```
    YLTD('da',1,0,yout(k));
    %是否动态显示,1 为显示,0 为不显示
    D = 1;
    if D == 1   %Dynamic Simulation Display
        %动态显示实验结果图
        plot(1:k,rin* 20,'b',1:k,yout* 20,'r - O',1:k,rin2* 20,'g ->
');
        ylabel('Temprature');
        axis([ - inf,inf,0,100]);
        pause(0.000000001);
    end
end
YLTD('close')
```

五、实验运行结果

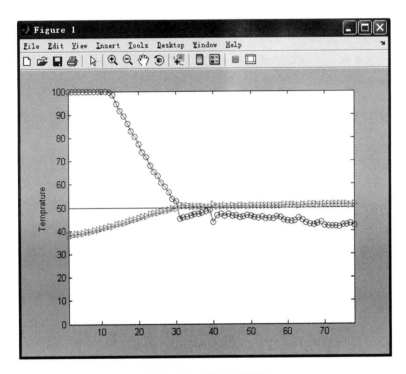

图 18 - 73　实验运行结果

参 考 文 献

[1] 张振海，张振山，胡红波，等．高冲击传感器、极端环境试验测试与计量校准［J］．计测技术，2019，39（4）：12-23．

[2] 吴三灵，李科杰，张振海，等．强冲击试验与测试技术［M］．北京：国防工业出版社，2010．

[3] 林然，张振海，李科杰，等．高冲击三维加速度传感器横向灵敏度校准技术［J］．振动、测试与诊断，2016，36（5）：922-928．

[4] 柳新宇．高分辨视觉传感器数据传输与显示技术研究［D］．北京：北京理工大学，2017．

[5] 张亮．高采样率弹载三轴存储测试技术研究［D］．北京：北京理工大学，2016．

[6] 李治清．高冲击 MEMS 传感器系统测试关键技术研究［D］．北京：北京理工大学，2017．

[7] 陈旭．无人车双目全景视觉时程计技术［D］．北京：北京理工大学，2019．

[8] 李科杰．新编传感器技术手册［M］．北京：国防工业出版社，2002．

[9] 李科杰，宋萍．感测技术［M］．北京：机械工业出版社，2007．

[10] 李科杰，等．现代传感技术［M］．北京：电子工业出版社，2005．

[11] ［美］Felix Levinzon．内装电路压电加速度计原理与设计［M］．唐旭晖，译．秦皇岛：燕山大学出版社，2019．

[12] 杭州英联科技有限公司．YL 系列传感器与测控技术综合实验台实验指南．内部手册．2010．

[13] ［美］雅各布·弗雷登．现代传感器手册原理、设计与应用［M］．宋萍，隋丽，潘志强，译．北京：机械工业出版社，2019．

[14] 王树山著．终点效应学（第二版）［M］．北京：科学出版社，2019．

[15] 李晓峰，王亚斌，吴碧．侵彻弹药引信技术［M］．北京：国防工业出版社，2016．

[16] ［美］Creed Huddleston．智能传感器设计［M］．张鼎，等译．北京：人民邮电出版社，2009．

[17] ［美］陈为农，宋博．分离式霍普金森（考尔斯基）杆设计、试验和应用［M］．姜锡权，卢玉斌，译，王礼立，审校．北京：国防工业出版社，2018．

[18] 卢芳云，陈荣，林玉亮，等．霍普金森杆实验技术［M］．北京：科学出版社，2013．

[19] 祖静，马铁华，裴东兴，等．新概念动态测试［M］．北京：国防工业出版社，2016．

[20] 张洪润. 传感器技术大全（上下册）［M］. 北京：北京航空航天大学出版社，2007.

[21] 杨甬英，等. 先进干涉检测技术与应用［M］. 杭州：浙江大学出版社，2017.

[22] 钱学森，宋健. 工程控制论（第三版）（上下册）［M］. 北京：科学出版社，2011.

[23] ［日］远坂俊昭. 测量电子电路设计——滤波器篇［M］. 彭军，译. 北京：科学出版社，2006.

[24] ［日］三谷政昭. 模拟滤波器设计［M］. 彭刚，译. 北京：科学出版社，2014.

[25] 任会兰，宁建国. 冲击固体力学［M］. 北京：国防工业出版社，2014.

[26] 苑伟政，乔大勇. 微机电系统（MEMS）制造技术［M］. 北京：科学出版社，2014.

[27] 朱健. RF MEMS 器件设计、加工和应用［M］. 北京：国防工业出版社，2012.

[28] 刘双杰，郝永平. 引信用 MEMS 开关设计方法［M］. 北京：国防工业出版社，2018.

[29] 安毓英，曾小东. 光学传感与测量［M］. 北京：电子工业出版社，1995.

[30] 黄俊钦. 测试系统动力学及应用［M］. 北京：国防工业出版社，2013.

[31] 张国忠，赵家贵. 检测技术［M］. 北京：北京计量出版社，1998.

[32] 赵负图. 国内外传感器手册［M］. 沈阳：辽宁科学技术出版社，1997.

[33] 丁镇生. 传感器及传感数据应用［M］. 北京：电子工业出版社，1998.

[34] 孙肖子，刘刚，张万荣. 传感器及其应用［M］. 北京：电子工业出版社，1996.

[35] 张福学. 传感器实用电路 150 例［M］. 北京：中国科技出版社，1993.

[36] 林明邦，赵鸿林. 机械量测量［M］. 北京：机械工业出版社，1992.

[37] 吴道悌. 非电量电测技术［M］. 西安：西安交通大学出版社，1990.

[38] 王风鸣，等. 非电量电测技术［M］. 北京：国防工业出版社，1991.

[39] 卢春生. 光电探测技术及应用［M］. 北京：机械工业出版社，1992.

[40] ［美］Cyril M. Harris，Allan G. Pier Sol. 冲击与振动手册（第 5 版）［M］. 刘树林，王金东，李凤明，等译. 北京：中国石化出版社，2008.

[41] 王洪业. 传感器工程［M］. 长沙：国防科技大学出版社，1997.

[42] 吴兴惠，王彩君. 传感器与信号处理［M］. 北京：电子工业出版社，1998.

[43] 张福学. 传感器敏感元器件实用指南［M］. 北京：电子工业出版社，1993.

[44] 王家桢，王俊杰. 传感器与变送器［M］. 北京：清华大学出版社，1996.

[45] 高稚允，高岳. 光电检测技术［M］. 北京：国防工业出版社，1995.

[46] 吕俊芳. 传感器接口与检测仪器电路［M］. 北京：北京航空航天大学出版社，1994.

[47] 王之芳. 传感器应用技术［M］. 西安：西北工业大学出版社，1996.

[48] 王寿荣. 硅微型惯性器件理论及应用［M］. 南京：东南大学出版社，2000.

[49] ［美］格雷戈里 T. A. 科瓦奇. 微传感器与微执行器全书［M］. 张文栋，等 译. 北京：科学出版社，2003.

[50] 徐泽善. 传感器与压电器件［M］. 北京：国防工业出版社，1999.

[51] 刘君华. 智能传感器系统［M］. 西安：西安电子科技大学出版社，1999.

[52] 王伯雄，陈非凡，董瑛. 微纳米测量技术［M］. 北京：清华大学版社，2006.

[53] 李标荣，张绪礼. 电子传感器［M］. 北京：国防工业出版社，1993.

[54] 戴莲瑾. 力学计量技术［M］. 北京：中国计量出版社，1992.

[55] 杜润祥. 测试与传感技术［M］. 广州：华南理工大学出版社，1991.

[56] 刘金环，任玉田．机械工程测试技术［M］．北京：北京理工大学出版社，1990.

[57] 王德芳，林妙元．磁测量［M］．北京：机械工业出版社，1990.

[58] 徐开先．实用新型传感器及其应用［M］．沈阳：辽宁科学技术出版社，1995.

[59] 赵守忠，夏勇．传感器技术及其应用［M］．合肥：中国科技大学出版社，1997.

[60] 朱伯申，张炬．数字式传感器［M］．北京：北京理工大学出版社，1996.

[61] 何希才，刘洪梅．传感器应用接口电路［M］．北京：机械工业出版社，1997.

[62] 刘迎春，叶湘滨．现代新型传感器原理与应用［M］．北京：国防工业出版社，1998.

[63] 王博亮，刘迎春，刘安之，等．医用传感器及其接口技术［M］．北京：国防工业出版社，1998.

[64] 曾禹村，张宝俊，沈庭芝，等．信号与系统（第三版）［M］．北京：北京理工大学出版社，2010.

[65] 王巍．光纤陀螺惯性系统［M］．北京：中国宇航出版社，2010.

[66] 刘宇，等．固态振动陀螺与导航技术［M］．北京：中国宇航出版社，2010.

[67] 王春雷，李吉超，赵明磊．压电铁电物理［M］．北京：科学出版社，2009.

[68] ［美］Clarence W. de Silva．振动阻尼、控制和设计［M］．李惠彬，张曼，等 译．北京：机械工业出版社，2013.

[69] 樊尚春．轴对称壳谐振陀螺［M］．北京：国防工业出版社，2013.

[70] 冯冠平．谐振传感器理论与器件［M］．北京：清华大学出版社，2008.

[71] M. Elwenspoek，R. Wiegerink．硅微机械传感器［M］．陶家渠，李应选，刘佑宝，等 译．北京：中国宇航出版社，2003.

[72] 高世桥，刘海鹏．微机电系统力学［M］．北京：国防工业出版社，2008.

[73] 刘晓为，陈伟平．MEMS 传感器接口 ASIC 集成技术［M］．北京：国防工业出版社，2013.

[74] 范茂军．传感器技术——信息化武器装备的神经元［M］．北京：国防工业出版社，2008.

[75] 刘延柱．陀螺力学（第二版）［M］．北京：科学出版社，2009.